低污染水生态净化技术与应用

杨柳燕 等 著

U0232443

科学出版社

北京

内 容 简 介

本书在分析太湖竺山湾小流域低污染水特征和入河通量的基础上,重点开展了不同生态净化技术比选研究及物化/生物强化生态净化技术集成研究,突破了物化-生态耦合脱氮除磷强化净化、光伏电解人工湿地净化、生态净化模块化组装、水生植物季节维稳与资源化等低污染水生态净化共性关键技术,并开展了不同特征低污染水的强化生态净化工程示范。研究成果突破了低污染水氮磷高效生态净化的技术瓶颈,形成了稳定运行的高效脱氮除磷的生态净化成套技术。

本书可作为高等学校环境类专业教师及环保企业、太湖流域管理部门等单位科研及管理人员的科技参考资料。

图书在版编目(CIP)数据

低污染水生态净化技术与应用/杨柳燕等著. —北京:科学出版社,2020.5
ISBN 978-7-03-064995-9

Ⅰ. ①低… Ⅱ. ①杨… Ⅲ. ①水污染防治 Ⅳ. ①X52

中国版本图书馆 CIP 数据核字(2020)第 073672 号

责任编辑:赵晓霞 付林林/责任校对:杨 赛
责任印制:张 伟/封面设计:迷底书装

科学出版社 出版
北京东黄城根北街 16 号
邮政编码:100717
http://www.sciencep.com
北京中石油彩色印刷有限责任公司 印刷
科学出版社发行 各地新华书店经销
*
2020 年 5 月第 一 版 开本:787×1092 1/16
2023 年 1 月第二次印刷 印张:21 1/4
字数:530 000
定价:158.00 元
(如有印装质量问题,我社负责调换)

前　言

多年来，太湖流域持续加强水污染防治工作力度，太湖水质总体稳中趋好，但是太湖藻型生境条件尚未从根本上发生改变，仍存在发生大面积湖泛的可能。太湖流域污水处理厂尾水、水产养殖水等低污染排放水中氮、磷等污染物排放限值和地表水环境质量标准限值存在差距，排放的大量低污染水导致氮、磷排放总量远超环境容量。在这种形势下，以国家"十二五"水体污染控制与治理科技重大专项（以下简称"十二五"水专项）"低污染水生态净化技术集成研究与工程示范"（2012ZX07101006）课题为依托，研发了针对太湖流域低污染水生态净化的相关技术，在我国当前严峻的环保形势下，为太湖流域环境问题的解决做出了一定的贡献。

以人工湿地为主的生态净化技术能有效净化低污染水，但是目前在生态净化低污染水的技术、政策及长效运行管理方面还存在难点，推广应用存在障碍。针对上述问题，"十二五"水专项开展了相关研究示范，提出了太湖流域低污染水生态净化的对策及建议。

本书共分为六章，主要介绍了太湖流域低污染水生态净化技术的原理及相关应用，总结了强化人工湿地处理低污染水的最新研究进展，系统地梳理了著者"十二五"水专项技术研发的最新成果，创新了人工湿地强化净化的技术方法。南京大学、同济大学、无锡市环境科学研究所、常州环保科技开发推广中心和江苏省环境科学研究院的杨柳燕、钱新、花铭、黄翔峰、刘佳、汪锋、周立万、肖琳、高燕、缪恒峰、万玉秋、缪爱军、喻学敏、袁增伟、潘瑞松和韦斯等科技人员参加了本书编写。参与编写的主要人员分工如下：第一章，污水生态净化技术进展（杨柳燕）；第二章，竺山湾小流域低污染水特征和入河负荷（汪锋、缪恒峰、缪爱军）；第三章，水产养殖低污染水生态净化技术（黄翔峰、刘佳、杨柳燕）；第四章，污水处理厂尾水生态净化技术与应用（周立万、肖琳、杨柳燕、袁增伟、潘瑞松）；第五章，低污染水生态净化模块化组装与应用（杨柳燕、高燕、花铭、钱新、韦斯）；第六章，低污染水生态净化长效运行与评估（钱新、万玉秋、肖琳、杨柳燕、喻学敏）。

在科研和本书撰写过程中凝聚了广大博士、硕士研究生的心血，在此一并深表感谢。本书由水体污染控制与治理科技重大专项太湖富营养化控制与治理项目"低污染水生态净化技术集成研究与工程示范"（2012ZX07101006）和"望虞河西岸清水廊道构建和生态保障技术研发与工程示范"（2017ZX07204）资助出版。

限于著者学术水平，书中难免有不足之处，敬请广大读者斧正。

杨柳燕

2019 年 6 月

目　录

第一章 污水生态净化技术进展

《国家中长期科学和技术发展规划纲要（2006—2020 年）》确定了我国科技发展的战略重点是把发展能源、水资源和环境保护技术放在优先位置，下决心解决制约社会经济发展的重大瓶颈问题。国务院批复的《太湖流域水环境综合治理总体方案》提出：科技部门在组织国家有关重大科技专项时，要把太湖流域治理作为支持的重点。组织跨学科、多领域的合作攻关的团队，对太湖水环境综合治理的关键技术进行联合攻关。因此，水污染治理是事关经济社会可持续发展和人民生活质量提高的重大问题。

"十二五"竺山湾水质净化及邻近区域水污染控制技术与工程示范是"十一五"水专项太湖富营养化控制与治理技术及工程示范项目的深化与提高，是太湖流域水环境治理从污染治理—水质改善—生态恢复战略转变的中间步骤。同时，竺山湾上游低污染水生态净化技术还可以推广应用于太湖流域其他地区。通过水污染控制技术与示范工程的分步实施，可以逐步控制太湖区域水污染，减少进入太湖的污染物的总量，同时提高该地区河网的水环境质量，促进水生态系统的恢复，从而有效改善人民的生活质量，促进环境与社会、经济的持续、协调、稳定发展，实现环境效益、社会效益和经济效益三者统一。

保护太湖水环境的关键是削减源头污染，控制入湖污染物的总量。因此，沿太湖的所有城镇污水处理厂通过"脱氮脱磷提标"（简称"双脱提标"）改造，全面完成了太湖流域城镇污水处理厂的"双脱提标"改造任务，使沿太湖的污水处理厂的尾水全面达到《城镇污水处理厂污染物排放标准》（GB 18918—2002）中一级标准的 A 标准。但尾水中的化学需氧量（COD）、总氮（TN）和总磷（TP）浓度仍高于《地表水环境质量标准》（GB 3838—2002）中地表水Ⅳ类水水质标准。其尾水中 COD、氮和磷仍然是太湖潜在的污染源，若不经过深度处理而直接排入河道、湖泊等受纳水体，仍将加剧水体氮、磷的污染程度，同时一些生化性差的低浓度有毒物质将威胁饮用水安全。以城镇污水处理厂尾水为代表的低污染水直接影响入湖河流的水质，因此开展污水处理厂尾水深度生态净化技术研究与示范工程，对于保护竺山湾乃至整个太湖流域的水环境，促进地区经济可持续发展具有十分重要的意义。如果污水处理厂尾水再削减 30%的氮和磷，采用传统的二级生物处理技术将耗资巨大且很难实现，直接排放又影响入湖河流水质。因此，为了保障入湖河流水质达到既定目标，达标生化尾水的深度处理不可回避、亟待解决。

为了减少太湖流域氮磷污染物的排放，从"十一五"以来江苏省就大力推行污水处理厂尾水生态净化的深度处理。生态净化工程在无锡城北污水处理厂、武进区武南污水处理厂、无锡梅村污水处理厂、常熟新材料产业园、宜兴新建污水处理厂等得到应用，有效地削减了污水处理厂生化尾水中氮磷污染物的量。为了进一步提高污水处理厂尾水生态净化的效率，开展生化尾水深度处理到Ⅳ类水质关键技术研究，从而推动江苏省污水处理厂尾水生态净化工程，对于保护太湖流域的水环境，促进地区经济可持续发展具有十分重要的意义。

太湖流域各级政府和研究机构虽然已经注意到污水处理厂尾水和水产养殖水直接入湖远不能达到对太湖水质提升和保护的要求，低污染水生态处理技术研发在一定程度上得到了重视，但是总体上缺乏能够系统推广应用的成套技术体系，缺乏对尾水深度处理的目的、要求、基本原则及社会经济效益和长效运行管理等指南，不同生态处理技术的运行条件、运行规模和去除效率也有待进一步研究。

在污水处理厂尾水生态净化技术方面，一些国内研究者尝试将人工前置库、人工湿地、稳定塘、微生物强化及生态沟渠等相互组合或者多个组合对污水处理厂尾水进行处理。无锡城北污水处理厂采用曝气生物强化氧化—三级表面流人工湿地—二级潜流人工湿地—生物稳定塘复合型人工湿地工艺，出水指标均达到或优于《城镇污水处理厂污染物排放标准》（GB 18918—2002）的一级标准的 A 标准。山东省淄博市城市污水处理厂利用人工湿地和稳定塘组合系统对污水处理厂出水进行深度处理和综合利用，该系统不仅改变了局部生态环境，还为农业灌溉、生产养殖、水景休闲和城市杂用水提供了新的水源。

生态净化技术由于具有处理效果好、投资少、操作简单、维护和运行费用低等优点，已越来越多地用于污水处理厂尾水的深度处理。李冠健和孔凡仪提出"深池曝气污水生态处理方法"（CN 1858009），对深度曝气再利用（WWRR）污水处理工艺进行改造，可以进一步去除污水中的磷。杨星宇和彭润芝（2003）提出地沟式污水生态工程处理与回用技术，经填料层渗滤后得到合格的处理水。陈晓东等（2016）提出生态处理组合工艺，将污水经过调节池后由水泵提升至浮动生物床系统进行预处理，浮动生物床出水经沉淀池沉淀后进入潜流湿地系统，污泥浓缩后被清运。解清杰等（2009）提出自动复氧生活污水生态土壤净化床，来自于化粪池的生活污水经过污水提升系统内的格栅去除大颗粒的污染物质后进入水量调节池，然后经潜污泵提升后经自动复氧装置进入布水系统的配水管，经均匀分配后进入穿孔布水管，从穿孔布水管均匀排出的生活污水向下渗入土壤净化系统。谭洪新等（2007）开发的人工湿地生态处理系统强化脱氮除磷工艺，对构成人工湿地生态处理系统的表面流人工湿地（FWS）、潜流人工湿地（SSF）、潜流＋表面流组合湿地、植物/藻类稳定塘等处理工艺进行了深入研究。在人工湿地植物选择方面，孙珮石等（2004）提出通过对不同类别的水生植物采用组培方式进行快速繁育研究，在大田规模化生产大量耐污、治污效果明显的水生植物，提高水生植物的繁殖速率，实现耐污水生植物工程化大规模生产。

近年来，为了提高生态净化技术的处理效果，微生物强化与生态净化耦合集成技术在污水处理厂尾水深度处理中逐渐得到研究和应用，但目前国内外的研究报道尚不多见。蒋岚岚等（2009）采用曝气生物强化氧化-三级表面流人工湿地-二级潜流人工湿地-生物稳定塘复合型人工湿地工艺处理城镇污水处理厂尾水，该系统对 COD、NH_4^+-N、TN 和 TP 的平均去除率分别达到了 27.5%、42.5%、20.4%和 29.4%，出水指标均达到或优于《城镇污水处理厂污染物排放标准》（GB 18918—2002）的一级标准的 A 标准。

杨立君（2009）将生态氧化池/生态砾石床组合工艺作为强化型前处理系统，与垂直流人工湿地工艺相结合，用于处理城市污水处理厂尾水。该工艺连续 5 个月运行稳定，对 COD、生化需氧量（BOD）、NH_4^+-N 和 TP 的平均去除率分别为 70.3%、69.0%、91.9%

和 83.1%，出水水质达到《地表水环境质量标准》（GB 3838—2002）中的Ⅲ类标准。张小东等（2008）采用生态填料人工湿地作为构筑物对某生态村中心湖的微污染水体进行处理，对浊度的去除率为 70%～94%，COD_{Cr} 的去除率为 20%～50.2%，TP 的去除率为 50%～90%，TN 的去除率为 41.2%左右，达到或优于国家地表水Ⅲ类水质标准。

生态处理技术如人工湿地、稳定塘、生态沟渠等广泛应用于污水处理厂尾水生态净化工程中，取得了一定的成效。但是，由于生态处理技术的植物生长易受气候影响，占地规模大，而苏南地区人多地少，生态处理技术的施展空间受到制约，特别是在低温条件下的处理效果不佳，在技术研发和应用上亟待有所突破。因此，在冬季低温条件下氮、磷的稳定去除是目前生态处理技术进一步发展和推广应用的技术瓶颈。同时针对尾水生态处理技术，缺乏在处理效果和经济适用的约束条件下的处理单元优化的技术方法，缺少符合太湖流域污水处理厂尾水特点的生态深度净化和资源化利用的系统技术规范。

污水处理厂尾水中污染物数量多，成分复杂，尾水的处理技术具有不同的特点和适用范围，用单一的方法进行处理，无论是从经济上还是技术上都很难完全解决水污染问题。因此，应结合当地实际情况研究前置库、稳定塘、人工湿地、微生物强化、生态沟渠等各处理单元的优化布置，在达到处理效果最佳的基础上，开发适合于工程化推广应用的尾水生态处理技术——多单元系统组合优化技术，实现尾水净化目标，使污水处理厂出水与受纳河道水质衔接。

目前美国、澳大利亚及欧洲各国都编制了人工湿地设计指南，设计方法多采用一级推流动力学模型，但由于影响人工湿地的因素较复杂，故各国出版的设计指南的相关动力学参数值差异很大。目前全球已拥有英国和北美两大人工湿地数据库，有关于大概 2000 座人工湿地的设计、运行和建造情况的数据，具有较大的参考价值。我国现有的《人工湿地污水处理工程技术规范》和《污水自然处理工程技术规程》规范了污水自然处理工程的设计、施工、验收和运行维护，对于采用人工湿地、稳定塘的工艺处理污水、雨水及河流、湖泊水质改善工程，可在环境影响评价、可行性研究、设计与施工、建设项目竣工环境保护验收及建成后运行与管理等方面得到应用。我国虽然有相应的设计规范，但设计出来的人工湿地主要针对高浓度污水，处理效果很一般，长期稳定运行的成功案例不多。但是，国外的案例表明尾水生态净化技术在世界范围内具有广泛的适用性，大量生态净化技术都已成功得到工程化应用，运行效果也较稳定。因此，编写相应的技术规范是扩大尾水生态净化技术在我国应用的关键举措。

第一节　人工湿地植物配置技术

一、人工湿地中常见湿生植物及选择原则

目前，全球发现的湿地高等植物多达 6700 余种，而已被用于人工湿地的不过几十种，很多湿生植物还未被试用过。现在人工湿地中使用较多的淡水大型水生植物品种包括芦苇、宽叶香蒲、苦草和狐尾藻等。常见不同湿生植物配置的人工湿地对常见污染物的去除率见表 1-1。

表 1-1   常见不同湿生植物配置的人工湿地对常见污染物的去除率   （单位：%）

植物种类	NH_4^+-N/TN	TP	COD
芦苇-水葱-蘑草	35.3	25.8	53.6
黄花鸢尾-菖蒲-梭鱼草	88	—	77.74
两栖榕	17	12	—
花叶芦竹	—	88	92
石菖蒲-白鹤芋	90（TN）	—	—
美人蕉	56～65（TN）	55～60	—
茭白	40～55（TN）	75～80	—
斑茅、芦竹、花叶芦竹、线穗苔草、吉祥草、黑麦草、鸭跖草和美人蕉等总体平均	46.8	51	—

在国内，以人工湿地为主的生态净化技术已经得到广泛应用。根据不同地区人工湿地的试验和运行数据，对目前国内亚热带及温带的人工湿地植物选择进行分析，为著者的项目的植物配置方案的设计提供了基础数据。

影响污水处理湿生植物选择的因素有很多，较为常见的几种主要取决于不同人工湿地的特异性条件，如需要处理的水的性质、处理区域当地的气候条件、不同湿生植物对当地生产生活的影响等。在考虑湿生植物选择时要综合几种情况客观分析，尤其要遵循本土湿生植物优先等原则。对于人工湿地处理系统而言，选择合适的湿生植物很重要。选择湿生植物时主要考虑的因素包括：①耐污能力强、去污效果好；②适应当地环境；③根系的发达程度高；④有一定的经济价值。

为了提高人工湿地对污染物净化的效果，在比选湿生植物净化效率、生长特性的基础上，构建季节性交替维稳系统，实现一年四季人工湿地有效脱氮除磷。利用不同挺水植物、浮叶植物、漂浮植物和沉水植物生态位和生长季节的差异，合理选取并配置人工湿地中的湿生植物，保持生物量终年大于 $1kg/m^2$，实现人工湿地一年四季的稳定运行，维持污水处理厂尾水生态净化效果的长期稳定。选取的湿生植物包括菹草、穗状狐尾藻、西伯利亚鸢尾、水芹和圆币草等（图 1-1）。

1. 菹草

菹草（*Potamogeton crispus* L.）为眼子菜科，眼子菜属，多年生沉水草本植物，茎扁圆形，具有分枝。叶披针形，先端钝圆，叶缘波状并具锯齿。具叶托，无叶柄。花序穗状。秋季发芽，冬春生长，4～5 月开花结果，夏季 6 月后逐渐衰退腐烂，同时形成鳞枝（冬芽）以度过不适环境。生长于池塘、湖泊、溪流中，在静水池塘或沟渠中较多，水体多呈微酸至中性。冬芽坚硬，边缘有齿，形如松果，在水温适宜时再开始萌发生长。叶条形，无柄。花果期为 4～7 月。可作绿肥并可净化水质。多为石芽栽培，石芽可提供充足的营养和保护，存活率高。或者带根扦插培养，底泥、水质的营养盐需充足，菹草小苗不可强光暴晒，适时增加水位，以高于菹草生长高度。

在污水处理厂尾水生态净化系统中菹草可一年四季生长，特别是在冬春季，其为优势种，能有效净化尾水。

| (a) 菹草 | (b) 穗状狐尾藻 |

| (c) 西伯利亚鸢尾 | (d) 圆币草 |

图 1-1 污水处理厂尾水生态净化工程中大型水生植物

2. 穗状狐尾藻

穗状狐尾藻（*Myriophyllum spicatum* L.）为小二仙草科，狐尾藻属，多年生沉水草本植物，好温暖水湿、阳光充足的气候环境，夏季生长旺盛，入冬后地上部分逐渐枯死，以根茎在泥中越冬。

穗状狐尾藻既可以通过根吸收底质中的氮、磷营养盐，又可通过茎叶利用水中的营养物质进行生长，氮、磷营养盐被吸收后用以合成植物自身结构的组成物质，对穗状狐尾藻有毒害作用的某些重金属和有机物则是脱毒后被储存于其体内或在其体内被降解。当穗状狐尾藻被收割运移出水生生态系统后，大量的营养物质也随之从水体中输出，从而达到净化水体的目的。

大量的研究表明，穗状狐尾藻对受污染的水体（含底泥）中氨氮、硝态氮和总氮的去除率都可达到 90%以上，表现出较好的去除效果。随着时间的延长，水体中总氮浓度快速下降。而且在不同的季节，穗状狐尾藻对富营养化水中的氮、磷均有较好的净化作用，对天气温度变化的耐受性也好，所以其是低污染水净化的先锋物种。

3. 西伯利亚鸢尾

西伯利亚鸢尾（*Iris sibirica* L.）为鸢尾科，鸢尾属，多年生草本植物，既耐寒又耐热，冬季和夏季均可种植，在浅水、湿地、林荫、旱地或盆栽中可生长良好，花期为 4～5 月，果期为 6～7 月。西伯利亚鸢尾花茎高于叶片，平滑，高 40～60cm，有 1～2 枚茎生叶；苞片 3 枚，膜质，绿色，边缘略带红紫色，狭卵形或披针形，顶端短渐尖，内包含 2 朵花。花呈蓝紫色；外花被裂片倒卵形，上部反折下垂，内花被裂片狭椭圆形或倒披针形，直立。

西伯利亚鸢尾通常采用分株繁殖、播种繁殖，很少采用扦插繁殖。分株繁殖在春、秋两季进行。将繁殖母本从栽培土中挖出，尽量少伤根系，抖掉泥土，平放在木板上，用利刀将其分成单株，确保每株都带须根，以提高成活率。随后将分好的植株及时栽入盆中，注意盆土应与根茎齐平，这样既可保证植株生长良好、易萌发新株，又可防止植株因根系浅、发育不良而倒伏。种后要确保盆土浇透并有水从排水口流出。然后放置在自然光下，无须遮阳，20d 左右可生新根。

4. 水芹

水芹［*Oenanthe javanica*（Bl.）DC.］属于伞形科，水芹属，多年水生宿根草本植物，性喜凉爽，忌炎热干旱，25℃以下，母茎开始萌芽生长，15～20℃生长最快，5℃以下停止生长，能耐-10℃低温；长日照有利于匍匐茎生长和开花结实，短日照有利于根出叶生长。

5. 圆币草

圆币草（*Hydrocotyle verticillata*）为伞形科，天胡荽属，多年生挺水或湿生草本，喜温暖，怕寒冷，在 10～25℃且阳光充足的条件下生长良好。株高 5～15cm，茎顶端呈褐色，沉水叶具长柄，着生于叶中央；叶片呈圆伞形，状如铜钱，叶面油绿富光泽，直径 2～4cm，缘波状；花两性，伞形花序，小花白粉色，花期为 6～8 月；其茎节明显每一节各长一枚叶，可一直延伸；其地下横走茎生长速度惊人，繁殖能力强。

二、湿生植物在人工湿地中的作用

湿生植物用于污水处理厂尾水深度生态净化具有以下优势：通过光合作用为净化作用提供能量；具有可欣赏性，能改善景观生态环境；可以通过收割回收利用植物资源；可作为介质受污染程度的指示物；植物庞大的根系为细菌提供了多样的生境，根区的细菌群落可降解多种污染物；输送氧气至根区，有利于微生物的好氧呼吸。在人工湿地净化污水过程中，湿生植物的作用可以归纳为以下四个重要的方面。

1. 直接吸收利用污染物

湿生植物可以直接吸收污水中可利用态的营养物质、吸附和富集重金属及一些有毒有害物质。大型水生植物能直接吸收利用污水中的营养物质，供其生长发育。污水中的有机氮被微生物分解与同化，而无机氮（氨氮和硝态氮）作为植物生长过程中不可缺少的物质被植物直接摄取，合成蛋白质与有机氮，再通过植物的收割从污水和湿地系统中除去。无机磷也是植物必需的营养物质，污水中的无机磷在湿生植物吸收及同化作用下可转化成植物的有机成分，然后通过植物的收割而除去。大型水生植物还能吸附、富集一些有毒有害物质，如铅、镉、汞、砷、铬、镍、铜、铁、锰和锌等，其吸收积累能力为：沉水植物＞浮水植物＞挺水植物。

2. 为根区好氧微生物输送氧气

湿地环境最严酷的条件是湿地基质缺氧。在缺氧条件下，生物不能进行正常的有氧呼吸，还原态的某些元素和有机物浓度可达到有毒的水平。人工湿地中湿生植物能将光合作用产生的氧气通过气道输送至根区，在植物根区的还原态介质中形成氧化态的微环境，这种根区有氧区域和缺氧区域的共同存在为根区的好氧、兼性和厌氧微生物提供了各自适宜的小生境，使不同的微生物各得其所，发挥相辅相成的作用。

3. 为微生物提供良好的生存环境

人工湿地中微生物的种类和数量是极其丰富的，因为人工湿地水生植物的根系常形成一个网络状的结构，并在植物根系附近形成好氧、缺氧和厌氧的不同环境，不仅为各种微生物的生长和代谢提供了良好的生存环境，也为人工湿地污水处理系统提供了分解者。

4. 增加有机物的积累作用

人工湿地中有机物的来源主要是污水和水生植物，湿地系统中植物的年生长量相当大，植物地上部分衰落时的残留物、根系及根系分泌物都有助于系统中有机物积累量的增加，因而水生植物是系统中最大的额外有机物来源。当水生植物在湿地水体中腐烂时，要注意控制植物量，避免植物体内的氮、磷等营养元素对水体造成二次污染，减少湿地处理的负面效应。

三、大型水生植物配置技术

在考虑当地气候条件的基础上，结合大型水生植物本身的生长特性和种植模式，对具有潜在使用价值的湿地植物做筛选，然后在适于地区生长的植物中，选择生长迅速、对污染物去除效果好、资源利用价值高的水生植物作为人工湿地处理系统的主要种类进行种植。

1. 芦苇

芦苇是国际上公认的处理污水的首选植物，是具有发达根茎的多年水生或湿生的大型挺水植物，繁殖力较强，常成大面积单优种群。芦苇对各类污染物均有较强的抗性和净化能力。它可以清除水体污染中的有机物、重金属等，可有效使污染水体中悬浮物减少30%，氯化物减少90%，有机氮减少60%，磷酸盐减少20%，氨减少60%，总硬度减小33%。100g的芦苇1d可将8mg的酚分解为二氧化碳。目前，我国芦苇床人工湿地已用于处理乳制品废水、铁矿排放的酸性重金属废水等。

2. 香蒲

香蒲具有强大的根状茎，因此繁殖力很强，在水体中能迅速形成具有很大生物量的优势种群。香蒲对污水的抗性和净化能力都很强，特别是能大量吸收积累于工矿废水中的铅、锌、铜和镉等重金属。香蒲每年每公顷可吸收氮2630kg、磷403kg、钾4570kg，能有效缓解重金属污染，对净化工矿废水意义重大，尤其选狭叶香蒲和宽叶香蒲为佳。

3. 菰

菰为禾本科菰属多年水生高秆的禾草类植物，根状茎发达，粗短肥厚且生长速度快，生有多数匍枝及粗壮须根，埋于泥中，在水位升高的情况下也能漂浮生长，为浅水或者湿生环境中良好的景观植物，具有非常强的吸收氮、磷等营养物质的功能，并且对城市污水中的 BOD 去除率可达到 80%以上。同时菰具有较强的食用价值（茭白）和药用价值，可实现水生植物的资源化。

4. 水葱

水葱为莎草科多年生宿根挺水草本植物，具有庞大的气腔和强大的根状茎，且植株表面有一层蜡质，能增强其对污水的抗性，因此生命力较强。水葱对有机物特别是含酚废水的降解能力很强，它能通过体内的生理活动，将酚类化合物转化为糖苷而解毒。水葱净化污水，相当于微生物的净化作用，能提高水体的自净能力，因而其是一种大有研究开发价值的污水净化植物。

5. 水龙

水龙为柳叶菜科多年生水生草本植物，根状茎横走泥中或浮于水面，生命力强，生长迅速。种子及根状茎繁殖，且冬季能耐 0℃低温。其在低污染水中可有效取代水生植物入侵种喜旱莲子草，能有效地吸收水体中的氮、磷等营养物质，并且其强大的不定根系可以为功能微生物提供生长场所，从而可更有效地降解水中的污染物。水龙具有较高的药用价值，且花色艳丽，兼具景观和生态效益。

6. 菱

菱为菱科一年生浮叶水生植物，原产中国，集中分布于太湖流域。茎、叶、果实相当特殊。主根较弱，长约数尺（1 尺≈0.33m）伸入水底泥中，有固定植株、吸收养分的作用，茎蔓细长完全沉于水中，水中的异型叶也能吸收水中的营养物质，对净化水体具有较好的效果，且果实菱角具有较高的营养价值和药用价值。

7. 睡莲

睡莲为睡莲科睡莲属的多年生浮叶水生植物，为世界广布种。根状茎粗短，无性繁殖能力强，生长速度快，可有效地吸收水中的营养物质，且对水中的汞、铅和苯酚等有毒物质有较强的吸收作用。睡莲还具有过滤水中的有害微生物的作用，是难得的净化水体的水生植物。此外，睡莲具有非常好的景观生态价值和食用药用价值，可实现资源化。

8. 金鱼藻

金鱼藻为多年生沉水草本植物，悬浮于水中生长，植物体从种子发芽到成熟均没有根。金鱼藻适应能力强，有较强的耐污能力，为喜氮植物，在低污染水中能有效吸收无机氮，并具有较强的重金属吸收能力。

9. 穗状狐尾藻

穗状狐尾藻适应能力强，在各种水体中均能发育良好，属喜光植物，相对于其他沉水植物，具有较高的光合作用速率，在低污染水条件下生长迅速，能有效吸收污染物。

10. 菹草

菹草为世界广布种，其物候期特殊，为冬春季生长植物。菹草适应能力极强，能在污染水体中生长，尤其是在低污染水体中生长迅速，生物积累量较多。此外，菹草有较强的重金属吸收能力，对锌和砷的富集能力强，在污水中菹草组织中重金属含量能超过环境含量的 16 倍，因此在冬季可作为人工湿地处理系统的优势植物。

四、大型水生植物镶嵌组合技术

目前国内外针对单种水生植物脱氮除磷效果的研究较多，且主要集中于用单一生态型的水生植物对水体净化效果的对比研究。著者研究发现，人工湿地处理系统中水生植物的合理的镶嵌组合能够提高氮和磷的去除效率，并发挥其最大的净化潜力。著者根据不同试验区域的水质现状，选用适合的水生植物，并利用不同生活型和生态型的大型水生植物，构建不同类型的人工湿地处理系统。例如，在表面流人工湿地中利用芦苇-香蒲-菰-水葱的挺水植物系统，能有效削减污水处理厂尾水的 BOD 和氮、磷营养物质，同时在二级垂直潜流人工湿地中利用浮叶-沉水植物（睡莲-金鱼藻-穗状狐尾藻-菹草）系统，进一步削减水中的污染物，并提高水体的透明度，从而使出水水质达到项目要求，同时保护人工湿地生态系统的多样性和景观生态学效应。目前人工湿地处理系统除常用的挺水和湿生植物系统外，依据太湖流域污水处理厂尾水的水质现状，著者构建了更适于低污染尾水的浮叶植物系统和沉水植物系统，并组装成套的挺水-浮叶-沉水一体的生态净化系统，进一步削减有机污染物和氮、磷等营养物质的浓度，从而达到深度净化尾水的目的。

1. 筛选适于湿地的高效植物

在人工湿地植物筛选上，要遵循因地制宜、简便高效的原则，减少植物栽植环节的投入，使湿地植物发挥最大的效益；更重要的是，要让植物在人工湿地中起到重要的污染物去除作用。具体地说，让植物能够吸收水体中的氮、磷等营养元素，转化为自身的生物量。同时植物能够为基质中的微生物传递氧气，提高硝化细菌的硝化功能，这就要求植物根基必须足够发达。

目前对于湿地植物的研究还不够深入，没有从植物生理方面深入探索影响湿生植物去除氮、磷效率的因素，如对植物根区泌氧、植物根系分泌物等根际变化的分析。此外，需要将植物的功能和微生物的作用相联系，使得植物能够促进微生物的分解异化作用，最大限度地使湿地的污染物降解能力较以往常见的湿地模型有所提升。

2. 植物资源的回收利用

人工湿地建设的最终目的不仅仅是去除污染物。从管理运营的角度，将湿地植物的地面部分充分利用有利于减少由植物地面部分的堆积造成的水质二次污染或者有机质资源的浪费。植物资源的利用方向包括以下几方面。

（1）有机质碳源。可以使用湿地中大型水生植物或挺水植物进行有机质碳源的发酵，生产的碳源便于基质内微生物的直接利用；同时，厌氧发酵中产生的沼气可以作为能源应用于生产生活中。除此之外，发酵产物也可以用作绿肥，减少当地因为使用化肥造成的环境污染。

（2）纤维材料。风车草、芦苇等植物的纤维材料已经被用于造纸行业，利用植物秆制作的家用器具具有物美价廉、环保的特点。

（3）观赏花卉。湿生植物中可以作为观赏花卉的植物很多，如黄花鸢尾、美人蕉、水生美人蕉等，在大规模人工湿地中种植这类植物并发展花卉产业，可以带动当地经济的发展，实现综合利用。

人工湿地季节性交替维稳技术工艺流程为"构建表面流人工湿地—种植水生植物—人工湿地长期运行"。具体工艺如下：

首先以自然泥土为基质构建表面流人工湿地。

然后种植大型水生植物：菹草和穗状狐尾藻在室温发芽后黏附于黏土块上，再撒在表面流人工湿地中；西伯利亚鸢尾移栽株高约 40cm，种植时切除上部 1/3 的叶片；已繁殖的水芹幼苗种植在人工湿地岸边、浅水及中间孤岛等阴凉潮湿区域；圆币草依附浮框移栽入人工湿地。

最后将污水处理厂尾水接入人工湿地作为进水，连续运行，维持处理效果稳定。

西伯利亚鸢尾种植密度为 4 丛/m², 每丛 5～10 株；圆币草种植密度为 20 芽/m²。春冬季菹草、西伯利亚鸢尾、水芹生长旺盛，夏秋季穗状狐尾藻、西伯利亚鸢尾、圆币草生长旺盛，根据不同水生植物生长季节的差异，形成菹草-穗状狐尾藻-圆币草-西伯利亚鸢尾-水芹相结合的水生植物组成体系，实现人工湿地四季生长沉水植物、挺水植物、浮叶植物和漂浮植物，大型水生植物的总生物量大于 1kg/m²。

第二节　人工湿地强化净化技术

一、人工湿地补碳强化净化技术

在人工湿地中，脱氮过程除了常规厌氧反硝化脱氮外，还有厌氧氨氧化、好氧反硝化等过程。碳源作为厌氧反硝化过程的电子供体，是影响人工湿地反硝化过程的主要因素。人工湿地的反硝化碳源主要来自于进水，但是由于进水中溶解性有机碳浓度很低，并且大部分为难降解有机碳，因此需要考虑使用外加碳源提供反硝化电子供体。用于人工湿地反硝化碳源的主要有污水、低分子碳水化合物和植物生物质等。植物生物质作为人工湿地反硝化碳源有其独特的优势，不但价格低廉、来源充足，而且解决了湿地植物的处置问题，还不会增加系统的能耗和二氧化碳的排放量。

1. 碳源种类

现有的外加碳源大体上可以分为两大类：一是传统碳源，以液态有机物为主，包括葡萄糖、甲醇、乙醇和乙酸等；二是新型碳源，包括含纤维素类物质的天然植物和工业废水等。

在常规的污水处理工艺中，经常使用低分子碳水化合物（如葡萄糖、果糖等）作为碳源，以提高系统的脱氮效果。这些碳源在人工湿地的反硝化过程中也可以取得令人满意的效果。但是，以葡萄糖作为碳源，费用高，大大增加了处理工艺的运行成本。以蔗糖为碳源虽价格相对便宜，但其反硝化作用容易受溶解氧（DO）的限制，易产生亚硝酸盐。糖类物质使微生物生长量大，容易导致潜流人工湿地出现堵塞现象。

植物是人工湿地的重要组成部分，植物生长过程中在吸收污水中营养元素的同时，产生了大量的生物质。植物生物质中含有大量的木质纤维素（纤维素、半纤维素和木质素），在木质纤维素分解菌的作用下可释放出单糖和其他营养元素，作为反硝化碳源。木质纤维素中的纤维素和半纤维素较易被降解。因此，纤维素和半纤维素的含量越多，植物生物质就越容易释放碳源。表 1-2 中列出了植物的生物质组成，从表中可以看出，湿地植物中纤维素和半纤维素含量较多，总量占植物生物质的 40%以上，因而较易释放有机碳源。文献报道通过分析玉米秸秆、稻壳、木屑和芦苇秆的有机物释放规律及植物体分解对水质的潜在影响，确定了芦苇秆为较适宜的植物碳源，将其添加到垂直流人工湿地表面，当芦苇秆添加量为 $1.0kg/m^2$ 时，TN 去除率由未添加时的 60%提高到了 80%。通过向湿地系统中添加经过碱处理和未经碱处理的香蒲残体，发现在试验初期经过碱处理的湿地系统的脱氮效果要明显优于未经碱处理的湿地系统，试验中期和后期的结果则相反。研究切碎后的香蒲作为反硝化碳源对系统脱氮效果的影响，结果表明添加香蒲的系统的脱氮效率是对照系统脱氮效率的 10 倍。将树皮和碎石混合，作为垂直流人工湿地强化反硝化脱氮的填料，在进水 $NO_3^- - N$ 为 50mg/L，水力负荷为 $0.1m^3/(m^2 \cdot d)$时，出水的 $NO_3^- - N$ 为 9mg/L 左右，硝酸盐的去除率可达到 80%。还有学者研究了许多常见的天然植物枝条或茎秆作为反硝化碳源和细菌生长的基质，比较了浮萍、芦苇、香蒲和石莲花 4 种水生植物作为外加碳源对系统反硝化效率的影响，发现香蒲和石莲花的硝酸盐去除率高于浮萍和芦苇。

表 1-2　不同湿生植物的生物质组成　　　　（单位：%）

项目	香蒲	水葱	凤眼莲	槐叶苹	稻草
碳	45.9	44.9	36.0	38.0	41.0
氮	7.7	2.4	1.9	1.0	1.5
半纤维素	22.6	26.7	42.1	34.5	12.3
纤维素	20.8	27.7	42.4	33.6	42.3
木质素	10.5	22.7	12.8	11.8	29.1

2. 投加方式

无论是传统碳源还是新型碳源，其投加量过少都会导致反硝化反应不完全，出水硝态氮含量超标，投加量过多则会影响出水质量，甚至造成水质恶化。因此，需要优化投加碳源后氮元素的动力学模型和碳源投加方式（投加量、投加位置和投加时间等）。

以单一物质作为外加碳源往往存在各种问题，理想的碳源必须价廉高效，未来外加碳源的研究方向可以考虑采用混合碳源进行反硝化脱氮。当单一物质作为外加碳源时，仅一部分细菌能直接利用它，混合碳源作为反硝化反应的电子供体时，多种类型的细菌可利用不同的物质获取所需的能量，其反硝化速率优于单一碳源的情况。另外，以混合物质为外加碳源可以使工艺系统在处理效果、成本、管理等多方面得到优化。因此，未来外加碳源的研究方向应着眼于多种物质复合，相互之间取长补短，而不是仅选择某种单一的物质。本书将利用混合碳源尤其是多种湿地植物处理后得到的碳源作为湿地反硝化脱氮的补充碳源，探究合适的处理方法、添加量、投加方式与效果等，以期达到良好的人工湿地碳元素自循环。

二、人工湿地冬季低温强化净化技术

潜流人工湿地最早是在德国建造的，其主要的优势是污水在处理过程中被覆盖起来，使污水因蒸发和流动造成的能量损失最小。这种人工湿地更适宜在冬天运行。潜流人工湿地系统对较小和短期的温度变化具有较强的抗冲击能力，但在寒冷地区对秋季进入冬季的极大温差变化阶段的净化效果差，存在一个月左右的过渡期。对人工湿地系统采取一定的保温措施，使其冬季低温条件下能正常运行。通过使用不同的覆盖物进行隔离保温，好的覆盖材料应具有下列特性：有机填料能被完全分解而不会影响系统的正常运行；有营养平衡成分；结构蓬松，纤维含量高，隔热效果好，不会堵塞滤床；易使种子在覆盖物上发芽生长，有比较好的湿气保持能力，这样湿地植物就不会受到干旱的影响。

国内外学者研究了采用冰雪、稻草、树叶、麦秆、聚氯乙烯（PVC）透气薄膜、收割的湿地植物、炭化后的芦苇屑、有机填料等天然植物材料和人工材料作为保温材料，取得了良好的保温效果。通过保温，减小了冰层的厚度、提高了水体的温度、减缓了植物的休眠、提高了微生物的生物活性，从而提高了其对有机物的去除能力。

潜流人工湿地系统的污水流入面积比较小，单位覆盖区的入水热量损失少，从土壤中吸收的热量多，易做污水覆盖隔离设计；为了减少污水向大气的热量损失，应将热阻力比较大的隔离物铺在人工湿地的顶部。

湿地系统的立体结构主要依据湿地结构、进水方式、植物配置、人工基质选择等条件进行选择，选择最适宜低温运行的湿地立体结构种类。

1. 合理选择人工湿地类型

人工湿地分为表面流、水平潜流和垂直潜流三种基本形式。在冬季低温地区，冰冻现象频繁，会对人工湿地系统造成一系列的不利影响。通过合理优化人工湿地系统的立体结构，可以达到最佳的处理效果。

表面流人工湿地因水流在表层流动，水温降低使黏性增加，可吸收性降低，导致微生物活性下降；同时表面冰层使大气复氧能力下降，人工湿地系统内部溶解氧降低，导致运行效果不佳，因此表面流人工湿地不适宜在冬季低温地区应用。潜流人工湿地因水流在地面以下通过，在水流和地表之间形成具有保温功能的包气带，且蒸发和对流造成的热损失小，相对于表面流人工湿地而言，其在冬季低温地区使用更具优势，设计时应是首选。

潜流人工湿地根据进水方式，又可以分为水平潜流和垂直潜流。采用水平潜流与上升式复合垂直布水方式，充分利用了植物的根系，改善了水力流态，便于去除悬浮物，从而保证人工湿地在冬季低温地区的运行。因此，通过合理选择人工湿地种类，合理布置废水进入方式等可以达到最大的处理效果。

2. 优化人工湿地植物种类

植物是人工湿地的重要组成部分，在冬季低温地区应种植耐寒性强、挺水能力强、生物量多、根区丰富、繁殖性能及氧气转输能力好的植物。可以结合人工湿地的植物面积和植物质量来选择高效的抗寒植物。一些学者认为应在根系垂直方向上分布不同的植物（如芦苇和黑麦草），以增大人工湿地的生物量和种群数，提高系统内部的溶解氧。植物的复配和轮作可富集生物量，提高有机物的去除率，但也有学者认为复配植物的人工湿地抗季节变化能力差。

3. 合理选择人工湿地的填料基质

在冬季低温条件下应选择孔隙率大、磷吸附能力强的填料基质。疏松、通气性好、比表面积大的填料基质有利于空气中的氧气进入人工湿地，可促进硝化作用去除氮；多孔性填料基质含水率高，有助于形成厌氧环境，促进反硝化作用去除氮。Ca、Fe 和 Al 丰富的土壤和填料基质能有效地吸附磷。在好氧条件下，土壤呈酸性，Fe 和 Al 丰富的土壤和填料基质对磷的去除效果较好；在厌氧或兼性厌氧条件下，Ca 丰富的填料基质能促进磷的去除。选用新型滤料作为人工湿地填料基质，该滤料除使用常规的砂土外，还添加了松树枝、活性污泥等活性物质，同时添加了铁矿渣和石灰石等。该滤料有较大的孔隙率，含有可与磷交换的 Ca^{2+} 和 Fe^{3+}。该人工湿地在冬季低温条件下处理河水中 NH_4^+-N 和 TP 的去除率分别达 77% 和 98.4%。刘佳等（2006）认为，人工湿地内填料基质呈级配形式，良好的水力传导率和底部较大表面积的砾石成为其达到有机物理想去除率的良好保证，其研究的沈阳浑南人工湿地示范工程进水 TP 为 3.48～7.21mg/L，在冬季低温条件下 TP 去除率平均达到 87.75%，最高达到 92.05%。

4. 水处理负荷优化

冬季低温地区运行的人工湿地的短流现象较严重。在设计人工湿地时，应考虑过高的水力负荷和有机负荷都会对其在低温条件下的运行产生不利影响。水力负荷过大导致水力停留时间（HRT）过短，无法满足微生物降解有机物所需时间和硝化细菌生长世代时间的要求，NH_4^+-N 未得到充分硝化便被带出系统，且可能导致部分硝化细菌也随水流流出系统，最终导致 TN 去除率下降。Solano 等（2004）比较了水力负荷为 150mm/d、75mm/d，停留时间在 1.5d、3.0d 下的有机物的去除率，结果表明在低水力负荷、长停留时间下有机物的去除率最高。张建等（2006）考察了冬季低温条件下潜流人工湿地处理污染河水时在不同水力负荷下对污染物去除的效果，结果表明水力负荷由 30cm/d 降低到 15cm/d 后，NH_4^+-N 的去除率由 14%上升到 39%，COD 的平均去除率由 20%上升到 31%。冬季低温条件下运行的人工湿地有机负荷不宜偏大，污水中氮、磷和有机负荷过高会对植物产生毒害作用，当 NH_4^+-N 达到 24.7mg/L 时，人工湿地中的植物将枯黄或死亡。此外，冬季低温条件下外层微生物的活性较低，而内层微生物仍然有较高的活性，但生物量较少，降低运行负荷可以在满足微生物生长所需营养的情况下最大限度地达到处理效果。

5. 人工湿地运行方式的优化

在冬季低温条件下人工湿地采用序批式间歇式运行可以提高氧的传递能力，进而提高脱氮性能和污染物的去除能力。序批式间歇式运行，即每隔一定的时间向人工湿地进水、排水。当污水进入人工湿地时，空气被迫从填料基质中排出，当污水排出人工湿地时，空气又进入填料基质中，提高了系统的复氧能力。通过有节奏的气、水运动，可以在人工湿地中不断形成好氧/厌氧环境，促进硝化细菌的生长和活性恢复，有利于氮的去除。周健等（2007）研究了人工湿地在低温下的脱氮性能，通过采用序批式间歇式进出水等措施后，NH_4^+-N 和 TN 的去除率分别达到 85.86%和 48.44%。崔玉波（2017）设计了间歇式两级人工湿地，强化了对 NH_4^+-N 的去除效果，在停留时间为 1d，采用 12h 进水、12h 出水的方式时，其去除率达 99%。

6. 提高水力停留时间

人工湿地的运行效果和水力停留时间有着密切的关系。在实际工程中，为了不影响污水的处理效率，潜流人工湿地的水力停留时间一般设为 2~4d。然而，在冬季氧浓度低下及微生物活性低下的情况下，为了提高冬季的处理效果，可以适当地延长水力停留时间。从考虑经济因素等的影响出发，一般认为冬季其水力停留时间宜控制在 6d 左右，研究表明此时 COD 和 BOD 的去除率分别为 76.5%和 81.9%，能够达到处理要求。因此，在冬季的低温时期，可以适当地延长污水在人工湿地中的水力停留时间，以达到有效去除 COD 和 BOD 的目的。

7. 补充碳源

在硝化和反硝化过程中，碳源是影响反硝化反应正常运行的因素之一，因此通过添加碳源来强化反硝化。温度降低导致微生物代谢速率下降，充足的碳源是反硝化细菌正常代谢的保证。在冬季低温条件下，BOD 等的去除率偏高，而 TN 的去除效果不佳，导致碳源不足。研究表明，通过向人工湿地系统中添加碳源，提高 BOD/NO_3^--N，有利于进行反硝化，氮的去除率从 30%提高到 80%~90%。一般通过添加甲醇作为系统的补充碳源，对 TN 的去除率比对照系统增加了 6%。植物的残叶也能提供反硝化细菌生长的碳源，且覆盖的残叶可以降低氧气量，对反硝化去除 NO_3^--N 很有利。利用各种不同植物源碳源作为反硝化反应的补充碳源,不同植物对反硝化能力的促进效果各不相同。有研究证明容易腐烂的伊乐藻(*Elodea nuttallii*)细残叶促进反硝化的能力是不易腐烂的芦苇(*Phragmites australis*)、香蒲(*Typha orientalis*)的 3 倍,这表明伊乐藻细残叶是反硝化细菌较合适的碳源。将硝化液回流到沉淀池,可以改善水力条件和抗冲击负荷,这也是补充碳源的方式之一。

三、人工湿地电化学强化净化技术

1. 人工湿地与电和活性炭联合处理技术

构建小型人工湿地进行污水处理小试试验,利用电和活性炭联合的前处理工艺来处理 COD 和 BOD 等含量较高的污水,通过电芬顿(Fenton)形成的氧化力极强的且没有选择性的·OH 来氧化水中的多种有机物。同时加入的活性炭具有较丰富的微孔,而且与氧的接触面积比较大。因此,通过活性炭和电 Fenton 的结合能够更加有效地处理污水,处理过的污水以跌水曝气方式流入人工湿地,进行下一步的处理。

2. 人工湿地与纳米材料联合处理技术

纳米材料是指其结构单元的尺寸为 1~100nm 的材料,包括零维的原子团簇和纳米微粒、一维的纳米多层膜、二维的纳米微粒膜及三维的纳米相材料。当材料的尺寸为纳米级时,会产生许多传统固体所不具备的性能,主要包括表面效应、体积效应、量子尺寸效应和宏观量子隧道效应。另外,由于尺寸很小,纳米材料通常拥有很大的比表面积,表面原子配位的不饱和性会导致大量的悬键和不饱和键,使纳米材料具有很高的化学活性。这些特殊性使纳米材料具有良好的分离、光催化、还原及吸附性能。同时,由于纳米材料结构单元的尺寸小,它与污染物的有效接触面积比较大,对水中污染物的去除效果比传统的水处理方法更好,因而其在水处理行业具有广阔的应用前景。

近年来,将纳米零价铁用于环境污染的修复是一种新的污染控制技术。与普通铁粉相比,纳米铁粒径小,具有极高的比表面积和表面活性,可以被直接注入污染场所。众多的研究者将纳米铁应用于地下水硝酸盐的去除,吸附动力学研究得出的实验结果表明,硝酸盐的初始浓度对反应速率有影响,但对去除率影响不大;溶液 pH 为 2.0 时纳米铁对硝酸盐的去除效果最好;随着温度的升高,纳米铁对硝酸盐的去除率有所增加。纳米铁去除水中硝态氮的批式实验研究得出,纳米尺度的铁粉在无 pH 控制的封闭厌氧体系中与水中硝态氮反应的主要产物为氨氮。将纳米铁与反硝化细菌耦合后处理污染水体的研究也是热点之一。好氧反硝化细菌经纳米 Fe_3O_4 负载后,对废水的脱氮、除磷及去除 COD 的效果得到明显的提升,去除率分别达到 75.56%、38.83% 及 87.5%。王学等(2011)分别考察了不同纳米铁系材料与反硝化细菌复合体系去除硝态氮的反应速率及对脱氮产物生成的影响,不同纳米材料对细菌毒性大小的顺序为:壳聚糖稳定纳米铁＞普通纳米铁＞油酸钠稳定纳米铁。综合反应速率、产物和细菌的毒性各个方面因素,油酸钠稳定纳米铁与反硝化细菌的耦合效果最好。席宏波等(2008)研究了纳米铁投加量、PO_4^{3-} 浓度、温度、pH 对纳米铁去除人工配制磷酸盐废水中 PO_4^{3-} 的影响,并验证了纳米铁对 PO_4^{3-} 的吸附模式,在 25℃、pH 为 4 时除磷效果最佳。

因此，为了实现污水处理厂生化尾水生态净化出水达到地表水Ⅴ类标准的要求，开展生态净化功能湿地模式研究，利用尾水冬天温度较高的特点，采用潜流人工湿地进行反硝化脱氮，利用湿地水生植物作为补充碳源，实现人工湿地物质循环和能量的利用，同时利用挺水植物生产生物质炭（biomass charcoal），对生物质炭进行改性，用于对尾水中氮、磷的吸附，通过添加高效反硝化细菌，实现对尾水中硝态氮的深度削减。

第三节 低污染水生态净化系统稳定性

一、低污染水生态净化技术

低污染水的治理为我国湖泊环境保护的重要组成部分，经过工程治理达标后排放的尾水或污染较重的沟渠水对湖泊水体而言属于低污染水，以生态工程手段对低污染水进行深度处理，可进一步削减污染负荷，从而满足湖泊流域水环境承载力的需要。其主要的天然生态工程包括以下几类。

1. 水陆交错带

我国河流、湖泊众多，位于水生生态和陆生生态系统间的交错带具有独特的物理、化学、生态特性。交错带内聚集着丰富的植物和动物区系，对整个区域的物质循环起着调控作用。生态交错区控制着流域景观之间的物质流动，水陆交错带一个重要的生态功能是对流经水陆交错带的物质流和能量流有拦截和过滤作用。水陆交错带的作用类似于半透膜对物质的选择过滤作用。作为陆地或源头水陆交错带的人工水塘系统具有很强的截留农业径流和非点源污染物的生态功能。

2. 缓冲带

缓冲带是指与受纳水体邻近，有一定宽度，覆有植被，在管理上与农田分割的地带，能减少污染源与河流、湖泊之间的直接连接。10～15m宽的河边缓冲带能够滞留农田地表径流携带的大部分氮、磷，同时不同类型（灌丛、草坡）缓冲带的滞留能力依赖于植株的密度和水位。悬浮物在缓冲带内的沉降主要是因为缓冲带糙率增加，引起水流流速降低，延长水流流动时间，增加径流下渗量，降低水流挟沙能力。氮在缓冲带内的截留、磷随泥沙的沉降及溶解态磷在土壤和植物残留物之间的交换、缓冲带土壤中植物根系的形成有利于过滤作用的增强和吸附容量的扩大。

3. 水塘系统

长江中下游流域存在许多天然或人工水塘，这些水塘间接地与河流进行水、养分的交换，同时降低流速，使悬浮物得到沉降，增加水流与生物膜的接触时间，水塘对非点源污染物的滞留和净化能力很强。我国许多水塘截留的径流和氮、磷的年滞留率均超过80%。同时，连接水塘的小沟具有较大的横断面或水深比。植被对径流有过滤作用，使得沟渠能够有效地滞留氮、磷等污染物。水塘系统中的河口型、水塘型河流在不同的水文（基流、降雨径流）下具有稳定的滞留功能，TP 和 TN 的滞留量占全部滞留量的 60%以上。

4. 湿地生态系统

湿地是陆地生态系统和水生生态系统之间的过渡地带，其水位通常接近地表，或以浅水形式覆盖地表。湿地一般具有三个特征：周期性的以水生植物生长分布为主；土壤水分饱和或被水覆盖，土壤基质具有明显的不透水层。污染物在湿地中的滞留由物理、化学、生物等过程控制，包括氮、磷等随泥沙沉降，泥沙和土壤对污染物的吸附，降解、氧化还原及生化过程等，而这些过程又与湿地系统的土壤化学性质、生产力等因素有关。

磷在湿地中的滞留同样由物理、化学、生物等过程控制，依赖于湿地水流流量、速率、停留时间等因素，流速过高容易引起泥沙悬浮，影响湿地的生化、物理、化学等过程，以及湿地的植物分布、组成等。在生长季节温度较高，湿地生态系统中的植物和微生物生命力旺盛，在植物根部形成氧化微环境，促进微生物对有机磷的降解，使得生长季节的磷滞留量明显高于休眠季节，即磷在湿地中的滞留具有明显的季节性。氮在湿地中的滞留主要通过沉积作用、脱氮作用、植物吸收和渗滤作用等，同时湿地系统土壤的氧化还原性、植被构成（产生有机质）等均影响脱氮过程，进而影响氮的滞留容量。

二、污水处理厂尾水的生态毒性

（一）污水处理厂尾水毒性评价

即使污水处理厂尾水符合《城镇污水处理厂污染物排放标准》（GB 18918—2002）中对 COD、BOD、TN 和 TP 等指标的要求，但这些指标不能反映污水处理厂尾水的安全性是否得到保证，其对水生生物的毒害作用尚不明确。生物毒性分析法克服了这些理化指标的局限性，已成为污水处理领域的热点研究方向，是监测和评估水质的重要手段。

在众多的生物毒性分析法中，发光细菌法具有快速、灵敏、成本低等优点而被广泛应用。李雪梅等（2010）用淡水发光菌 Q_{67} 对某地区 7 座污水处理厂的进出水进行了急性毒性检验，结果表明进水经处理后毒性显著下降，毒性指标和化学指标并非在任何水体中都相关，但发光细菌试验可作为化学分析的有效补充。植物微核技术作为生物检测中检测细胞遗传毒性的一种快速检测方法已被广泛应用于环境检测，其中蚕豆根尖微核技术是应用较广的一种。施晓东等（2009）用蚕豆根尖微核试验对金属冶炼厂的污水及污染源附近的湖水进行检测评价，发现二者均能使蚕豆根尖细胞微核率增加，该结果与化学检测基本一致。潘力军等（2007）运用大型水蚤和斑马鱼急性毒性试验对几家乡镇企业污染源排放口的水样和某小区生活污水的毒性进行检测，得出废水的毒性大小顺序，总结出大型水蚤和斑马鱼的急性毒性试验是一种灵敏、价廉和快速的毒性测试方法，可以用来监测污水的毒性。张海珍和陆光华（2010）研究污水处理厂尾水对金鱼生命早期生长和发育的影响，发现污水处理厂尾水的金鱼生命早期暴露导致金鱼雌性化的风险,因此金鱼早期生命阶段的敏感性使其适用于评价水中内分泌干扰物的生态影响。

(二)污水处理厂尾水对湿地植物毒性评价

人工湿地被广泛应用于污水处理厂尾水的深度处理,尾水中的某些污染物,如 NH_4^+-N 可能会对湿地植物的生长造成胁迫。在实验室条件下研究了大型沉水植物——穗状狐尾藻和苦草在不同 NH_4^+-N 浓度的污水处理厂尾水中的生理响应和耐受力。将穗状狐尾藻暴露在低浓度 NH_4^+-N 的尾水中,实验表明,尾水中的 NH_4^+-N 对穗状狐尾藻的生长有一定的影响。当尾水中 NH_4^+-N 的浓度小于 3.5mg/L 时,尾水中的氮元素作为氮源被植物吸收利用,促进植物的生长;当尾水中 NH_4^+-N 的浓度超过 3.5mg/L 时,植物叶绿素(chlorophyll)、可溶性蛋白质含量下降,并且脯氨酸含量明显上升,同时植物体内超氧化物歧化酶(SOD)活性上升,这表明穗状狐尾藻受到氧化损伤。同时,研究了穗状狐尾藻和苦草对高浓度 NH_4^+-N 尾水的耐受性,通过对两种植物的生理生化指标响应特征的比较,发现穗状狐尾藻比苦草更耐污。因此,该研究结果可以为人工湿地中植物的正常生长、有效的生态修复及人工湿地的可持续维持提供理论基础和数据支持。

污水处理厂汇集了大量的生活污水和工业废水,由于受污水量、处理费用、设备处理能力等多种因素的限制,其中的化学物质在处理过程中不可能被完全去除。从表 1-3 中可以看出,参照《城镇污水处理厂污染物排放标准》(GB 18918—2002),即使污水处理厂执行一级标准的 A 标准,污水处理厂尾水中的某些污染物质的浓度仍然会高于地表水 V 类标准中该污染物质的浓度,部分指标甚至是地表水 V 类标准的几倍。这些尾水若不经深度处理而直接排放,将会对地表水体造成相当程度的污染。

表 1-3　污水处理厂污染物排放标准与地表水环境质量标准(V类湖库)部分指标对比（单位：mg/L)

指标	COD	TN	TP	NH_3-N
污染物排放一级标准的 A 标准	50	15	0.5	5(8)
地表水 V 类标准(湖库)	40	2	0.2	2

注：括号内数值为气温低于 12℃时一级标准的 A 标准,后同

人工湿地具有成本低、运转维护方便、运行费用低、氮和磷去除能力强、对负荷变化适应性强,以及具有美学价值等优点,无论是从运行成本还是处理效果来看,都非常适合中、小城镇污水处理厂尾水的深度处理,可使尾水水质达到更高的标准,回用于城市水景建设和生态养殖。植物在人工湿地中有着重要的作用,作为湿地的初级生产者,可以直接吸收氮、磷和重金属等污染物质;光合作用产生的氧输送到根际可增加根际的 DO,改变根际的氧化还原条件,增强根际微生物的活性;植物发达的根系还可提高人工湿地的渗透系数。植物的根茎叶都有吸收富集重金属的作用,但其根部的吸收能力最强,各器官的累积系数随污水浓度的上升而下降。在不同的植物种类中,其吸收积累重金属的能力为沉

水植物＞浮水植物＞挺水植物，可见沉水植物对重金属的吸收能力较强。沉水植物是湿地系统的重要组成部分，是典型的大型水生植物，其根或根状茎生于水体底泥中，茎、叶完全浸没于水中，具有完全水生的特点，在各种水生植物中沉水植物对环境胁迫的反应最敏感。污水处理厂尾水中某些污染物的浓度可能仍然很高，这种组分未知、复杂且高度变化的尾水，进入湿地后会对人工湿地中植物的生长造成生理胁迫，进而影响人工湿地的处理效果和可持续运转。针对污水处理厂尾水对沉水植物生理影响的研究不多，大多集中于单一污染物对沉水植物生理胁迫的剂量-效应关系，以及几种明确的复合污染物的复合胁迫。经过多年的研究，目前仅对部分污染物的生理毒性比较清楚，但对于污染物的综合作用的认识比较模糊。研究表明，水体中高浓度 NH_4^+-N 的胁迫可能是沉水植物衰退的一个重要因素。尽管 NH_4^+ 和 NO_3^- 都是可供植物利用的无机氮源形式，但由于植物吸收 NH_4^+ 比吸收 NO_3^- 消耗的能量少，所以植物通常优先利用 NH_4^+。然而，高浓度 NH_4^+-N 的暴露会对植物产生毒害作用，"铵毒"的特征因植物种类、NH_4^+ 浓度和环境条件不同表现不尽一致。通常在高浓度 NH_4^+-N 的胁迫下，植物生长明显受到抑制，表现出叶片变黄、光合作用受阻、碳和氮代谢失调，K^+、Ca^{2+} 和 Mg^{2+} 等阳离子吸收受到限制。目前针对农作物"铵毒"的研究较多，有关沉水植物"铵毒"的研究也主要集中在水体高浓度 NH_4^+ 对沉水植物抗氧化酶活性的影响上。有研究表明，高浓度氯化铵在短期内（4～8d）可显著降低沉水植物苦草（*Vallisneria natans*）的叶绿素含量，诱导叶片 SOD、过氧化物酶（POD）和过氧化氢酶（CAT）活性增加。有研究认为，当 NH_4^+-N 的质量浓度为 1.5～4.0mg/L 时，就会对罗氏轮叶黑藻产生胁迫作用，NH_4^+-N 的质量浓度达到 8.0mg/L 时，罗氏轮叶黑藻生长明显受到抑制。

湿地植物的筛选一直受到很多学者的关注。目前普遍认为湿地植物筛选与净化潜力的评价体系主要包括植物适应能力和生理特性，以及耐污和去污能力两个方面。邓仕槐等（2007）研究了湿地植物芦苇对畜禽废水胁迫的响应，发现高浓度畜禽废水对芦苇生理活性产生巨大的不利影响。畜禽废水胁迫均明显提高了芦苇根系的活力，游离脯氨酸含量在急速下降后稳定在一个较低水平，丙二醛（MDA）含量稳中有降，而电解质渗漏现象不明显。因此，在畜禽废水胁迫下芦苇具有较强的抗逆性和耐受性，可作为人工湿地处理畜禽废水的主要植物之一。Yadav 和 Chandra（2011）通过对酿酒厂和制革厂废水胁迫下香蒲和油莎草叶绿素、巯基丙氨酸和抗坏血酸含量的检测发现香蒲的重金属富集能力较强，但油莎草生理生化水平较香蒲变化小，耐受能力强。

（三）污水处理厂尾水 NH_4^+-N 对湿地植物的影响

1. 污水处理厂尾水 NH_4^+-N 胁迫试验

（1）尾水中 NH_4^+-N 对穗状狐尾藻叶绿素含量的影响。

本试验测定了经不同 NH_4^+-N 浓度尾水暴露 5d 和 10d 后穗状狐尾藻叶片中总叶绿素的含量（图 1-2）。在暴露 5d 后，不同处理组间产生差异。当尾水中 NH_4^+-N 浓度小于 3.5mg/L 时，植物中叶绿素的含量随着处理组中 NH_4^+-N 浓度的升高而升高，并且当暴露浓度大于

2.5mg/L 时与对照组产生显著性差异（$p<0.05$）。然而，当 NH_4^+-N 浓度大于 3.5mg/L 时，植物体内叶绿素的含量没有显著性增加（$p>0.05$），且呈现随 NH_4^+-N 浓度升高而下降的趋势。持续暴露穗状狐尾藻至 10d 时，各处理组的叶绿素的含量均回到对照水平，并且各处理组间叶绿素的含量随 NH_4^+-N 浓度的升高而呈现下降的趋势。经 10d 的尾水暴露，添加低浓度 NH_4^+-N（1.5mg/L）能够促进叶绿素的合成，然而添加过高浓度的 NH_4^+-N（>2.5mg/L），尽管在短时间（5d）内能够促进叶绿素的合成，但是持续性暴露 10d 后，反而降低了叶绿素的含量。

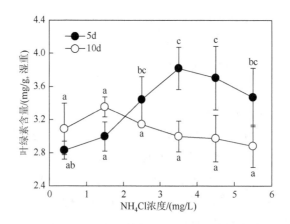

图 1-2 不同 NH_4Cl 处理组穗状狐尾藻中叶绿素的含量

a、b、c 代表差异的显著性，后同

（2）尾水中 NH_4^+-N 对穗状狐尾藻可溶性蛋白质和可溶性糖含量的影响。

与叶绿素含量的变化相似，暴露在含 NH_4^+-N 尾水中 5d 时，各处理组间穗状狐尾藻叶片中可溶性蛋白质的含量即发生了明显的变化 [图 1-3（a）]。当尾水中 NH_4^+-N 浓度小于 3.5mg/L 时，可溶性蛋白质的含量随着各处理组中 NH_4^+-N 浓度的升高而升高，并且当暴露浓度大于 2.5mg/L 时与对照组产生显著性差异（$p<0.05$）。然而，当 NH_4^+-N 浓度大于 3.5mg/L 时，植物叶片中可溶性蛋白质的含量显著性降低（$p<0.05$），并且随暴露浓度的增加而减小。持续暴露至 10d 时，各处理组（除 NH_4^+-N 3.5mg/L 组）的可溶性蛋白质含量较 5d 时均有所提高。与此同时，各处理组可溶性蛋白质的含量与空白对照组均存在显著性差异（$p<0.05$），并且呈现随 NH_4^+-N 浓度的升高而升高的趋势，尤其是当 NH_4^+-N 浓度大于 3.5mg/L 时，其可溶性蛋白质的含量要显著高于其他处理组。对于不同 NH_4^+-N 浓度尾水暴露后，穗状狐尾藻叶片中可溶性糖含量发生了明显变化 [图 1-3（b）]。在暴露 5d 后，各处理组穗状狐尾藻叶片中可溶性糖的含量呈现先降低后升高（以 NH_4^+-N 浓度为 2.5mg/L 时为分界点）的趋势，但是由于组内差异过大，未检测到各组间的显著性差异（$p>0.05$）。然而，暴露 10d 后，植物体内可溶性糖的含量随着暴露 NH_4^+-N 浓度的升高而降低，并且相比于暴露 5d 的可溶性糖的含量，其有所降低。

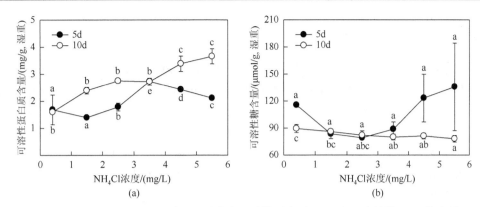

图 1-3　不同 NH_4Cl 处理组穗状狐尾藻中可溶性蛋白质（a）和可溶性糖（b）的含量

（3）尾水中 NH_4^+-N 对穗状狐尾藻脯氨酸含量和 SOD 活性的影响。

与可溶性糖含量的变化相似，暴露在 NH_4^+-N 尾水中 5d 时，各处理组间穗状狐尾藻叶片中脯氨酸的含量发生了明显的变化［图 1-4（a）］。当尾水中 NH_4^+-N 浓度小于 3.5mg/L 时，脯氨酸的含量随着各处理组中 NH_4^+-N 浓度的升高而降低；当 NH_4^+-N 浓度大于 3.5mg/L 时，植物叶片中脯氨酸的含量随暴露浓度的升高而升高。持续暴露至 10d 时，各处理组的脯氨酸的含量较 5d 时均有所提高。与此同时，高浓度处理组（NH_4^+-N 浓度大于 3.5mg/L）脯氨酸的含量与空白对照组均存在显著性差异（$p < 0.05$），并且呈现随 NH_4^+-N 浓度的升高而升高的趋势。

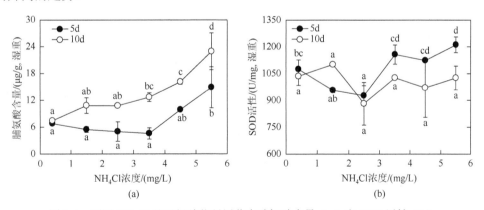

图 1-4　不同 NH_4Cl 处理组穗状狐尾藻中脯氨酸含量（a）和 SOD 活性（b）

暴露在 NH_4^+-N 尾水中 5d 时，各处理组穗状狐尾藻叶片中 SOD 活性呈现先下降再上升的趋势［图 1-4（b）］。当尾水中 NH_4^+-N 浓度小于 2.5mg/L 时，植物叶片中 SOD 活性随着各处理组中 NH_4^+-N 浓度的升高而降低，当 NH_4^+-N 浓度大于 2.5mg/L 时，植物叶片中 SOD 活性随暴露浓度的升高而升高，且高浓度组 SOD 活性与 2.5mg/L 组 SOD 活性相比显著增加（$p < 0.05$），外界胁迫已诱导植物产生氧化应激。经 10d 的尾水暴露，各处理组 SOD 活性之间没有显著性差异，尽管添加低浓度 NH_4^+-N（1.5mg/L）时 SOD 活性有所上升，然而添加过高浓度的 NH_4^+-N（≥2.5mg/L），持续性暴露的胁迫可能已经超过了植物的抗氧化能力限值，导致植物体内 SOD 活性无明显变化。

2. 湿地植物耐受性比较试验

该试验测定了经不同高浓度 NH_4^+-N 尾水（NH_4^+-N 浓度超过污水处理厂污染物排放标准）暴露 10d 后穗状狐尾藻和苦草叶片中叶绿素、可溶性糖、可溶性蛋白质和脯氨酸的含量。随着尾水在试验体系中所占比例的增加，体系中污染物浓度增加，穗状狐尾藻叶片中叶绿素的含量下降，C3 组（尾水占体系的 3/4）叶片中叶绿素的含量与对照组相比下降 2.5%，变化趋势较小，无显著性差异；对苦草来说，叶绿素的含量与对照组相比显著性下降（$p<0.05$），C3 组叶片中叶绿素的含量比对照组下降 43.69%［图 1-5（a）］。当暴露 10d 时，对穗状狐尾藻来说，各处理组叶片中可溶性糖含量变化不明显；而苦草叶片中可溶性糖含量随污水氨氮浓度的增加而上升，与空白对照组均存在显著性差异（$p<0.05$）［图 1-5（b）］。各处理组穗状狐尾藻叶片中可溶性蛋白质的含量经历了先上升后下降再上升的过程；对苦草来说，随着污水氨氮浓度的升高，苦草叶片中可溶性蛋白质的含量经历先上升后下降的过程［图 1-5（c）］。各处理组穗状狐尾藻、苦草体内脯氨酸含量均显著高于空白对照组（$p<0.05$），且随着污水氨氮浓度的升高而升高［图 1-5（d）］。

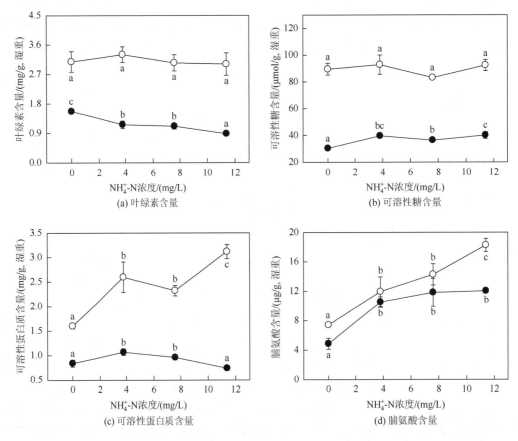

图 1-5　非达标尾水各处理组间穗状狐尾藻（○）和苦草（●）生理生化指标对比图

（四）污水处理厂尾水 NH_4^+-N 对湿地植物的影响机制

1. 污水处理厂尾水 NH_4^+-N 胁迫试验

氮素是植物正常生长发育所需要的营养物质，NH_4^+-N 是一种重要的无机氮源的存在形式，有研究表明，叶绿素是植物氮素营养状况的外在表现，其变化基本能反映植物的氮营养水平。当沉水植物缺少氮素营养时，蛋白质合成减少、细胞分裂减慢，而当氮素营养过剩时，也会对其产生伤害。穗状狐尾藻暴露在经曝气的自来水中，自来水本身所含营养物质较少，不能满足植物的营养需求，因而其叶绿素含量最低。随着处理组中 NH_4^+-N 浓度的升高，叶绿素的含量升高，当 NH_4^+-N 浓度为 3.5mg/L 左右时，叶绿素的含量最高，当 NH_4^+-N 浓度更高时，植物体内叶绿素的含量有所下降，可能是由于过量 NH_4^+-N 对植物产生了伤害。在固定的时间点测定微宇宙试验体系的 pH、DO 值，在整个试验过程中，呈现前期下降后期上升的趋势。通过对体系中植物生长状况的观察可以发现，暴露前期，穗状狐尾藻出现部分叶片枯黄、脱落的症状，植物的光合作用减弱，pH 下降，这些枯叶的降解需要消耗体系中的 DO，致使体系 DO 降低。但随着暴露时间的延长，可观察到有新的嫩芽长出，体系 pH、DO 有所回升。穗状狐尾藻部分叶片出现枯黄症状可能是 10d 时叶片中叶绿素含量较 5d 时低的原因，这说明过量的 NH_4^+-N 已经破坏了植物的光合作用系统，抑制了植物的光合作用。

植物叶片的叶绿素、可溶性蛋白质的含量都是与光合能力相关的重要生理指标。植物叶片中的可溶性蛋白质大多是参与各种代谢的酶类，其中约 50%是参与光合作用的关键酶，因此可溶性蛋白质的含量被广泛用作衡量叶片光合能力高低和是否衰亡的指标。氮素营养水平会影响植物体内蛋白质的合成，当植物缺少氮素营养时，蛋白质合成减少，而当氮素营养过剩时，也会对其产生伤害。Britto 和 Kronzucker（2002）的研究认为，过量的 NH_4^+会抑制 Mg^{2+}的吸收和运输，造成植物光合作用受抑制，其作用机制还有待进一步的研究验证。本试验中暴露 5d 时各处理组可溶性蛋白质含量的变化趋势为先上升后下降，在尾水中 NH_4^+-N 浓度为 3.5mg/L 左右时发生转折，表明了低浓度的 NH_4^+-N 可为沉水植物提供氮素，当 NH_4^+-N 浓度再高时则对植物产生伤害，穗状狐尾藻叶片的可溶性蛋白质的含量开始下降，表明植物机体光合能力降低、代谢受到干扰。

在环境胁迫下，植物体内各种糖类化合物在植物细胞内会发生分解或累积的现象。在不同的逆境下，植物代谢反应的总趋势是一致的，即分解作用增强，合成作用减弱，从而使植物体内淀粉、蛋白质等大分子化合物降解为可溶性糖、肽及氨基酸等物质。因此，可以用植物体内可溶性糖的含量指示植物遭受环境胁迫的程度。当暴露 5d 时，穗状狐尾藻叶片中可溶性糖的含量先降低后升高，表明植物遭受的环境胁迫先降低再升高；10d 时植物体内可溶性糖的含量低于 5d 暴露的，这可能是由于胁迫时间延长后，植物的光合作用系统受到破坏，对 CO_2 的固定减少，进而光合产物也相应减少。

脯氨酸是植物体内调节渗透的主要物质之一，通常把脯氨酸含量的变化作为植物体内氨基酸代谢是否发生障碍的指标，反映植物受逆境胁迫的大小，在逆境条件下植物体内的脯氨酸含量会显著升高。本试验中暴露 5d 的数据显示，穗状狐尾藻内脯氨酸含量呈现先降低后升高的趋势（在尾水中 NH_4^+-N 浓度为 3.5mg/L 左右时发生转折），表明植物受到的胁迫也呈此趋势，说明低浓度的 NH_4^+-N 可为沉水植物提供氮素，当 NH_4^+-N 浓度再高时则对植物产生胁迫。暴露 10d 时，随着暴露时间的延长，脯氨酸在植物体内积累，暴露 10d 的脯氨酸含量明显高于暴露 5d 的脯氨酸含量，且随着 NH_4^+-N 浓度的升高，脯氨酸的含量升高。

高浓度 NH_4^+-N 会诱导沉水植物产生氧化应激，SOD 是需氧生物活性氧清除系统中的第一道防线，能清除超氧阴离子自由基（O_2^-·），分解为 H_2O_2 和 O_2，减轻植物受到的氧化损伤。暴露 5d 时各处理组穗状狐尾藻叶片中 SOD 活性呈现先下降再上升的趋势，表明低浓度 NH_4^+-N 对穗状狐尾藻未造成氧化胁迫，当 NH_4^+-N 浓度超过 3.5mg/L 时，诱导植物产生氧化应激，植物体内 SOD 活性升高，清除超氧阴离子自由基。暴露 10d 时，各处理组 SOD 活性之间没有显著性差异，SOD 活性保持相对稳定，甚至在某些情况下有所下降，这可能是由于穗状狐尾藻的抗氧化酶系统受到了损害。Wang 等（2008）指出，当水体中 NH_4^+ 浓度超过 1.2mmol/L 时，苦草叶片中 SOD 活性下降。金相灿等（2007）指出，当体系中 NH_4^+ 浓度超过 4mg/L 时，穗状狐尾藻叶片中 SOD、POD 活性下降。

因此，穗状狐尾藻作为表面流人工湿地沉水植物净化污水处理厂尾水时，对氨氮存在一个耐受阈值，污水处理厂尾水中 NH_4^+-N 浓度为 3.5mg/L 就是这个阈值。通过向污水处理厂尾水中添加不同浓度的 NH_4Cl，观察穗状狐尾藻生理指标不同程度的响应，各指标的变化趋势都表明在该试验条件下，暴露 5d 时，当污水处理厂尾水中 NH_4^+-N 浓度超过 3.5mg/L 时，会对植物造成胁迫，随着暴露时间的延长，植物受到的胁迫越显著。NH_4^+-N 是植物优先使用的氮源，自然界的植物趋向于对 NH_4^+ 有一定的耐受性，但超过一定的浓度则会产生毒性效应。

2. 湿地植物耐受性比较试验

在低浓度氨氮暴露下，相同氨氮浓度的污水对苦草的叶绿素合成有所抑制，但却促进了穗状狐尾藻叶绿素的合成，这可能是由于低浓度氨氮为沉水植物的正常生长提供了营养元素，叶绿素的含量相对上升。同时，穗状狐尾藻各处理组间叶片中叶绿素的含量差异较小，无显著性差异，部分组叶绿素含量还有所上升，而苦草各处理组叶片中叶绿素含量差异较大，比空白对照组显著减少（$p < 0.05$），表明污水对苦草的胁迫超出了苦草的应激范围。两种沉水植物可溶性糖含量的变化敏感度也可以间接地表明穗状狐尾藻比苦草更耐污。综合以上指标，通过比较各稀释度尾水胁迫下两种沉水植物生理生化指标的响应过程，发现穗状狐尾藻比苦草更耐污。

3. 植物耐受性及指标敏感性

过多的 NH_4^+-N 会对植物产生毒性效应，Kraemer 和 Hanisak（2000）指出了沉水植物生长利用营养元素，如 NH_4^+-N 存在一个阈值浓度，且植物利用水体中 NH_4^+-N 浓度的阈值随植物种类的不同而变化。敏感种在NH_4^+-N浓度高于0.5mmol/L时就会表现出叶片枯黄、生长受抑制的症状；当NH_4^+-N浓度达到3mmol/L时，眼子菜的所有叶片会腐败，植物死亡；槐叶苹在NH_4^+-N浓度达到5mmol/L时却能生长得很好。因此，将穗状狐尾藻用于人工湿地处理污水处理厂尾水时，穗状狐尾藻对污水处理厂尾水中NH_4^+-N的耐受阈值约为3.5mg/L；与穗状狐尾藻相比，苦草耐污能力相对弱些，对污水处理厂尾水中NH_4^+-N的耐受阈值要低些。

综合两部分试验，在测定的指标中，叶绿素、脯氨酸、可溶性蛋白质和可溶性糖的含量及SOD活性能有效反映尾水对沉水植物的毒性效应，丙二醛含量指示性较小。在这些有效性指标中，可以发现它们随尾水中NH_4^+-N浓度变化的敏感度也是存在差异的，相对而言可溶性糖含量、SOD活性较敏感，尾水中NH_4^+-N浓度为2.5mg/L时是耐受的转折点；而叶绿素、脯氨酸和可溶性蛋白质含量在尾水中NH_4^+-N浓度为3.5mg/L时是耐受的转折点。因此，可以在生态净化系统中种植苦草，根据苦草的生长状况，评价低污染水对水生植物的毒性，进行尾水毒性监控评价。

（五）污水处理厂尾水毒性监控

为了更好地防止污染水中氨氮、重金属、有机污染物等对人工湿地生态净化系统的毒性效应，宜建立二级监控系统。

一级监控。在尾水生态净化进水渠中养殖鱼类，主要是鲫鱼，监控污水对水生态系统的急性毒性。主要毒作用终点指标为：鱼类浮头状况和死亡数量等。

二级监控。在生态净化系统中种植苦草，根据苦草的生长状况，评价低污染水对水生植物的毒性，进行毒性监控评价。主要毒作用终点指标为：苦草生物量、叶绿素a含量和繁殖体数量等。

三、低污染水生态净化进水氨氮控制限值

生态净化系统技术方面已经取得了许多实验参数和实践经验，但是由于该系统的"黑箱效应"，人们对生态净化系统中污染物的去除机理仍然缺乏了解。如何保证净化系统运行的稳定性、长久性及出水的安全性，还需进行进一步的研究和探讨。生态净化系统对氮、磷的去除效果容易受到微生物种群结构、酶活性等因素的影响，而这些因素相当不稳定，较容易受进水条件的影响。因此，为了保证系统的稳定运行及较好的氮、磷去除效果，对这些因素进行监控就显得尤为重要。

通过对穗状狐尾藻的生理生化指标的测定，发现低浓度的NH_4^+-N可以作为沉水植物生长所需的氮素，维持植物的正常生长，当NH_4^+-N浓度过高时，则对植物产生一定伤害。试验尾水中NH_4^+-N浓度为3.5mg/L时是穗状狐尾藻耐受的转折点。当污水处理厂尾水中的NH_4^+-N浓度小于3.5mg/L时，进入人工湿地后，湿地中沉水植物通过利用尾水中的氮素来维持代谢，从而达到净化水质的作用。当污水处理厂尾水中的NH_4^+-N浓度大于3.5mg/L

时，尾水进入人工湿地后会对湿地植物造成一定的胁迫。进一步研究发现，高浓度尾水（NH_4^+-N 浓度超标）胁迫下，两种湿地植物——穗状狐尾藻和苦草生理生化指标产生响应，为寻找合适在污水处理厂人工湿地中生长的植物提供依据。通过对两种沉水植物生理生化指标的比较，发现穗状狐尾藻比苦草更耐污，则苦草对污水处理厂尾水中 NH_4^+-N 的耐受转折点小于 3.5mg/L。因此，污水处理厂污染物排放一级标准的 A 标准中规定，夏季氨氮浓度为 5mg/L 的排放标准对人工湿地的植物是不安全的，其生态风险有待进一步评估。

同时，研究了 pH、COD_{Cr}、BOD、TN、TP、金属和有机农药等指标对生态净化系统的影响，研究的金属主要包括总铬、铜、锌、铅、镉、铁、锰、镍、砷和硒；有机农药主要包括多环芳烃和硝基苯类。结果表明这些影响因素对生态净化系统的影响不明显，这些影响因子按照《城镇污水处理厂污染物排放标准》（GB 18918—2002）的一级标准的 A 标准排放，满足生态净化系统的进水水质要求。

为维持人工湿地的正常运转，需从源头控制，加强对排入人工湿地中污水水质的监控。针对低污染水生态净化处理技术，制定相应的低污染水进入人工湿地的水质标准，以期实现生态净化系统持续稳定运行。根据《城镇污水处理厂污染物排放标准》（GB 18918—2002）和低污染水生态净化系统各污染因子阈值的要求，选取常见的主要污染物指标，制定了相关的生态净化系统进水要求。制定的生态净化系统进水的控制限值规定进入生态净化工程的低污染水进水水质在污水处理厂排放水一级标准的 A 标准及其以上，主要指标包括 pH 6～9，COD_{Cr}<50mg/L，氨氮<3.5mg/L，总磷<0.5mg/L，总氮<15mg/L。这样才能使进入生态系统的低污染水满足生态系统的控制要求，维持人工湿地的正常运转，实现生态系统的长期稳定运行，而微量的有毒污染物对生态脱氮除磷效能无明显影响。将其和现有《城镇污水处理厂污染物排放标准》（GB 18918—2002）的一级标准的 A 标准及《地表水环境质量标准》（GB 3838—2002）中Ⅳ和Ⅴ类水质标准进行对比，如表 1-4 所示。

表 1-4　进水污染控制限值与现有污水排放标准及水质标准比较

序号	控制项目	控制项目排放限值	一级标准的 A 标准	《地表水环境质量标准》（GB 3838—2002）	
				Ⅳ类	Ⅴ类
1	pH	6～9	6～9	6～9	6～9
2	COD_{Cr}/(mg/L)	50	50	30	40
3	五日生化需氧量（BOD_5)/(mg/L)	10	10	6	10
4	氨氮*/(mg/L)	3.5（5）	5（8）	1.5	2.0
5	悬浮物(SS)/(mg/L)	10	10	—	—
6	总氮/(mg/L)	15	15	1.5（湖库）	2.0（湖库）
7	总磷/(mg/L)	0.5	0.5	0.3　0.1（湖库）	0.4　0.2（湖库）
8	色度（稀释倍数）	30	30	—	—
9	动植物油/(mg/L)	1	1	—	—
10	石油类/(mg/L)	1	1	0.5	1
11	阴离子表面活性剂/(mg/L)	0.5	0.5	0.3	0.3
12	粪大肠菌群数/(个/L)	$1×10^3$	$1×10^3$	$2×10^4$	$4×10^4$

*氨氮指标括号外数值为水温>12℃时的控制标准，括号内数值为水温≤12℃时的控制指标

生态净化系统进水污染物主要指标达到控制项目排放限值后,满足生态净化系统的进水要求,才能使进入生态系统的低污染水得到有效净化,同时保证生态净化系统的正常运转,实现生态系统的长期稳定运行。在污水处理厂尾水达到一级标准的 A 标准的基础上,有条件的污水处理厂需要进一步深度处理,可以进一步协同降低 COD、BOD_5 和氨氮的排放浓度。

参 考 文 献

陈晓东,张帆,张华,等.2016. 新型复合流人工湿地处理食品加工废水的探索. 环境科学与技术, 39 (5):100-104.

崔玉波.2017. 人工湿地污泥处理技术研究进展. 吉林农业大学学报, 39 (1):1-9.

邓辅唐,孙珮石,李强,等.2006. 人工湿地技术处理河道污水. 环境工程,(3):90-92.

邓仕槐,肖德林,李宏娟,等.2007. 畜禽废水胁迫对芦苇生理特性的影响. 农业环境科学学报, 26 (4):1370-1374.

甘一萍.2010. 污水处理厂深度处理与再生水利用技术. 北京:中国建筑工业出版社.

管策,郁达伟,郑祥,等.2012. 我国人工湿地在城市污水处理厂尾水脱氮除磷中的研究与应用进展. 农业环境科学学报, 31(12):2309-2320.

蒋岚岚,刘晋,吴伟,等.2009. 城北污水处理厂尾水人工湿地处理示范工程设计. 中国给水排水, 25 (10):26-29.

金相灿,楚建周,王圣瑞.2007. 水体氮浓度、形态对黑藻和狐尾藻光合特征的影响. 应用与环境生物学报, 13 (2):200-204.

李雪梅,柯真山,杜青,等.2010. 采用淡水发光菌评估污水处理厂进出水毒性的研究. 给水排水, 46 (1):130-134.

李玉凤,刘红玉.2014. 湿地分类和湿地景观分类研究进展. 湿地科学, 12 (1):102-108.

林海波.2005. 电化学氧化法处理难生物降解有机工业废水的研究. 长春:吉林大学.

刘佳,孙浩诚,李亚峰,等.2006. 垂直流人工湿地在北方地区的应用. 工业用水与废水, 37 (4):20-22.

潘力军,高世荣,孙凤英,等.2007. 应用大型水蚤和斑马鱼对几种工业废水和生活污水的毒性监测. 环境科学与管理, 32(2):180-183.

施晓东,施令飞,刘洪英,等.2009. 蚕豆根尖细胞微核对金属冶炼厂排污水的监测. 环境科学与技术, 32 (11):137-139.

宋玉芝,杨美玖,秦伯强.2011. 苦草对富营养化水体中氮磷营养盐的生理响应. 环境科学, 32 (9):2569-2575.

苏胜齐,姚维志.2002. 沉水植物与环境关系评述. 农业环境科学学报, 21 (6):570-573.

孙珮石,邓辅唐.2004. 一种污染水体净化水生植物的筛选及快速繁育方法:200410079641.7.

谭洪新,刘艳红,周琪,等.2007. 添加碳源对潜流+表面流组合湿地脱氮除磷的影响. 环境科学, 28 (6):1209-1215.

陶敏,贺锋,王敏,等.2011. 人工湿地强化脱氮研究进展. 工业水处理, 34 (3):6-10.

童宁,邓风.2013. 强化低温域人工湿地脱氮除磷进展研究. 工业安全与环保, 39 (9):35-37.

王楠,王晓昌,熊家晴,等.2017. 人工湿地在工业园区污水厂尾水处理中的工程应用. 环境工程, 35 (12):11-14.

王圣瑞,年跃刚,侯文华,等.2004. 人工湿地植物的选择. 湖泊科学, 16 (1):91-96.

王学,李铁龙,东美英,等.2011. 稳定纳米铁与反硝化菌耦合去除地下水中硝酸盐的研究. 农业环境科学学报, 30(4):739-745.

王洋,刘景双,孙志高,等.2006. 湿地系统氮的生物地球化学循环研究概述. 湿地科学, 4 (4):311-321.

吴振斌.2008. 复合垂直流人工湿地. 北京:科学出版社.

席宏波,廖娣劼,尚海涛,等.2008. 纳米铁除磷的影响因素及吸附模式研究. 给水排水, 34 (S1):191-195.

解清杰,吴春笃,朱莉萍,等.2009. 一种自动复氧生活污水生态土壤净化床:CN101525200.[2009-09-09].

杨立君.2009. 垂直流人工湿地用于城市污水处理厂尾水深度处理. 中国给水排水, 25 (18):41-43.

杨星宇,彭润芝.2003. 地沟式污水生态工程脱磷、脱氮处理技术的研究应用. 贵州环保科技, 9 (2):15-18.

张丹,尤朝阳,肖晓强,等.2011. 污水处理厂尾水深度处理技术的研究进展. 安徽农业科学, 39 (9):5207-5209.

张海珍,陆光华.2010. 污水处理厂尾水对金鱼生命早期生长和发育的影响. 环境科学, 31 (5):1333-1338.

张华,孙盛.2015. 我国表面流人工湿地系统对污染物去除效果研究现状. 广东林业科技,(4):121-127.

张建,邵文生,何苗,等.2006. 潜流人工湿地处理污染河水冬季运行及升温强化处理研究. 环境科学, 27 (8):1560-1564.

张翔凌,郭露,陈俊杰,等.2014. 不同类型 LDHs 对垂直流人工湿地无烟煤基质的覆膜改性及其脱氮效果研究. 环境科学,

35（8）：3012-3017.

张小东，陈季华，奚旦立. 2008. 生态填料在微污染水体处理中的应用. 天津工业大学学报，27（5）：97-100.

周健，王继欣，张勤，等. 2007. 序批式人工湿地冬季低温脱氮的效能研究. 环境科学学报，27（10）：1652-1656.

Britto D T，Kronzucker H J. 2002. NH$_4^+$ toxicity in higher plants: a critical review. Journal of Plant Physiology，159（6）：567-584.

Fu G P，Yu T Y，Ning K L，et al. 2016. Effects of nitrogen removal microbes and partial nitrification-denitrification in the integrated vertical-flow constructed wetland. Ecological Engineering，95：83-89.

Kraemer G P，Hanisak M D. 2000. Physiological and growth responses of *Thalassia testudinum* to environmentally-relevant periods of low irradiance. Aquatic Botany，67（4）：287-300.

Romero J A，Comin F A，Garcia C. 1999. Restored wetlands as filters to remove nitrogen. Chemosphere，39：323-332.

Solano M L，Soriano P，Ciria M P. 2004. Constructed wetlands as a sustainable solution for wastewater treatment in small villages. Biosystems Engineering，87（1）：109-118.

Vymazal J. 2014. Constructed wetlands for treatment of industrial wastewaters: a review. Ecological Engineering，73：7247-7251.

Wang C，Zhang S H，Wang P F，et al. 2008. Metabolic adaptations to ammonia-induced oxidative stress in leaves of the submerged macrophyte *Vallisneria natans*（Lour.）Hara. Aquatic Toxicology，87（2）：88-98

Yadav S，Chandra R. 2011. Heavy metals accumulation and ecophysiological effect on *Typha angustifolia* L. and *Cyperus esculentus* L. growing in distillery and tannery effluent polluted natural wetland site，Unnao，India. Environmental Earth Sciences，62（6）：1235-1243.

Yin H，Yan X，Gu X. 2017. Evaluation of thermally-modified calcium-rich attapulgite as a low-cost substrate for rapid phosphorus removal in constructed wetlands. Water Research，115：329-338.

Zhang T，Xu D，He F，et al. 2012. Application of constructed wetland for water pollution control in China during 1990—2010. Ecological Engineering，47：189-197.

第二章 竺山湾小流域低污染水特征和入河负荷

第一节 低污染水水质特征

一、太湖竺山湾小流域概况

太湖是我国第三大淡水湖，北接江苏，南接浙江，东临上海，平均水深 1.89m，实际湖面面积约 2300km^2，湖泊长度约 68km，平均宽度约 34km，总蓄水量约 47 亿 m^3，年吞吐量 52 亿 m^3，是太湖流域 3000 万人口的饮用和生活水源。太湖流域是全国经济最发达、最具活力的地区之一，面积仅占全国的 0.4%，人口不足全国的 3%，而国民生产总值却占全国的 1/8～1/7，粮食产量占全国的 3%，淡水渔业总产值占全国的 1/4。近年来，随着该地区工农业生产的飞速发展和人口的剧增，太湖水质污染严重。从 20 世纪 50 年代至今，太湖水体营养状态从贫营养逐渐变为富营养状态，2015 年太湖主要水质指标年平均浓度高锰酸盐指数（COD$_{Mn}$）为III类，NH$_4^+$-N 为 I 类，TP 为IV类，TN 为 V 类。与 2007 年相比，2015 年太湖水质呈好转趋势，其水质指标变化情况如表 2-1 所示。

表 2-1　2007～2015 年太湖水质指标变化　　　　（单位：mg/L）

年份	COD$_{Mn}$	NH$_4^+$ -N	TP	TN
2007	5.10（III）	0.39（II）	0.074（IV）	2.35（劣V）
2009	3.98（III）	0.32（II）	0.062（IV）	2.26（劣V）
2011	4.25（III）	0.22（II）	0.066（IV）	2.04（劣V）
2012	4.34（III）	0.18（II）	0.071（IV）	1.97（V）
2013	4.83（III）	0.15（I）	0.078（IV）	1.97（V）
2014	4.25（III）	0.16（II）	0.069（IV）	1.85（V）
2015	4.00（III）	0.15（I）	0.059（IV）	1.81（V）

根据地理位置和水质功能的差异，太湖分为九个区，分别是五里湖、梅梁湾、竺山湾、贡湖、东太湖、湖心区、西部沿岸区、东部沿岸区和南部沿岸区。2014 年，各湖区中竺山湾水质最差，其次是西部沿岸区和梅梁湾。TN 浓度仍是决定各湖区水质类别的主要指标，除贡湖、东太湖、湖心区、东部沿岸区、南部沿岸区、五里湖等湖区外，其他湖区 TN 浓度均在 2.0mg/L 以上，竺山湾和西部沿岸区 TN 浓度在 2.2mg/L 以上，水质较差。太湖各分湖区主要指标水质类别如图 2-1 所示。

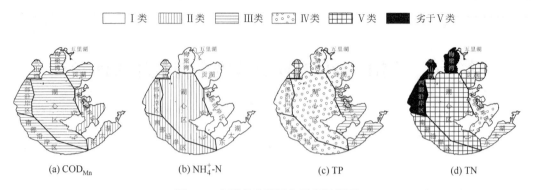

图 2-1 太湖各分湖区主要指标类别

从图 2-1 可以看出，太湖的竺山湾水质最差，COD_{Mn} 和 NH_4^+-N 为Ⅲ类标准，TP 为 V 类标准，TN 为劣 V 类标准。研究区域位于太湖湖西区的竺山湾小流域，如图 2-2 所示。

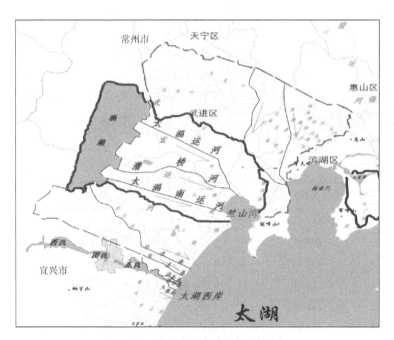

图 2-2 竺山湾小流域区位示意图

竺山湾、太湖西部上游区域是太湖流域经济最为发达的地区之一，竺山湾既是饮用水水源地，又是著名的风景旅游胜地。竺山湾南面大部分与湖心区相接，小部分与西部沿岸区相接。竺山湾是太湖西北部的半封闭型湖湾，北起百渎口，南至马山咀一线，面积为 57.2km²，主要入湖河道为雅浦港、太滆运河、殷村港和沙塘港。由于竺山湾形似口袋，面向北偏西，在特定的水动力作用下，污染物易进不易出，特别是竺山湾上游地区近年来受城市化、水体高密度养殖、面源和点源污染排放增加等影响，河网湖荡水体的生态系统退化严重，河网水环境容量下降，其原有的环境功能已基本丧失，水体环境受到严重的损害，一些地方甚至出现了水体发黑发臭，蓝藻、水花生、水葫芦疯长并覆盖水面的现象。特别是在一些中小河道中上述问题更加突出，严重影响了防洪、景观和人们的生活环境。竺山湾流域主要包括常州武进区的黄前镇和雪堰镇，宜兴市的和桥镇、万石镇和周铁镇。区域内河流密布、纵横交错，属北亚热带季风性气候，雨量适中，四季分明，温和湿润。多年平均气温 16.7℃，极端最低气温−7.5℃，极端最高气温 39℃。多年平均降水量 1067mm，极端最大降水量 1264.4mm，多年平均蒸发量 914mm。多年平均日照 2043h，平均无霜期 241d，平均降雪日 6d，平均降雨日 148d。区内主导风向为东南风，平均风速 3.2m/s。

竺山湾上游地区的来水污染物的输入是竺山湾、太湖西部水质恶化的主要原因，其中氮、磷营养盐是主要的污染物，主要的超标项目为 COD_{Mn}、NH_4^+-N 和 TP。这导致竺山湾成为太湖水污染和富营养化、藻华发生最严重的水域，是太湖水环境治理的关键区域。

与此同时，竺山湾水质不仅严重影响湾内生态环境，还给下游区域的供水带来了相当大的压力，使区域面临供水困难和生态保护双重问题。虽然太湖水体中的 TP 和 TN 含量在近年来基本呈稳中略有下降的态势，通过近年来的水环境综合治理，城镇污水处理厂尾水排放、规模水产养殖厂污水面源和点源排放中污染物浓度已经得到有效削减，但由于水量巨大，这些低污染水所携带的入湖污染负荷总量依然可观，导致太湖蓝藻水华暴发时有发生，因此须进一步削减入湖污染物负荷。

二、低污染水类型和水质特征

低污染水体中污染物指标，如透明度、色度、嗅味、硫化物、氮氧化物、有毒有害物质、病原微生物等超标现象，在多数情况下是受有机污染物污染的水体。在湖泊流域入湖地表径流中，部分水体水质受到一定的污染，但主要水质指标又优于城镇污水处理厂污染物排放标准，不适合排入污水处理厂进行处理，然而相对于湖泊水体来讲，仍然为污染源，不经处理直接入湖又不能满足湖泊水质保护的要求，这部分 TN、TP 和 COD 浓度相对较低的入湖水称为"低污染水"。

1. 低污染水类型

低污染水主要包括市政与工业污水处理厂的尾水、规模水产养殖处理排放水、农村生活污水处理后出水等。

新中国成立以来，我国的城镇化取得了很大的成就。1949 年市镇人口数为 5765 万，截至 2009 年，我国的市镇人口数达到了 62186 万。1999 年生活污水排放量便超过了工业污水排放量，生活污水已成为水体污染的主要来源。近年来随着城市化水平和人们生活水平的提高，生活污水排放量以年均 5%的速度递增，这对我国城市的污水处理能力提出了挑战。根据资料统计，从 1998~2006 年，我国城市污水处理厂由 266 座增加到 937 座，实际污水年处理量也从 29 亿 m³ 增加到 163 亿 m³，其中年处理生活污水由 20 亿 m³ 增加到 130 亿 m³。截至 2009 年 9 月底，全国城镇共建成污水处理厂 1792 座，处理能力达 361.5 亿 m³/a；在建城镇污水处理项目 1977 个，设计处理能力约 202 亿 m³/a。我国的城市生活污水处理率也由 10.3%上升到 43.5%。截至 2013 年 3 月底，全国已有 649 个城市建有污水处理厂，约占设市城市总数的 98.8%；国家发展和改革委员会提交的 2013 年国民经济和社会发展计划草案报告中表示，城市污水处理率达到了 86%；2013 年的《中国统计年鉴》指出，我国城镇污水处理厂处理能力达 499.8 亿 m^3/a。污水处理厂尾水排放量大，回用率低，回用潜力巨大。现阶段我国的城市污水处理厂以 COD、BOD_5、SS、氮和磷等为主要去除对象，虽然二级生物处理可削减水中的大部分污染物，但二级出水的排放量大，且氮、磷浓度较高，这对自净能力有限或已受到污染的受纳水体来说，并不能从根本上解决受纳水体的富营养化问题，只能延缓其发展趋势，二级出水依旧是造成受纳水体富营养化的重要原因之一。此外，污水处理厂尾水的进一步净化，可以为城市提供更高质量的回用水，是解决城市缺水问题的重要途径之一，具有开源节流和环境保护的综合效益。为了改善受纳水体的水环境质量，以及获得更高质量的回用水，针对污水（废水）的原水水质和处理后的水质要求可进一步采用三级处理或多级处理工艺，深度去除水中的微量COD 和 BOD_5 等有机污染物质、SS、氮和磷高浓度营养物质。

污水处理厂执行的一级排放标准（GB 18918—2002）与地表水环境标准（GB 3838—2002）Ⅴ类水质（湖库）的对比如表 2-2 所示。将一级标准的 A 标准对照地表水环境标准可知，一级标准的 A 标准仅相当于地表水劣Ⅴ类标准，在一级标准的 A 标准下，TN 浓度是Ⅴ类水质标准的 7.5 倍，TP 和 NH_4^+-N 浓度是Ⅴ类水质标准的 2.5 倍；在一级 B 排放标准下，则污染程度更加严重。若污水处理厂出水按照此标准排放，而收纳水体没有充足的清洁外来客水，就会导致河流和湖泊向Ⅴ类或劣Ⅴ类水体转变，同时 TN 大量汇入河流湖泊，可能造成水体富营养化。

表 2-2　排水标准与水环境质量标准对比分析表　　　　　　（单位：mg/L）

污染指标	一级标准的 A 标准	一级标准的 B 标准	地表水Ⅴ类水质标准（湖库）
COD	50	60	40
TN	15	20	2.0
NH_4^+-N	5.0（8.0）	8.0（15）	2.0
TP	0.5	1.0	0.2

另外，由于我国水产养殖规模的不断扩大，养殖水体中的营养和饵料有限，难以满足高密度水产养殖的需求，因此，就需要投加大量的外源性饵料和渔业肥料来满足养殖对象的生长发育需要。而在现有养殖条件下，这些外源营养物难以被养殖对象完全有效利用，只有少部分用于水产品的生长，其他大部分则以粪便或剩余饵料的形式存在。周劲风和温琰茂（2004）研究发现，池塘中营养物质氮输入中饵料占 90%～98%，鱼类氮的输出仅占总输出的 20%～27%，沉积的氮占 54%～77%；营养物质磷输入中饵料占 97%～98%，鱼类磷的输出仅占总输出的 8%～24%，沉积的磷占 72%～89%。这表明饵料中氮、磷除小部分供给养殖鱼类的生长外，大部分沉积于池底，造成浪费和污染。在池塘养殖过程中，必须定期大量换水以控制水质。因为静水池塘中当鱼类达到一定密度后，代谢产物的积累将成为抑制其生长和限制单产的主导因素，要想提高单产，必须定期更换新水，这势必会

导致大量养殖污水的排放。另外，在养殖过程中为了调节水质、预防和治疗水产品的疾病等需要经常定期投加大量的化学药品，如红霉素、氯霉素、孔雀石绿等违禁渔药，这些有毒物质残留在水体中，影响野生种类的免疫力，还造成生物残留，通过食物链危害人类健康。与一般生活污水相比，水产养殖污水具有污染物含量低和水量大两个明显的特点，而且水产养殖污水的水质和水量与养殖对象的养殖周期关系密切。

农村生活污水包括灰水和黑水两部分，黑水通常指厕所冲洗粪便的高浓度生活污水，灰水指除冲厕用水以外的厨房用水、洗衣和洗浴用水等低浓度生活污水。由于农村居民生活习惯、生活方式和经济条件的多样性和复杂性，以及农村地区环保基础设施缺乏、管理落后等，农村生活污水呈现出与工业废水、城市生活污水不同的特点。此外，由于缺乏基础排污管网设施，农村生活污水纳管率较低，开放式的排水方式使得生活污水中污染物排放规律容易受到当地气候条件、地表特征和强降雨等的影响。

在面源污染中，城镇地表径流是仅次于农业面源的第二大面污染源，其主要来源于降水冲刷地表垃圾和尘埃物质等，其中悬浮颗粒物浓度、重金属及碳氢化合物的含量等均与未经处理的城市污水基本相同，但在可生化性方面与城市污水存在巨大的差异，采用常规的城市污水处理工艺对其进行处理是不合理的。城镇地表径流污染具有随机性强、突发性强、径流量大的特点。北京市城市地表路面径流中 COD、TN 和 TP 浓度的平均值分别为116.24mg/L、12.35mg/L 和 0.457mg/L；上海市地表径流中 COD、TN 和 TP 浓度的平均值分别为 336mg/L、7.74mg/L 和 0.57mg/L；昆明市地表径流中 COD、TN 和 TP 浓度的平均值分别为 138.2mg/L、2.37mg/L 和 0.43mg/L，均高于地表水 V 类水质标准。因此，城镇地表径流对湖泊、河流构成威胁，应将其纳入低污染水的范畴。

2. 低污染水特征

低污染水中污染物种类较多，性质较为复杂，但浓度较低。这些低浓度的污染物对人体的危害很大，特别是一些有机污染物具有致癌、致畸、致突变的作用，常规的传统生化工艺不能有效地将其去除。通常其水质特征表现为 NH_4^+-N、亚硝酸盐（NO_2^--N）、BOD_5 和 COD 等超标，水体藻类繁殖严重。水体中存在病原微生物和溶解性有机污染物（DOC），特定的污染源还会引起色、嗅和味的产生。低污染水主要存在以下特征。

（1）浓度低。低污染水符合污水排放标准，与未经处理的生活污水或工业废水相比，污染物浓度较低。常规的污水处理措施大多用来处理污染物浓度较高的生活污水或者工业废水等，处理低污染水效果较差。

（2）水量大，负荷总量高。虽然低污染水水质污染程度较低，污染物浓度不高，但是因为水量大，输入湖泊的污染负荷量依然很高。

（3）波动性强。温度、降雨量等气候条件会影响低污染水的水量，暴雨冲刷及地表径流的变化会影响低污染水的污染物浓度和负荷量。低污染水的水量和污染物浓度具有明显的波动和复杂性，大大增加了低污染水污染控制与治理的难度。

随着水资源污染问题日趋加重，人们对饮用水安全问题越来越重视，我国很多作为饮用水水源地的湖泊已遭到不同程度的污染。其中很重要的两个污染源：一个是入湖河流，受到农村面源污染和水产养殖污染等，通常这些河流的水量巨大但污染物浓度很低；另一个则是污水处理厂排放的尾水，这些尾水虽经过处理达标，但是与湖泊水环境的水质要求相比可能仍然超标。由于低污染水的污染具有长期性，因此对湖泊水质的破坏性不可忽视。低污染水的治理成为近年来水环境治理的新要求。

第二节　竺山湾小流域低污染水调查诊断

一、竺山湾小流域内低污染水分布及特征

在竺山湾小流域，COD 和氮、磷污染物浓度低于城镇污水处理厂污染物排放标准一级标准而高于地表水环境质量标准 V 类水标准的各种排放水称为低污染水，如污水处理厂尾水、规模养殖处理排放水、农村生活污水处理后出水等。竺山湾上游区域入湖河道主要的污染物指标为 NH_4^+-N、TN 和 TP，主要来源于城镇污水处理厂处理后尾水、农村生活污水处理后出水等。尽管来自污水处理厂的尾水水质达到《城镇污水处理厂污染物排放》一级标准的 A 标准和《太湖地区城镇污水处理厂及重点工业行业主要水污染物排放限值》（DB32/1072—2007）的标准，但是由于工业废水来源多变，导致出水达标不稳定。其他的规模养殖排放水的 TN 和 TP 更高，严重影响入湖河道水质达标。根据 2008 年污染源普查等资料，竺山湾及其西部地区入湖河流所在地区的污染源（武进区和宜兴市）排放状况见表 2-3。

表 2-3　竺山湾及其西部地区入湖河流所在地区的污染源排放量　　　　（单位：t/a）

污染物种类	排放源				合计
	直接工业源	未接管生活源	农业面源	污水处理厂	
COD	2936.91	6333.79	1699.20	3296.84	14266.74
NH_4^+-N	180.29	1281.58	343.60	508.11	2313.58
TP	32.78	123.52	61.20	42.44	259.94

随着 2008 年至今的太湖流域污染防治规划的实施，污染物的排放量发生了改变，城镇污水处理厂建设规模不断扩大，年增加污水处理能力超过 100 万 t，排放的低污染水中 COD、NH_4^+-N 和 TP 排放入河的比例不断提高，其中低污染水排放的 NH_4^+-N 占总入河 NH_4^+-N 量的 35%，低污染水排放的 TP 占总入河 TP 量的 25%。因此，进行低污染水处理具有十分重要的意义，可为提高河道的水环境质量做出重要贡献。另外，调研结果表明入湖河道的 NH_4^+-N、TN 和 TP 浓度居高不下，而低污染水是区域内氮、磷污染物的主要来源之一，因此，必须开展低污染水脱氮除磷技术的研发，针对低污染水中氮、磷和难降解有机污染物深度去除开发相应的净化技术。

竺山湾流域内太滆运河滆湖入河口处设有多处围网水产养殖区域，饲养水产品为河虾、团头鲂、黑鱼及其他常规鱼等，养殖排水一般不做处理直接排放至湖中。流域内各河道周边遍布居民点和农田，农作物大部分为水稻和小麦，另有少部分为瓜果蔬菜和油菜。居民生活污水大部分经污水处理厂净化后排入河道，有少量生活污水未经处理直接排入河

道。根据环境统计资料,太滆运河周边共有 25 家企业。从企业的空间分布来看,25 家企业主要集中在太滆运河的中下游,以雪堰镇潘家片区和前黄运村片区居多,企业直接分布在太滆运河旁边,前黄镇和南夏墅街道的企业主要分布在前黄镇区和原庙桥乡政府所在地,离太滆运河较远。在 25 家企业中,位于太滆运河边上的企业有 12 家。从污水处理情况来看,25 家企业中除了常州武进武南印染有限公司由武进城区污水处理厂接管外,其余的 24 家企业均设有排污口,污水处理达标后排放至永安河、武宜运河、太滆运河,最终汇总至太滆运河入竺山湾。这些来自生产、生活排水、农田污染、水土流失及旅游污染都属于低污染水范畴。

竺山湾小流域内低污染水还包括农村生活污水、地表径流和农村面源污染等,此类废水水量难以统计,集中处理难度较大,因此主要针对竺山湾流域污水处理厂尾水和水产养殖废水这两种低污染水展开重点分析和讨论,分析其分布规律和特征,确定氮、磷入河(湖)通量的分布规律和对区域水环境的影响。

1. 污水处理厂排放尾水

环太湖流域内城镇污水处理厂接纳城镇生活污水和工业废水,其来源较为复杂。沿太湖所有城镇污水处理厂通过了"脱氮脱磷提标"改造,全面完成太湖流域 169 座城镇污水处理厂的"双脱提标"改造任务,使沿湖的污水处理厂尾水全面达到国家和省一级标准的 A 标准。目前污水处理厂出水氮、磷的排放虽然能达到一级标准的 A 标准,但面对水体富营养化日趋严重的现状,污水处理厂尾水若不经过深度处理而直接排入河道、湖泊等受纳水体,仍将加剧水体氮、磷的污染程度,同时一些生化性差的低浓度有毒物质将威胁饮用水安全。如果出水再削减 50%氮、磷,采用传统的二级生物处理技术将耗资巨大且很难实现,迫切需要开发低污染水体高效低耗处理技术。

2. 水产养殖业尾水

随着太湖流域养殖规模化、集约化的发展,水产养殖业尾水成为重要的污染源之一,太湖流域面积 36900 亩(1 亩 $\approx 666.67\text{m}^2$),外荡面积 30425 亩。近几年来由于高效农业的推广,利用稻田养殖使水产养殖面积增加了 70555 亩。其中人工养殖的产量占 50%左右,按人工养殖投饵系数 1.5 计算,每吨鱼产品的排磷量为 20.18kg 左右,排氮量为 520.06kg 左右,因此太湖流域水产养殖排污量为 COD 381400.92t/a、TP 7900.91t/a 和 TN 190100.79t/a。

水产养殖业污水的来源主要包括残饵、水生生物的排泄物及化学药品等。随着我国水产养殖业的快速发展,水产养殖方式从传统粗放养模式向规模化、集约化转变,加上养殖尾水肆意排放,养殖尾水污染日益严重。由于缺乏有效的水质净化功能,大量的饲料投入和鱼类代谢物积累导致池塘内有机污染物越来越多,池塘内源性污染加重,养殖水环境恶化。据报道,在鱼类养殖过程中,有 70%～80%的投喂饲料以溶解和颗粒物的形式排入水体环境中,饲料中营养物质最终约有 51%的氮和 64%的磷成为废物。

由于传统水产养殖不但污染严重而且效率低下,目前太湖流域已经走上集约化循环水产养殖的道路,它具有结构简单、占用面积小、成本低、无污水排放等优点,认为将不会对水体污染物排放产生贡献,因此着重针对污水处理厂尾水对入湖河流的影响展开分析和讨论。污水处理厂大量的低污染水排入入湖河流,分析其对入湖河流水环境的影响,从TN、TP、COD 和 NH$_4^+$-N 等指标分析其对入湖河流污染物增加的贡献,然后针对竺山湾小流域内污水处理厂尾水排放量进行污染物排放量的估算。

二、污水处理厂尾水对入湖河流水质的影响

由于低污染水大量排入河道,带入大量氮、磷等污染物,不但使河流水体的自净能力有所下降,而且突出表现为以下几个方面:一是由于废污水及污染物汇入,河流水体感官性会变差;二是河流的氮、磷等污染物浓度会大大升高;三是综合污染指数明显增加。在受污染水体中,一般同时存在胶体颗粒、无机离子、有机物等污染物,所以低污染水的排入一定会给河流产生一定的不利影响。因此,选取示范区内日处理规模为 30 万 t 的城镇污水处理厂作为研究对象,分析排放口和排放口上、下游监测点的水质,计算污染物年排放量,探索污水处理厂尾水对河流水环境的影响,并根据有关数据计算出其对竺山湾小流域、太湖流域水环境的影响。

1. 流域内某污水处理厂概况及排污分析

选择流域内城镇污水处理厂为研究对象,该污水处理厂日处理规模为 30 万 t,主要采用 A^2/O 工艺对污水进行除磷脱氮处理,生产运行由计算机自动监控,具体工艺流程如图 2-3 所示。

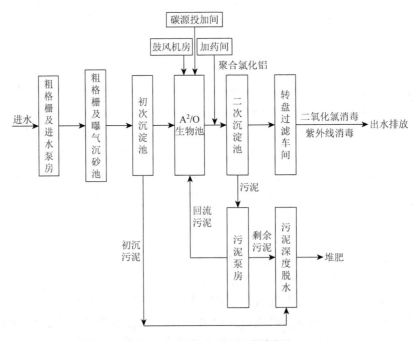

图 2-3　污水处理厂工艺流程

2008 年，为确保能够达到太湖地区城镇污水处理厂主要水污染物排放限值的要求，污水处理厂对原有工艺进行"提标升级"改造，采用了滤布滤池、膜过滤、生物填料等国内外先进技术，出水标准由原来一级标准的 B 标准提高到一级标准的 A 标准（GB 18918—2002）。污水处理厂收水范围主要为周边区域生活污水及经过企业预处理后的工业废水，尾水排放量约为 1 亿 t/a，尾水 COD、NH_4^+-N、TP 排放执行《太湖地区城镇污水处理厂及重点工业行业主要水污染物排放限值》（DB32/ 1072—2007）表 1 中 1 标准，pH、SS、BOD_5、TN 排放执行《城镇污水处理厂污染物排放标准》（GB 18918—2002）中规定的一级标准的 A 标准。污水处理厂进水、出水污染物情况见表 2-4。

表 2-4　某污水处理厂进出水水质情况

排放源	污染物名称	进水情况		处理措施	出水情况		效果
		浓度/(mg/L)	产生量/(t/a)		浓度/(mg/L)	排放量/(t/a)	
尾水	排水量	—	109500000	一级机械处理、二级生化处理和三级深度处理，污水处理采用 A^2/O 工艺	—	109500000	达标排放
	COD	≤320	35040		≤50	5475	
	BOD_5	≤100	10950		≤10	1095	
	SS	≤370	40515		≤10	1095	
	NH_4^+-N	≤25	2737.5		≤5	547.5	
	TP	≤5	547.5		≤0.5	54.75	
	TN	≤35	3832.5		≤15	1642.5	

由表 2-4 可以看出污水处理厂处理量约为 30 万 t/d，主要污染物有 TN、TP、COD、BOD_5、SS 和 NH_4^+-N 等，这些污染物经过 A^2/O 工艺得到了有效去除，出水中各指标满足《城镇污水处理厂污染物排放标准》（GB 18918—2002）中一级标准的 A 标准，出水全部排放至河流最终汇入太湖，所以选取此污水处理厂排放至入湖河流的低污染水进行分析，对排放口上、下游的水质进行检测，分析排放口对入湖河道的影响。

2. 监测断面的选取及分析

水样采集时间为 2014 年 6 月～2015 年 5 月，连续每月监测一次，对污水处理厂出水和排放口河水污染物的浓度进行每季度的水质监测。选取污水处理上游 1km 处（上游）和下游 50m 处（排放口）、1km 处（下游 1）、2km 处（下游 2）作为水质监测点，分析指标包括水温、pH、DO、COD_{Mn}、COD、BOD_5、NH_4^+-N、TP 和 TN。

3. 污水处理厂尾水对河流 TN 浓度的影响

对污水处理厂排放口 2014 年 6 月～2015 年 5 月的水样和污水处理厂出水污染物浓度进行比对分析，如图 2-4 所示，可以看出某污水处理厂出水 TN 浓度较稳定，没有出现大范围波动，TN 浓度为 10.4～14.8mg/L，出水 TN 浓度满足《城镇污水处理厂污染物排放标准》（GB 18918—2002）中规定的一级标准的 A 标准，污水处理厂每天排放量为 30 万 t，每年排入入湖河流 TN 量约为 1640t。污水排入入湖河流后，被河水稀释，在排放口下游 50m 设置监测点进行污染物浓度检测，可以发现监测点 TN 浓度变化呈波动性，为 4.72～5.78mg/L。

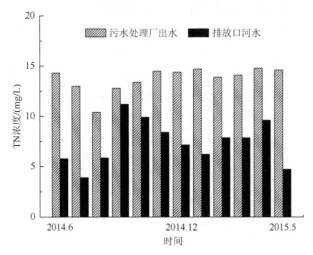

图 2-4　污水处理厂出水和排放口河水 TN 浓度

将污水处理厂上、下游 TN 浓度与排放口河水 TN 浓度进行对比分析，如图 2-5 所示，分析发现污水处理厂尾水排放口河水 TN 浓度明显高于上、下游 TN 浓度，其中 2014 年 10 月排放口上游、排放口河水、排放口下游 1 监测点、排放口下游 2 监测点 TN 浓度分别为 6.22mg/L、9.89mg/L、6.76mg/L 和 4.31mg/L，可以看出由于污水处理厂大量尾水排入河流中致使河流中 TN 浓度明显上升，排放口河水 TN 浓度高于排放口上、下游 TN 浓度，同时，排放口下游 1 监测点 TN 浓度略高于排放口上游 TN 浓度。将下游设置的两个监测点进行比较发现，离排放口较远的监测点 TN 浓度略低于离排放口较近的监测点 TN 浓度，可能是由于河流自身的净化作用，离排放口越远，TN 浓度越低，因此污水处理厂排放的尾水对河流 TN 浓度的上升有一定程度的贡献。

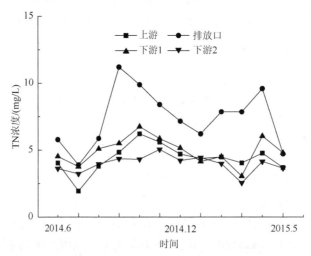

图 2-5　污水处理厂排放口和上、下游河道水体 TN 浓度变化

4. 污水处理厂尾水对河流水体 NH_4^+-N 浓度的影响

对 2014 年 6 月～2015 年 5 月污水处理厂排放口河水的水样和污水处理厂出水的 NH_4^+-N 浓度进行比对分析，如图 2-6 所示，可以看出污水处理厂出水 NH_4^+-N 浓度为 3.87～4.74mg/L，平均出水 NH_4^+-N 浓度为 4.50mg/L，每年排入河道的 NH_4^+-N 量约为 547t；排放口河水 NH_4^+-N 浓度变化范围较大，为 1.15～4.31mg/L，平均浓度为 2.93mg/L。从图中可以发现 2014 年 12 月前后排放口河水中 NH_4^+-N 浓度较高，分析原因是温度较低导致水体硝化作用减弱，因此水体中 NH_4^+-N 浓度升高。

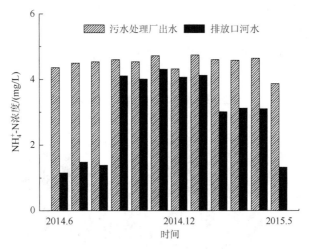

图 2-6　污水处理厂出水和排放口河水 NH_4^+-N 浓度

对污水处理厂排放口上、下游数据进行分析，如图 2-7 所示，上游河水 NH_4^+-N 浓度为 0.18～2.15mg/L，下游 1 监测点河水 NH_4^+-N 浓度为 0.76～2.29mg/L，下游 2 监测点河水 NH_4^+-N 浓度

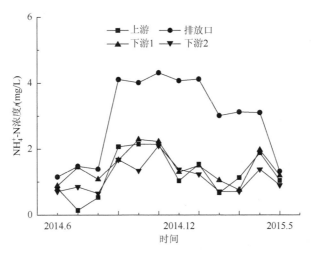

图 2-7　污水处理厂排放口和上、下游河道水体 NH_4^+-N 浓度变化

为 0.65～2.10mg/L。2014 年 6 月～2015 年 5 月整个入湖河水 NH_4^+-N 浓度整体呈现波动性，在 2014 年 8 月～11 月，随着污水厂排放口河水 NH_4^+-N 浓度的升高，下游两个监测点 NH_4^+-N 浓度升高，在 2015 年 1 月～3 月，随着排放口河水 NH_4^+-N 浓度的下降，下游监测点 NH_4^+-N 浓度降低，所以每天 30 万 t 的排放量的尾水对河水 NH_4^+-N 浓度有一定程度的贡献。

5. 污水处理厂尾水对河流 COD 浓度的影响

对污水处理厂出水和排放口河水进行连续一年的检测，COD 的变化趋势如图 2-8 所示。污水处理厂出水 COD 浓度是 42.0～48.7mg/L，平均出水 COD 浓度为 44.65mg/L，满足污水处理厂排放一级标准的 A 标准，每年排入河道的 COD 总量大约为 5475t。污水处理厂排放口河水监测数据显示 COD 浓度呈现一定的波动性，为 23～48mg/L，平均 COD 浓度为 37mg/L，基本达到地表水 V 类水质标准。

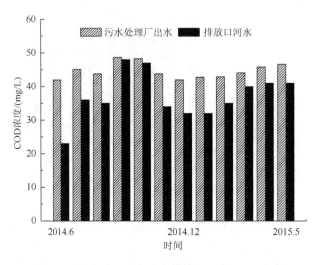

图 2-8　污水处理厂出水和排放口河水 COD 浓度

对污水处理厂排放口上、下游的 COD 浓度进行检测分析，结果如图 2-9 所示。从图中可以看出排放口下游 50m 河水中 COD 浓度明显高于排放口上游、下游 1 监测点、下游 2 监测点的 COD 浓度，在连续一年的检测中发现排放口上游河水中 COD 浓度为 19～47mg/L，排放口下游 1km 和 2km 处河水 COD 浓度分别为 17～41mg/L、12～44mg/L。在 2014 年 6 月～9 月随着排放口 COD 浓度的升高下游两个监测点河水中 COD 浓度上升，2014 年 10 月～2015 年 1 月随着排放口河水 COD 浓度的下降，下游监测点河水 COD 浓度也呈下降趋势，因此污水处理厂每天 30 万 t 污水排入河道会给河道水体污染物浓度的上升做出一定的贡献。

6. 污水处理厂尾水对河流 TP 浓度的影响

对 2014 年 6 月～2015 年 5 月污水处理厂排放口的水样和污水处理厂出水的 TP 浓度进行比对分析，结果如图 2-10 所示，可以看出污水处理厂出水 TP 浓度较稳定，没有出现大范围波动，TP 浓度为 0.336～0.478mg/L，满足污水处理厂排放一级标准的 A 标准，每年排入河流 TP 量约为 55t。排放口河水 TP 浓度一直维持在较低水平，为 0.12～0.35mg/L。

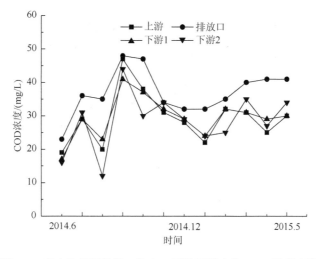

图 2-9　污水处理厂排放口和上、下游河道水体 COD 浓度变化

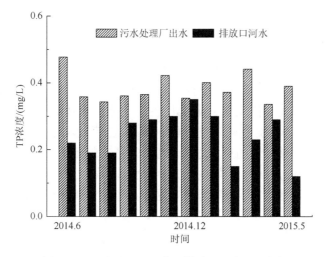

图 2-10　污水处理厂出水和排放口河水 TP 浓度

同时对污水处理厂上、下游河水 TP 污染物进行检测并与污水处理厂排放口 TP 浓度进行比对，结果如图 2-11 所示，上游监测点 TP 浓度为 0.06～0.25mg/L，平均为 0.14mg/L，下游 1 和下游 2 监测点 TP 浓度平均值为 0.16mg/L 和 0.14mg/L。由图可知污水处理厂下游 TP 平均浓度略高于上游 TP 平均浓度，虽然经过水体的自净过程，但是大量的 TP 汇入还是给下游河水造成了一定的影响。污水处理厂排放口河水 TP 浓度明显高于上、下游监测点浓度，在 2014 年 9 月～12 月，排放口河水 TP 浓度远高于上、下游河水 TP 浓度，同时下游监测点 TP 浓度的变化趋势和排放口 TP 浓度变化趋势有一定的相似性，说明污水处理厂大量的低污染尾水汇入河流对河流污染物浓度的升高有一定的贡献。

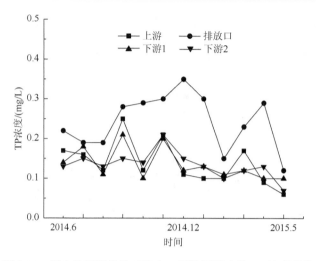

图 2-11　污水处理厂排放口和上、下游河道水体 TP 浓度变化

三、竺山湾小流域氮、磷入河通量

（一）污染物通量及其研究现状

1. 污染物通量含义

污染物通量指在指定的时间内通过某监测断面的污染物总量。污染物通量不但受工业废水、生活污水等点源污染的影响，而且与非点源污染及河流径流量等影响因素相关。污染物通量计算结果不仅能够体现出工业废水、生活污水及农业污染等各类污染源对水体的贡献量，还能直接反映出污染物的时空分布特征。计算流域内污染物通量及时空分布特征是研究流域内污染物迁移转化的重要方法，也是研究未来流域内水环境污染趋势、进行风险预测的先决条件。因此，研究污染物入湖通量对探讨湖泊水环境质量问题具有重要的生态意义。研究表明，过量的氮、磷等营养盐是导致湖泊水质恶化的最主要的原因，因此，降低水体中污染物的负荷量是治理湖泊富营养化的根本方法。

2. 国内外污染物通量研究进展

大量的污染物随河流、降雨径流等方式进入湖泊后，营养物质在水体中富集，湖泊水环境污染现象随之产生，国内学者在该领域做了大量的研究。刘卫红等（2011）对滇池入湖河流盘龙江水体中 TN 及 NH_4^+-N 等营养盐入湖通量进行分析，发现当河流径流量达到最大值时，TN 和 NH_4^+-N 的入湖通量也相应地达到最大值，与此同时，河流的断面流量与 TN 和 NH_4^+-N 呈现良好的线性相关关系，表明盘龙江水体中 TN 和 NH_4^+-N 主要来源于面源污染。田泽斌等（2014）估算了 2010 年洞庭湖四水和三江口入湖及城陵矶出湖的营养盐出、入湖通量，并对营养盐出、入湖通量的时空变化特征进行分析，结果表明，COD_{Mn}、NH_4^+-N、TP 入湖通量分别为 $44.47×10^4$t、$67.49×10^3$t 和 $15.03×10^3$t，出湖通量分别为 $73.69×10^4$t、$82.64×10^3$t 和 $21.88×10^3$t；洞庭湖营养盐入湖通量年内分布不均匀，且呈逐年下降的趋势。刘发根等（2014）根据 2008～2012 年鄱阳湖 8 条入湖河流，估算分析营养盐出、入湖通量，表明点源污染是导致安乐河 NH_4^+-N 和 TP 的入湖通量及营养盐出湖通量过高的最主要的原因。在汛期时，TN、NH_4^+-N、TP、COD_{Mn} 入湖通量及 COD_{Mn} 出湖通量最高，而 TP 和 NH_4^+-N 的出湖通量无明显的季节性变化。杨哲等（2013）对近年来太湖苕溪流域主要入湖河流水体中 TN、TP、NH_4^+-N 和 COD_{Mn} 入湖通量进行分析，发现 TN 是影响苕溪水质的主要污染因子。通过对营养盐入湖通量与水质水量进行相关性分析得知，营养盐的入湖通量与水量的相关性高于水质，由此可知，河流径流量是影响苕溪地区营养盐入湖通量的关键因素。王晖（2004）结合淮河流域周围环境及相关调查资料，采用 5 种计算污染物通量的方法来计算淮河干流时段通量。罗缙等（2005）结合太湖流域平水期、丰水期、枯水期时水质水量的监测数据，构建河网水质模型并计算出太湖主要入湖河流营养盐入湖通量。此外，还有不少学者对太湖污染物通量进行分析。这些研究成果为水体富营养化研究提供了科学的理论依据，并对治理水体污染具有重要的意义。国外学者 Ahteimer 分别于 1985 年和 1994 年对威尔士 12 条河流中 NO_3^--N 的平均浓度与河流流量进行相关性分析，发现其中的 7 条河流呈现出比较明显的正相关。

（二）氮、磷入湖通量计算

1. 氮、磷入湖通量估算方法

污染物通量计算方法包括断面瞬时通量计算和时段通量计算方法。断面瞬时通量是指某一时刻通过监测断面的污染物总量；时段通量是指某一特定的时间段内，通过指定断面的污染物总量。污染物时段通量的计算公式如下：

$$W = \int Q(t)C(t)\mathrm{d}t$$

式中，t 为估算时段，s；$Q(t)$ 为瞬时流量，m^3/s；$C(t)$ 为瞬时浓度，mg/L。

时段通量计算的方法包括：分时段通量之和、时段平均浓度与水量之积、通量分布频率之和及对流-扩散模式等。其中，分时段通量之和及时段平均浓度与水量之积是计算污染物通量应用最广泛的两种方法，并在文献中采用断面瞬时平均浓度、断面瞬时平均流量、采样期间平均浓度及平均流量等监测数据，完善了 4 种时段通量的计算公式。由于需要记录通过某断面的瞬时流量及瞬时污染物浓度，操作复杂、难以计算，因此在实际工作中常采用估算的方法。根据竺山湾 3 条主要入湖河流水质指标浓度及河流径流量，本节研究采取实测法计算氮、磷的实际入湖通量。氮、磷入湖通量计算公式为

$$W_{ij} = 365 \times 24 \times 3600 \times 10^{-9} \times C_{ij} \times Q_j$$

式中，i 为水质指标的数量（$i = 1, 2, 3, \cdots, n,$）；j 为河流监测断面编号（$j = 1, 2, \cdots, n$）；C_{ij} 为 j 河流监测断面 i 水质指标的浓度监测值，mg/L；W_{ij} 为 j 河流监测断面 i 水质指标的入湖通量，t/a；Q_j 为 j 河流的径流量，m^3/s。

2. 氮、磷入湖通量计算结果

在竺山湾 3 个主要入湖口设置 3 个采样点，分别为殷村港入湖口、沙塘港入湖口和太

漏运河入湖口,均为渔业用水,执行标准为Ⅳ类。从 2013 年 1 月~2015 年 12 月对其进行连续 3 年的采样监测;采样频率为每月一次(每月 15 日);采集水面下 0.3~0.5m 处地表水样,进行多点取样混合。样品被密封在事先准备好的干燥玻璃瓶中,于 4℃条件下暗处保存,24h 内完成所有样品分析。

根据 2013~2015 年各监测点污染物年平均浓度及各河流年均入湖流量,通过入湖通量计算公式得到 2013~2015 年竺山湾 3 条主要入湖河流 COD、TN 和 TP 的年入湖通量,如表 2-5 所示。

表 2-5 2013~2015 年竺山湾主要污染物年均浓度及入湖通量

入湖河流	年份	COD		TN		TP	
		平均浓度 /(mg/L)	入湖通量/(t/a)	平均浓度 /(mg/L)	入湖通量/(t/a)	平均浓度 /(mg/L)	入湖通量/(t/a)
太滆运河	2013	19.16	16092.7	4.51	3788.4	0.187	157.08
	2014	18.45	15501.4	4.46	3746.4	0.183	153.72
	2015	16.58	13923	4.20	3528	0.240	201.6
殷村港	2013	20.98	10487.5	4.19	2092.5	0.179	89.5
	2014	20.89	10446	4.09	2045	0.179	89.5
	2015	20.70	10350	3.74	1870	0.198	99
沙塘港	2013	25.05	7515	4.38	1314	0.152	45.6
	2014	26.27	7881	4.54	1362	0.168	50.4
	2015	23.20	6960	3.84	1152	0.195	58.5

竺山湾小流域低污染水还包括水产养殖、农村生活污水、地表径流、农业面源等,由于其分散性和随机性的特点,目前尚未能够准确评价其对入湖河流的显著影响,通过对竺山湾小流域入湖河流多年的分析监测和相关历史资料调研,确定其入湖通量。可以看出太滆运河每年由于流量较大,输入竺山湾的污染物总量较大。通过对各入湖河流污染物浓度几年的平均值比较,从而计算出整个竺山湾低污染水污染物多年平均入湖通量,见表 2-6。

表 2-6 竺山湾小流域主要污染物多年平均入湖通量

入湖河流	COD		TN		TP	
	平均浓度/(mg/L)	入湖通量/(t/a)	平均浓度/(mg/L)	入湖通量/(t/a)	平均浓度/(mg/L)	入湖通量/(t/a)
太滆运河	18.82	15808.8	4.6	3864	0.192	161.28
殷村港	21.25	10625	4.26	2130	0.187	93.5
沙塘港	25.37	7611	4.42	1326	0.165	49.5

太湖流域城镇污水接管率高达 91%,因此入湖河流污染主要来源于农业面源、地表径流、规模养殖尾水等低污染水。这部分氮、磷的总入河通量难以通过累加得到,但是污染物进入河流后,由于水体自净能力部分得以衰减,其余进入太湖,因此可以通过河流的

入湖通量及污染物综合衰减系数计算主要污染物的入河通量。根据已有调查资料和经验值，太湖流域入湖河流污染物综合衰减系数为 0.1～0.3，计算得到竺山湾小流域各污染物的入河通量分别为 COD 51417t/a，TN 11960t/a 和 TP 475.7t/a（表 2-7），因此，必须加强对入河氮、磷污染负荷削减的力度，提升河道的水环境质量。

表 2-7　竺山湾小流域主要污染物入河通量　　　　（单位：t/a）

河道	指标		
	COD	TN	TP
太滆运河	21078	5152	215.1
殷村港	13281	2663	116.9
沙塘港	8954	1560	58.2
雅浦港	8104	2585	85.5
合计	51417	11960	475.7

四、低污染尾水排放对环境影响分析

污水处理厂低污染尾水与未经处理的生活污水或工业废水相比，污染物浓度较低，符合污水排放标准，但是与湖泊、河道的水质要求相比可能仍然超标，直接排入河流会导致区域水环境质量的下降。虽然污水处理厂尾水水质污染程度较低、污染物浓度不高，但是由于入湖河流总水量大，因此输入湖泊的污染物负荷量依然很高。污水处理厂尾水水质波动性强，温度、降雨量等气候条件的变化都会影响流域入湖河流的流量、入湖河流污染物的浓度和负荷量，大大增加了河道污染控制与治理的难度。这些低污染水经过入湖河流的汇聚，可能会进入饮用水水源地，会给饮用水水源地造成不同程度的影响。

1. 竺山湾小流域低污染水对区域水环境的影响

污水处理厂的兴建一方面可有效改善区域水环境的状况，但另一方面，许多污水处理厂尾水直接排入内河或城市河道，又不同程度地加剧了受纳水体的污染程度。竺山湾小流域水质已经处于V类甚至劣V类，竺山湾小流域河水经过汇集流入竺山湾中，直接增加了竺山湾的污染负荷，严重影响了竺山湾的水质及人们的生活，直接关系到百姓的健康问题。

根据竺山湾小流域内 17 家污水处理厂的实际调查，各污水处理厂分布如图 2-12 所示。结合各污水处理厂的出水水质和水量，计算出污染物的入河通量，结合地表水V类水质标准，综合比较分析在现有排放标准下，污水处理厂尾水对水环境的影响。17 家污水处理厂年总排放量约为 2.1 亿 m³，根据《城镇污水处理厂污染物排放标准》（GB 18918—2002）中一级标准的 A 标准进行计算，竺山湾小流域 17 家污水处理厂尾水中 TN、TP、COD 和 NH_4^+-N 入河总量分别为 3150t/a、105t/a、10500t/a 和 1050t/a。

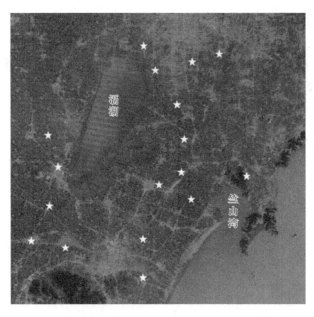

图 2-12　竺山湾小流域污水处理厂分布图（星号表示）

　　低污染水的排放对区域水环境造成了一定的压力，实地检测竺山湾小流域水质也表现为水体氮、磷浓度超标，藻类大量繁殖，水质恶化。氮、磷污染物随着河流最终汇集于太湖竺山湾，使得竺山湾水质常年较差。随着工业化和城市化进程的加快，低污染水水量会不断增加，尾水污染物对水体污染累积贡献量会呈逐年增加的趋势，在各种污染源的作用下，污染物排放量将超过其自净能力，对水体造成严重污染。低污染尾水已经成为一些河流沟渠的主要补给水源，由于区域水环境稀释能力较弱，这将会造成更大范围内的污染。

　　2. 太湖流域污水处理厂尾水对区域水环境的影响

　　太湖流域地处长江三角洲南翼，北依长江，东临东海，南濒钱塘江，西以天目山、茅山为界，面积为 3.69 万 km^2，行政区划分属江苏、浙江、上海和安徽（其中安徽省面积仅占 0.06%）三省一市，是我国大中城市最密集、经济最具活力的地区。流域独特的平原河网为流域经济社会发展提供了良好的水源条件，也决定了流域水环境等问题的复杂性、艰巨性和长期性。同时，太湖流域拥有四个全国重要饮用水水源地，如图 2-13 所示，分别为黄浦江上游水源地、太湖贡湖水源地、太湖湖东水源地和杭州东苕溪水源地，水利部关于重要饮用水水源地安全保障工作要求太湖流域多个重要水源地供水保证率达 95% 以上，水源地地表水达到《地表水环境质量标准》（GB 3838—2002）Ⅲ类标准，所以要求太湖流域地表水污染物浓度较低，地表水水质健康状况良好。为保证整个太湖流域的水质，要求各入湖河流尽可能地减少污染物的汇聚，各污水排放源尽可能地减少污染物排放浓度。目前，太湖流域主要存在三大环境问题：①部分饮用水水源地水质污染问题突出；②突发性的水污染事故给水源地带来了安全隐患；③废水排放总量大。

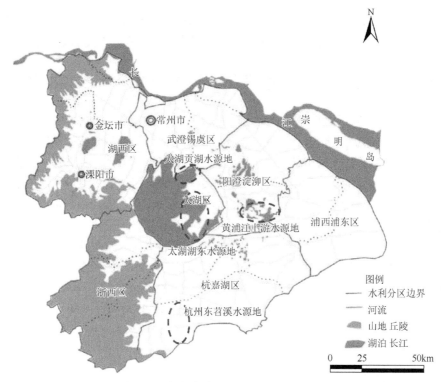

图 2-13　太湖流域重要水源地分布示意图

　　环境保护部在 2013 年中国环境统计年报中指出,2013 年太湖流域污水、COD 和 NH_4^+-N 排放量最大的均是江苏,分别占该流域各类污染物排放量的 68.5%、52.7% 和 49.8%。其中,工业废水、COD 和 NH_4^+-N 氨氮排放量最大的也是江苏,分别占该流域工业排放总量的 72.5%、65.0% 和 54.0%。城镇生活污水、COD 和 NH_4^+-N 排放量最大的还是江苏,分别占该流域生活污水排放总量的 65.9%、50.5% 和 51.8%。整个太湖流域污水、COD 和 NH_4^+-N 排放区域构成如图 2-14 所示,可以看出太湖流域内江苏的污染物排放量最大,这些污染物的排放会直接引发太湖水环境问题,导致水体富营养化,影响太湖流域水质。

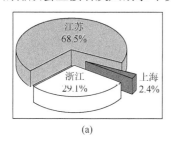
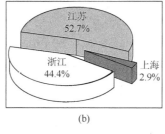
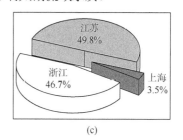

(a) 　　　　　　　　　　　(b) 　　　　　　　　　　　(c)

图 2-14　太湖流域污水(a)、COD(b)和 NH_4^+-N(c)排放区域构成

　　据统计目前太湖流域城镇污水处理厂为 200 余座,年排放尾水约为 20 亿 m^3,每年的低污染尾水排放量较大。这仅仅是针对城镇污水处理厂而言,若加上一些工业污水处理厂,污染物排放量将会进一步增大。大量此类污染物排入河流中会给区域水环境造成一定的压力,导致氮、磷超标,水质恶化,水体藻类大量繁殖。经过河流最终汇入太湖,给太湖水环

境质量造成很大的压力。虽然污水处理厂排放尾水满足城镇污水处理厂污染物的排放标准，但是其水量较大，同样会对地表水环境质量产生巨大的影响，降低人民群众的生活质量水平。

第三节　低污染水生态净化工程对流域水质改善的作用

针对太湖竺山湾流域低污染水影响入湖河流水质量的现状，以低污染水中难降解有机物、氮、磷深度削减为目标，在对低污染水排放源和水质全面调查分析的基础上，开展不同生态净化技术的比选，开发低污染水高效物化-生态净化的集成技术，并选择不同类型的低污染水进行生态净化技术的工程示范，使排入太滆运河、漕桥河和殷村港等河道的生态净化出水中的 NH_4^+-N 和 TP 得到有效削减，改善受纳河道的水质。在开展的示范工程中示范集成技术主要包括低污染水生态净化系统稳定性评价技术、铁碳微电解强化人工湿地净化水产养殖尾水技术、反硝化细菌强化人工湿地净化技术、生物补碳潜流人工湿地脱氮技术、改性生物质炭人工湿地脱氮除磷技术、光伏电解人工湿地脱氮除磷技术、低污染水生态净化的模块组装技术和水生植物资源化技术。生态净化示范工程的建设对污水处理厂尾水和水产养殖排放水有一定的净化作用，可进一步去除尾水中的氮、磷污染物，使得污水处理厂尾水排入入湖河道的氮、磷总量得到进一步削减，从而减少主要污染物在水体的积累，提升区域水环境质量。

一、低污染水生态净化工程生态净化效果分析

低污染水生态净化工程包括武进水产养殖排放水生态净化与循环养殖工程、武进太湖湾污水处理厂尾水生态净化工程、宜兴官林污水处理厂尾水生态净化工程、漕桥污水处理厂尾水生态净化工程、宜兴周铁污水处理厂尾水生态净化工程和新龙生态林湿地生态净化与中水回用工程，它们的位置如图 2-15 所示。

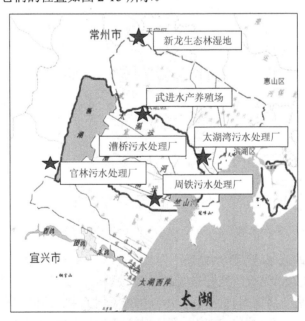

图 2-15　低污染水生态净化工程位置图

连续监测六个低污染水生态净化工程的进、出水水质，结果表明生态净化工程对进水氮、磷污染物均有较好的去除效果，TN 和 TP 平均去除效果如表 2-8 所示。

表 2-8 各低污染水生态净化工程的 TN 和 TP 去除效果 （单位：%）

生态净化工程地点	TN 平均去除率	TP 平均去除率
武进水产养殖场	61.3	34.5
太湖湾污水处理厂	37.5	33.4
官林污水处理厂	39.4	37.5
漕桥污水处理厂	32.7	39.7
周铁污水处理厂	50.4	41.8
新龙生态林湿地	32.3	33.8
平均去除率	42.3	36.8

由表 2-8 可知，官林污水处理厂尾水经净化后 TN 和 TP 平均去除率分别达 39.4%和37.5%，周铁污水处理厂尾水经生态净化后 TN 平均去除率达 50.4%，漕桥污水处理厂尾水经生态处理后 TN 和 TP 平均去除率分别达 32.7%和39.7%。这表明水产养殖排放水和污水处理厂尾水采用生态净化技术进一步处理后，出水中各污染物指标均有明显的降低，减少了对受纳河流污染物的输入负荷，从而对改善区域水环境质量起到积极作用。

如果竺山湾小流域所有的污水处理厂尾水都能够增加生态净化处理工艺，那么出水氮、磷削减率将达 30%以上，同时生态净化出水能够满足地表水 V 类水质标准。以此计算，每年可削减整个竺山湾小流域污水处理厂排放的低污染水 TN、TP、COD 和 NH_4^+-N 数量分别为 1470t、42t、4200t 和 420t，可大大减少入河污染物的总量，对整个竺山湾小流域水质的改善起到明显的作用，同时对整个太湖水质的改善有促进作用。

二、生态净化工程对竺山湾主要入湖河道水质的影响

六个低污染水生态净化工程对低污染尾水具有较好的去除效果，每个生态净化工程完成的时间略有不同，对竺山湾主要入湖河道的水质进行分析，分析各污染物的时空分布，比较各污染物浓度的变化趋势。竺山湾的 3 个主要入湖口分别为殷村港入湖口、沙塘港入湖口和太滆运河入湖口，设置 3 个采样点，如表 2-9 所示。从 2013 年 1 月~2015 年 12 月连续三年进行采样监测，频率为每月一次，时间设定于每月 15 号。

表 2-9 竺山湾主要河道入湖口监测点位情况

采样点	位置	功能区划分	执行标准
S1	殷村港入湖口	渔业用水	IV
S2	沙塘港入湖口	渔业用水	IV
S3	太滆运河入湖口	渔业用水	IV

1. 入湖河道污染物空间分布特征

竺山湾三条主要河流入湖口污染物指标如图 2-16 所示，由图可以看出，在三条入湖河流中沙塘港污染物浓度较高。就 TN 浓度而言，太滆运河入湖口浓度最高，殷村港入湖口最低。NH_4^+-N、COD 和 BOD_5 浓度是沙塘港入湖口高于太滆运河入湖口，也高于殷村港入湖口。TP 浓度是沙塘港入湖口最低，其次是殷村港入湖口，太滆运河入湖口最高。三条入湖河流周边城镇排放的工业废水经处理后排入入湖河流，居民生活污水大部分经污水处理厂净化后排入入湖河流，有少量的生活污水未经处理直接排入河流，同时各河道滆湖出入湖口处设有几处围网水产养殖区域，养殖排水一般不经处理直接排放至湖中，这些因素共同导致太湖入湖河流水质污染较为严重。

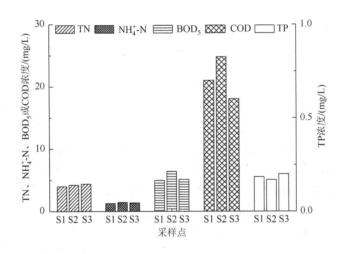

图 2-16　竺山湾主要河道入湖口污染物空间分布特征

2. 入湖河道污染物时间分布特征

对三条入湖河流水质进行连续三年的监测，由图 2-17 可以看出，三年时间内，殷村港入湖口 COD 浓度一直呈现波动，而 TN、NH_4^+-N、TP 和 BOD_5 浓度呈现出 2015 年略低于前期水平。由图 2-18 可以看出太滆运河入湖口各污染物浓度的变化趋势，各指标均有不同程度的下降。沙塘港入湖口也呈现出此趋势（图 2-19）。由此可以认为利用生态净化技术处理城镇污水处理厂低污染尾水及水产养殖尾水，对竺山湾小流域氮、磷污染物的削减有一定的贡献，从各入湖河道水质的变化可以看出生态净化工程实施后各污染物浓度较之前均有不同程度的下降。

由于分析的低污染水生态净化工程没有完全覆盖示范区所有的低污染水，整个入湖河流污染物浓度下降不够明显，所以在以后的研究中应当扩大生态净化工程的范围，将生态净化技术更多地应用于低污染尾水的深度处理中，使得排放尾水中污染物浓度下降，只有这样才能使得入湖河流污染物的浓度整体下降，有利于竺山湾小流域水环境质量的改善。

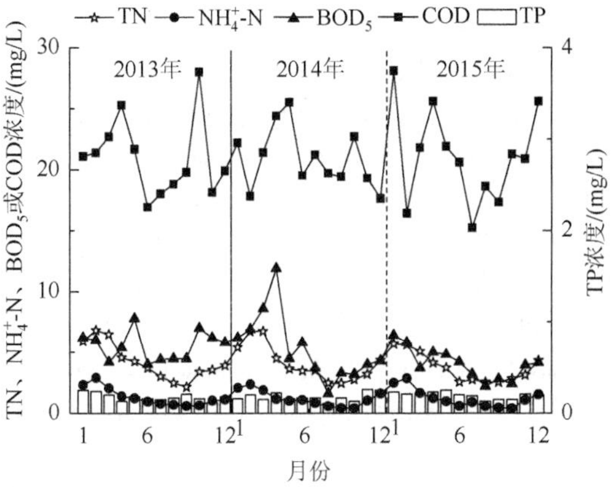

图 2-17 殷村港入湖口污染物时间分布特征

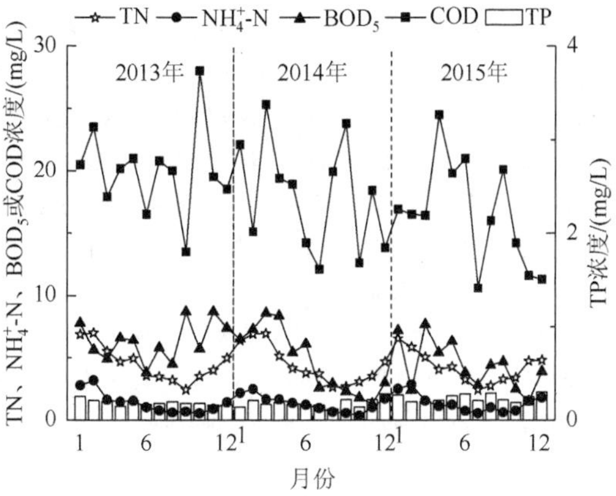

图 2-18 太滆运河入湖口污染物时间分布特征

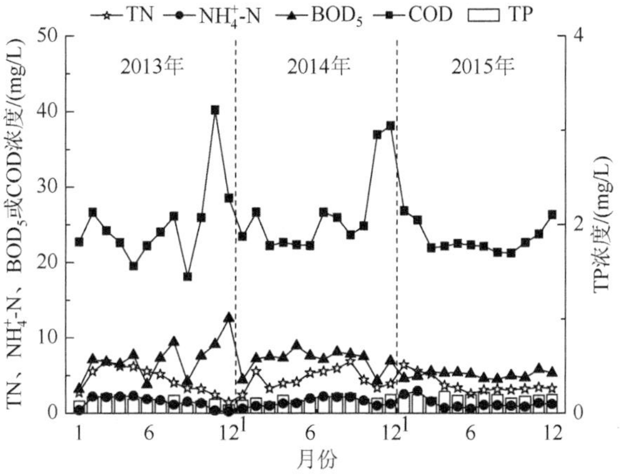

图 2-19 沙塘港入湖口污染物时间分布特征

参考文献

高永霞，宋玉芝，于江华，等. 2016. 环太湖不同性质河流水体磷的时空分布特征. 环境科学，37（4）：1404-1412.

何锡君，王贝，刘光裕，等. 2012. 2010—2011 水文年浙江省环太湖河道水质水量及污染物通量. 湖泊科学，24（5）：658-662.

胡晓镭. 2009. 湖、库富营养化机理研究综述. 水资源保护，25（4）：44-47.

金由，任泽，史建鹏，等. 2010. 太湖水体富营养化中农业面污染源的影响研究. 环境科学与技术，33（10）：106-109，119.

林晶. 2013. 水体富营养化和赤潮危害及主要防治方法. 中国环境科学学会，5：3857-3861.

刘德鸿，余居华，钟继承，等. 2016. 太湖流域典型河网水体氮磷负荷及迁移特征. 中国环境科学，36（1）：125-132.

刘发根，王仕刚，郭玉银，等. 2014. 鄱阳湖入湖、出湖污染物通量时空变化及影响因素（2008—2012 年）. 湖泊科学，26（5）：641-650.

刘卫红，杨常亮，傅强，等. 2011. 滇池流域城市型河流盘龙江入湖营养盐通量研究. 环保科技，17（3）：33-36.

罗缙，逄勇，林颖，等. 2005. 太湖流域主要入湖河道污染物通量研究. 河海大学学报（自然科学版），33（2）：131-135.

马倩，田威，吴朝明. 2014. 望虞河引长江水入太湖水体的总磷、总氮分析. 湖泊科学，26（2）：207-212.

田泽斌，王丽婧，李小宝，等. 2014. 洞庭湖出入湖污染物通量特征. 环境科学研究，27（9）：1008-1015.

汪锋，钱庄，张周，等. 2016. 污水处理厂尾水对排放河道水质的影响. 安徽农业科学，44（14）：65-68.

王晖. 2004. 淮河干流水质断面污染物年通量估算. 水资源保护, (6): 37-39.

王强, 卢少勇, 黄国忠, 等. 2012. 14 条环太湖河流水质与菱草、水花生氮磷含量. 农业环境科学学报, 31 (6): 1189-1194.

燕姝雯, 余辉, 张璐璐, 等. 2011. 2009 年环太湖入出湖河流水量及污染负荷通量. 湖泊科学, 23 (6): 855-862.

杨哲, 钟晓辉, 次新波, 等. 2013. 苕溪污染物入湖通量研究. 浙江大学学报 (理学版), 40 (2): 196-200.

张红举, 甘升伟, 袁洪州, 等. 2012. 环太湖河流入湖水质控制浓度分析. 水资源保护, 28 (6): 8-11, 54.

张清, 孔明, 唐婉莹, 等. 2014. 太湖及主要入湖河流平水期水环境质量评价. 长江流域资源与环境, 23 (S1): 73-80.

钟晶晶, 刘茂松, 王玉, 等. 2014. 太湖流域河流与湖泊间主要水质指标的空间关联特征. 生态学杂志, 33 (8): 2176-2182.

周劲风, 温琰茂. 2004. 珠江三角洲基塘水产养殖对水环境的影响. 中山大学学报 (自然科学版), 43 (5): 103-106.

Cooper P F, McBarnet W, O'Donnell D, et al. 2010. The treatment of run-off from a fertiliser plant for nitrification, denitrification and phosphorus removal by use of constructed wetlands: A demonstration study. Water Science and Technology, 61: 355-363.

第三章　水产养殖低污染水生态净化技术

第一节　规模水产养殖场水质监测与评价

　　通过资料的调研，著者系统地梳理了竺山湾上游水产养殖现状格局与水域污染，并通过现场资料的收集和水质监测，对水产养殖场养殖尾水污染物的种类、浓度等进行研究，基本掌握水产养殖的污染现状，确定主要污染物，对水产养殖的水质进行综合评价，提出相应的治理对策。通过对某水产养殖场进行实地勘察测量，获取现场基本的水文数据，并通过水产养殖尾水水质监测工作，确定水产养殖尾水污染物的浓度，采用模糊数学法对水产养殖尾水水质进行综合评价，采用断面超标率确定水体的主要污染物，以利于后续人工湿地处理水产养殖排放尾水。

一、水产养殖水体水质现状

　　近年来，我国水产养殖业迅猛发展，养殖产业规模不断扩大，产量日益增长，取得了巨大的经济效益，为人民生活水平的提高做出了贡献。太湖作为长江中下游最大的淡水湖泊，由于农业结构的调整和农业产业化的推进，规模化、集约化，其流域养殖业得到迅速发展。但是规模化养殖业大力发展所带来的面源污染问题也日益严重，对区域经济发展和生态安全产生潜在危害。

　　太湖环湖地区主要包括江苏省的无锡、常州、宜兴、苏州 4 市及浙江省的湖州、长兴 2 市（县）。2005 年，江苏省太湖水环境污染物来源中，农村面源污染 COD、NH_4^+-N、TP 和 TN 排放总量分别为 23.56 万 t/a、2.56 万 t/a、0.38 万 t/a 和 4.67 万 t/a，直湖港、武进港、漕桥河、太滆运河、城东港等河流入湖水质最差，占太湖入湖污染负荷的比例较大，是治污的重点区域。2010 年，太湖水质总体评价为劣 V 类，其中有 0.3%水域水质为Ⅳ类，18.8%为 V 类，80.9%为劣 V 类，未达到地表水Ⅲ类水质标准的指标主要为 TN、TP 和 BOD_5。2010 年，22 条主要入湖河流中劣 V 类河流有 7 条。其中，江苏省 15 条入湖河流中水质劣于 V 类的有 6 条。2010 年入湖河流的主要超标指标为 NH_4^+-N、BOD_5 和 COD。进一步分析发现，在太湖各湖区中，西北部湖区水质较差，东部湖区水质相对较好，在空间分布上呈现出由北向南、由西向东水质逐渐变好的状态。其中竺山湾和西部沿岸区水质最差，总体为劣 V 类。

　　规模化水产养殖水中主要污染物为有机物、氮、磷及抗生素等，造成其污染的主要原因有：①残饵。投入水体的饵料通常有 30%以上未被摄食，残饵沉入水底后在微生物的作用下分解，消耗氧气，释放氮、磷，污染水质。②代谢物。水产养殖生物的排泄物和分泌物含有大量的含氮化合物，如氨、尿素、三甲基胺、肌酸、蛋白质等。每 1kg 鱼大约要产生 162g 粪便有机物，包括 30g TN 和 7g TP。③药物。有些水产养殖中还常用化学药物

（抗生素等）控制疾病和有害生物，利用激素促进水产品的生长繁殖，不同程度地污染环境，引发食品安全问题。

滆湖地跨常州武进和无锡宜兴两市，西连长荡湖，东南通太湖，南接宜兴市，沿岸水系发达，水网交错，是苏南太湖湖群的重要组成部分，也是江苏省重要的渔业生产基地。湖面面积为 $164km^2$，平均水深为 1.17m，蓄水量为 1.74 亿 m^3。2004 年渔业总产值达 2.55 亿元，其中网围养殖产值为 2.19 亿元，占 85.9%，是沿湖农村经济发展和渔民致富的支柱产业。但社会经济的不断发展和渔业开发力度的加大暴露了深层次的问题，一方面外源性污染没有得到有效控制，湖泊富营养化严重；另一方面，养殖密度较大，养殖模式、品种结构和网围布局不合理。近年来，随着环境整治力度的加强，水质已有所改善，但要长期稳定控制其水质还需进一步加强周边水产养殖业的尾水污染控制技术研发与应用。

二、某水产养殖场区域水环境质量现状

1. 水产养殖场区域水体 pH

pH 是地表水体水质的基础物理指标之一，地表水的 pH 一般为 6～9。季节的更替、水量的增减、藻类繁殖、酸雨等因素都会对地表水 pH 的变化有重要影响。图 3-1 为水产养殖场不同季节不同区域的水体 pH 的变化情况。从图中可以看出，养殖场各区域水体 pH 为 7.3～9.5，养殖鱼塘 pH 平均值＞生产河道 pH 平均值＞人工湿地二级处理系统 pH 平均值＞人工湿地三级处理系统 pH 平均值，它们分别为 8.44、8.36、8.10 和 8.01，这主要是由于人工湿地处理系统中种植大量的大型水生植物，植物根系能够起到缓冲 pH 的作用，而养殖鱼塘投入的饵料、肥料和农药等会严重影响其 pH。同时，从 6 月开始，除实验室旁鱼塘外，养殖场各区域水体 pH 有逐渐下降的趋势。

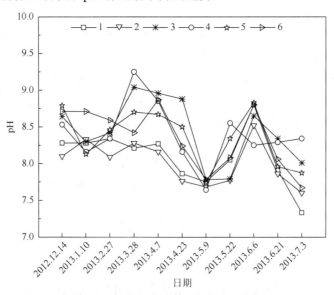

图 3-1　某水产养殖场区域不同水体的 pH

1. 人工湿地二级处理系统；2. 人工湿地三级处理系统；3. 办公楼旁鱼塘；4. 实验室旁鱼塘；
5. 办公楼旁河道；6. 实验室旁河道。下同

2. 水产养殖场区域水体电导率

电导率主要取决于水中的总离子浓度。水样的电导率是测量水的含盐成分、含离子成分、含杂质成分等的重要指标。一般来说，水溶液的电导率直接与溶解固体量浓度成正比，而且固体量浓度越高，电导率越大。图 3-2 为水产养殖场不同季节不同区域水体的电导率变化情况。从图中可以看出，春季养殖鱼塘的电导率明显低于生产河道和人工湿地处理系统，进入夏季以后，鱼塘的电导率逐渐升高，这可能是由于春季水体内微生物活性较低，鱼塘内投加的饵料等难以被微生物转化降解为溶解性物质，而在夏季微生物活性的增强和藻类的大量繁殖可将投加的饵料转化为可溶解物质，从而导致鱼塘水体电导率增加。生产河道和人工湿地处理系统中由于存在大量大型水生植物，植物根系通过吸收转化作用，提高了水体中的总离子浓度，从而提高了电导率。

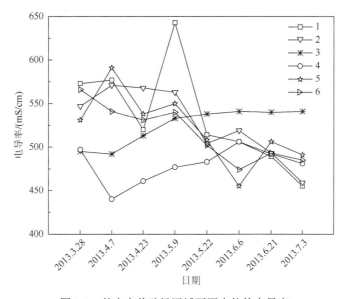

图 3-2 某水产养殖场区域不同水体的电导率

3. 水产养殖场区域水体 DO 浓度

图 3-3 为养殖场各区域不同季节水体 DO 浓度变化情况。从图中可以看出，从 3～7 月，各采样点 DO 浓度基本呈现下降趋势，其中，养殖鱼塘 DO 平均浓度从 8.40mg/L 下降至 6.10mg/L，人工湿地二级处理系统 DO 平均浓度从 6.40mg/L 下降至 5.42mg/L，人工湿地三级处理系统 DO 平均浓度从 6.49mg/L 下降至 5.69mg/L，生产河道 DO 平均浓度从 6.24mg/L 下降至 5.09mg/L。一方面随着水温的不断升高，从 16℃升至 30℃，导致水中 DO 浓度不断下降；另一方面由于养殖鱼塘不定期进行机械曝气，鱼塘 DO 浓度始终保持在较高水平，而在人工湿地处理系统中，水生植物开始迅速生长导致植物的光合作用大于其呼吸作用，导致人工湿地处理系统中的 DO 浓度高于生产河道。同时，水体富营养化的形成导致藻类大量繁殖，藻类残体分解不断消耗水体的 DO，导致水体 DO 浓度下降，但是，水温升高是导致水体 DO 浓度下降的最主要的原因。

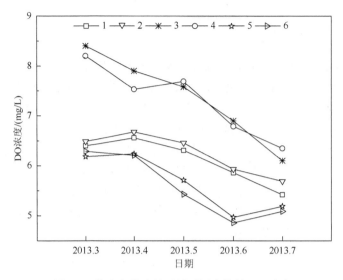

图 3-3　某水产养殖场区域不同水体的 DO 浓度

4. 水产养殖场区域水体 COD 浓度

图 3-4 为水产养殖场不同区域不同季节 COD_{Cr} 浓度的变化，从图中可以看出各采样点不同季节 COD_{Cr} 浓度变化明显。养殖鱼塘 COD_{Cr} 的浓度为 27.56～119.81mg/L，平均值为 66.18mg/L，生产河道 COD_{Cr} 的浓度为 24.76～94.65mg/L，平均值为 61.10mg/L，人工湿地二级处理系统 COD_{Cr} 的浓度为 38.74～86.26mg/L，平均值为 55.26mg/L，人工湿地三级处理系统 COD_{Cr} 的浓度为 27.56～77.87mg/L，平均值为 42.86mg/L。整个水产养殖场区域水体 COD_{Cr} 总体处于劣 V 类水平。

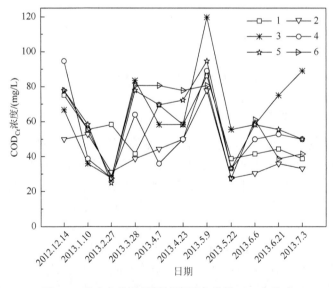

图 3-4　某水产养殖场区域不同水体的 COD_{Cr} 浓度

从 12 月开始水产养殖场除人工湿地二级、三级处理系统，各区域水体 COD_{Cr} 开始逐渐下降，这主要是由于 11 月和 12 月是养殖场捕鱼旺季，鱼塘内大量的养殖污水被排放到生产河道中，在排放养殖尾水的过程中，鱼塘底部的污泥会释放大量含氮、磷的有机物，这导致生产河道和人工湿地处理系统的 COD_{Cr} 浓度处于较高水平。而进入 1 月后，随着捕鱼的结束，水产养殖场各池塘基本处于干塘状态，因此区域各水体的 COD_{Cr} 浓度开始逐渐降低。在春季，养殖场开始向鱼塘内投放大量的鱼苗和饵料，同时还会不定期投加一些肥料，导致区域各水体 COD_{Cr} 浓度开始逐渐上升。

5. 水产养殖场区域水体 TP 浓度

由于氮、磷是水体富营养化的主要影响因素，因此，掌握水产养殖场区域不同水体不同季节的氮、磷含量变化情况，有助于掌握水产养殖场的氮、磷变化情况。图 3-5 为水产养殖场区域不同季节不同水体 TP 浓度的变化情况。从图中可以看出，各采样点不同季节 TP 浓度的变化情况具有明显差异，养殖鱼塘不同季节 TP 浓度的波动较大，而人工湿地处理系统和生产河道的 TP 浓度变化幅度较小。养殖鱼塘 TP 的浓度为 0.35～0.84mg/L，平均值为 0.47mg/L，生产河道 TP 的浓度为 0.27～0.44mg/L，平均值为 0.34mg/L，人工湿地二级处理系统 TP 的浓度为 0.07～0.35mg/L，平均值为 0.23mg/L，人工湿地三级处理系统 TP 的浓度为 0.01～0.28mg/L，平均值为 0.17mg/L。从图中可以看出，进入夏季以来，气温升高，同时饵料的大量投加，导致鱼塘内 TP 含量明显升高，并使得藻类开始大量繁殖。

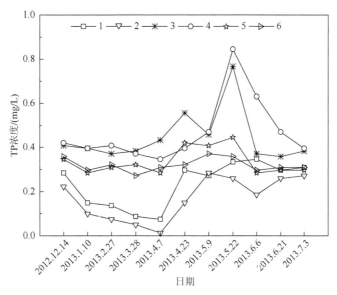

图 3-5　某水产养殖场区域不同水体的 TP 浓度

6. 水产养殖场区域水体 TN 浓度

图 3-6 为水产养殖场区域不同季节不同水体 TN 浓度的变化情况。从图中可以看出，各采样点不同季节 TN 浓度的变化情况与 TP 浓度的变化情况相似，养殖鱼塘不同季节 TN 浓度的波动较大，而人工湿地处理系统和生产河道的 TN 浓度变化幅度较小。养殖鱼塘 TN 的浓度为 1.86～5.75mg/L，平均值为 3.24mg/L，生产河道 TN 的浓度为 1.61～3.2mg/L，

平均值为 2.38mg/L，人工湿地二级处理系统 TN 的浓度为 1.49～2.31mg/L，平均值为 1.97mg/L，人工湿地三级处理系统 TN 的浓度为 1.25～2.15mg/L，平均值为 1.54mg/L。随着鱼塘投饵的增加，水体 TN 浓度显著上升。

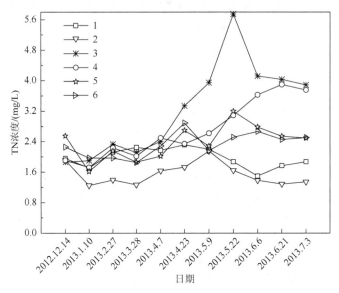

图 3-6　某水产养殖场区域不同水体的 TN 浓度

7. 水产养殖场区域水体氨氮浓度

图 3-7 为水产养殖场区域不同季节不同水体氨氮浓度的变化情况。从图中可以看出，养殖鱼塘不同季节氨氮浓度的变化幅度较大。养殖鱼塘氨氮的浓度为 0.82～3.89mg/L，平均值为 1.60mg/L，生产河道氨氮浓度为 0.55～1.64mg/L，平均值为 1.12mg/L，人工湿地二级处理

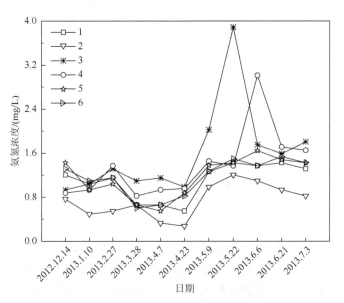

图 3-7　某水产养殖场区域不同水体的氨氮浓度

系统氨氮的浓度为0.55～1.42mg/L，平均值为1.10mg/L，人工湿地三级处理系统氨氮的浓度
为0.27～1.21mg/L，平均值为0.74mg/L。鱼塘投饵会导致水体氨氮浓度显著上升。

8. 水产养殖场区域水体硝态氮浓度

图3-8为水产养殖场区域不同季节不同水体硝态氮浓度的变化情况。从图中可知，养殖
鱼塘硝态氮的浓度为1.26～2.44mg/L，平均值为1.80mg/L，生产河道硝态氮的浓度为0.97～
1.68mg/L，平均值为1.31mg/L，人工湿地二级处理系统硝态氮的浓度为0.82～1.56mg/L，平
均值为1.18mg/L，人工湿地三级处理系统硝态氮的浓度为0.44～1.24mg/L，平均值为
0.87mg/L。随着水温的升高，水体硝化作用过程增强，导致水体硝态氮浓度上升。同时反硝
化强度也增强，当其超过硝化强度时，河道、人工湿地水体硝态氮浓度在高温期间下降。

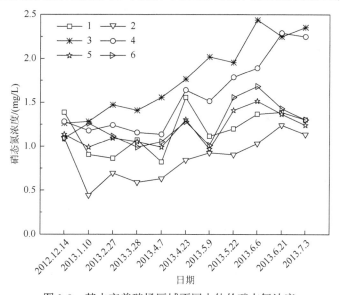

图3-8　某水产养殖场区域不同水体的硝态氮浓度

9. 水产养殖场区域水体亚硝态氮浓度

图3-9为养殖场区域不同季节不同水体亚硝态氮浓度的变化情况。从图中可知，养殖
鱼塘亚硝态氮的浓度为0.010～0.520mg/L，平均值为0.118mg/L，生产河道亚硝态氮的浓
度为0.010～0.147mg/L，平均值为0.060mg/L，人工湿地二级处理系统亚硝态氮的浓度为
0.006～0.038mg/L，平均值为0.020mg/L，人工湿地三级处理系统亚硝态氮的浓度为
0.003～0.12mg/L，平均值为0.027mg/L。这表明养殖鱼塘水体硝化、反硝化强度最高，出
现了代谢中间产物亚硝态氮的累积。

综上可以看出，在冬季和春季水产养殖场区域水体氨氮均处于较低水平，且有呈波动
下降的趋势，亚硝态氮则一直处于较低水平，与此同时，硝态氮浓度却有逐渐上升的趋势。
一方面可能是由于随着温度的升高，硝化细菌的作用逐渐加强，另一方面可能是由于DO
和pH的变化对硝化作用起到促进作用。进入夏季后，养殖鱼塘的氨氮、硝态氮和亚硝态
氮浓度明显上升，其主要原因是投饵，饵料分解和鱼类的分泌导致水体氨氮浓度上升，氮
素生物转化导致硝态氮和亚硝态氮浓度也上升。

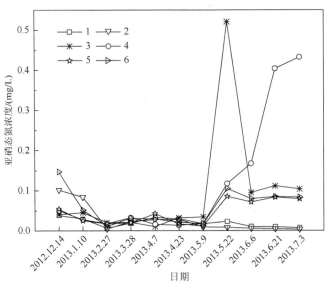

图 3-9 某水产养殖场区域不同水体的亚硝态氮浓度

三、水产养殖场区域水体水质评价

1. 水产养殖场区域水质综合评价

采用模糊综合评判法对水产养殖场的水质进行综合评价，由于养殖场整个场区形成一个独立的整体，因此针对水产养殖场区域不同季节的不同水体的水质分别进行评价。参照《地表水环境质量标准》（GB 3838—2002，表 3-1），与本节研究的检测指标相结合，选择 DO、COD_{Cr}、NH_4^+-N、TP 和 TN 作为评价指标。本节研究中不同水体各指标浓度见表 3-2。

表 3-1　《地表水环境质量标准》中规定的各指标的分类标准浓度　　（单位：mg/L）

指标	级别（水质标准）				
	Ⅰ类	Ⅱ类	Ⅲ类	Ⅳ类	Ⅴ类
DO	7.5	6	5	3	2
COD_{Cr}	15	15	20	30	40
NH_4^+-N	0.015	0.5	1.0	1.5	2.0
TP	0.01	0.025	0.05	0.1	0.2
TN	0.2	0.5	1.0	1.5	2.0

表 3-2　水产养殖场区域不同水体的水质情况

时间	采样点	各指标浓度/(mg/L)				
		DO	COD_{Cr}	NH_4^+-N	TP	TN
2012.12～2013.7	1	6.11	55.26	1.10	0.23	1.97
	2	6.25	42.86	0.74	0.17	1.54

续表

时间	采样点	各指标浓度/(mg/L)				
		DO	COD$_{Cr}$	NH$_4^+$-N	TP	TN
2012.12～2013.7	3	7.38	66.18	1.60	0.44	3.24
	4	7.31	53.22	1.24	0.53	2.70
	5	5.66	61.10	1.12	0.34	2.38
	6	5.58	59.07	1.07	0.32	2.32

根据每个检测点水体污染物实测浓度和评价标准，其对应的隶属函数可表示成一个 5×5 的模糊关系矩阵，以采样点 1（人工湿地二级处理系统）为例，评价方法如下。

根据模糊数学评价方法，由以上数据可以得到其隶属函数：

$$R = \begin{bmatrix} 0.07 & 0.93 & 0 & 0 & 0 \\ 0 & 0 & 0 & 0 & 1 \\ 0 & 0 & 0.8 & 0.2 & 0 \\ 0 & 0 & 0 & 0 & 1 \\ 0 & 0 & 0 & 0.06 & 0.94 \end{bmatrix}$$

5 种水质指标的权重计算结果如表 3-3 所示。

表 3-3　水质指标的权重计算表

项目	DO	COD$_{Cr}$	NH$_3$-N	TP	TN
C_i	6.11	55.26	1.10	0.23	1.97
S_i	4.7	24	1.03	0.077	1.04
W_i	1.3	2.3	1.07	2.99	1.89
a_i	0.14	0.24	0.11	0.31	0.2

注：C_i 为第 i 种污染物实测浓度，mg/L；S_i 为第 i 种污染物各级标准值的算术平均值；W_i 为权重；a_i 为第 i 种污染物赋予权值

于是矩阵 A = [0.14，0.24，0.11，0.31，0.2]。

则被评价污染物的参数评价矩阵 $B = A \cdot R$ = [0.0098，0.1302，0.08，0.032，0.738]，其中 0.738 最大，说明人工湿地二级处理系统的水体属于地表 V 类水质。

水产养殖场区域其他水体水质均可参照上述方法进行评价，具体结果如表 3-4 所示。

表 3-4　水产养殖场区域不同水体水质综合评价结果

时间	评价结果	地表水水质类别					
		采样点 1	采样点 2	采样点 3	采样点 4	采样点 5	采样点 6
2012.12～2013.7	隶属度	0.738	0.458	0.81	0.81	0.8	0.8
	水质等级	V 类	V 类	V 类	V 类	V 类	V 类

由以上结论可知，水产养殖场区域不同水体采样点在试验期间属于 V 类水质。

2. 水产养殖场区域水体主要污染物的确定

采用断面超标率来确定水产养殖场区域不同水体的主要污染物，共设置了 6 个采样点。从监测指标上看，水产养殖场的主要污染物指标有 COD_{Cr}、NH_4^+-N、TP 和 TN 四类，根据超标率公式确定水产养殖场各类污染指标的超标率（表 3-5）。

表 3-5 水产养殖场区域不同水体污染指标的超标率

时间	超标率/%				备注
	COD_{Cr}	NH_4^+-N	TP	TN	
2012.12～2013.7	100	100	100	100	主要污染物为 COD_{Cr}、NH_4^+-N、TP 和 TN

由表 3-5 可知，水产养殖场区域水体的主要污染指标为 COD_{Cr}、NH_4^+-N、TP 和 TN，水产养殖场采样点在试验期间属于 V 类水质。同时，水产养殖场污染物排放具有季节性特点，在夏季高温期间，水体中有机物及含氮污染物等浓度较高。

第二节 人工湿地填料比选与优化

人工湿地填料会对人工湿地净化低污染水能力产生重要的影响，因此，需开展人工湿地填料比选和优化，以提高人工湿地处理效果。开展填料对磷和氨氮的等温吸附、饱和吸附后的等温解吸一级吸附动力学研究，优选出脱氮除磷效果较好的单一填料，接着针对各种填料的组合进行研究，得出最佳的填料配比组合并应用于人工湿地中。

有文献报道，沸石具有很大的比表面积，仅次于活性炭，因此沸石具有很强的吸附性能，研究表明天然沸石对氨氮和磷酸盐都有较好的处理效果。高炉渣中存在各种价态的铁、钙、镁等金属离子，这就使溶解性磷酸根与铁等金属离子生成沉淀成为可能，另外，高炉渣的细小多孔性构造又为吸附此类沉淀物创造了条件，据此可判断，高炉渣在某些条件下可成为良好的除磷吸附剂。石灰石中含有大量的 Ca^{2+}，而 Ca^{2+} 极易与磷酸根发生化学反应生成沉淀，因此从化学反应的角度来看石灰石是除磷效果最好的填料。天然蛭石加热到 250℃时，体积增加了 8～15 倍而成为膨胀蛭石，因此膨胀蛭石具有更大的比表面积及吸附性能。砾石俗称瓜子片，广泛应用于装修基础工程中，相比其他填料价格相当低廉（平均 60 元/t），而且砾石对磷也有一定的去除效果。考虑到人工湿地填料必须具有一定的机械硬度和化学稳定性，具有较大的比表面积、一定的颗粒级配和适当的孔隙率，填料应尽量就地取材，货源充足，价廉易得。因此，本节研究选取沸石、高炉渣、石灰石、蛭石、砾石和水产养殖场现场的土壤作为单一填料进行研究。主要研究内容包括以下几个方面。

（1）研究单一基质填料对磷和氨氮的等温吸附，筛选出吸附效果较好的填料。

（2）研究单一基质填料对磷和氨氮饱和吸附后的等温解吸，筛选出吸附效果好且不易解吸的填料。

（3）研究单一基质填料对磷和氨氮的吸附动力学，得出不同填料在各时间段内对磷和氨氮的吸附规律。

（4）研究填料表面化学成分对氨氮和磷吸附性能的影响。

（5）开展不同配比组合填料吸附氨氮和磷的实验，得出它们的最佳配比。

一、人工湿地基质吸附磷潜力

1. 基质对磷的吸附等温线

现场土壤、砾石、沸石、高炉渣、石灰石和蛭石对磷的吸附特性见表3-6，由表可知，Langmuir方程能较好地拟合土壤、砾石、沸石对磷的等温吸附过程，Freundlich方程能较好地拟合高炉渣、石灰石对磷的等温吸附过程，蛭石对磷没有吸附效果。从Langmuir方程可知，填料对磷的理论饱和吸附量大小顺序为沸石＞高炉渣＞土壤＞石灰石＞砾石。Freundlich吸附等温式中K、n为经验常数，n越大，表明吸附性能越好，从表3-6中可得，五种填料的吸附性能大小顺序为沸石＞土壤＞高炉渣＞石灰石＞砾石。因此，沸石、土壤、高炉渣是较好的人工湿地除磷基质。

表 3-6　不同基质对磷的等温吸附方程及其相关参数

填料种类	Langmuir 方程			Freundlich 方程		
	A	G^0	R^2	K	n	R^2
土壤	43.32	794.91	0.990	41.30	1.80	0.884
砾石	18.23	176.46	0.973	8.39	1.33	0.967
沸石	26.47	3355.71	0.983	224.91	2.04	0.953
高炉渣	165.93	1901.14	0.945	23.93	1.56	0.970
石灰石	60.09	246.97	0.876	7.31	1.43	0.921

2. 吸附磷后基质的等温解吸

基质吸附磷饱和后释磷的特征是人工湿地基质选择的重要依据之一，因为大多数基质虽然对磷的吸附能力很强，但是解吸率也比较大，容易造成二次污染，因此用解吸率表征基质释磷的风险。对上述五种饱和基质释磷特征的研究发现，石灰石吸附磷解吸率最大，为8.65%，各基质解吸率的大小顺序为石灰石＞砾石＞高炉渣＞土壤＞沸石（表3-7），在选择石灰石作为人工湿地基质时应注意其释磷风险，沸石和土壤具有较好的吸磷效果，同时磷解吸率也较低，因此是较适宜的人工湿地除磷基质。

表 3-7　吸附饱和基质的磷最大解吸量及解吸率

基质种类	饱和吸附量/(mg/kg)	最大解吸量/(mg/kg)	解吸率/%
土壤	794.91	38.51	4.84
砾石	176.46	11.95	6.77

续表

基质种类	饱和吸附量/(mg/kg)	最大解吸量/(mg/kg)	解吸率/%
沸石	3355.71	145.99	4.35
高炉渣	1901.14	103.65	5.45
石灰石	246.97	21.36	8.65

3. 基质对磷的吸附动力学特征

从图 3-10 中可知，基质对磷的吸附速率的大小顺序为沸石＞土壤＞高炉渣＞石灰石＞砾石。

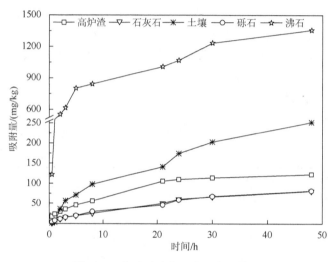

图 3-10　基质对磷的吸附动力学特征

从表 3-8 中可知，双常数方程、一级反应动力学方程、Elovich 方程均能很好地描述人工湿地基质对磷的等温吸附动力学特征。但从相关系数来看，双常数方程更适合描述土壤、砾石、高炉渣和石灰石的磷吸附动力学特征，Elovich 方程更适合描述沸石的磷吸附动力学特征。这表明基质对磷的吸附动力学不是一个简单的一级反应，而是由反应速率和扩散因子综合控制的过程。

表 3-8　不同基质对磷的吸附动力学方程及其相关参数

基质种类	双常数方程（$\ln X = a + k\ln t$）			一级反应动力学方程（$\ln X = a + kt$）			Elovich 方程（$X = a + k\ln t$）		
	a	k	R^2	a	k	R^2	a	k	R^2
土壤	3.309	0.577	0.985	2.826	0.043	0.977	5.458	53.74	0.932
砾石	1.843	0.735	0.985	2.823	0.010	0.974	3.111	16.98	0.901
沸石	6.063	0.299	0.951	4.223	0.028	0.950	345.5	242.6	0.970
高炉渣	3.061	0.496	0.967	2.565	0.014	0.856	18.42	26.45	0.927
石灰石	1.957	0.646	0.994	2.676	0.008	0.962	1.229	17.65	0.912

二、人工湿地基质吸附氨氮潜力

1. 基质对氨氮的吸附等温线

现场土壤、砾石、沸石、高炉渣、石灰石和蛭石对氨氮的吸收特性见表 3-9，Langmuir 方程能较好地拟合土壤、砾石、沸石对氨氮的等温吸附过程，Freundlich 方程能较好地拟合土壤、砾石对氨氮的等温吸附过程，高炉渣、石灰石、蛭石对氨氮没有吸附效果。从 Langmuir 方程可知，填料氨氮理论饱和吸附量大小顺序为：沸石＞土壤＞砾石。从 Freundlich 方程可知，三种填料的吸附性能大小顺序为：沸石＞土壤＞砾石，这一结果与 Langmuir 方程得出的结论一致。因此，沸石是较好的人工湿地吸附氨氮的基质。

表 3-9 不同基质对氨氮的等温吸附方程及其相关参数

基质种类	Langmuir 方程			Freundlich 方程		
	A	G^0	R^2	K	n	R^2
土壤	13.46	1132.50	0.984	124.74	1.79	0.986
砾石	11.92	446.43	0.993	15.35	1.18	0.983
沸石	21.05	7518.80	0.975	545.76	1.90	0.915

2. 吸附后基质的氨氮等温解吸

对上述三种饱和基质释氨氮特征的研究发现，土壤吸附的氨氮解吸率最大，为 74.3%，各基质解吸率大小顺序为土壤＞砾石＞沸石。基质对氨氮的吸附包括离子交换作用和物理吸附作用。物理吸附主要由基质表面的静电力和毛细力等所产生，离子交换是基质内部阳离子与氨氮交换的化学过程，离子吸附较为稳固。沸石对氨氮的解吸量远小于其吸附量，表明沸石主要以离子交换作用去除水中的氨氮，物理吸附作用相对很小。土壤和砾石的解吸量较大，表明其离子交换作用小于物理吸附作用。在选择土壤作为人工湿地吸附氨氮基质时应注意其释氨氮风险。沸石具有较好的吸附氨氮效果，同时氨氮解吸率也较低，因此是较适宜的人工湿地吸氨氮基质。

表 3-10 吸附饱和基质的氨氮最大解吸量及解吸率

基质种类	饱和吸附量/(mg/kg)	最大解吸量/(mg/kg)	解吸率/%
土壤	1132.50	841.94	74.3
砾石	446.43	267.89	60.0
沸石	7518.80	2095.45	27.9

3. 基质对氨氮的吸附动力学特征

从图 3-11 中可知，沸石对氨氮的吸附表现出“吸附速率快、缓慢平衡”的特点，可能是由于开始时沸石结构孔道上的吸附位点是空的，随着吸附反应的进行，氨氮快速占据了孔道中的吸附位点，使其吸附量增加较快，而后由于吸附交换位点被逐渐占据，其对氨氮的吸附量逐渐趋于平缓。土壤对氨氮的吸附速率次之，砾石最慢。

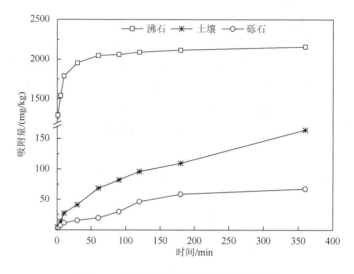

图 3-11　基质对氨氮的吸附动力学特征

由表 3-11 中可知，双常数方程能很好地描述人工湿地基质对氨氮的等温吸附动力学特征。但从相关系数来看，双常数方程更适合描述土壤和砾石的氨氮吸附动力学特征，Elovich 方程更适合描述沸石的氨氮吸附动力学特征。这表明沸石对氨氮的吸附动力学不是一个简单的一级反应，而是由反应速率和扩散因子综合控制的过程。

表 3-11　不同基质对氨氮的吸附动力学方程及其相关参数

基质种类	双常数方程			一级反应动力学方程			Elovich 方程		
	a	k	R^2	a	k	R^2	a	k	R^2
土壤	5.651	0.094	0.954	2.568	0.001	0.864	272.1	37.15	0.921
砾石	1.67	0.601	0.988	2.969	0.0005	0.925	21.57	25.22	0.859
沸石	7.222	0.088	0.928	2.804	0.005	0.689	1355	152.7	0.950

三、基质表面化学组成与氨氮和磷吸附

Drizo 等（2002）及 Arias 和 Brix（2005）研究发现，人工湿地基质净化磷的能力受自身组成和理化性质的影响较大。由于本试验中所用基质均过 30 目筛筛选，基质粒径基本一致，因此影响基质吸附性能的主要因素是基质的表面结构和化学成分。

对所用的六种基质进行扫描电镜能谱仪（SEM-EDS）扫描分析后，得到基质表面主要元素质量分数如表 3-12 所示。

表 3-12　六种基质的主要化学成分　　　（单位：%）

基质	元素									
	O	Mg	Al	Si	Ca	Cr	Mn	Fe	Na	K
高炉渣	15.72	17.4	1.79	39.03	9.33	1.93	1.39	13.41	0	0
蛭石	36.24	0	0	63.76	0	0	0	0	0	0
石灰石	22.66	12.72	0	0	64.62	0	0	0	0	0
沸石	40.65	0	7.67	45.62	1.83	0	0	0	1.62	2.61
土壤	40.66	2.46	12.26	33.84	0.99	0	0	7.65	0	2.14
砾石	42.19	1.75	12.54	35.56	0	0	0	6	0	1.96

　　由图 3-12 可知，高炉渣、蛭石和石灰石表面比较平滑，缺少孔洞结构，孔隙率较低，而沸石、土壤和砾石表面较为粗糙，孔隙率较高，这可能更有利于基质与氨氮和磷发生吸附。

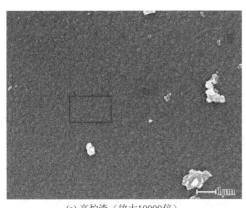

(a) 高炉渣（放大10000倍）

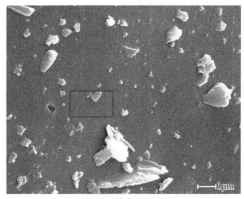

(b) 蛭石（放大10000倍）

(c) 石灰石（放大10000倍）

(d) 沸石（放大10000倍）

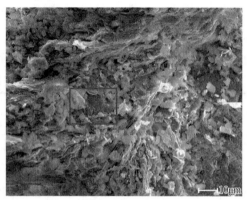

(e) 土壤（放大1000倍）　　　　　　　　　　(f) 砾石（放大1000倍）

图 3-12　六种基质表面的 SEM-EDS 扫描图

另外，由于基质的化学成分种类较多，不宜直接得出基质吸附性能与化学成分的关系。为了表征基质对氮、磷的吸附量与其表面化学成分间的定量关系，基于主成分分析法采用 SPSS19.0 软件首先计算出 10 种化学元素间的相关系数矩阵（表 3-13），接着计算出该矩阵的特征值和特征值方差、累积贡献率（表 3-14），按照主成分选取标准（特征值大于 1）确定主成分的个数为 3，其特征值分别为 5.102、2.543 和 1.353，特征值方差贡献率分别为 51.023%、25.425% 和 13.529%，三者的累积贡献率达 89.978%，说明它们基本包含了以上 10 个指标的所有信息。其中，第一主成分的贡献率最大，对填料的吸附性能影响最大，第二主成分次之，第三主成分最小。接着计算各指标在主成分中的载荷值（表 3-15），分析主成分载荷可知，与第一主成分密切相关的化学元素是 Mg、Cr、Mn、O、K，其中 Mg、Cr、Mn 与第一主成分呈现正相关，相关系数都大于 0.8，O、K 与第一主成分呈现负相关，表明 Mg 的含量对基质的吸附性能影响最大，Cr、Mn 次之，而 O、K 含量越多，越不利于基质对氮、磷的吸附。与第二主成分密切相关的化学元素是 Fe、Ca，Fe 与第二主成分呈现正相关，Ca 与第二主成分呈现负相关。与第三主成分相关系数绝对值较大的是 Al 和 Si，其中，Al 与第三主成分呈现正相关。Al 在水中水解的主要形态是 Al^{3+}、$Al(OH)^{2+}$、$Al_2(OH)_2^{4+}$、$Al(OH)_2^+$、$Al(OH)_3$ 和 $Al(OH)_4^-$ 等，铝在一定条件下会发生聚合反应，最终生成$[Al(OH)_3]_\infty$ 的无定形沉淀物。而 Fe 的水解反应和形态与 Al 相类似，Mn 的丰度不如 Fe，但溶解度比 Fe 高，因而也是常见的水合金属化合物。同时，袁东海等（2004）研究发现基质中全钙、氧化钙、水溶性钙的含量越高，其固定形成的磷酸钙盐越多；填料中游离氧化铁、铝和胶体氧化铁、铝含量越高，其固定形成的磷酸铁盐和磷酸铝盐数量越多，基质净化磷的能力越强，因此，基质中 Fe、Mn 和 Al 的含量越多，基质的吸附性能越强。Si 与第三主成分呈现负相关。Drizo 等（2002）研究发现基质中 SiO_2 的含量越高，基质对磷的去除效果越差，O 和 Si 与主成分呈现负相关，含量越高对基质的吸附性能越不利。然而，本试验中 Ca 的含量越高，基质的吸附性能却越低，这可能是由于本试验中所采用的石灰石不易溶解，导致其吸附性能较低，从而使得 Ca 与第二主成分呈现负相关。

表 3-13　基质的化学成分相关矩阵

	O	Mg	Al	Si	Ca	Cr	Mn	Fe	Na	K
O		0.001	0.053	0.216	0.12	0.039	0.039	0.225	0.257	0.032
Mg	0.001		0.149	0.133	0.117	0.037	0.037	0.143	0.231	0.085
Al	0.053	0.149		0.455	0.143	0.264	0.264	0.326	0.379	0.009
Si	0.216	0.133	0.455		0.013	0.452	0.452	0.483	0.338	0.399
Ca	0.12	0.117	0.143	0.013		0.45	0.45	0.28	0.345	0.159
Cr	0.039	0.037	0.264	0.452	0.45		0	0.031	0.352	0.191
Mn	0.039	0.037	0.264	0.452	0.45	0		0.031	0.352	0.191
Fe	0.225	0.143	0.326	0.483	0.28	0.031	0.031		0.216	0.453
Na	0.257	0.231	0.379	0.338	0.345	0.352	0.352	0.216		0.11
K	0.032	0.085	0.009	0.399	0.159	0.191	0.191	0.453	0.11	

表 3-14　基质的化学成分主成分分析

成分	初始特征值			提取平方和载入		
	合计	方差的贡献率/%	累积贡献率/%	合计	方差的贡献率/%	累积贡献率/%
1	5.102	51.023	51.023	5.102	51.023	51.023
2	2.543	25.425	76.449	2.543	25.425	76.449
3	1.353	13.529	89.978	1.353	13.529	89.978
4	0.995	9.946	99.925			
5	0.008	0.075	100			
6	3.23×10^{16}	3.23×10^{15}	100			
7	2.14×10^{16}	2.14×10^{15}	100			
8	1.54×10^{16}	1.54×10^{15}	100			
9	-1.15×10^{16}	-1.15×10^{15}	100			
10	-2.55×10^{16}	-2.55×10^{15}	100			

表 3-15　成分矩阵

元素	成分载荷值		
	1	2	3
O	−0.982	0.099	0.044
Mg	0.963	−0.041	0.224
Al	−0.650	0.417	0.629
Si	−0.359	0.613	−0.695
Ca	0.487	−0.832	0.238
Cr	0.804	0.564	−0.040
Mn	0.804	0.564	−0.040
Fe	0.509	0.751	0.390
Na	−0.481	0.046	−0.164
K	−0.799	0.294	0.428

四、人工湿地基质配比优化

从表 3-16 中可知,沸石、砾石和土壤在不同配比下均有较好的吸氨氮效果,这可能是由于基质中沸石对氨氮具有较高的理论饱和吸附量,并且沸石对氨氮的离子吸附作用起主导作用,因此改变基质的配比对氨氮的去除率影响不大。但是基质的配比对磷的去除效果有较大的影响,这可能是由于土壤、砾石与沸石的混合会阻碍沸石中游离的镁、钙、铁和铝化合物与磷酸盐的结合,当混合基质中砾石含量较高时就会影响其对磷的去除效果。

表 3-16　三种基质配比吸附氨氮和磷效果

处理批次	基质组合方式	NH_4^+-N 去除率/%	TP 去除率/%
1	三种基质以质量比 1∶1∶1 混合	69.3	13.5
2	三种基质以质量比 1∶2∶1 混合	66.0	17.6
3	三种基质以质量比 1∶3∶1 混合	66.0	21.7
4	三种基质以质量比 2∶1∶1 混合	70.4	15.1
5	三种基质以质量比 3∶1∶1 混合	64.9	20.1
6	三种基质以质量比 1∶1∶2 混合	63.8	11.0
7	三种基质以质量比 1∶1∶3 混合	68.2	5.2

注:基质的顺序为沸石、土壤和砾石。

综上所述,考虑到基质对磷、氨氮的去除效果,吸附饱和后的解吸率及经济效益,初步选取沸石、砾石、土壤作为人工湿地的基质。

(1)基质对磷的吸附速率的大小顺序为沸石>土壤>高炉渣>石灰石>砾石。沸石对氨氮的吸附表现出“吸附速率快、缓慢平衡”的特点,土壤对氨氮的吸附速率次之,砾石最慢。

(2)基质磷解吸率的大小顺序为石灰石>砾石>高炉渣>土壤>沸石,沸石和土壤拥有较好的吸磷效果,同时磷解吸率也较低,因此是较适宜的人工湿地除磷基质。各基质氨氮解吸率的大小顺序为土壤>砾石>沸石,沸石拥有较好的吸氨氮效果,同时氨氮解吸率也较低,因此是较适宜的人工湿地吸氨氮基质。

(3)沸石、砾石和土壤在不同配比下均能较好地达到吸氨氮、吸磷效果。在人工湿地的设计过程中,综合考虑选取沸石、砾石、土壤作为处理规模水产养殖水的人工湿地的基质,砾石铺设在湿地前端,沸石铺设在后端,沸石∶砾石为 1∶3,沸石粒径为 5~10mm,砾石粒径为 5~15mm。

第三节　人工湿地水生动植物配置技术

以水生植物和水生动物为研究对象,主要针对水产养殖尾水中氮、磷和有机物污染物,通过单独或组合的方式探究大型水生植物和水生动物对水产养殖排放水的净化能力,有利于充分发挥其在水产养殖水中的净化作用,进一步提高污染物的去除率,为人工湿地的设计及运行提供依据。

试验中大型水生植物均取自某水产养殖场的生态净化系统,试验选取了净化能力较强的两种大型水生植物黄菖蒲和常绿鸢尾及净化系统中放养的底栖动物螺蛳和河蚌作为研究对象,设计了单一大型水生植物、单一底栖动物、大型水生植物组合、水生动物组合、大型水生植物与水生动物组合的试验方案(表 3-17)。所用的大型水生植物均在采集后进行预处理,首先将植物用蒸馏水反复冲洗并修剪,然后将大型水生植物用霍格兰氏培养液培养 10d,以修复植物破坏的根部,最后选取长势良好、大小均匀的植株作为试验植株。螺蛳为铜锈环棱螺,挑选大小基本一致(壳高 20～25mm)的健康个体;河蚌为背角无齿蚌,挑选大小基本一致(10cm×4cm×6cm)的健康个体。将螺蛳和河蚌外表清洗干净,在自来水中暂养 3d。试验在 40cm×40cm×60cm(长×宽×高)的装置中进行,有效水深 40cm,装置内安装有支撑装置以防止大型水生植物倒伏。装置底部铺设有 20cm 高的砾石(粒径 30～50mm),用于固定植物根系。每个装置内的植物种植密度为 50 株/m²,螺蛳放养密度为 50 个/m²,河蚌放养密度为 5 个/m²。试验采取间歇进水的方式,水力停留时间为 5d,考察在 10 个周期内大型水生植物对污染物的净化效果。试验期间根据水分吸收及蒸腾作用的不同,定期向装置中补充蒸馏水。

表 3-17　大型水生植物、水生动物和水生动植物组合的试验设计

装置编号	内容	植物		动物	
		种类	数量	种类	数量
I	单一植物	黄菖蒲	8 株	—	—
II	单一植物	常绿鸢尾	8 株	—	—
III	植物组合	黄菖蒲+常绿鸢尾	各 4 株	—	—
IV	单一动物	—	—	螺蛳	10
V	单一动物	—	—	河蚌	1
VI	动物组合	—	—	螺蛳+河蚌	10+1
VII	植物动物组合	黄菖蒲	8 株	螺蛳	10
VIII	植物动物组合	常绿鸢尾	8 株	河蚌	1
IX	植物动物组合	黄菖蒲+常绿鸢尾	各 4 株	螺蛳+河蚌	10+1

主要研究内容包括以下几个方面。

(1)选取黄菖蒲、常绿鸢尾、螺蛳和河蚌 4 种水生动植物,研究水生植物及其组合、水生动物及其组合及不同动植物组合对水产养殖水中的氮、磷和有机物的去除效果。

(2)研究不同水生植物及其组合的多项生理生长指标,从植物吸收能力的角度分析净化能力差异的原因。

(3)研究进、出水中氮的组成,分析水生动植物对不同形态氮的净化能力。

一、大型水生植物对有机物、氮磷污染物的净化能力

大型水生植物对污染物的去除效果如图 3-13 所示,发现各组大型水生植物对 COD_{Cr}、总磷、总氮、氨氮、硝态氮和亚硝态氮均有一定的去除能力。大型水生植物可以通过吸收作用和附着微生物的分解作用去除有机物,黄菖蒲和常绿鸢尾的 COD_{Cr} 平均去除率分别为 39.8%和 37.8%,黄菖蒲的净化效果较好。植物组合的 COD_{Cr} 平均去除率为 34.4%,植物组合使去除率降低,且在后期出现去除率为零的情况,这可能是由于两种植物的相互竞争,同时大型水生植物产生的化感物质会对别的植物的生长繁殖产生抑制作用。

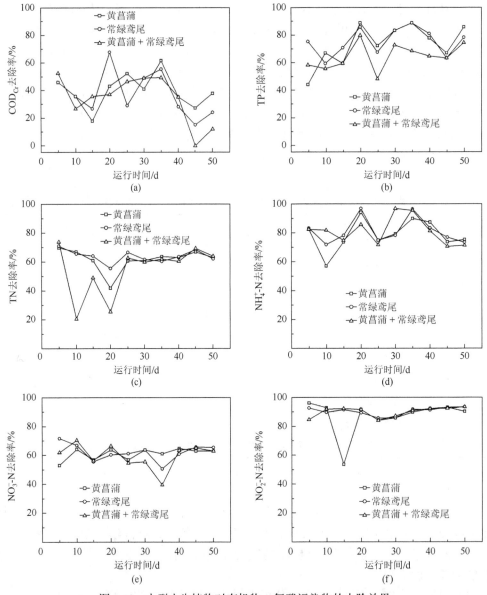

图 3-13　大型水生植物对有机物、氮磷污染物的去除效果

　　大型水生植物可以通过吸收、沉淀、吸附和微生物固定等方式直接或间接去除水体中的磷，从总磷的去除效果看，黄菖蒲、常绿鸢尾对总磷平均去除率分别为74.4%和76.2%，常绿鸢尾的净化效果较好。水生植物组合与单独净化相比，总磷平均去除率降低为65.9%。

　　大型水生植物可以通过吸收和附着微生物的硝化与反硝化作用去除废水中的氮，各种水生植物对总氮都有一定程度的去除效果。从总氮去除效果看，黄菖蒲和常绿鸢尾的总氮平均去除率分别为61.4%和63.5%，常绿鸢尾的净化效果较好。大型水生植物组合与单独净化相比对总氮的去除率有所降低，大型水生植物组合对总氮的平均去除率仅为54.3%，其去除率的差异主要表现在试验前期，试验后期差异不大，可能是由于将不同大型水生植物同时种植到装置中后植物对氮的吸收和微生物的生长需要一定的适应时间。大型水生植物对氨氮的去除主要通过吸收作用、附着微生物的硝化作用和氨的挥发完成，黄菖蒲和常绿鸢尾对氨氮的平均去除率均较好，分别为78.3%和80.8%，常绿鸢尾的净化效果较好。大型水生植物组合的平均去除率为80.7%，植物组合并未出现像对COD_{Cr}、总磷和总氮去除率降低的现象。大型水生植物对硝态氮的去除主要通过吸收和附着微生物的反硝化作用完成，黄菖蒲、常绿鸢尾、植物组合对硝态氮的平均去除率分别为60.6%、61.8%和59.3%，常绿鸢尾对硝态氮的平均去除率略高于黄菖蒲，大型水生植物组合对硝态氮的平均去除率略有降低。亚硝态氮的去除主要依靠附着微生物的作用，从亚硝态氮的去除效果看，各组装置对亚硝态氮都有很好的去除效果，大型水生植物组合与单独净化相比对亚硝态氮的去除率差异不大。

　　可以看出除 COD_{Cr} 外，常绿鸢尾对不同污染物的去除效果均略优于黄菖蒲，而相比于单一植物，黄菖蒲和常绿鸢尾的组合对COD_{Cr}、总氮和总磷的去除率均有一定程度的下降，这可能是植物体产生的化感物质产生相互抑制作用，说明两种植物不适合同时使用。

　　大型水生植物净化有机物、氮磷污染物能力的差异主要表现在吸收能力和植物对附着微生物影响的不同，本节研究通过检测不同大型水生植物的生理生长指标对植物的吸收能力进行了分析。如表 3-18 所示，单一种植的黄菖蒲和常绿鸢尾的单位面积生物量及茎叶和根的氮、磷含量均高于组合种植的同种植物，其中常绿鸢尾高于黄菖蒲，表明单独黄菖蒲和常绿鸢尾固定氮、磷的能力远远强于植物组合，而常绿鸢尾的氮、磷固定能力略强于黄菖蒲。同时，根系吸收面积可以反映植株生长的情况，一般情况下根系吸收面积越大吸收能力越强。如表 3-18 所示，根系总吸收面积和活跃吸收面积与单位面积生物量及茎叶和根的氮、磷含量存在相同的规律，表明常绿鸢尾更易于吸收并积累养殖尾水中的氮和磷；而组合植物的氮、磷积累能力均有所下降，这与总氮、总磷的去除率相吻合，表明大型水生植物的吸收能力和氮、磷的积累能力的强弱在很大程度上影响了污染物的去除效果。而组合植物可能是植物之间的拮抗作用，导致两种植物的生长受到抑制，吸收能力和氮、磷积累能力均有所下降，所以植物组合的净化效果较差。

表 3-18　大型水生植物的生理生长指标

植物种类	装置I	装置II	装置III	
	黄菖蒲	常绿鸢尾	黄菖蒲	常绿鸢尾
单位面积生物量/(g/m²)	1315	1895	551	573
茎叶氮含量/(mg/g)	27.73	25.40	20.21	23.46

植物种类	装置 I	装置 II	装置III	
	黄菖蒲	常绿鸢尾	黄菖蒲	常绿鸢尾
根氮含量/(mg/g)	13.36	15.28	7.76	12.17
茎叶磷含量/(mg/g)	1.35	1.47	1.04	1.06
根磷含量/(mg/g)	0.97	1.94	0.71	1.10
根系总吸收面积/m²	3.40	3.98	2.92	3.08
根系活跃吸收面积/m²	1.37	1.76	1.04	1.35

二、水生动物对有机物、氮磷污染物的净化能力

　　水生动物对水体中有机物、氮磷污染物的去除效果如图 3-14 所示，水生动物对 COD_{Cr}、总磷、总氮、氨氮和亚硝态氮均有一定的去除效果，但硝态氮浓度还有一定程度的增加。

　　从 COD_{Cr} 的去除效果来看，螺蛳和河蚌单独净化的平均去除率较高，分别为 44.3% 和 49.1%，河蚌的净化效果较好，螺蛳、河蚌组合的平均去除率为 49.0%，底栖动物数量的增加并没有提高 COD_{Cr} 的净化能力，表明动物数量的增加并不一定能提高净化效果。研究发

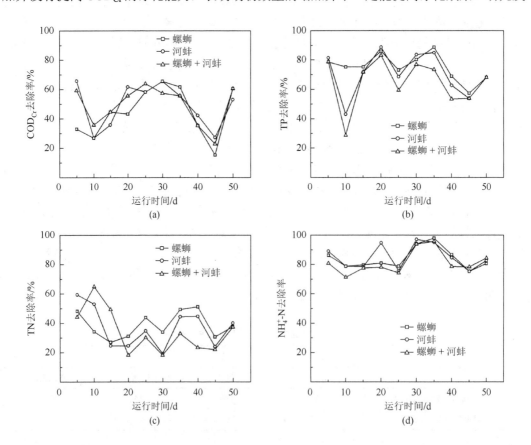

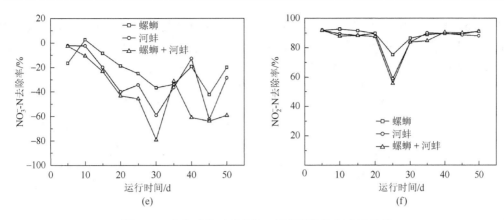

图 3-14 水生动物对有机物、氮磷污染物的去除效果

现水体 COD_{Cr} 浓度与动物放养密度呈正相关，密度越大动物的呼吸作用越大，溶解氧越低，从而其生理活性减弱，降低滤食能力。总磷主要靠动物的吸收作用和磷的吸附沉淀作用去除。螺蛳和河蚌对总磷的平均去除率分别为 75.4% 和 70.8%，螺蛳对总磷的平均去除率略高于河蚌，动物组合的总磷平均去除率为 64.9%，螺蛳和河蚌的组合使水生动物数量增加反而使总磷的去除有所降低，与 COD_{Cr} 和总氮表现出相同的规律。螺蛳和河蚌主要通过滤食作用去除尾水中悬浮态的氮素，螺蛳和河蚌对总氮的平均去除率分别为 38.8% 和 37.0%，动物组合与单独净化相比平均去除率有所降低，为 34.1%，水生动物数量的增加反而对总氮的去除产生了抑制作用。

螺蛳、河蚌及水生动物组合对氨氮和亚硝态氮都有很好的去除效果。螺蛳、河蚌和动物组合对氨氮的平均去除率分别为 84.1%、85.9% 和 81.1%，螺蛳和河蚌对氨氮去除效果的差异较小，水生动物组合的净化效果有一定的下降。螺蛳、河蚌和动物组合对亚硝态氮的平均去除率分别为 89.0%、86.1% 和 88.2%，三组水生动物对亚硝态氮的平均去除率差异较小，螺蛳的净化效果较好。与其他水质指标不同，水体中硝态氮浓度出现增加的现象，表明在水生动物的影响下，反硝化的速率低于硝化的速率，氨氮、亚硝态氮和有机氮有一部分通过氨化、硝化作用转化为硝态氮，在螺蛳、河蚌和动物组合中硝态氮平均浓度分别增加为 33.6%、43.3% 和 59.8%，动物种类和数量的增加会导致更多的硝态氮积累。

综合三组水生动物对不同污染物的去除效果，螺蛳和河蚌的净化能力差异不大，而水生动物数量的增加并不能使污染物的去除能力有所提高，硝态氮在氨氮、亚硝态氮和有机氮去除的过程中有所积累。有研究者发现水生动物的放养密度与其耗氧速率呈正相关，密度越高则呼吸作用越大、溶解氧含量越低，会直接影响污染物的去除效果，这可能就是造成水生动物组合净化能力降低的原因。

三、水生动植物组合对有机物、氮磷污染物的净化能力

大型水生植物与水生动物之间组合的净化效果如图 3-15 所示。从 COD_{Cr}、总磷、总氮、氨氮和亚硝态氮的平均去除效果来看，黄菖蒲和螺蛳组合的净化效果最好，分别为

40.1%、61.5%、59.0%、81.1%和 88.2%。黄菖蒲、常绿鸢尾、螺蛳和河蚌的净化效果较差，对总磷的去除率在 25d 后出现负值。因为除了植物外没有其他可能引入总磷的因素，所以总磷浓度的增加应该是由螺蛳刮食常绿鸢尾叶片而释磷造成的。

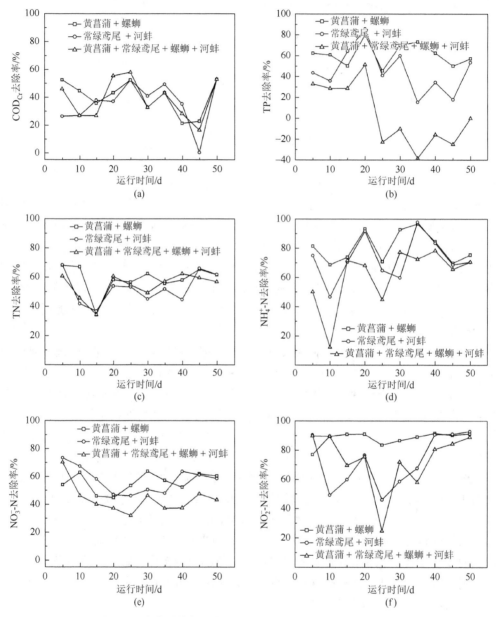

图 3-15　水生动植物组合对有机物、氮磷污染物的去除效果

将大型水生植物、水生动物和水生动植物组合（表 3-17）对有机物、氮磷污染物的净化能力进行比较，结果如图 3-16 所示。

从 COD_{Cr} 的去除效果看，螺蛳和河蚌的去除率较高，黄菖蒲和常绿鸢尾的 COD_{Cr} 去除率明显低于螺蛳和河蚌，这是由于水生动物可以摄食藻类、有机碎屑等从而促进了有机物的去除。与螺蛳和河蚌单独净化相比，大型水生植物的添加并没有提高 COD_{Cr} 的净化能力，反而使得净化能力有不同程度的降低，四种动植物组合的净化效果也低于螺蛳、河蚌组合净化的效果，可能是由于动植物之间的相互竞争，不再适宜其生长，降低了净化的效果。

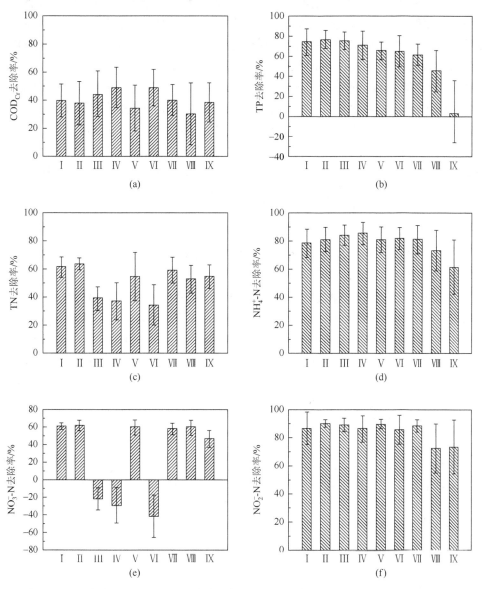

图 3-16　水生植物、水生动物和水生动植物组合对有机物、氮磷污染物的去除效果

从总磷的去除效果看，水生动植物单独净化的差异不大，植物、动物相互组合的净化能力较差，装置Ⅶ和Ⅷ的去除率为 61.5% 和 45.4%，均低于各自单独净化的效果。四种动植物组合的总磷平均去除率仅为 2.9%，在试验后期出现总磷的去除率为负值的情况，说明总磷有一定程度的释放，很有可能是大型水生植物常绿鸢尾被螺蛳刮食造成的。

从总氮的去除效果看，动植物单独净化的差异较大，黄菖蒲和常绿鸢尾的总氮去除率较高，显著高于螺蛳和河蚌的。这与动植物的去除方式有关，大型水生植物可以吸收水体中溶解态氮，动物主要滤食悬浮态氮，而溶解态氮在养殖水中占的比例较大，所以大型水生植物表现出更好的净化能力。水生动植物组合的净化能力均低于大型水生植物单独的净化能力，高于螺蛳、河蚌单独的净化能力。研究发现水生动物的放养密度与其耗氧速率呈正相关，密度越高则耗氧越多、溶解氧含量越低。由于大型水生植物对总氮的去除优于水生动物，在动植物组合的装置中可以认为大型水生植物起到主要的净化作用，而动物的增加可能会导致排泄的增加，从而降低了净化效果。

　　水生动植物对硝态氮的去除存在较大的差异，从图 3-16 中可以看出，螺蛳、河蚌单独及其组合对硝态氮的去除率为负值，即在试验期间硝态氮含量并没有下降，反而有所增加，说明其他形态的氮通过氨化、硝化作用转化为硝态氮，反硝化的速率低于硝化的速率。动物种类和数量的增加会导致硝态氮更多的被积累。无论是黄菖蒲、常绿鸢尾、植物组合还是植物动物相互组合，只要存在大型水生植物，硝态氮均会有很好的去除效果，无显著差异。相对大型水生植物而言，动物的存在会导致净化能力的下降，水生植物的存在会使硝态氮由积累变为去除。研究表明微生物的反硝化作用是去除硝态氮的主要途径，反硝化所需的碳源和反硝化反应的环境为反硝化作用的主要影响因素，其中，大型水生植物所分泌的碳源对反硝化作用影响较大，而动物对反硝化作用的促进较小甚至增加氨氮排放，氨氮经硝化作用转化为硝态氮，所以出现了硝态氮增加的现象。

　　从氨氮和亚硝态氮的去除效果看，大型水生植物与水生动物单独净化的差异较小，但动植物组合后的效果与单独净化有一定的差异，净化效果变差。螺蛳、河蚌对氨氮的净化能力略高于黄菖蒲、常绿鸢尾，植物动物组合与单独净化相比，去除率有不同程度的降低，装置Ⅶ、Ⅷ、Ⅸ对氨氮的去除率分别为81.1%、73.2%和61.4%。与硝态氮的结果对比发现，产生这种现象可能的原因是动物相比大型水生植物更促进硝化反应的进行，从而导致了氨氮的转化和硝态氮的积累。而当水生动物数量增加时，溶解氧会相应地下降，排泄物也因此增加，氨氮从而有所上升。进水亚硝态氮的含量较低，不同动植物均可以很好地去除亚硝态氮，从去除效果看，动植物净化的差异不大，除装置Ⅷ、Ⅸ外亚硝态氮去除率均在85%以上，而装置Ⅷ和Ⅸ的去除率也达到了 72.4%和 73.4%。与单独螺蛳、河蚌的净化能力相比，大型水生植物的添加并没有提高亚硝态氮的净化能力，反而使得净化能力有不同程度的降低。

四、水生动植物对不同形态氮净化能力

　　水产养殖排放水中氮含量较高，所以试验重点关注了不同形态氮的去除，总氮由无机氮和有机氮构成，无机氮由氨氮、硝态氮和亚硝态氮构成。试验期间，检测了总氮、氨氮、硝态氮和亚硝态氮的浓度，有机氮为总氮与其他无机氮的差值。图 3-17 为进、出水中不同形态氮的浓度，进水的氨氮、硝态氮、亚硝态氮和有机氮占总氮的比例分别为31.5%、42.2%、2.3%和24.0%。进水的总氮主要以氨氮、硝态氮和有机氮为主，硝态氮的含量最高，出水中的亚硝态氮含量均很低，亚硝态氮含量最高的也只有 1.3%，氨氮的浓度有明显的降低，且差异不大。各系统中出水硝态氮和有机氮浓度差异较大，螺蛳、河蚌和动物组合的出水中硝态氮占绝大多数比例，且出水浓度高于进水。前面已经讨论了氨氮、硝态

氮、亚硝态氮的去除效果，通过总氮与无机氮的差值得到有机氮的平均值，可以发现水生动植物对有机氮的去除差异较大，螺蛳、河蚌和动物组合对有机氮的去除明显优于其他大型水生植物或动植物组合，这是由于水生动物主要通过滤食水中悬浮颗粒和藻类直接去除有机氮，而大型水生植物需要有机氮分解后再利用，因此动物对有机氮的净化效果较好。

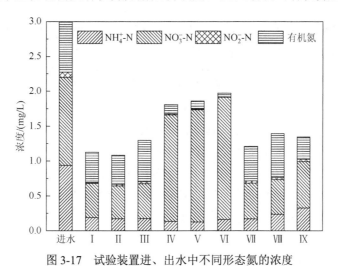

图 3-17 试验装置进、出水中不同形态氮的浓度

因此，黄菖蒲、常绿鸢尾及螺蛳、河蚌均适用于水产养殖排放水生态净化系统，对 COD_{Cr}、总氮、总磷均有一定的去除效果，其中水生动物对 COD_{Cr} 的净化效果较好，大型水生植物对总氮的净化效果较好，动植物对总磷去除的差异较小。两种大型水生植物中黄菖蒲对 COD_{Cr} 的净化效果较好，常绿鸢尾对总氮和总磷有更好的去除效果，黄菖蒲和常绿鸢尾组合的净化效果显著低于它们单独对总氮和总磷净化的效果。螺蛳和河蚌也可以去除养殖水中的氮、磷和有机物，但水生动物的组合放养使净化效果有所降低。在生态系统构建时应根据养殖排放水的水质情况，针对污染物的浓度选择净化能力强的大型水生植物或水生动物，在动植物放养、种植中应做好资料的调研或通过试验验证，在不了解相互的影响时建议分片放养、种植。在人工湿地设计中，建议在有机物浓度高的情况下，放养河蚌、螺蛳等滤食类水生动物，建议在溶解氧充足的条件下，选择以黄菖蒲为代表的根系分泌能力强的植物，或形成黄菖蒲、芦苇等植物的镶嵌组合系统处理水产养殖排放水。

第四节 表面流人工湿地净化水产养殖水技术

通过构建不同大型水生植物种类和基质类型的表面流人工湿地，研究不同表面流人工湿地对水产养殖水的净化效果，探究不同基质、大型水生植物、水生动物、水力停留时间、季节等因素对表面流人工湿地去除污染物效果的影响，并揭示其规律，最终通过优化确定最优的工况和工艺参数，为人工湿地的设计及运行提供依据。主要研究内容包括以下几个方面。

（1）研究不同大型水生植物种类、不同基质类型的表面流人工湿地对水产养殖水中有机物、氮、磷等污染物的去除效果的影响及 pH、溶解氧、电导率等水质指标的变化情况。

（2）研究大型水生植物种类、基质类型、季节变化和水力停留时间对表面流人工湿地处理效果的影响，并确定表面流人工湿地处理水产养殖水的最优工况。

一、表面流人工湿地对污染物的去除效果

表面流人工湿地装置的尺寸为 3.0m×0.8m×0.6m（长×宽×高），有效水深为 0.5m。采用布水管均匀布水，在装置中填充 0.2m 深的基质，装置 SF1 和 SF2 采用优选的复合填料，依次为碎石（粒径 5～10mm）和沸石（粒径 5～15mm），填充比例为 3∶1。装置 SF3 选取养殖场河道中底泥作为基质。装置 SF1 中种植芦苇，其他两个装置中均种植睡莲，种植密度为 25 株/m²。表面流人工湿地试验用水取自某水产养殖场的生产河道，该河道用以收集水产养殖所产生的排放水，河道中的水经水泵提升进入配水桶后作为试验进水。水产养殖水经表面流人工湿地处理后各类污染物的去除效果如图 3-18 所示。COD_{Cr} 和总氮是水产养殖水中的主要污染物，三个装置出水的 COD_{Cr} 平均浓度在秋冬季都达到地表水 V 类水质标准，在水力停留时间为 6d 和 8d 时达到地表水 IV 类水质标准；在春夏季水力停留时间大于 4d 时可以达到地表水 V 类水质标准，水力停留时间为 2d 时为劣 V 类水质。在秋冬季，出水总氮浓度均可达到地表水 V 类水质标准，在水力停留时间为 8d 时可达到地表水 III 类水质标准；春夏季水力停留时间为 2d 时为劣 V 类水质，水力停留时间大于 4d 时可以达到地表水 V 类水质标准。其他指标的去除效果较好，出水中总磷浓度较低，均可以达到地表水 V 类水质的要求。睡莲-底泥表面流人工湿地的出水氨氮浓度达到地表水 III 类水质标准，而其他装置出水氨氮浓度均可以达到地表水 V 类水质标准。

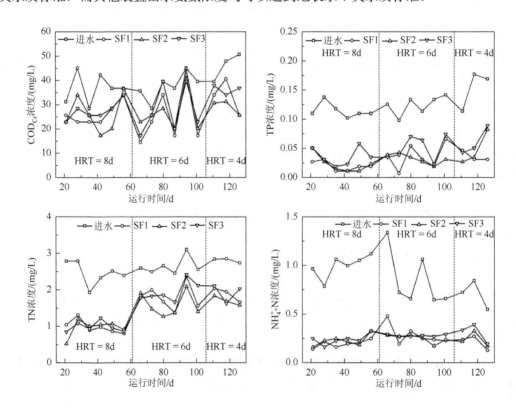

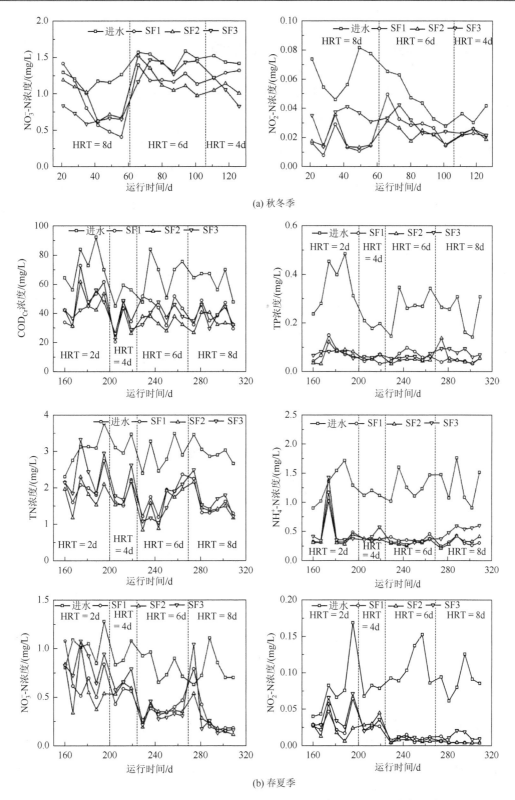

图 3-18 表面流人工湿地进、出水中各类污染物浓度随运行时间的变化过程

二、表面流人工湿地基质对污染物去除的影响

选取人工湿地不同基质且种植相同大型水生植物的 SF2、SF3 表面流人工湿地,进行不同基质对污染物去除的影响分析。

1. 人工湿地基质对有机物去除的影响

在表面流人工湿地中,除了沉淀作用、植物和微生物的作用外,基质的吸附作用也会影响有机物的去除效果。从图 3-19 中可以看出,无论是秋冬季还是春夏季,表面流人工湿地对 COD_{Cr} 的去除率均不高,低于 50%,且波动较大,去除效果不稳定。对两个不同基质且种植相同大型水生植物的人工湿地进行对比,可以发现复合填料人工湿地比底泥人工湿地对 COD_{Cr} 的去除效果好,复合填料人工湿地除了春夏季水力停留时间为 2d 时 COD_{Cr} 去除率较低外,其他工况下的去除率比底泥人工湿地高 1.0%~15.4%。不同基质在春夏季的差异比秋冬季大,水力停留时间对 COD_{Cr} 去除的影响不大。

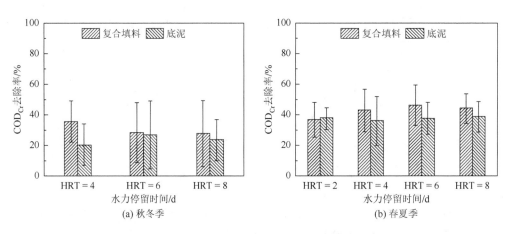

图 3-19　人工湿地不同基质对 COD_{Cr} 去除的影响

2. 人工湿地基质对总磷去除的影响

人工湿地不同基质对总磷去除的影响如图 3-20 所示,相比于对 COD_{Cr} 的去除,不同基质的表面流人工湿地对总磷去除的差异更显著,且去除率更高,不同工况下去除率最低为 59.0%,最高时达到 82.9%。各个工况下,复合填料人工湿地对总磷的去除率均显著高于底泥人工湿地,秋冬季两组人工湿地对总磷去除率的差异显著大于春夏季,而水力停留时间对两组人工湿地的总磷去除效果及其差异的影响较小。这是由于人工湿地对总磷的去除主要依靠填料的吸附、植物的吸收及微生物的作用,研究表明,填料的吸附是人工湿地除磷的主要途径,复合填料的吸附能力比底泥强,所以复合填料人工湿地的总磷去除效果好,这与其他研究者的结论一致。

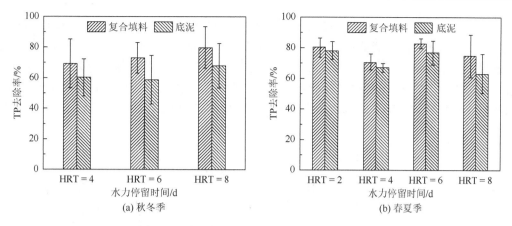

图 3-20　人工湿地不同基质对总磷去除的影响

3. 人工湿地基质对总氮去除的影响

如图 3-21 所示，基质的不同对表面流人工湿地去除总氮有一定的影响，只有春夏季水力停留时间为 6d 时复合填料人工湿地对总氮的去除率略低于底泥人工湿地外，其他工况下复合填料人工湿地均能表现出更好的总氮去除效果。水力停留时间会影响人工湿地对总氮的去除率，水力停留时间越长复合填料人工湿地对总氮的去除效果越好，但底泥人工湿地去除总氮的效果随水力停留时间的不同而波动。复合填料人工湿地更强的总氮去除能力与填料的吸附、微生物作用和植物的吸收作用有关，在大型水生植物相同的情况下，基质的不同会影响大型水生植物对氮的吸收能力和附着微生物的硝化和反硝化能力，同时复合填料基质可以吸附更多的氮。此外不同基质的孔隙度的不同、污染物扩散速率的不同也会影响污染物的去除效果。碎石和沸石组合基质孔隙度较底泥大，氮扩散速率快，去除率较高。

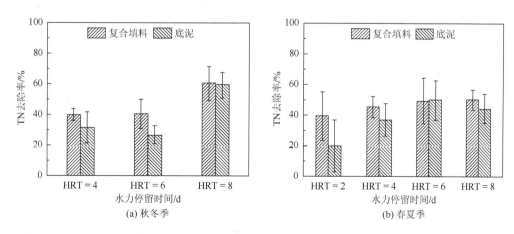

图 3-21　人工湿地不同基质对总氮去除的影响

4. 人工湿地基质对氨氮去除的影响

人工湿地对氨氮的去除可以依靠水生植物的吸收、基质的吸附及生物的硝化作用。基质的不同不仅会导致氨氮吸附性能的差异，还影响植物的输氧和微生物在基质上的附着。不同基质对氨氮去除的影响如图 3-22 所示，两组不同基质人工湿地对氨氮均有很好的去除效果，复合填料表面流人工湿地在不同工况下均表现出更好的氨氮去除效果。不同工况对氨氮的去除效果有一定的影响，秋冬季氨氮去除率存在随着水力停留时间的减少而降低的现象。而春夏季两组不同基质人工湿地去除氨氮的差异要略大于秋冬季。

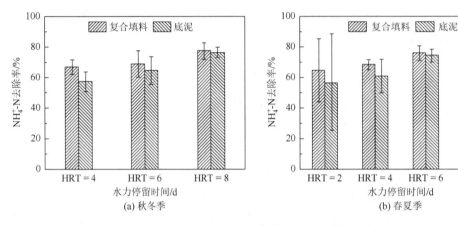

图 3-22　人工湿地不同基质对氨氮去除的影响

5. 人工湿地基质对硝态氮去除的影响

表面流人工湿地中基质对硝态氮的影响如图 3-23 所示。从图中可以看出，秋冬季表面流人工湿地对硝态氮的去除效果并不好，底泥人工湿地在水力停留时间为 8d 时去除效果最好，但去除率也只有 42.3%。春夏季硝态氮的去除效果明显提高，这可能与温度影响微生物的活性有关。两组不同基质人工湿地对硝态氮去除的差异没有显著的规律，有时复合填料人工湿地的净化效果好，有时底泥人工湿地的去除效果好，而且从图中可以看出去除效果并不稳定。

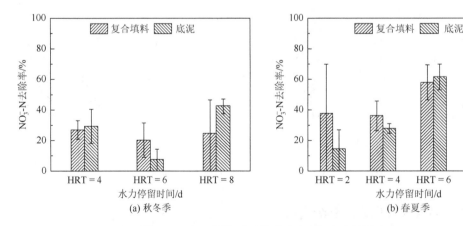

图 3-23　人工湿地不同基质对硝态氮去除的影响

6. 人工湿地基质对亚硝态氮去除的影响

不同基质人工湿地的亚硝态氮去除效果如图 3-24 所示。从图中可以看出，两组不同基质人工湿地对亚硝态氮的去除有一定的差异，大多工况下复合填料人工湿地的去除率更高。季节对亚硝态氮的去除有较大的影响，春夏季亚硝态氮的去除率显著高于秋冬季，在水力停留时间为 8d 时，复合填料人工湿地对亚硝态氮的去除率达到 94.9%，而秋冬季净化效果最好时也仅有 68.6%。同时，水力停留时间对亚硝态氮的去除也有显著的影响，水力停留时间越长亚硝态氮的去除效果越好。

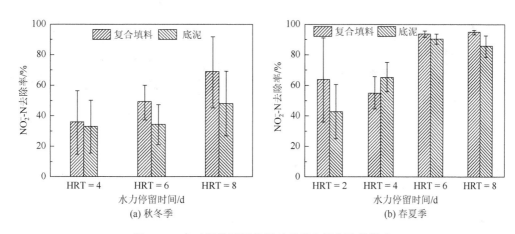

图 3-24　人工湿地不同基质对亚硝态氮去除的影响

综上所述，基质对表面流人工湿地净化效果有一定的影响，复合填料人工湿地的 COD_{Cr}、总氮和氨氮的去除率都高于底泥人工湿地。从去除效果的角度来看，复合填料人工湿地的去除率普遍高于底泥人工湿地。从成本的角度来看，复合填料的成本远远高于底泥。总的来看，虽然基质的不同会影响人工湿地对污染物的去除效果，但这些影响并非显著，再加上成本上的差异，选择复合填料作为表面流人工湿地的基质作用不大，但是在降低人工湿地堵塞风险方面更有意义。

三、表面流人工湿地大型水生植物对污染物去除的影响

选取相同基质且种植芦苇、睡莲两种植物的表面流人工湿地 SF1、SF2，研究不同植物对污染物去除的影响。

1. 人工湿地大型水生植物对有机物去除的影响

在表面流人工湿地中，有机物主要通过沉淀、植物的吸收和微生物的降解作用去除。不同大型水生植物人工湿地对 COD_{Cr} 的去除效果如图 3-25 所示。秋冬季 COD_{Cr} 的去除率并没有明显的规律，且去除率都较低，去除率最高也只有 35.6%。春夏季有机物去除存在一定的规律性，从图中可以看出，春夏季种植睡莲的表面流人工湿地对 COD_{Cr} 的去除率

显著高于种植芦苇的表面流人工湿地，表明在春夏季种植睡莲更有利于 COD_{Cr} 的去除。从图中还可以看出，在春夏季，随着水力停留时间的增加，去除率略有上升。因此，睡莲比芦苇更适宜用于表面流人工湿地去除有机物，这与大型水生植物的吸收和附着植物的微生物群落的不同均有一定的关系。

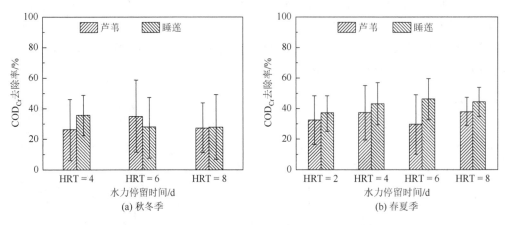

图 3-25　人工湿地不同大型水生植物对 COD_{Cr} 去除的影响

2. 人工湿地大型水生植物对总磷去除的影响

不同大型水生植物的表面流人工湿地对总磷的去除效果如图 3-26 所示。两组不同大型水生植物的表面流人工湿地对总磷的去除率均很高，去除率均大于 70%，两组人工湿地之间并未存在显著的差异，表明大型水生植物虽然可以通过吸收作用去除一部分水产养殖水中的磷，并通过影响附着微生物的除磷能力影响总磷的去除，但其不是影响总磷去除的主要因素，这与其他研究者的结论一致。

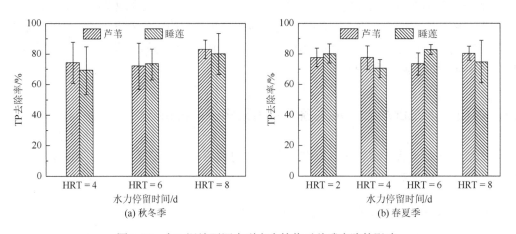

图 3-26　人工湿地不同大型水生植物对总磷去除的影响

3. 人工湿地大型水生植物对总氮去除的影响

人工湿地不同大型水生植物对总氮去除的影响如图 3-27 所示。从图中可以看出，种植睡莲的表面流人工湿地对总氮的去除优于种植芦苇的表面流人工湿地，表明睡莲更适宜水产养殖水中总氮的去除。这与不同植物间的吸收能力的差异及对附着微生物的影响有关。水力停留时间对总氮的去除也有一定的影响，随着水力停留时间的延长总氮去除率有增加的趋势。在水力停留时间为8d时，总氮去除率达到最高，但两组不同大型水生植物人工湿地间总氮去除率的差异却很小，表明在水力停留时间长时总氮的去除主要受其他因素的影响，而选择种植芦苇还是睡莲对总氮的去除的影响不大。

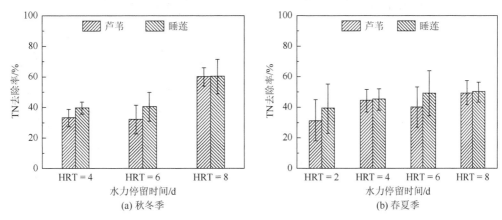

图 3-27　人工湿地不同大型水生植物对总氮去除的影响

4. 人工湿地大型水生植物对氨氮去除的影响

不同大型水生植物可以通过吸收作用和对微生物附着的作用影响表面流人工湿地对氨氮的去除，大型水生植物对氨氮的吸收相对较少，一般不会超过总去除率的 15%，而在表面流人工湿地中，大型水生植物对微生物的影响相对较小，其主要受到基质和运行条件的影响。图 3-28 是不同大型水生植物人工湿地对氨氮去除的影响试验的结果，可以看出两组不同大型水生植物表面流人工湿地的氨氮去除率差异并不大，且无显著变化规律。但两组人工湿地对氨氮均有很好的去除效果，去除率均达 60% 以上。水力停留时间会影响人工湿地氨氮的去除能力，水力停留时间的长短与去除率的高低存在显著的正相关。

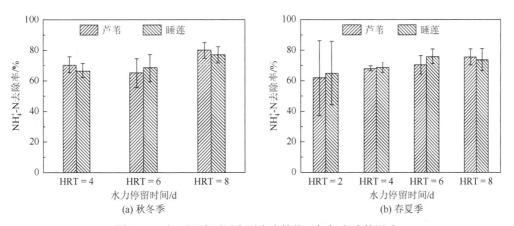

图 3-28　人工湿地不同大型水生植物对氨氮去除的影响

5. 人工湿地大型水生植物对硝态氮去除的影响

表面流人工湿地中不同大型水生植物对硝态氮去除的影响如图 3-29 所示，两组不同大型水生植物人工湿地对硝态氮的去除并不存在显著的变化规律，睡莲人工湿地对硝态氮的去除效果略优于芦苇人工湿地，而与水力停留时间和季节相比，大型水生植物的影响更加不明显。从图中可以发现两组人工湿地在春夏季对硝态氮的去除率远远高于其在秋冬季的去除率，而且随着水力停留时间的延长，硝态氮的去除效果也有显著的增加。

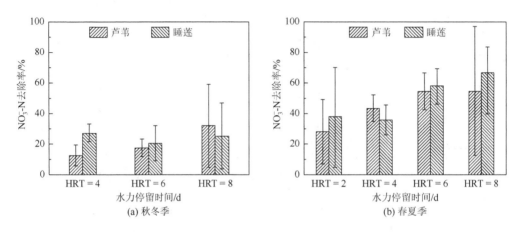

图 3-29　人工湿地不同大型水生植物对硝态氮去除的影响

6. 人工湿地大型水生植物对亚硝态氮去除的影响

从图 3-30 中可看出，影响两组不同大型水生植物表面流人工湿地对亚硝态氮去除效果的主要因素并不是植物，而是季节和工况。大型水生植物对亚硝态氮去除的影响并不显著，而水力停留时间的延长可以显著增加亚硝态氮的去除率，同时春夏季也在一定程度上提高了亚硝态氮的去除效果。

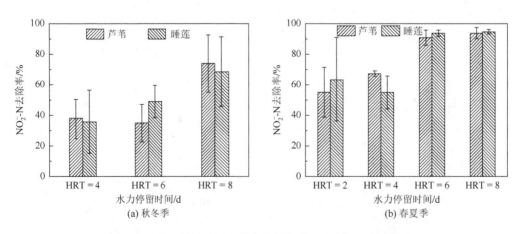

图 3-30　人工湿地不同大型水生植物对亚硝态氮去除的影响

四、季节对表面流人工湿地去除污染物的影响

选取在不同季节相同工况下三个表面流人工湿地对污染物净化效果进行对比，揭示季节对人工湿地去除污染物的影响。季节对有机物、氮、磷去除的影响如图3-31所示，可以看出季节对人工湿地不同污染物的去除的影响差异较大。季节对硝态氮和亚硝态氮的去除有非常显著的影响，春夏季SF1、SF2和SF3人工湿地对硝态氮和亚硝态氮的去除率比秋冬季分别提高了30.4%、29.5%、21.6%和35.0%、30.1%、42.1%。季节对CODCr、总氮和总磷的去除

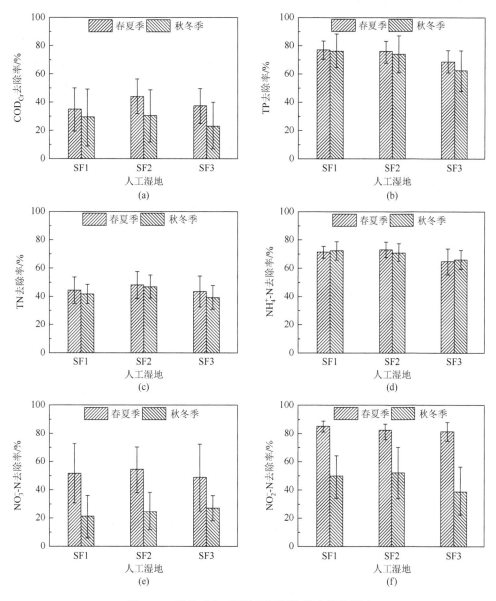

图3-31　季节对人工湿地不同污染物去除的影响

效果也有一定的影响，春夏季的去除效果也优于秋冬季，SF1、SF2 和 SF3 人工湿地在春夏季对 COD_{Cr} 的去除率分别比秋冬季高出 5.4%、13.9% 和 13.8%，季节对总氮、总磷去除的影响很小，春夏季其去除率虽有增加但增幅均低于 6.5%，而季节对氨氮去除的影响不显著。

在表面流人工湿地中，季节对 COD_{Cr} 去除的影响主要与大型水生植物的吸收能力和微生物的活性有关，春夏季温度较高，大型水生植物可以分泌酶以分解水产养殖水中的有机物，微生物的活性和数量也与温度呈一定的正相关，导致 COD_{Cr} 去除率高。秋冬季大型水生植物活性和微生物的降解能力减弱，造成了 COD_{Cr} 去除效果的降低。

影响表面流人工湿地去除总磷的主要因素是总磷的沉淀作用和填料的吸附作用，春夏季植物的生长和微生物活性的增强可以在一定程度上提高总磷的去除效果，但提高程度有限。3 组表面流人工湿地春夏季总氮的去除率均高于秋冬季，这是由于温度的升高可以促进植物的吸收和生长，并提高微生物的活性，促进氨化作用、硝化作用和反硝化作用。对表面流人工湿地去除氨氮来说，春夏季和秋冬季主要可以影响氨的挥发和植物的吸收作用，但是这两个因素对氨氮的去除贡献较少，再加上本试验中氨氮的污染负荷较小，氨氮的去除效果较好，从而其去除率的差异不大。由于秋冬季温度较低，人工湿地中反硝化作用较弱，而温度的升高可以提高人工湿地的反硝化作用，从而促进对硝态氮的去除。人工湿地对亚硝态氮的去除主要依靠微生物的作用，微生物的硝化和反硝化作用的中间阶段都会产生一定量的亚硝态氮，并再通过微生物的作用转化为硝态氮、N_2 或 N_2O，微生物的这些作用都受到温度的影响，温度越高微生物的硝化强度和反硝化强度越高，亚硝态氮的去除效果越好。

（1）利用表面流人工湿地处理水产养殖水是可行的，其中 COD_{Cr} 和总氮是水产养殖水中的主要污染物，在经过表面流人工湿地处理后污染物得到有效去除，三个表面流人工湿地出水的 COD_{Cr} 和总氮在水力停留时间大于 4d 时可以达到地表水 V 类水质标准，出水总磷和氨氮浓度在不同工况下均较低，分别可以达到地表水 II 类水质和 III 类水质的标准。

（2）基质对表面流人工湿地去除污染物的效果有较大的影响，对 COD_{Cr}、总氮、氨氮的去除有显著影响。复合填料人工湿地对污染物的去除效果普遍高于底泥人工湿地，但提升的程度有限，实际工程中应结合成本综合考虑基质的选择。

（3）表面流人工湿地中大型水生植物的类型只对总磷和 COD_{Cr} 有一定的影响，对其他污染物指标的影响较小，睡莲比芦苇表现出更高的净化能力，实际工程中应在多种植物中筛选出净化能力较强的植物进行搭配种植。

（4）季节对表面流人工湿地对污染物的去除影响很大，随着温度的升高，大型水生植物的活性和微生物的降解能力均有很大程度的提升，COD_{Cr}、硝态氮和亚硝态氮的去除效果有明显的提升，但对总磷、总氮、氨氮去除效果的影响不显著。

（5）水力停留时间对表面流人工湿地中氮的去除有显著影响，对有机物和磷去除的影响较小。随着水力停留时间的延长，总氮、氨氮、硝态氮和亚硝态氮的去除效果均有显著的提升。

第五节　潜流人工湿地净化水产养殖水技术

通过构建不同流态、不同大型水生植物的潜流人工湿地系统,针对水产养殖水中的氮、磷和有机污染物,探究流态、大型水生植物、水力停留时间、温度等因素对潜流人工湿地去除污染物效果的影响,揭示其规律,并确定最优的工况和工艺参数,揭示潜流人工湿地在水产养殖水处理中的净化作用,为人工湿地的设计及运行提供依据。主要研究内容包括以下几个方面。

（1）通过构建不同流态、不同大型水生植物种类的潜流人工湿地,研究潜流人工湿地对水产养殖水中的有机物、氮、磷等污染物的去除效果,并探讨相关机理。

（2）研究流态、大型水生植物种类、季节变化和水力停留时间对潜流人工湿地处理效果的影响,确定人工湿地处理水产养殖水的工艺参数并优化工况。

（3）研究污染物在不同潜流人工湿地中沿程的降解过程,进一步揭示不同污染物在潜流人工湿地中去除的规律。

一、潜流人工湿地对污染物的去除潜力研究

不同流态、不同植物类型的潜流人工湿地水产养殖水中的氮、磷和有机污染物的去除效果如图 3-32 所示。COD_{Cr} 和总氮是水产养殖水中的主要污染物,四个潜流人工湿地出水的 COD_{Cr} 平均浓度在秋冬季都可以达到地表水Ⅴ类水质标准,三个芦苇人工湿地的出水中 COD_{Cr} 平均浓度可达到地表水Ⅳ类水质标准,在水力停留时间大于 3d 时的黄菖蒲人工湿地也可达到地表水Ⅳ类水质标准,在春夏季水力停留时间大于 2d 时可以达到地表水Ⅴ类水质标准,水力停留时间为 1d 时出水为劣Ⅴ类水质。在秋冬季,黄菖蒲水平潜流人工湿地出水总氮浓度均可达到地表水Ⅴ类水质标准,在水力停留时间大于 3d 时就可达到地表水Ⅳ类水质标准,三个芦苇潜流人工湿地出水中总氮浓度较高,只有在水力停留时间为 4d 时总氮可以达到地表水Ⅴ类水质标准,春夏季水力停留时间小于 2d 时为劣Ⅴ类水质,大于 3d 时可以达到地表水Ⅴ类水质标准。潜流人工湿地的出水溶解氧浓度达到地表水Ⅴ类水质标准,而出水中总磷和氨氮浓度基本上均可以达到地表水Ⅳ类水质标准。

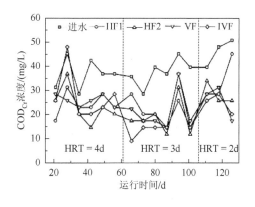
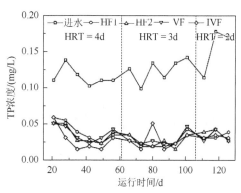

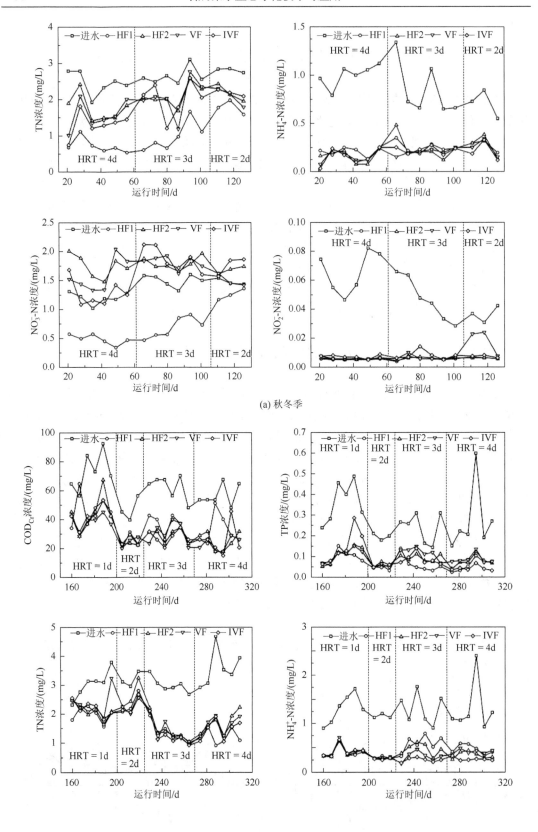

(a) 秋冬季

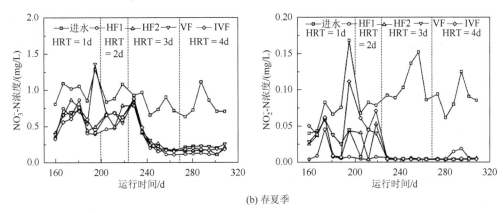

(b) 春夏季

图 3-32 不同季节不同工况下潜流人工湿地进、出水中污染物浓度变化过程

HF1：黄菖蒲水平潜流人工湿地；HF2：芦苇水平潜流人工湿地；VF：芦苇垂直流人工湿地；IVF：芦苇复合垂直流人工湿地

二、潜流人工湿地不同流态对污染物去除的影响

选取 3 组种植芦苇的水平潜流、垂直流和复合垂直流的人工湿地，探究流态对人工湿地去除污染物的影响。

1. 潜流人工湿地流态对有机物去除的影响

不同流态的潜流人工湿地对 COD_{Cr} 的去除率如图 3-33 所示。COD_{Cr} 的去除效果受到流态影响，在不同的季节和工况下，不同流态的潜流人工湿地表现出了不同的去除能力，但是不同流态下 COD_{Cr} 的去除效果波动较小。因此，水产养殖水中有机物的去除主要还是受大型水生植物、填料、微生物等其他因素的影响。

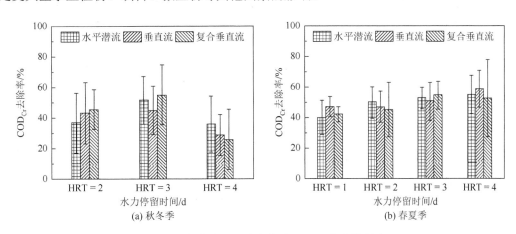

图 3-33 潜流人工湿地流态对 COD_{Cr} 去除的影响

2. 潜流人工湿地流态对总磷去除的影响

如图 3-34 所示，3 种流态的潜流人工湿地对总磷均有很好的去除效果，虽然潜流人工湿地的流态可以通过影响填料的吸附和过滤作用对总磷的去除产生影响，但流态之间的

差异并不明显,表明流态并不是影响总磷去除的主要因素。同时,水力停留时间和季节对潜流人工湿地去除总磷的影响也不大。

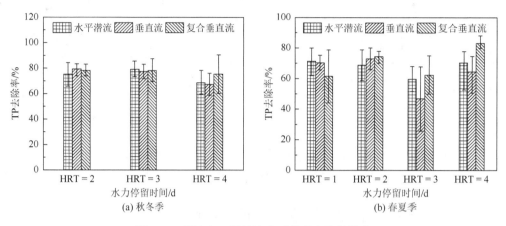

图 3-34　潜流人工湿地流态对总磷去除的影响

3. 潜流人工湿地流态对总氮去除的影响

图 3-35 是 3 组人工湿地中不同流态对总氮去除的影响结果。从总氮的去除效果来看,秋冬季潜流人工湿地对总氮的去除效果较差,水力停留时间为 4d 时,复合垂直流对总氮的去除率最高,但也只有 46.0%。春夏季人工湿地总氮的去除效果相比秋冬季有所提高。综合秋冬季和春夏季流态对总氮去除的影响,可以发现垂直流和复合垂直流人工湿地的净化能力高于水平潜流人工湿地,而复合垂直流人工湿地的去除能力相对更强。除了流态外,工况也是影响去除率的主要因素之一,水力停留时间的延长能有效提高总氮的去除率。

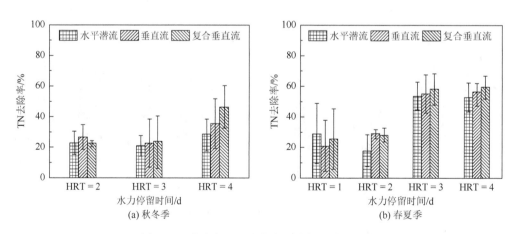

图 3-35　潜流人工湿地流态对总氮去除的影响

人工湿地对总氮的去除是一个复杂的过程,主要通过微生物作用、植物吸收作用和填料吸附过滤作用。微生物作用包括氨化作用、硝化作用和反硝化作用,植物的根区效应使其周围形成了许多好氧、缺氧和厌氧区。在好氧区有机氮通过氨化作用转化为氨氮，氨氮再通过硝化作用转化为硝态氮和亚硝态氮，硝态氮和亚硝态氮扩散到缺氧区，再通过反硝化作用转化为 N_2 和 N_2O，从而得以去除。总氮一般包含有机氮和无机氮，有机氮包括蛋白质、氨基酸、尿素等含氮有机物，无机氮包括游离氨、氨氮、硝态氮和亚硝态氮等。人工湿地中总氮的去除主要通过微生物的硝化和反硝化作用，影响硝化和反硝化作用的因素主要有溶解氧、温度和有机物含量等。

4. 潜流人工湿地流态对氨氮去除的影响

人工湿地对氨氮的去除效果受运行条件、湿地类型、湿地流态及进水水质等多方面因素的影响，不同的水流方式会影响溶解氧的供给，溶解氧会影响潜流人工湿地中硝化作用的进行。3 组不同流态的潜流人工湿地对氨氮的去除效果如图 3-36 所示，流态对人工湿地氨氮去除率的影响并不显著，不同流态的潜流人工湿地在不同季节不同工况下均表现出了较好的去除能力，氨氮的去除率均高于 60%。

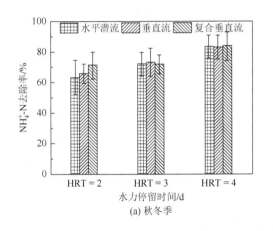
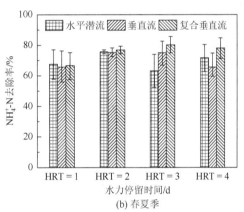

图 3-36　潜流人工湿地流态对氨氮去除的影响

5. 潜流人工湿地流态对硝态氮去除的影响

不同流态潜流人工湿地对硝态氮去除的影响如图 3-37 所示。从硝态氮的去除效果来看，在秋冬季，不同流态人工湿地对硝态氮的去除率均为负值，表明硝态氮不仅没有被去除，还在一定程度上有所积累，但积累的程度与流态没有显著的相关性，而水力停留时间对此表现出了更大的影响。春夏季不同流态的人工湿地对硝态氮由秋冬季的积累变为去除，去除率随着水力停留时间的延长呈现先下降后升高的趋势。在春夏季流态对硝态氮去除的影响并不显著，但可以发现垂直流的去除效果相对较差。硝态氮的去除和积累与微生物群落有关，在秋冬季微生物的反硝化能力较弱，导致硝态氮的积累，随着温度的升高人工湿地内微生物的活性增强，硝化、反硝化作用增强。由于硝化、反硝化作用的程度受到水力停留时间的影响，随着水力停留时间的减少，硝态氮的积累量增加，其去除总量有所降低。

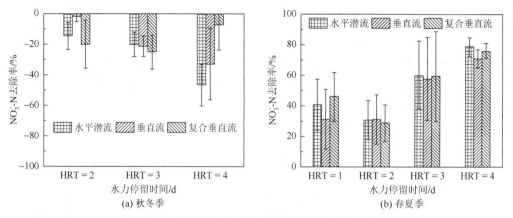

图 3-37　潜流人工湿地流态对硝态氮去除的影响

6. 潜流人工湿地流态对亚硝态氮去除的影响

潜流人工湿地流态对亚硝态氮去除效果的影响如图 3-38 所示。从图中可以发现流态对亚硝态氮去除效果的影响并不显著,但水平潜流人工湿地对亚硝态氮的去除效果更加稳定。不同流态人工湿地在长水力停留时间的工况下对亚硝态氮的去除效果均较好,水力停留时间大于 3d 时,秋冬季的亚硝态氮去除率大于 81.7%,春夏季的大于 95.5%。

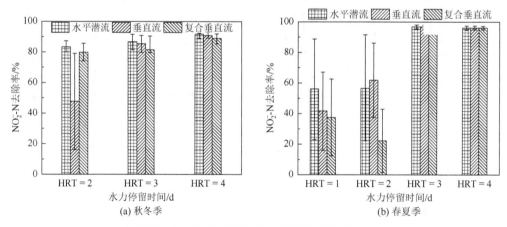

图 3-38　潜流人工湿地流态对亚硝态氮去除的影响

三、潜流人工湿地大型水生植物对污染物去除的影响

选取种植黄菖蒲和芦苇的两组水平潜流人工湿地,研究不同大型水生植物对其污染物去除的影响。

1. 潜流人工湿地大型水生植物对有机物去除的影响

水产养殖水中存在非溶解性有机物和溶解性有机物,在人工湿地中,非溶解性有机物主要通过填料的吸附、过滤、沉淀和植物根系的截留作用去除,而溶解性有机物主要通过植物根系的吸收和微生物的降解作用去除。如图 3-39 所示,不同大型水生植物对 COD_{Cr}

的去除有显著的影响。在不同季节的各个工况下，芦苇人工湿地对 CODCr 的去除率均显著高于黄菖蒲人工湿地，且去除率提高稳定，在秋冬季提高了 6.5%，春夏季提高了 9.1%，表明芦苇更适宜去除水产养殖水中的有机物。芦苇具有发达的根系和很强的输氧能力，不仅可以提高其自身的吸收能力，还可以提高潜流人工湿地的溶解氧浓度，为好氧微生物提供适宜生存的环境，这些都使其具有更强的有机物净化能力。

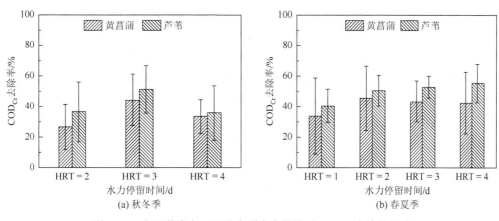

图 3-39　水平潜流人工湿地大型水生植物对 CODCr 去除的影响

2. 潜流人工湿地大型水生植物对总磷去除的影响

两组不同大型水生植物的水平潜流人工湿地对总磷去除的影响如图 3-40 所示。可以看出两组水平潜流人工湿地对总磷均有很好的去除效果，秋冬季种植不同大型水生植物的人工湿地对总磷去除的差异不显著，春夏季黄菖蒲人工湿地对总磷的去除率显著高于芦苇人工湿地的，表明黄菖蒲人工湿地在春夏季更适宜去除水产养殖水中的磷。水平潜流人工湿地系统对水产养殖水中总磷的去除主要依靠填料的吸附和过滤、植物的吸收及微生物的同化作用。前期研究发现，黄菖蒲对总磷的吸收能力明显高于芦苇，但秋冬季两种湿地系统对总磷去除的差异不显著，表明填料的吸附是人工湿地除磷的主要途径，这与其他研究者的结论相吻合。春夏季由于植物生长的需要，黄菖蒲表现出更强的吸收磷的能力，从而在一定程度上提高了黄菖蒲人工湿地对总磷的去除效果。

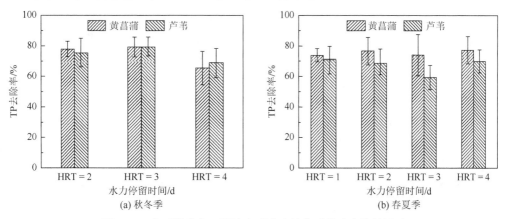

图 3-40　水平潜流人工湿地大型水生植物对总磷去除的影响

3. 潜流人工湿地大型水生植物对总氮去除的影响

人工湿地对总氮的去除是个复杂的过程,主要通过微生物转化作用、植物的吸收作用和填料的吸附过滤作用去除。黄菖蒲水平潜流人工湿地和芦苇水平潜流人工湿地对总氮的去除率如图 3-41 所示。两个系统在秋冬季和春夏季表现出完全相反的去除效果,在秋冬季黄菖蒲人工湿地对总氮的去除显著优于芦苇人工湿地,差异随着水力停留时间的缩短而减小。春夏季芦苇人工湿地对总氮的去除效果优于黄菖蒲人工湿地。前期的研究表明,黄菖蒲对氮的吸收能力强于芦苇,但黄菖蒲人工湿地在春夏季的去除效果比芦苇人工湿地差,这些现象与植物的吸收作用、影响微生物活性的温度、植物的泌氧能力及其分泌物均有一定关系。具体的原因需要进一步对氨氮、硝态氮、亚硝态氮和有机氮的去除进行分析。

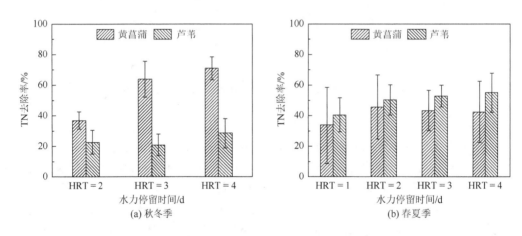

图 3-41　水平潜流人工湿地大型水生植物对总氮去除的影响

4. 潜流人工湿地大型水生植物对氨氮去除的影响

不同大型水生植物对潜流人工湿地氨氮的去除也有一定的影响,如图 3-42 所示。可以看出芦苇人工湿地对氨氮的去除能力强于黄菖蒲人工湿地,去除能力的差异随着水力停留时间的增加有增大的趋势。秋冬季两组潜流人工湿地对氨氮的去除效果与水力停留时间成正比,但在春夏季却没有显著的相关性。在潜流人工湿地中氨氮主要通过微生物的硝化作用、植物的吸收、填料的吸附和氨的挥发去除。硝化反应主要取决于微生物群落及溶解氧,溶解氧浓度越高,越有利于硝化过程的进行。填料对氨氮的吸附存在最大饱和吸附量,大型水生植物对氮的吸收和存储一般低于总氮去除量的 30%。大型水生植物对氨氮去除的影响主要通过其对微生物的间接作用来实现,一般来说,微生物的硝化作用在氨氮的去除中占主导作用,影响硝化作用的因素有很多,如温度、pH 和溶解氧等,其中溶解氧的作用较大,芦苇茎是中空结构,具有更强的输氧能力,可以在一定程度上促进微生物的硝化作用,从而提高氨氮的去除率。

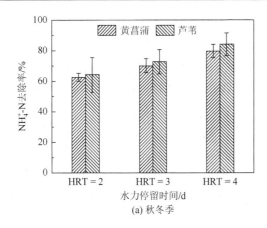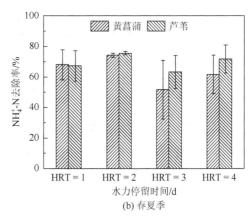

图 3-42 水平潜流人工湿地大型水生植物对氨氮去除的影响

5. 潜流人工湿地大型水生植物对硝态氮去除的影响

黄菖蒲和芦苇两种大型水生植物对水平潜流人工湿地净化效果的影响主要表现在对硝态氮的去除上。如图 3-43 所示，秋冬季黄菖蒲人工湿地对硝态氮有一定的去除效果，但芦苇人工湿地的硝态氮却有所积累，随着水力停留时间的缩短两组人工湿地硝态氮的去除量和积累量均有所降低。而在春夏季，芦苇人工湿地对硝态氮由积累变为去除，黄菖蒲人工湿地的去除率也有所增加，虽然黄菖蒲人工湿地对硝态氮的去除率仍高于芦苇人工湿地，但两者去除率的差距并不大。春夏季当水力停留时间大于 2d 时，硝态氮的去除率也有显著的增加，黄菖蒲和芦苇人工湿地在水力停留时间为 1d 时硝态氮的去除率分别为 44.4% 和 40.5%，当水力停留时间延长为 4d 时，去除率分别提高到 83.2% 和 78.7%。在秋冬季，黄菖蒲人工湿地的反硝化作用较强，所以硝态氮有一定量的去除，而芦苇人工湿地的硝化作用强于反硝化作用，硝态氮并没有进一步转化，反而有所积累。在春夏季，随着温度的升高，反硝化作用明显增强，从而使硝态氮得到了有效去除。

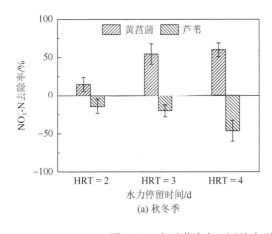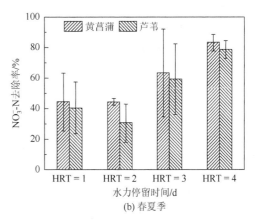

图 3-43 水平潜流人工湿地大型水生植物对硝态氮去除的影响

6. 潜流人工湿地大型水生植物对亚硝态氮去除的影响

不同大型水生植物的水平潜流人工湿地对亚硝态氮去除的影响如图 3-44 所示。秋冬季两组人工湿地对亚硝态氮均有很好的去除效果，去除率均高于 83.0%，不同大型水生植物的影响不显著，去除效果随着水力停留时间的缩短而变差，但变化不大。春夏季的不同工况下，黄菖蒲人工湿地对亚硝态氮保持稳定的去除效果，去除率最低为 82.6%，芦苇人工湿地在水力停留时间为 1d 和 2d 时的亚硝态氮去除率较低且不稳定，在水力停留时间为 3d 和 4d 时具有较高的去除率。数据表明，亚硝态氮容易发生转化，去除率随着水力停留时间的缩短而降低，这可能是由于微生物的转化速率受限，较短的水力停留时间会导致亚硝态氮去除率的降低。

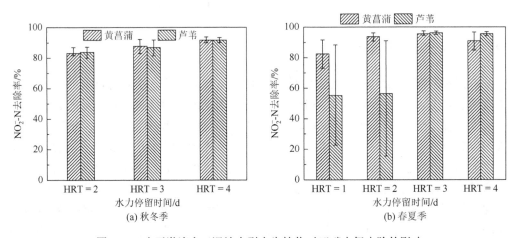

图 3-44　水平潜流人工湿地大型水生植物对亚硝态氮去除的影响

四、季节对水平潜流人工湿地污染物去除的影响

季节对水平潜流人工湿地污染物去除的影响如图 3-45 所示。季节对 COD_{Cr}、总磷、总氮和硝态氮的去除有显著的影响，对氨氮和亚硝态氮去除的影响不显著且不存在规律性。从图中可以看出，春夏季的 COD_{Cr} 去除率均高于秋冬季。在不同的季节黄菖蒲水平潜流人工湿地与种植芦苇的不同形态人工湿地对总磷、总氮和硝态氮的去除出现完全相反的趋势，这表明温度可以通过影响不同大型水生植物的净化能力从而影响不同污染物的去除效果。

相比于秋冬季，春夏季的温度较高，日照时间较长，可以促进植物和微生物的生长，从而提高植物的吸收能力和微生物的降解能力。春夏季黄菖蒲水平潜流人工湿地对总磷的去除率高于秋冬季，而其他 3 组人工湿地对总磷的去除率却较低。从其他 3 组可以看出温度的高低、植物的吸收、微生物的固磷并不是影响水平潜流人工湿地除磷的主要因素，填料吸附作用的影响较大。由于黄菖蒲具有很强的吸收磷的能力，在春夏季生长过程中可以促进磷的去除，而且冬季大型水生植物的枯萎会释放一部分磷使 HF1 秋冬季对磷的去除效果比春夏季低。

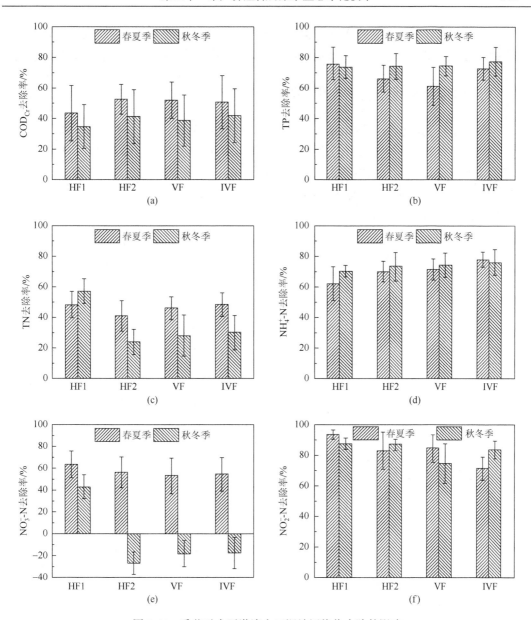

图 3-45　季节对水平潜流人工湿地污染物去除的影响

　　硝态氮的去除最为特殊，在春夏季 4 组人工湿地对其均有很好的去除效果，但在秋冬季种植芦苇的人工湿地的硝态氮并没有被去除，而是出现积累的现象。3 组芦苇人工湿地的总氮去除效果在春夏季高于秋冬季主要受硝态氮去除效果增加的影响。黄菖蒲人工湿地秋冬季的净化效果更好，这与有机氮的去除难易程度有关。对于氨氮的去除来说，虽然温度越高、碱性越强越利于氨的挥发，但湿地中氨的挥发基本可以忽略不计，而氨氮的去除主要靠微生物、大型水生植物、填料等多方面的作用。温度对硝态氮的影响最为明显，主要是由于反硝化过程对温度比较敏感，温度低时反硝化作用强度较低，所以秋冬季硝态氮的去除效果不好，芦苇人工湿地还有硝态氮的积累，但随着温度的升高反硝化速率有所提高，硝态氮也有了很好的去除效果。温度对潜流人工湿地去除亚硝态氮的影响并不显著，这是由于进水中的亚硝态氮负荷较低，亚硝态氮容易被去除，温度对其去除的影响被掩盖。

五、人工湿地降解污染物的空间差异性

考察四个不同潜流人工湿地中污染物沿程的变化情况，以进一步了解污染物在人工湿地内部的降解过程。四个潜流人工湿地中不同污染物沿程变化情况如图 3-46 所示。污染物在不同人工湿地的前端均能达到很好的去除效果，其中总磷、硝态氮和亚硝态氮在前端的去除潜力较大，COD_{Cr}、总氮和氨氮在中后段仍有一定的去除，但在后段的去除率增加不明显，污染物浓度无明显降低。

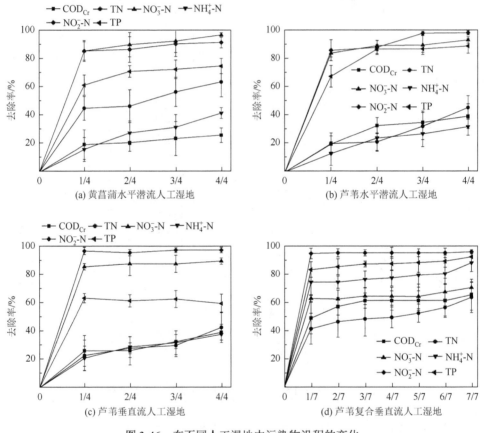

图 3-46　在不同人工湿地中污染物沿程的变化

（1）利用潜流人工湿地对水产养殖水中的污染物进行处理是可行的，四个潜流人工湿地系统出水的 COD_{Cr} 平均浓度在水力停留时间大于 2d 时可以达到地表水 V 类水质标准，出水中总磷和氨氮浓度均可以达到地表水 II 类水质标准。在秋冬季黄菖蒲水平潜流人工湿地出水的总氮浓度均可达到地表水 V 类水质标准，芦苇潜流人工湿地只有在水力停留时间为 4d 时出水中总氮浓度可以达到地表水 V 类水质标准，四个潜流人工湿地在春夏季水力停留时间大于 3d 时出水中总氮浓度可以达到地表水 V 类水质标准。

（2）不同流态的潜流人工湿地对水产养殖水中各种污染物均有很好的去除效果，流态对污染物去除的影响并不大，仅对 pH、电导率和总氮有一定的影响，其中垂直流和复合垂直流的差异较小，与水平潜流有较大的差异。水平潜流人工湿地的电导率较大，pH 较小，其对总氮的去除率低于另外两种流态。

（3）水平潜流人工湿地大型水生植物对污染物的去除影响显著，黄菖蒲人工湿地的电导率较大，pH 较低，芦苇人工湿地对 COD_{Cr} 和氨氮的去除率显著高于黄菖蒲人工湿地，而黄菖蒲人工湿地对硝态氮表现出较好的去除能力，在秋冬季芦苇人工湿地中硝态氮有所积累。两组不同大型水生植物人工湿地对总氮的去除在秋冬季和春夏季表现不同，在秋冬季黄菖蒲人工湿地的去除能力更强，而春夏季正好相反。

（4）在不同季节人工湿地对不同污染物表现出不同的净化效果，COD_{Cr} 在春夏季的去除率显著高于秋冬季，黄菖蒲人工湿地秋冬季对总氮、总磷的净化效果强于春夏季，与芦苇人工湿地净化效果相反。季节对人工湿地净化硝态氮的影响最为显著，对于黄菖蒲人工湿地而言，春夏季的硝态氮的去除效果优于秋冬季，而对于芦苇人工湿地而言，秋冬季硝态氮不仅没有被去除，反而还有积累，在春夏季硝态氮得到了较好的去除效果。

（5）水力停留时间对潜流人工湿地去除氮的影响显著，对去除有机物和总磷的影响较小。随着水力停留时间的延长，出水中总氮、氨氮、硝态氮和亚硝态氮的浓度均有显著下降。

（6）对潜流人工湿地沿程污染物降解过程研究发现，污染物在不同人工湿地的前段均能得到很好的去除效果，其中总磷、硝态氮和亚硝态氮在前段的去除效果较好，COD_{Cr}、总氮和氨氮在中后段仍有一定的去除。

第六节 人工湿地微生物脱氮过程与机制

采用 BIOLOG 微平板法和高通量测序等技术，研究黄菖蒲水平潜流人工湿地和芦苇水平潜流人工湿地内部微生物的硝化强度和反硝化强度、不同位置微生物群落结构和代谢特性。选择黄菖蒲水平潜流人工湿地和芦苇水平潜流人工湿地进行微生物硝化、反硝化强度的研究，在每个人工湿地中选取 5 个取样点，分别为上层前部、上层中部、上层后部、中层中部和下层中部。硝化、反硝化强度试验在春夏季和秋冬季各进行一次，人工湿地的水力停留时间均为 4d。选择黄菖蒲水平潜流人工湿地、芦苇水平潜流人工湿地、芦苇垂直流人工湿地和芦苇复合垂直流人工湿地 4 个潜流人工湿地研究微生物的代谢特性的差异。主要研究内容包括以下几个方面。

（1）研究黄菖蒲水平潜流人工湿地和芦苇水平潜流人工湿地及其内部微生物的硝化强度和反硝化强度，以了解硝化细菌和反硝化细菌在湿地中的活性强弱，分析两个人工湿地的脱氮能力差异的原因。

（2）采用 BIOLOG 微平板法，研究不同人工湿地、湿地内不同位置微生物的代谢特性，揭示人工湿地微生物对不同碳源的利用程度，同时进行主成分分析（PCA）和聚类分析，在一定程度上阐明人工湿地微生物的多样性。

（3）采用高通量测序方法，研究不同人工湿地及沿程微生物的群落结构，揭示微生物在人工湿地中的优势菌群和空间分布规律。

一、人工湿地微生物硝化和反硝化强度分析

选择种植黄菖蒲和芦苇水平潜流人工湿地进行微生物硝化和反硝化强度研究,配制相应的培养液, 硝化强度、反硝化强度利用培养前后硝态氮浓度变化来计算。

1. 人工湿地微生物硝化强度

黄菖蒲水平潜流人工湿地和芦苇水平潜流人工湿地中 10 个取样点在春夏季和秋冬季的硝化强度如图 3-47 所示。可以看出, 春夏季黄菖蒲人工湿地上层前部微生物的硝化强度显著高于芦苇人工湿地,其他取样点的硝化强度均低于芦苇人工湿地。在秋冬季, 黄菖蒲人工湿地的硝化强度有明显的降低,而芦苇人工湿地的变化因位置而异,在不同的取样点, 芦苇人工湿地的硝化强度均高于黄菖蒲人工湿地。

在黄菖蒲水平潜流人工湿地内部,沿水平方向看,硝化强度大小顺序是前部＞中部＞后部,沿垂直方向来看,是上层＞中层＞下层,在不同的季节表现出相同的趋势。由于黄菖蒲对氧气的传输能力较弱,湿地中大部分溶解氧均来自进水,无论是沿着水流方向还是沿着垂直方向溶解氧浓度均逐渐降低,而硝化细菌的生长及硝化作用与溶解氧浓度有很大的相关性, 因此表现出这样的趋势。

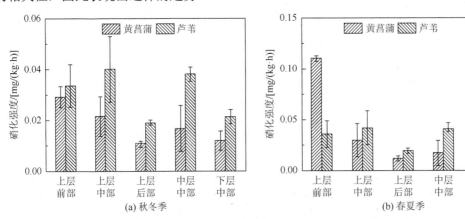

图 3-47　不同大型水生植物人工湿地微生物硝化强度的空间差异性

在芦苇水平潜流人工湿地内部,在不同季节硝化过程表现出不同的趋势。在春夏季,沿水平方向,硝化强度中部＞前部＞后部,沿垂直方向,表现出中层、上层＞下层,上层和中层的差异较小。在秋冬季,沿水平方向,硝化强度是中部＞前部＞后部,沿垂直方向,是上层＞中层＞下层。这与芦苇在不同季节的输氧能力和根系分泌物以及微生物的生长特性有关。

2. 人工湿地微生物反硝化强度

黄菖蒲水平潜流人工湿地和芦苇水平潜流人工湿地中 10 个取样点在春夏季和秋冬季的反硝化强度如图 3-48 所示。可以看出, 无论是春夏季还是秋冬季, 黄菖蒲人工湿地中各个取样点的微生物均表现出更强的反硝化强度,春夏季两个人工湿地的差异较小,在秋冬季芦苇人工湿地的反硝化强度有着明显的降低,而黄菖蒲人工湿地的反硝化强度变化不大。

在黄菖蒲水平潜流人工湿地内部，无论是春夏季还是秋冬季，沿水平方向来看，反硝化强度的大小顺序为中部＞前部＞后部，沿垂直方向来看，是上层＞中层＞下层。这与微生物群落的差异有关，黄菖蒲根系分泌物和根部创造的环境导致人工湿地中部更适宜反硝化细菌的生存，因此反硝化能力强。

综上，在秋冬季黄菖蒲人工湿地表现出较强的反硝化作用，而芦苇人工湿地的硝化作用较强，正是由于芦苇人工湿地较强的硝化作用，氨氮被转化为硝态氮，而反硝化作用较弱，硝态氮无法被去除，所以硝态氮在一定程度上有所积累。而黄菖蒲人工湿地的反硝化作用较强，对硝态氮具有更好的去除能力，从而可以有效去除养殖水中的总氮。而在春夏季两个人工湿地的硝化和反硝化强度差异变小，导致氮的去除也无显著的差异。

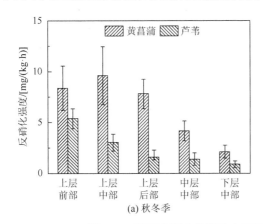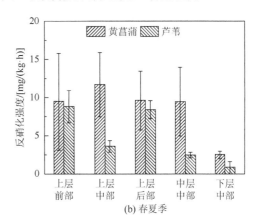

图 3-48　不同大型水生植物人工湿地微生物反硝化强度的空间差异性

二、人工湿地微生物的代谢特征

选择黄菖蒲水平潜流人工湿地、芦苇水平潜流人工湿地、芦苇垂直流人工湿地和芦苇复合垂直流人工湿地 4 个潜流人工湿地进行微生物代谢特性研究。分别在黄菖蒲和芦苇水平潜流人工湿地选取了 5 个取样点，分别为上层前部、上层中部、上层后部、中层中部和下层中部，在芦苇复合垂直流的下行段和上行段设置了 2 个取样点。取样时间为秋季，水力停留时间为 4d。

采用 BIOLOG 微平板进行微生物代谢活性分析。将接种好的微平板加盖在 30℃下培养，分别在 12h、48h、72h、96h、120h、144h、168h、192h 和 216h 利用多功能酶标仪 Bio-Tek Synergy 4（美国）在 590nm 波长下读数。根据吸光度值计算单孔平均光密度（AWCD）表示微生物对不同碳源利用的总体情况，计算 Shannon 指数、Shannon 均匀度、McIntosh 指数、McIntosh 均匀度、Simpson 指数以表征微生物群体利用碳源能力的多样性，同时进行主成分分析和聚类分析。

1. 人工湿地微生物群落结构差异

AWCD 反映了微生物群落对不同碳源代谢的总体情况，其变化速率反映了微生物的代谢活性。黄菖蒲水平潜流人工湿地、芦苇水平潜流人工湿地、芦苇垂直流人工湿地、芦苇复合垂直流人工湿地中上层前部不同时间的 AWCD 值如图 3-49 所示。黄菖蒲水平潜流人工湿地的微生物代谢活性最高，芦苇水平潜流人工湿地的微生物代谢活性最低，而芦苇复合垂直流人工湿地的微生物代谢活性略高于芦苇垂直流人工湿地。在 3 个不同流态的芦苇人工湿地中，微生物对碳源的利用程度为复合垂直流人工湿地＞垂直流人工湿地＞水平潜流人工湿地。

从 96h 时不同人工湿地微生物代谢活性的 Shannon 指数、Shannon 均匀度、McIntosh 指数和 McIntosh 均匀度四个指标（图 3-50）来看，两个不同大型水生植物的水平潜流人工湿地的指数差异不显著，垂直流和复合垂直流人工湿地之间微生物代谢活性的差异较小。垂直流和复合垂直流人工湿地的 Shannon 指数、Shannon 均匀度和 McIntosh 指数均高于两个水平潜流人工湿地，表明垂直流和复合垂直流的微生物群落的代谢多样性较高，对碳源利用的种类数也较多。Simpson 指数反映了微生物常见种优势度的变化情况，数值越大表明得到同一物种的概率越大。如图 3-51 所示，两个水平潜流人工湿地与垂直流和复合垂直流相比存在一定的微生物优势种群，代谢多样性较低。

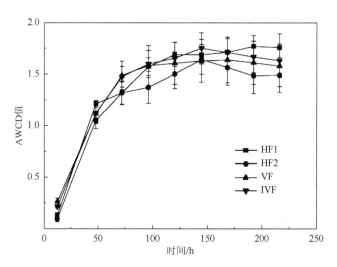

图 3-49　不同人工湿地 AWCD 值随时间的变化

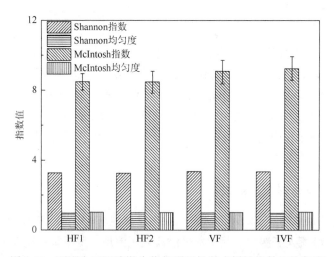

图 3-50　不同人工湿地微生物代谢活性的多样性指数和均匀度

2. 人工湿地微生物群落结构的空间差异性

三个人工湿地不同时间不同取样点的微生物 AWCD 值如图 3-52 所示。在潜流人工湿地内部，微生物对碳源的利用程度和利用速率均表现为上层＞中层＞下层。黄菖蒲人工湿地前部和中部的差异不大，均大于后部，前部的碳源利用能力更强，中部的碳源利用速率更快。而芦苇人工湿地中部的碳源利用程度和利用速率均最高。复合垂直流人工湿地下行段的微生物代谢能力高于上行段。微生物的代谢多样性随深度的下降而递减，在水平方向上，人工湿地后部的微生物代谢多样性最低，黄菖蒲水平潜流人工湿地中部的微生物代谢多样性最高，芦苇人工湿地前部的微生物代谢多样性最高。

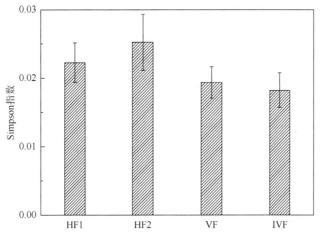

图 3-51　不同人工湿地微生物代谢活性的 Simpson 指数

3. 微生物代谢特征的主成分分析和聚类分析

对不同人工湿地和取样点的微生物群落的代谢特征进行主成分分析和聚类分析(图3-53)，发现大型水生植物对微生物代谢特征的影响大于流态，垂直流和复合垂直流人工湿地的微生物代谢特性差异较小。在芦苇水平潜流人工湿地内部，上层前部和上层中部的微生物代谢特征相似性高，上层后部和中层中部的微生物群落也有一定的相似性，而下层中部的微生物代谢特征与其他取样点均有较大的差异。

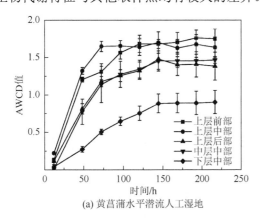

(a) 黄菖蒲水平潜流人工湿地

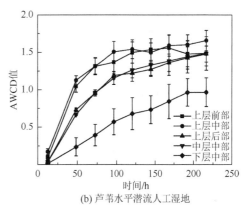

(b) 芦苇水平潜流人工湿地

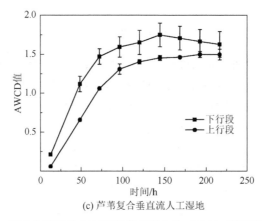

(c) 芦苇复合垂直流人工湿地

图 3-52　三个人工湿地中不同取样点微生物 AWCD 值随时间的变化

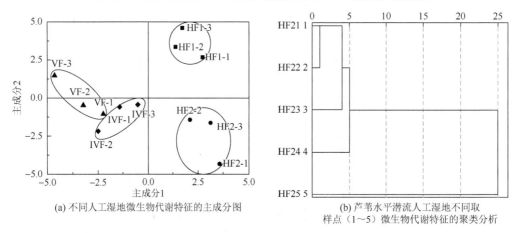

(a) 不同人工湿地微生物代谢特征的主成分图

(b) 芦苇水平潜流人工湿地不同取样点（1～5）微生物代谢特征的聚类分析

图 3-53　不同人工湿地微生物代谢特征的主成分分析和聚类分析

1、2、3 分别代表 HF1、HF2、VF 和 IVF 中前、中、后采样点

三、人工湿地微生物群落结构分析

从覆盖率、稀释性曲线（图 3-54）、Shannon-Wiener 曲线（图 3-55）和物种累积曲线（图 3-56）对高通量测序的结果进行分析，探索人工湿地微生物群落的结构状况。在四个人工湿地中，芦苇垂直流人工湿地和黄菖蒲水平潜流人工湿地的微生物种群丰度和多样性较高，芦苇水平潜流人工湿地的种群丰度和多样性较低。在黄菖蒲水平潜流人工湿地内部，上层前部的微生物种群丰度和多样性最高，在芦苇水平潜流人工湿地内部，上层中部的种群多样性最高，中层中部的微生物种群丰度最高。在芦苇复合垂直流人工湿地内部，下行段的微生物种群丰度较低，种群多样性较高。

对微生物群落结构的组成进行分析，发现在"门"一级所有的人工湿地中 Proteobacteria（变形菌门）的丰度最高。在"属"一级，*Denitratisoma* 和 *Nitrospira*（硝化螺旋菌属）是人工湿地中的优势种属，分别参与反硝化过程和硝化过程，从而影响人工湿地对氮的去除。在黄菖蒲人工湿地中 *Denitratisoma* 的丰度最高，*Nitrospira* 在三个芦苇人工湿地中的丰度较高。*Denitratisoma* 的丰度与湿地的深度呈显著的正相关。

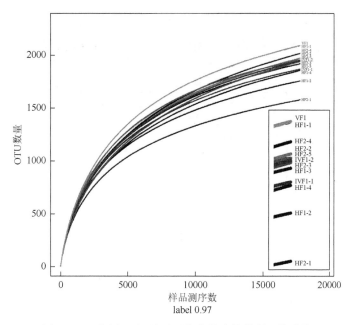

图 3-54　不同人工湿地不同位点微生物的稀释性曲线

label 0.97 表示该分析是基于操作分类单元（OTU）序列相似度为 97%的水平；横轴表示从某个样品中
随机抽取的测序条数；纵轴表示基于该测序条数能构建的 OTU 数量

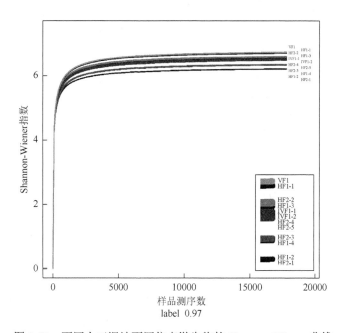

图 3-55　不同人工湿地不同位点微生物的 Shannon-Wiener 曲线

label 0.97 表示该分析是基于 OTU 序列相似度为 97%的水平；横轴表示从某个样品中随机抽取的测序条数；
纵轴 Shannon-Wiener 指数用来估算群落多样性的高低

通过对微生物群落结构的聚类分析发现，大型水生植物、流态和深度对微生物群落结构均有较大的影响。种植同一种大型水生植物的人工湿地的微生物群落相似性较高，垂直流和复合垂直流人工湿地的微生物群落组成具有较高的相似性,在同一人工湿地中不同位置的微生物种群组成虽然有很大程度的相似性,但上层的微生物群落结构与中下层存在较为明显的区别。

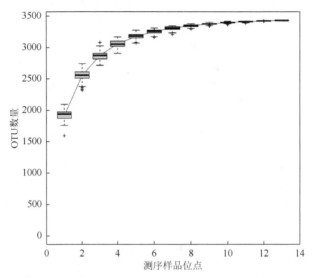

图 3-56　不同人工湿地不同位点微生物的物种累积曲线

（1）在秋冬季黄菖蒲水平潜流人工湿地中微生物的反硝化作用较强，硝化作用较弱，这是造成黄菖蒲人工湿地脱氮能力较强而芦苇人工湿地在秋冬季无法去除硝态氮的主要原因，在春夏季两个人工湿地去除污染物能力的差异变小，对氮的去除无显著差异。人工湿地内沿垂直方向硝化强度和反硝化强度的大小顺序为上层＞中层＞下层。

（2）黄菖蒲水平潜流人工湿地的微生物代谢活性最高，芦苇水平潜流人工湿地的微生物代谢活性最低，芦苇复合垂直流人工湿地的微生物代谢活性略高于芦苇垂直流人工湿地。芦苇垂直流人工湿地和芦苇复合垂直流人工湿地的微生物代谢多样性较高，对碳源利用种类数也较多。

（3）在潜流人工湿地内部，微生物对碳源的利用程度和利用速率均表现为上层＞中层＞下层。复合垂直流人工湿地下行段的微生物代谢能力高于上行段。微生物的代谢多样性随深度的增加而递减，在水平方向上，人工湿地后部的微生物代谢多样性最低，黄菖蒲水平潜流人工湿地中部的微生物代谢多样性最高，芦苇人工湿地前部的微生物代谢多样性最高。

（4）大型水生植物对人工湿地微生物代谢活性的影响大于流态，垂直流和复合垂直流人工湿地中微生物代谢特性差异较小。在潜流人工湿地内部，上层前部和上层中部的微生物群落相似性高，上层后部和中层中部的群落也有一定的相似性，而下层中部的微生物群落与其他取样点均有较大的差异。

（5）在四个人工湿地中，芦苇垂直流人工湿地和黄菖蒲水平潜流人工湿地的微生物种群丰度和多样性较高，芦苇水平潜流人工湿地的微生物种群丰度和多样性较低。在黄菖蒲水平潜流人工湿地内部，上层前部的微生物种群丰度和多样性最高，在芦苇水平潜流人工湿地内部,上层中部的微生物种群多样性最高,中层中部的微生物种群丰度最高。在芦苇复合垂直流人工湿地内部,下行段的微生物种群丰度较低,种群多样性较高。

第七节　好氧反硝化细菌强化生态处理技术

从高度富营养化的太湖梅梁湾水体中分离纯化得到好氧反硝化细菌,在好氧、中性偏碱(pH 在 7～8)、较高温度(25℃)、碳源充足(C/N = 8)的条件下,探索菌株的好氧反硝化效果。

一、好氧反硝化细菌筛选及鉴定

根据文献所述,硝酸盐消耗、pH 上升及气泡形成表征发生了反硝化过程,如图 3-57 所示。通过半固体溴麝香草酚蓝(BTB)培养基穿刺培养复筛后,共筛选获得48株好氧反硝化细菌阳性菌株。其中N1、N2 和 N3 菌株在较短时间内具有较强的反硝化能力。

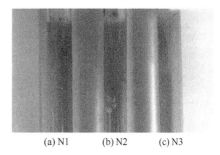

(a) N1　　(b) N2　　(c) N3

图 3-57　半固体 BTB 穿刺培养复筛好氧反硝化细菌

二、菌株的形态和生理生化指标分析

观察了 N1、N2 和 N3 三株好氧反硝化细菌的细胞形态及菌落形态。三株细菌均为革兰氏阳性、无芽孢、无鞭毛的杆状细菌,大小为(0.5～0.8)μm×(1～2.4)μm。菌落呈圆形、不透明、边缘整齐(图3-58)、易挑取、无运动性。其他细胞形态和菌落形态具体指标如表3-19所示。

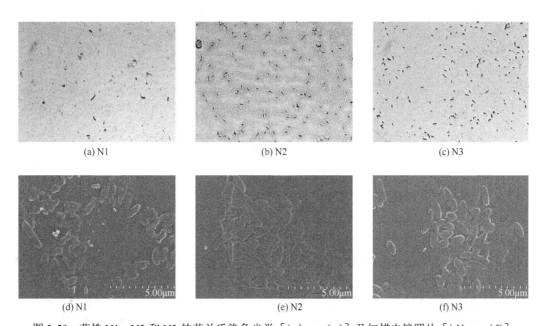

(a) N1　　　　　　　(b) N2　　　　　　　(c) N3

(d) N1　　　　　　　(e) N2　　　　　　　(f) N3

图 3-58　菌株 N1、N2 和 N3 的革兰氏染色光学 [(a)～(c)] 及扫描电镜照片 [(d)～(f)]

表 3-19　菌株 N1、N2 和 N3 的菌落形态及菌体形态特征

指标		N1	N2	N3
菌落形态	颜色	乳白	鹅黄	鹅黄
	大小	较小	较大	较大
	形状	圆形	圆形	圆形
	有无褶皱	−	+	+
	是否易挑起	+	+	−
菌体形态	革兰氏染色	G⁺	G⁺	G⁺
	形状	杆状	杆状	杆状
	大小	$(0.5\sim0.8)\mu m\times(1.2\sim1.7)\mu m$	$(0.5\sim0.8)\mu m\times(1\sim2.4)\mu m$	$(0.5\sim0.6)\mu m\times(1\sim2)\mu m$
	鞭毛	−	−	−
	荚膜染色	−	−	−

注：+表示阳性；−表示阴性

　　细菌的各种生理生化试验的不同反应结果显示出各菌种的酶系不同,因此所反映的结果比较稳定,可作为鉴定的重要依据。N1 菌株细菌各项生理生化指标的测定均按常规方法进行,具体结果如表 3-20 所示。

表 3-20　N1 菌株生理生化特性

检测项目	结果	检测项目	结果
过氧化氢酶试验	+	葡萄糖产酸	+
厌氧生长试验	+	阿拉伯糖产酸	−
VP 反应	+	木糖产酸	−
VP 培养液生长后 pH	5.2～5.6	甘露醇产酸	−
最高生长温度/℃	45～50	酪素水解	+
最低生长温度/℃	10	酪氨酸水解	+
溶菌酶（0.001%）试验	+	柠檬酸盐利用	+
培养基 pH 5.7	+	淀粉水解	−
NaCl(2%)	+	还原 NO_3^- 为 NO_2^-	+
NaCl(7%)	+	苯丙氨酸脱氨	+

注：+表示阳性；−表示阴性

三、菌株鉴定及反硝化基因扩增

　　16S rRNA 序列分析现已被广泛应用于生物系统发育的研究,大量研究表明：在众多生物大分子中,最适合揭示各类生物亲缘关系的是 rRNA,尤其是 16S rRNA。16S rRNA 分子大小适中（约含 1540 个核苷酸）,便于序列分析。它既富有高度保守的序列区域,又有中度保守和高度变化的序列区域,因而它适用于进化距离不同的各类生物亲缘关系的研究。基于 16S rRNA 的分类研究与传统的分类研究结果既有较好的一致性,又能解决争议

较大的分类问题，因此比较接近自然分类。菌株 N1 的 16S rRNA 序列与 *Pseudomonas stutzeri* 的 16S rRNA 序列具有 99%的相似性。选取 GenBank 中 *Pseudomonas* 其他种及其他好氧反硝化细菌的 16S rRNA 序列，通过邻接（neighbor-joining，NJ）法构建系统发育树，如图 3-59 所示，菌株 N1 与 *Pseudomonas stutzeri* 聚在一起。因此，将菌株 N1 命名为 *Pseudomonas stutzeri* strain N1，其 16S rRNA 序列在 GenBank 中的序列号为 HQ634260。

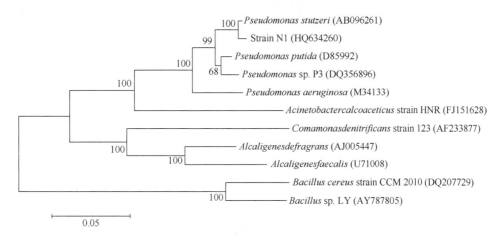

图 3-59　NJ 法构建的 16S rRNA 系统发育树

为进一步检测菌株 N1 是否为好氧反硝化细菌，对菌株周质硝酸盐还原酶编码基因 *napA* 及亚硝酸盐还原酶编码基因 *nirS*、*nirK* 进行 PCR 扩增。如图 3-60 所示，PCR 扩增获得 876 bp 的 *napA* 条带和 514 bp 的 *nirK* 条带，而 *nirS* 基因未能获得相应的条带。因此，从分子水平上证实 N1 是一株好氧反硝化细菌。

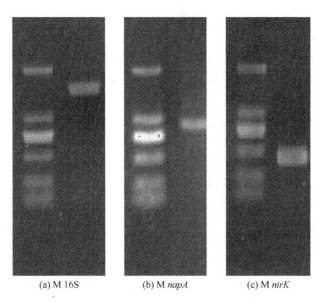

(a) M 16S　　(b) M *napA*　　(c) M *nirK*

图 3-60　菌株 N1 16S rRNA、*napA* 和 *nirK* 基因扩增结果

四、好氧反硝化细菌的生长及脱氮活性

与其他反硝化细菌相比，好氧反硝化细菌往往具有较为独特的生长特性。菌株 N1 在 30℃，170r/min 恒温振荡培养条件下，在富集（SM）培养基中的生长曲线如图 3-61 所示。在该培养条件下，N1 菌株在开始培养时基本无生长延滞期。在对数生长期，菌株的 600nm 波长的吸光值（OD_{600}）由 0.1 迅速增至 0.46，最大比生长速率为 $0.48\sim0.60h^{-1}$。随着生物量的增加，菌体对硝态氮、氨氮的去除率也逐步增加，培养至 30h，菌株对硝态氮和氨氮的去除率分别达到 35% 和 68.9%。

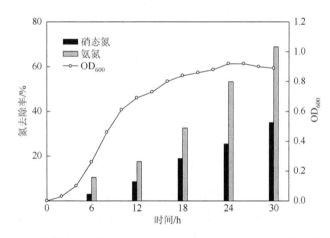

图 3-61　在 SM 培养基中菌株 *Pseudomonas stutzeri* strain N1 的生长曲线和氮去除率

五、好氧反硝化细菌去除硝态氮和氨氮

当菌株 *Pseudomonas. stutzeri* strain N1 在好氧反硝化（DM）培养基中进行培养时，硝态氮作为唯一氮源，其浓度随着菌体生物量（OD_{600}）的增加而逐步下降［图 3-62（a）］。硝态氮浓度及总氮浓度在 12h 后显著减少。24～84h，硝态氮及总氮浓度降低幅度较小，84h 后二者浓度无明显减小。自 8h 起，培养基中开始积累亚硝酸盐，并于 18h 达到最高浓度。60h 后，亚硝酸盐开始被菌体利用，浓度逐步降低。因此，相对亚硝酸盐而言，菌株优先利用硝酸盐作为氮源，用于个体的生长。在整个试验过程中，培养基中未能检测到氨氮的存在。菌体在 DM 培养基中的生长过程中，其生长曲线的趋势与在 SM 培养基中的生长曲线类似，但其生物量却有明显的降低。菌株在 8h 进入对数生长期，24h 后由于培养基营养成分的减少，菌体的生长速率缓慢。相应的总氮、硝态氮和亚硝态氮浓度降低速率也逐步缓慢。

在含氨氮（AM）培养基中，氨氮作为唯一氮源，菌株对氨氮的利用率较硝态氮高［图 3-62（b）］。在 48h 内，氨氮几乎被消耗殆尽，60h 时只有痕量氨氮存在。羟胺在 8h 时开始积累，24h 时羟胺被菌体利用消耗，已处于检测限以下。在整个试验过程中，无硝

酸盐和亚硝酸盐存在。菌株 *Pseudomonas. stutzeri* strain N1 的生物量明显比在 DM 培养基中的高，其在前 8h 内迅速生长，但在 12h 反而有一个明显的下降，随后又出现二次生长，其生长曲线与在 SM、DM 培养基中的生长曲线完全不同。

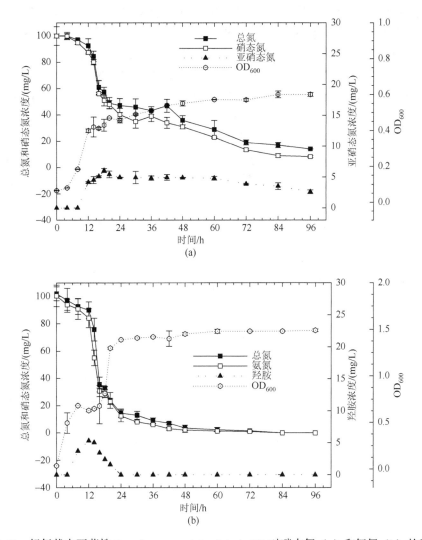

图 3-62　好氧状态下菌株 *Pseudomonas. stutzeri* strain N1 对硝态氮（a）和氨氮（b）的利用

（1）通过半固体 BTB 培养基穿刺培养复筛后，共筛选获得 48 株好氧反硝化细菌阳性菌株。其中 N1、N2 和 N3 菌株在较短时间内具有较强的反硝化能力。三株细菌均为革兰氏阳性、无芽孢、无鞭毛的杆状细菌，大小为 $(0.5 \sim 0.8)\mu m \times (1 \sim 2.4)\mu m$。菌落呈圆形、不透明、边缘整齐、易挑取、无运动性。

（2）基于 16S rRNA 的分类研究与传统的分类研究，菌株 N1 被命名为 *Pseudomonas stutzeri* strain N1，其 16S rRNA 序列在 GenBank 中的序列号为 HQ634260。

（3）在 SM 培养基中，N1 菌株对硝态氮和氨氮的利用率随着生物量的增加逐步增加，培养至 30h，菌株对硝态氮和氨氮的利用率分别达到 35%和 68.9%。

第八节　水产养殖水中抗生素强化去除技术

为了预防和治疗鱼类疾病，提高水产品产量，规模水产养殖过程中往往需要使用大量的抗生素药物。抗生素的大量使用和滥用，一方面保障了养殖产品快速、健康的生长，另一方面不可避免地造成了水环境中抗生素的残留，并可能会引发多种危害，如对细菌产生选择压力诱导抗生素抗性基因、对非靶生物产生毒害、对水产品消费者造成健康威胁等。抗生素作为一种新型的环境有机污染物，正受到越来越多的关注。因此，掌握水产养殖环境中抗生素的残留特性和污染现状并对其去除技术进行研究，具有非常重要的意义。主要研究内容包括以下几个方面。

（1）以水产养殖场为研究点，以恩诺沙星、磺胺甲噁唑、土霉素和氟甲砜霉素 4 种抗生素为目标抗生素，采用固相萃取-高效液相色谱-串联质谱法（SPE-HPLC-MS/MS）对环境水样中的抗生素进行测定，以掌握规模水产养殖水中抗生素的种类及残留水平。

（2）对水产养殖水中抗生素的残留特性进行分析，考察水产养殖水中抗生素的含量、抗生素在水产养殖区中的分布特征及其随季节的变化特征，同时对水产养殖水中的抗生素进行环境风险评价。

（3）考察人工湿地及铁碳微电解强化措施对规模养殖水中抗生素的去除效果。

一、水产养殖水中抗生素残留特性

以太湖流域某规模化水产养殖场作为研究点，选择水产养殖业中常用的 4 种抗生素（恩诺沙星、磺胺甲噁唑、土霉素和氟甲砜霉素）作为目标抗生素，对研究区域环境水样中的抗生素进行测定，以考察水产养殖水中抗生素的种类及含量水平，并对其进行残留特性及环境风险评价，以掌握水产养殖环境中抗生素的残留特性和污染现状，为后续抗生素去除技术的研究奠定基础。

1. 水产养殖水水质的理化特征

该规模化水产养殖区养殖鱼塘（P1、P2、P3）、生产河道（C）和旁边水系漏湖（L）的水质理化参数如表 3-21 所示。水质指标测试分析项目包括温度、pH、电导率、溶解氧、COD_{Cr}、TP、TN、NH_4^+ NH_3-N 和 NO_2^--N。由表 3-21 可见，养殖鱼塘、生产河道和漏湖的水质物理指标相差不大。其中水温、溶解氧基本一致；养殖鱼塘 pH 的变化范围较大，为 7.7～9.4，而生产河道和漏湖的 pH 较为稳定，这是由于养殖鱼塘投入的饵料、肥料等会严重影响其 pH；电导率的大小排序为养殖鱼塘＞生产河道＞漏湖。从常规污染物的水质指标来看，COD_{Cr}、TN、TP 和 NH_4^+-N 的浓度的大小顺序均为养殖鱼塘＞生产河道＞漏湖，表明养殖鱼塘的水质污染程度比生产河道和漏湖更严重。其中，养殖鱼塘 COD_{Cr} 的浓度最高达 95.2mg/L，TN 和 TP 浓度分别约为生产河道与漏湖的 3 倍和 2 倍，养殖鱼塘的 COD_{Cr}、TN 和 TP 的浓度均超过了地表水 V 类水质标准。

表 3-21　水产养殖场区域水体水质的理化特征

水质指标	养殖鱼塘		生产河道		溷湖	
	变化范围	平均值	变化范围	平均值	变化范围	平均值
温度/℃	8.9～27.1	17.3	9.2～27.1	17.4	8.9～27.2	17.1
pH	7.7～9.4	8.7	8.0～8.6	8.5	8.3～8.5	8.3
电导率/(μS/cm)	469～608	543	434～613	521	381～613	501
溶解氧/(mg/L)	3.9～6.7	5.4	3.7～6.8	5.5	4.2～5.2	4.9
COD_{Cr}/(mg/L)	45.1～95.2	73.6	47.9～68.0	60.6	42.3～53.5	46.5
TP/(mg/L)	0.12～1.86	0.61	0.13～0.28	0.21	0.15～0.21	0.17
TN/(mg/L)	2.12～14.1	6.37	3.05～3.99	3.52	2.31～5.02	3.03
NH_4^+-N/(mg/L)	0.65～2.32	1.08	0.55～1.09	0.74	0.50～1.24	0.70
NO_2^--N/(mg/L)	0.0～0.49	0.16	0.04～0.87	0.26	0.01～0.04	0.03

2. 水产养殖水体中抗生素含量

以水产养殖业中常用的 4 种抗生素（恩诺沙星、磺胺甲噁唑、土霉素及氟甲砜霉素）为测试目标物质，对该水产养殖区水产养殖水中的抗生素进行测定，结果如表 3-22 所示。从抗生素检出率方面进行分析，磺胺甲噁唑的检出率最高，在 5 个采样点中均被检测到，检出率为 100%。磺胺甲噁唑是磺胺类抗生素的一种，有研究表明磺胺类抗生素亲水性较强，足以转移至水环境中且不易被降解，这可能正是磺胺甲噁唑检出率高的原因。检出率次之的为氟甲砜霉素，5 个采样点的检出率均在 75% 及以上；恩诺沙星检出率为第三，除了溷湖检出率为 25% 以外，其余 4 个采样点的检出率均在 75% 及以上；检出率最低的是土霉素，在养殖鱼塘 1（P1）、养殖鱼塘 2（P2）和养殖鱼塘 3（P3）中均未检测到，生产河道和溷湖的检出率分别为 25% 和 50%，表明溷湖是土霉素的主要来源，并从溷湖转移到生产河道。

表 3-22　水产养殖场区域水体中抗生素的含量（$n=4$）

抗生素	采样点	检出率/%	最小浓度/(ng/L)	最大浓度/(ng/L)	平均浓度/(ng/L)
恩诺沙星	P1	75	n.d.	70.58	25.79
	P2	75	n.d.	65.49	24.82
	P3	100	40.38	487.50	207.18
	C	75	n.d.	51.79	15.84
	L	25	n.d.	22.45	5.61
磺胺甲噁唑	P1	100	0.12	277.22	99.52
	P2	100	7.14	175.37	75.55
	P3	100	8.94	696.74	291.83
	C	100	3.75	104.39	44.32
	L	100	0.27	85.70	42.97

续表

抗生素	采样点	检出率/%	最小浓度/(ng/L)	最大浓度/(ng/L)	平均浓度/(ng/L)
土霉素	P1	0	n.d.	n.d.	n.d.
	P2	0	n.d.	n.d.	n.d.
	P3	0	n.d.	n.d.	n.d.
	C	25	n.d.	783.67	195.92
	L	50	n.d.	1802.95	667.73
氟甲砜霉素	P1	100	37.08	1588.70	508.50
	P2	75	n.d.	5728.17	2024.93
	P3	100	327.19	4215.43	1727.93
	C	100	13.51	683.00	333.32
	L	75	n.d.	338.54	91.34

注：n.d.为未检出

从抗生素含量水平方面进行分析，氟甲砜霉素的质量浓度最高，5 个采样点的平均浓度为 91.34～2024.93ng/L，其中养殖鱼塘 2 的最大浓度高达 5728.17ng/L，3 个养殖鱼塘的平均浓度为 508.50～2024.93ng/L，生产河道及涡湖中氟甲砜霉素的质量浓度较低。这表明水产养殖水中氟甲砜霉素的残留量较大，且由于其检出率较高，是水产养殖水中的主要残留抗生素。氟甲砜霉素属于氯霉素类抗生素，是目前唯一被批准用于水产养殖中的氯霉素类抗生素。磺胺甲噁唑的平均浓度范围为 42.97～291.83ng/L，其中养殖鱼塘 3 的最大浓度达 696.74ng/L。恩诺沙星的平均浓度为 5.61～207.18ng/L。土霉素在养殖鱼塘 1、养殖鱼塘 2 和养殖鱼塘 3 中均未检测到，在生产河道和涡湖中的平均质量浓度分别为 195.92ng/L 和 667.73ng/L。与其他水产养殖区的抗生素含量水平相比（表 3-23），本节研究中 4 种抗生素的含量水平明显更高，残留量更大。

表 3-23　不同水产养殖区养殖水体中抗生素含量的比较

采样点	抗生素			
	恩诺沙星	磺胺甲噁唑	土霉素	氟甲砜霉素
本节研究水产养殖区（不包括涡湖）	n.d.～487.50	0.12～696.74	n.d.～783.67	n.d.～5728.17
九龙江入海口养殖区	n.a.	18.50	n.a.	5.00
天津近郊淡水养殖区	n.d.～13.05	n.d.～14.31	n.d.～10.69	n.a.
渤海湾养鱼塘	n.a.	n.d.～140	n.d.～270	n.a.
珠江口水产养殖区	n.d.	n.a.	n.a.	n.a.
丹麦某渔场	n.a.	n.a.	n.a.	2～1000

注：n.d.为未检出，n.a.为未分析

综上所述，恩诺沙星、磺胺甲噁唑及氟甲砜霉素 3 种抗生素在 3 个养殖鱼塘、生产河道及涡湖中都可检测到。与我国其他水产养殖区的抗生素含量水平相比，本节研究水产养殖区中的抗生素含量显著偏高。同时，3 种抗生素的质量浓度大小排序为氟甲砜霉素＞磺胺甲噁唑＞恩诺沙星，表明恩诺沙星、磺胺甲噁唑及氟甲砜霉素是水产养殖水中主要的残留抗生素。而土霉素虽然只在生产河道及漏湖中检测到，在养殖鱼塘 1、养殖鱼塘 2、养殖鱼塘 3 中均未检出，但其在生产河道和漏湖中的质量浓度较高，应引起注意。

3. 在水产养殖水体中抗生素的分布特征

本节研究水产养殖水体中恩诺沙星、磺胺甲噁唑、土霉素和氟甲砜霉素 4 种抗生素的质量浓度及质量分数分布如图 3-63 所示。

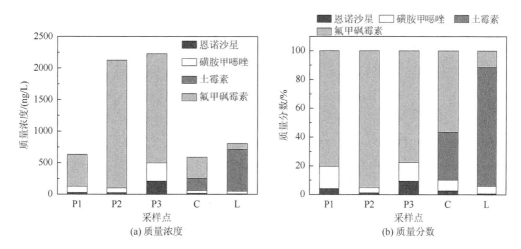

图 3-63　水产养殖区域水体中抗生素的分布特征

由图 3-63 可见，养殖鱼塘 1、养殖鱼塘 2 和养殖鱼塘 3 中，土霉素均未检出，其余 3 种抗生素所占百分比大小为氟甲砜霉素＞磺胺甲噁唑＞恩诺沙星，其中 3 个养殖鱼塘的氟甲砜霉素占比在 77%以上，养殖鱼塘 2 中氟甲砜霉素的质量分数更是高达 95.3%，表明氟甲砜霉素是该水产养殖区水产养殖过程中使用较为频繁且残留量较大的抗生素。这一方面是由于氟甲砜霉素因其副作用小、利用率高等特点被认为是氯霉素的有效安全替代品，广泛应用于水产养殖业，另一方面是由于氟甲砜霉素不易水解和光解，生物降解是其一个重要的降解途径，因此氟甲砜霉素在养殖鱼塘中残留量较大。所含质量分数较大的是磺胺甲噁唑，在养殖鱼塘 1、养殖鱼塘 2 和养殖鱼塘 3 中的比例为 3.6%～15.7%。恩诺沙星的质量分数最低，在养殖鱼塘 1、养殖鱼塘 2 和养殖鱼塘 3 中的比例为 1.2%～9.3%。

在生产河道水体中，氟甲砜霉素的质量分数也在 50%以上，这是由于生产河道接纳了从养殖鱼塘中排放的养殖尾水，氟甲砜霉素由此迁移到了生产河道中，造成氟甲砜霉素的含量较高。所含质量分数较高的是土霉素，为 33.2%，磺胺甲噁唑和恩诺沙星次之。

在漏湖中，土霉素的质量分数最高，达到 82.7%，平均质量浓度为 667.73ng/L，表明漏湖以土霉素为主要残留抗生素，这是由于在漏湖近岸区有部分围养的水产养殖区，水产养殖过程中抗生素药物的使用造成抗生素的残留，而土霉素是该养殖区域使用较多的抗生素。漏湖作为本节研究水产养殖区的引水水源，通过生产河道补给各养殖鱼塘，但漏湖的抗生素本底值较高，应引起注意。磺胺甲噁唑和恩诺沙星在涝湖中的质量分数均较低，在5%以下，表明磺胺甲噁唑和恩诺沙星不是涝湖的主要残留抗生素。

4. 水产养殖水体中抗生素含量随季节的变化特征

对养殖鱼塘、生产河道和涝湖中的恩诺沙星、磺胺甲噁唑、土霉素和氟甲砜霉素 4 种抗生素随季节的变化特征进行分析，结果如图 3-64 所示。

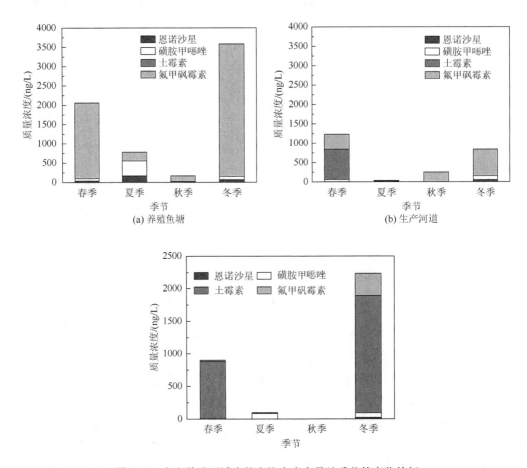

图 3-64　水产养殖区域水体中抗生素含量随季节的变化特征

由图可见，养殖鱼塘、生产河道和涝湖的抗生素含量随季节呈现出的总体性变化规律为春冬季高于夏秋季。以氟甲砜霉素为例，养殖鱼塘春冬季含量（1957.2～3429.8ng/L）是夏秋季含量（145.1～226.1ng/L）的 8.7～23.7 倍，生产河道春冬季含量（389.5～683.0ng/L）也要高于夏秋季含量（13.5～247.3ng/L），涝湖冬季氟甲砜霉素的含量高达 338.5ng/L，远高于其他季节。对于生产河道和涝湖中恩诺沙星、磺胺甲噁唑和土霉素而言，也表现出相同的特点，春冬季含量高于夏秋季。Jiang 等（2010）在对黄浦江抗生素的浓度进行季节性调查的研究中发现类似的结果，大部分抗生素浓度冬季明显高于夏季，其中四环素类抗生素在冬季总浓度（19.15～147.15ng/L）是夏季总浓度（5.61～63.26ng/L）的 2 倍，磺胺类抗生素冬季浓度要比夏季浓度高 1～102 倍。Yan 等（2013）对长江口抗生素的调查结果也发现相同的规律。这一方面可能是由于夏秋季时太湖流域的降雨量明显增加，进而稀释了水中抗生素药物，另一方面是因为春冬季和夏秋季微生物的生物降解活性不同，夏秋季水体微生物含量和水温均高于春冬季，夏秋季抗生素的生物降解作用要强于春冬季，因此春冬季时抗生素含量要高于夏秋季。

5. 抗生素环境风险评价

为评价水产养殖水中残留抗生素潜在的环境风险，参照欧盟委员会出台的《关于风险评价的技术纲领》（*Technical Guidance Document on Risk Assessment*），根据风险系数（risk quotient，RQ）对其潜在的环境风险进行评价。风险系数通常是以环境浓度最大测定值（maximum environmental concentration）与预测无效应浓度（predicted no-effect concentration，PNEC）之比表示。根据《关于风险评价的技术纲领》，预测无效应浓度等于半数最大效应浓度（EC_{50}）除以评价因子 1000 或无观察效应浓度（NOEC）除以评价因子 100、50、10（100、50、10 分别为营养等级 1、2、3 时的评价因子）。根据文献资料，收集本节研究中恩诺沙星、磺胺甲噁唑、土霉素和氟甲砜霉素四种抗生素对非靶标生物的急/慢性毒性数据，对四种抗生素的预测无效应浓度进行计算，结果如表 3-24 所示。

表 3-24　四种抗生素的水生生物毒性数据

抗生素	非靶标生物	毒性数据/(mg/L)	毒性	评价因子	预测无效应浓度/(ng/L)	参考文献
恩诺沙星	费氏弧菌	NOEC = 0.00288	急性	100	28.8	Backhaus Grimme，1999
磺胺甲噁唑	聚球藻	EC_{50} = 0.027	急性	1000	27	Ferrari et al.，2004
土霉素	铜绿微囊藻	EC_{50} = 0.207	急性	1000	207	Lützhøft et al.，1999
氟甲砜霉素	大型溞	EC_{50} = 1.9	慢性	1000	1900	Martins et al.，2013

为了更好地区分环境风险的高低，根据风险系数值的大小将环境风险分为三个等级：0.01～0.1 为低风险；0.1～1 为中度风险；>1 为高风险。本节研究中四种抗生素对应的风险系数如表 3-25 所示。由表 3-25 可见，除了养殖鱼塘没有检测到土霉素以外，养殖鱼塘、生产河道和滆湖检测到的恩诺沙星、磺胺甲噁唑、土霉素和氟甲砜霉素四种抗生素对水生生物潜在的环境风险在中度风险及以上。其中，磺胺甲噁唑无论是在养殖鱼塘、生产河道还是滆湖中，均对相关的水生生物表现出高风险，最高的是在养殖鱼塘中，风险系数达到 25.81。其次环境风险较高的是恩诺沙星，除了在滆湖中表现为中度风险外，其在养殖鱼塘和生产河道中均表现出高风险。土霉素在养殖鱼塘中未检出，但其在生产河道和滆湖中均表现出高风险。本节研究中检测到的氟甲砜霉素含量虽然较高，但由于其预测无效应浓度较高（1900ng/L），因而环境风险比其他几种抗生素稍低，其在生产河道和滆湖中表现为中度风险，在养殖鱼塘中为高风险。

表 3-25　水产养殖中残留抗生素的风险系数

抗生素	预测无效应浓度/(ng/L)	抗生素最大检测浓度/(ng/L)			风险系数		
		养殖鱼塘	生产河道	滆湖	养殖鱼塘	生产河道	滆湖
恩诺沙星	28.8	487.50	51.79	22.45	16.93	1.80	0.78
磺胺甲噁唑	27	696.74	104.39	85.70	25.81	3.87	3.17
土霉素	207	n.d.	783.67	1802.95	—	3.79	8.71
氟甲砜霉素	1900	5728.17	683.00	338.54	3.01	0.36	0.18

注：n.d.为未检出

二、表面流人工湿地去除抗生素研究

基于水产养殖水中多种抗生素并存的水质特征，通过构建不同大型水生植物种类、不同基质类型的表面流人工湿地，考察其对水产养殖水中抗生素的去除效果，探究人工湿地大型水生植物、湿地基质及水力停留时间对抗生素去除的影响，揭示表面人工湿地对去除水产养殖水中抗生素的净化作用和规律，以期为水产养殖水中抗生素的去除提供一种经济高效的处理技术。

（一）人工湿地对抗生素的去除效果

3 个表面流人工湿地（SF1、SF2 和 SF3）进、出水中抗生素的质量浓度和去除率如图 3-65～图 3-67 所示，其中由于土霉素浓度在 9 次采样检测中均低于检测限，故在此未加入计算。由图 3-65～图 3-67 可见，表面流人工湿地对水产养殖水中抗生素的去除效果依次为：恩诺沙星（69.7%±6.9%）＞磺胺甲噁唑（24.4%±14.8%）＞氟甲砜霉素（13.9%±9.1%），表明表面流人工湿地对恩诺沙星有很好的处理效果，而对磺胺甲噁唑和氟甲砜霉素处理效果较差。这三种抗生素由于结构不同，其去除机理存在一定的差异，总的来说，在人工湿地中抗生素的去除是光解、水解、大型水生植物吸收、填料吸附和微生物降解等共同作用的结果。

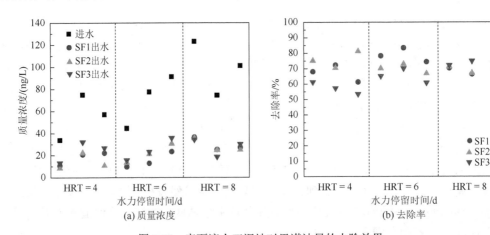

图 3-65　表面流人工湿地对恩诺沙星的去除效果

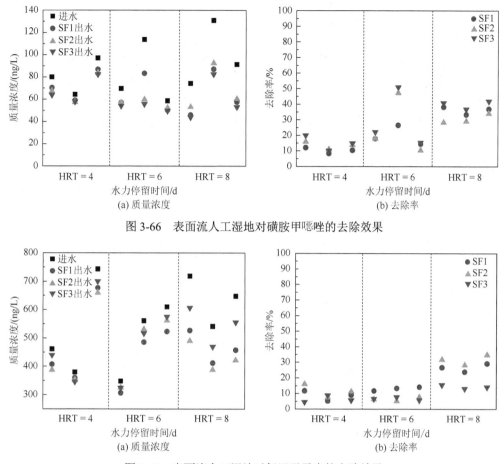

图 3-66　表面流人工湿地对磺胺甲噁唑的去除效果

图 3-67　表面流人工湿地对氟甲砜霉素的去除效果

1. 恩诺沙星

如图 3-65 所示，表面流人工湿地对恩诺沙星的去除率为 53.4%～83.4%，平均去除率为 69.7%±6.9%，表明表面流人工湿地对恩诺沙星有很好的处理效果。恩诺沙星属于喹诺酮类抗生素，广泛应用于水产养殖中。恩诺沙星具有喹诺酮类的两个六元环拼合的双环结构并引入了氟原子，易发生光解但不易发生水解，同时研究者发现喹诺酮类抗生素的去除主要是通过沉积物和颗粒物的吸附作用，其表面具有的羧基、酮羰基等官能团极易与湿地中沸石、砾石、土壤等基质产生的钙、镁等阳离子了形成配位化合物从而得到去除，因此推测恩诺沙星在表面流人工湿地中的去除可能是通过光解和湿地基质的吸附作用这两个途径。在水力停留时间为 4d、6d 和 8d 条件下，恩诺沙星的去除率分别为 66.7%±9.0%、71.3%±6.9% 和 71.2%±3.1%，表明水力停留时间对其去除率的影响较小，这可能主要是由于恩诺沙星进水浓度较低（33.9～123.3ng/L），光解和湿地填料的吸附作用可以很快地去除大部分的恩诺沙星。

2. 磺胺甲噁唑

如图 3-66 所示，磺胺甲噁唑的进水浓度为 58.7～130.9ng/L，表面流人工湿地对其去除率为 8.3%~50.9%，平均去除率为 24.4%±14.8%，表明表面流人工湿地对磺胺甲噁唑的去除效率不高，这与其他研究者的研究结果相似。阿丹（2012）的研究结果显示垂直流-水平潜流组合人工湿地对磺胺类抗生素的去除效率仅为-8%~28%。同时由图 3-66 可见，水力停留时间对磺胺甲噁唑的去除效果影响较大，在水力停留时间为 4d、6d 和 8d 条件下磺胺甲噁唑的去除率分别为 12.9%±3.6%、24.8%±14.6% 和 35.5%±4.7%，随着水力停留时间的延长磺胺甲噁唑的去除率进一步提高。其中，睡莲底泥表面流人工湿地在水力停留时间为 8d 时处理效果最好，磺胺甲噁唑的去除率达到 39.4%。磺胺甲噁唑属于磺胺类抗生素，是一类具有对氨基苯磺酰胺基结构的合成抗菌药物，主要去除途径为微生物的降解作用，微生物的降解需要一定的时间，因此，水力停留时间对其影响较大，停留时间越长处理效果越好。

3. 氟甲砜霉素

如图 3-67 所示，氟甲砜霉素的进水浓度较高，为 349.4~743.1ng/L，而表面流人工湿地对其去除率为 4.6%~34.8%，平均去除率为 13.9%±9.1%，表明表面流人工湿地对氟甲砜霉素的去除效率较低。氟甲砜霉素属于氯霉素类抗生素，是甲砜霉素的单氟衍生物，具有氟、氯多个卤代基团和苯环结构，较难被降解和去除。研究发现氟甲砜霉素在太阳光照射下不发生光解，且不易发生水解，可以通过吸附和生物降解去除，但氟甲砜霉素的进水浓度较高且性质较为稳定，因此表面流人工湿地对其去除能力有限。同时由图 3-67 可见，水力停留时间对氟甲砜霉素的去除效果有一定的影响，在水力停留时间为 4d、6d 和 8d 条件下氟甲砜霉素的去除率分别为 8.9%±3.7%、8.8%±3.4% 和 24.2%±8.0%，随着水力停留时间的延长氟甲砜霉素的去除效果进一步提高，在水力停留时间为 8d 时氟甲砜霉素的去除效果最好，去除率最高为 34.8%。

（二）表面流人工湿地大型水生植物对抗生素去除的影响

选取种植不同大型水生植物而相同基质的表面流人工湿地（SF1 和 SF2）进行不同大型水生植物对水产养殖水中恩诺沙星、磺胺甲噁唑和氟甲砜霉素 3 种抗生素去除效果的影响研究，结果如图 3-68 所示。

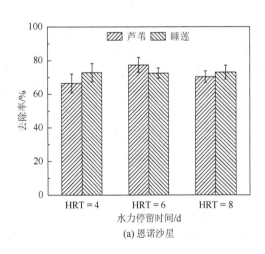

(a) 恩诺沙星

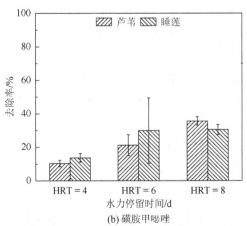

(b) 磺胺甲噁唑

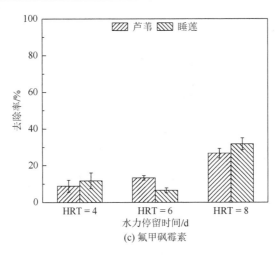

图 3-68　人工湿地大型水生植物对抗生素去除效果的影响

在水力停留时间为 4d 和 8d 时,睡莲表面流人工湿地对恩诺沙星的去除率(75.0%±5.4%、71.6%±4.1%)高于芦苇表面流人工湿地（67.7%±5.6%、70.3%±3.5%），而在水力停留时间为 6d 时，芦苇表面流人工湿地对恩诺沙星的去除率（78.5%±4.5%）高于睡莲表面流人工湿地（69.6%±3.1%）。这表明芦苇和睡莲两种大型水生植物对恩诺沙星去除效果的影响较小，大型水生植物吸收不是恩诺沙星去除的主要途径。这也印证了在表面流人工湿地中恩诺沙星去除途径可能主要是光解和湿地基质的吸附作用。在水力停留时间为 4d 和 6d 时，睡莲表面流人工湿地对磺胺甲噁唑的去除率（13.7%±2.5%、29.9%±19.5%）高于芦苇表面流人工湿地（10.3%±1.9%、21.2%±6.3%），而在水力停留时间为 8d 时，芦苇表面流人工湿地对磺胺甲噁唑的去除率（35.7%±2.5%）高于睡莲表面流人工湿地（30.5%±3.1%）。这表明大型水生植物对人工湿地去除磺胺甲噁唑效果的影响较小。在水力停留时间为 4d 和 8d 时，睡莲表面流人工湿地对氟甲砜霉素的去除率（11.8%±4.3%、31.8%±3.2%）高于芦苇表面流人工湿地（8.9%±3.2%、26.7%±2.7%），而在水力停留时间为 6d 时，芦苇表面流人工湿地对氟甲砜霉素的去除率（13.3%±1.2%）高于睡莲表面流人工湿地（6.5%±1.3%）。与恩诺沙星和磺胺甲噁唑一样，大型水生植物对氟甲砜霉素去除效果的影响较小。因此，表面流人工湿地中芦苇和睡莲两种大型水生植物对水产养殖水中恩诺沙星、磺胺甲噁唑和氟甲砜霉素三种抗生素的去除效果影响较小，且差异不显著，大型水生植物可能不是人工湿地中恩诺沙星、磺胺甲噁唑和氟甲砜霉素三种抗生素去除的主要途径。

（三）基质对人工湿地去除抗生素的影响

基质是人工湿地的重要组成部分，起到为大型水生植物和微生物提供生长介质，为微生物的生长提供稳定的依附表面等作用。在表面流人工湿地中，除了大型水生植物和微生物以外，基质对污染物的去除也起到了很大的作用。选取不同基质而种植相同大型水生植物的表面流人工湿地（SF2 和 SF3）进行不同基质对水产养殖水中抗生素去除效果的影响研究，结果如图 3-69 所示。

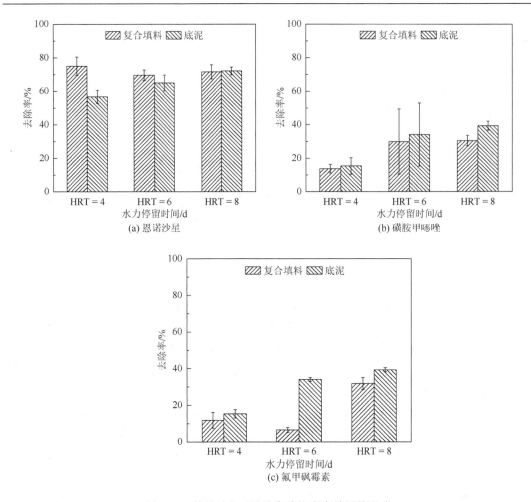

图 3-69　基质对人工湿地去除抗生素效果的影响

　　在水力停留时间为 8d 时，复合填料人工湿地和底泥人工湿地对恩诺沙星的去除效果相差不大，而在水力停留时间为 4d 和 6d 时，复合填料人工湿地的去除效果明显优于底泥人工湿地，在 4d 时复合填料人工湿地对恩诺沙星的去除率比底泥人工湿地高18.3%。这表明复合填料人工湿地比底泥人工湿地去除恩诺沙星的效率更高，更经济高效，在较低水力停留时间条件下就能达到很好的处理效果。这是由于喹诺酮类抗生素的去除主要是通过沉积物和颗粒物的吸附作用，复合填料（沸石＋碎石）与底泥相比具有更大的比表面积，表面具有更多的钙、镁等金属离子，复合填料的吸附能力更强，因此对恩诺沙星的去除效果更好。而对于磺胺甲噁唑和氟甲砜霉素而言，底泥人工湿地的去除效果都要略优于复合填料人工湿地。磺胺甲噁唑主要通过微生物的降解作用去除，氟甲砜霉素在太阳光照射下不发生光解且不易发生水解，也主要是通过生物降解去除。因此，推测底泥人工湿地对磺胺甲噁唑和氟甲砜霉素的去除效果要优于复合填料人工湿地可能是由于复合填料和底泥中的微生物不同，底泥中的微生物对磺胺甲噁唑和氟甲砜霉素的降解作用更强。

三、潜流人工湿地去除抗生素研究

基于水产养殖水中多种抗生素并存的水质特征，通过构建不同植物种类、不同基质类型的潜流人工湿地，考察其对水产养殖尾水中抗生素的去除效果，探究湿地植物、湿地流态及水力停留时间对抗生素去除效果的影响，揭示潜流人工湿地对去除水产养殖尾水中抗生素的净化作用和规律，以期为水产养殖尾水中抗生素的去除提供一种经济高效的处理技术手段。

（一）人工湿地对抗生素的去除效果

4 个潜流人工湿地（HF1、HF2、VF、IVF）进、出水中抗生素的质量浓度和去除率如图 3-70～图 3-72 所示，其中由于土霉素浓度在 9 次采样检测中均低于检测限，故在此未加入计算。由图可见，潜流人工湿地对水产养殖水中抗生素的去除效果依次为：恩诺沙星（80.4%±4.5%）＞磺胺甲噁唑（30.4%±22.4%）＞氟甲砜霉素（17.0%±8.9%）。这表明潜流人工湿地对恩诺沙星有很好的处理效果，而对磺胺甲噁唑和氟甲砜霉素的处理效果较差。潜流人工湿地对 3 种抗生素去除效果的规律与表面流人工湿地一致，均是恩诺沙星＞磺胺甲噁唑＞氟甲砜霉素，且处理效果略优于表面流人工湿地。

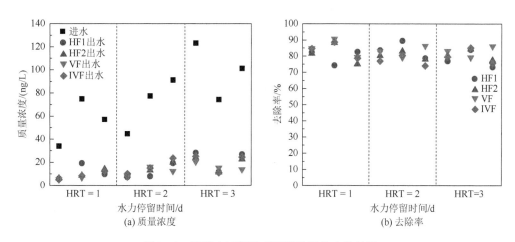

图 3-70　潜流人工湿地对恩诺沙星的去除效果

1. 恩诺沙星

如图 3-70 所示，潜流人工湿地对恩诺沙星的去除率为 74.0%～90.7%，平均去除率达到 80.4%±4.5%，表明潜流人工湿地对恩诺沙星有很好的去除效果。如前所述，恩诺沙星属于喹诺酮类抗生素，喹诺酮类抗生素的去除主要是通过沉积物和颗粒物的吸附作用，恩诺沙星表面具有的羧基、酮羧基等官能团极易与湿地基质产生的钙、镁等阳离子形成配位化合物从而被去除。本节研究中 4 个潜流人工湿地（HF1、HF2、VF、IVF）均是采用比表面积较大、钙和镁等金属离子较多的沸石、砾石等混合填料作为人工湿地基质，因此其对恩诺沙星的处理效果较好。同时由于潜流流态的特点，水产养殖水均在装置表面以下推流前进，进水与人工湿地基质有充分的接触，这可能也是潜流人工湿地对恩诺沙星的去除率（80.4%±4.5%）高于表面流人工湿地（69.7%±6.9%）的原因。此外，在水力停留时间为1d、2d和3d条件下，恩诺沙星在潜流人工湿地的去除率分别为82.5%±5.2%、81.1%±4.3%、80.5%±4.1%，差异很小。这表明水力停留时间对其去除的影响较小，潜流人工湿地对水产养殖水中的恩诺沙星在水力停留时间为1d的工况条件下就能达到很好的处理效果。

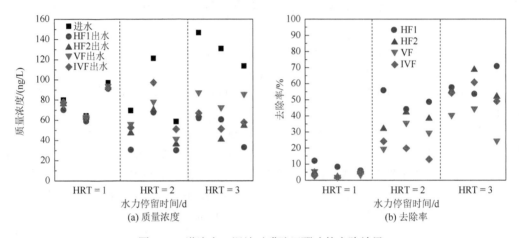

图 3-71　潜流人工湿地对磺胺甲噁唑的去除效果

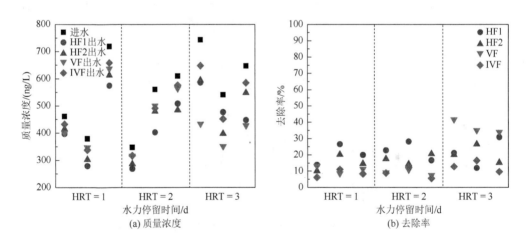

图 3-72　潜流人工湿地对氟甲砜霉素的去除效果

2. 磺胺甲噁唑

如图 3-71 所示，磺胺甲噁唑的进水浓度为 58.7～145.0ng/L，潜流人工湿地对磺胺甲噁唑的去除率为 1.9%～70.9%，平均去除率为 30.4%±22.4%，波动范围较大。可以看出，潜流人工湿地对磺胺甲噁唑的处理效率不高。另外，水力停留时间对人工湿地去除磺胺甲噁唑的影响较大，这可能是由于磺胺甲噁唑主要通过微生物的降解作用而去除。在水力停留时间为 1d、2d 和 3d 条件下，人工湿地对磺胺甲噁唑的去除率分别为 5.0%±2.9%、

33.6%±13.0%、52.7%±12.5%，表明延长水力停留时间有利于潜流人工湿地对磺胺甲噁唑的去除。在水力停留时间为 3d 的工况条件下，潜流人工湿地对磺胺甲噁唑的去除率达到50%以上，其中黄菖蒲潜流人工湿地的处理效果最好，在水力停留时间为 3d 时平均去除率达到60.2%。

3. 氟甲砜霉素

如图 3-72 所示，氟甲砜霉素的进水浓度较高，为 349.4～743.1ng/L，潜流人工湿地对其去除率为 5.5%～41.7%，平均去除率为 17.0%±8.9%，表明潜流人工湿地对氟甲砜霉素的去除效率较低。表面流人工湿地对氟甲砜霉素的平均去除率也仅为 13.9%±9.1%。如前所述，这可能是由于氟甲砜霉素具有氟、氯多个卤代基团和苯环结构，较难被降解和去除。同时由图 3-72 可见，水力停留时间对人工湿地去除氟甲砜霉素的效果有一定的影响。在水力停留时间为 1d、2d 和 3d 条件下，人工湿地对氟甲砜霉素的去除率分别为13.7%±5.9%、14.5%±6.9%和 22.9%±10.5%。随着水力停留时间的延长，氟甲砜霉素的去除率进一步提高，在水力停留时间为 3d 时，氟甲砜霉素的去除效果最好，去除率最高为 41.7%。

（二）大型水生植物对人工湿地去除抗生素的影响

选取种植不同大型水生植物而相同基质的黄菖蒲潜流人工湿地和芦苇潜流人工湿地，探究大型水生植物对人工湿地去除水产养殖水中抗生素的影响，结果如图 3-73 所示。大型水生植物对黄菖蒲潜流人工湿地和芦苇潜流人工湿地去除恩诺沙星的影响不大，两者对其去除率相差在 5%以内。恩诺沙星为氟喹诺酮类抗生素，易发生光解但不易发生水解，由于在潜流人工湿地中光解作用可以忽略，如前所述，在人工湿地中恩诺沙星主要通过填料的吸附作用而去除，大型水生植物不是恩诺沙星去除的主要途径。而对于磺胺甲噁唑和氟甲砜霉素而言，黄菖蒲潜流人工湿地的去除效果均要优于芦苇潜流人工湿地，且在水力停留时间较短时差异较明显，其中黄菖蒲潜流人工湿地对磺胺甲噁唑在水力停留时间为 2d 时的去除率比芦苇潜流人工湿地高出 10.1%。这表明大型水生植物对于人工湿地去除磺胺甲噁唑和氟甲砜霉素有一定的影响，黄菖蒲潜流人工湿地对其去除能力强于芦苇潜流人工湿地。

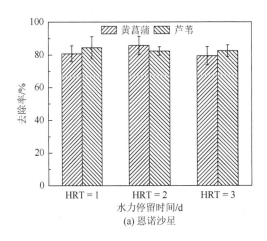
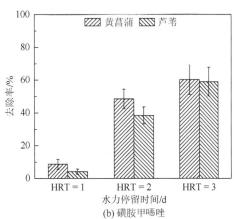

(a) 恩诺沙星　　　　　　　　(b) 磺胺甲噁唑

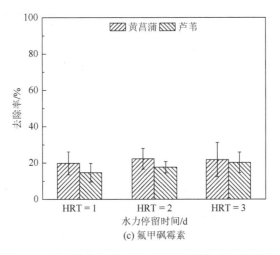

(c) 氟甲砜霉素

图 3-73 大型水生植物对人工湿地去除抗生素的影响

（三）流态对人工湿地去除抗生素的影响

选取 3 组种植芦苇而流态分别为水平潜流、垂直流、复合垂直流的人工湿地，探究流态对人工湿地去除水产养殖水中抗生素的影响，结果如图 3-74 所示。垂直流人工湿地对恩诺沙星的去除效果要略优于水平潜流人工湿地和复合垂直流人工湿地，但差异不大，去除率相差 5% 以内。水平潜流人工湿地对磺胺甲噁唑的去除效果要优于垂直流人工湿地和复合垂直流人工湿地。而对于氟甲砜霉素而言，在水力停留时间为 1d 和 2d 时，水平潜流人工湿地的去除效果要优于垂直流人工湿地和复合垂直流人工湿地，但在水力停留时间为 3d 时，垂直流人工湿地的去除效果（去除率为 37.2%）要优于水平潜流人工湿地和复合垂直流人工湿地。综上所述，除了水平潜流人工湿地对磺胺甲噁唑的去除效果要优于其他流态人工湿地以外，湿地流态对潜流人工湿地去除水产养殖水中抗生素的影响较小且不显著，这与已有的研究报道一致。阿丹（2002）考察了水平潜流、上行垂直流和下行垂直流三种流态人工湿地对抗生素去除效果的影响，结果显示流态对磺胺类抗生素的去除效率有显著性的影响，而对喹诺酮类、四环素类和大环内酯类抗生素的去除效果无显著影响。

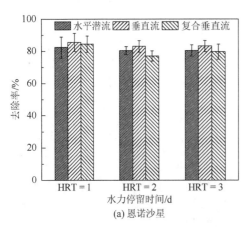

(a) 恩诺沙星

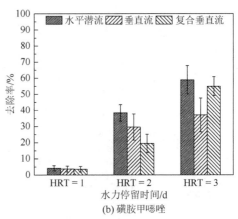

(b) 磺胺甲噁唑

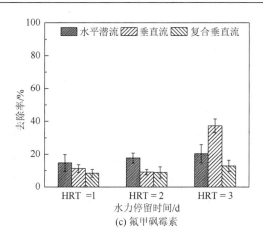

(c) 氟甲砜霉素

图 3-74　流态对人工湿地去除抗生素的影响

四、铁碳微电解强化人工湿地去除抗生素

LC-MS 测试结果发现，由于人工湿地进水中恩诺沙星的浓度过低，均未被检出；磺胺甲噁唑由于进水浓度不稳定，铁碳微电解强化人工湿地的去除效果尚未被体现；氟甲砜霉素进水浓度较高且较稳定，因此主要针对铁碳微电解强化人工湿地去除氟甲砜霉素开展研究，人工湿地进、出水中氟甲砜霉素的浓度及去除率如图 3-75 所示。进水中氟甲砜霉素浓度为 226～465ng/L，人工湿地对其去除率为 65.61%～95.12%，经铁碳微电解强化人工湿地处理后，浓度均有较大的降低，去除率均高于 80%，主要指标均达到安全标准。在低浓度进水（氟甲砜霉素浓度＜300ng/L）时，出水浓度均低于检测限，去除率达到 100%；在高浓度进水（氟甲砜霉素浓度＞300ng/L）时，其去除率也可达到 83.92%～86.09%。相比于普通人工湿地，铁碳微电解强化人工湿地能有效提高其对氟甲砜霉素的去除效果。

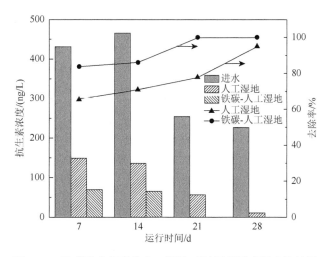

图 3-75　铁碳微电解强化人工湿地对氟甲砜霉素的去除效果

此外，铁碳微电解强化人工湿地对氮、磷和有机污染物也有一定的去除效果，对总氮、氨氮、硝态氮、亚硝态氮、总磷和 COD_{Cr} 的平均去除率分别为 46.8%、66.1%、83.9%、94.8%、77.5% 和 41.4%。

（1）本节研究的水产养殖水中检测到恩诺沙星、磺胺甲噁唑、土霉素和氟甲砜霉素四种抗生素，残留量最大的是氟甲砜霉素（平均浓度 937.21ng/L），其次为磺胺甲噁唑（平均浓度 110.84ng/L）和恩诺沙星（平均浓度 55.85ng/L），土霉素在涠湖中含量最高（平均浓度 667.73ng/L）。与我国其他水产养殖水中抗生素含量相比，本节研究水产养殖水中抗生素含量水平显著偏高。环境风险评价结果表明，四种抗生素对水生生物潜在的环境风险在中度及以上，其中磺胺甲噁唑表现出高风险。

（2）以恩诺沙星为目标污染物时，在水力停留时间为 4d 时，表面流人工湿地即能达到较高的去除率（66.7%±9.0%）。以磺胺甲噁唑和氟甲砜霉素为目标污染物时，水力停留时间延长至 8d，其去除效果能进一步提高（去除率分别为 35.5%±4.7% 和 24.2%±8.0%）。

（3）以恩诺沙星为目标污染物时，在水力停留时间为 1d 时，潜流人工湿地即能达到较高的去除率（82.5%±5.2%）。以磺胺甲噁唑和氟甲砜霉素为目标污染物时，水力停留时间延长至 3d，其去除效果进一步提高（去除率分别为 52.7%±12.5% 和 22.9%±10.5%）。

（4）在人工湿地前增设铁碳微电解区进行强化净化抗生素，人工湿地水力停留时间为 4d、铁碳微电解区水力停留时间为 2h 时，氟甲砜霉素去除率均高于 80%，相比于普通人工湿地，铁碳微电解强化人工湿地能有效提高其对氟甲砜霉素的去除效果。

参 考 文 献

阿丹. 2012. 人工湿地对 14 种常用抗生素的去除效果及影响因素研究. 广州：暨南大学.

崔丽娟，李伟，张曼胤，等. 2011. 不同湿地植物及其组合对污染物的净化效果比较. 生态科学，30（3）：327-333.

金树权，周金波，包薇红，等. 2017. 5 种沉水植物的氮、磷吸收和水质净化能力比较. 环境科学，38（1）：156-161.

凌祯，杨具瑞，于国荣，等. 2011. 不同植物与水力负荷对人工湿地脱氮除磷的影响. 中国环境科学，31（11）：1815-1820.

刘景双. 2005. 湿地生物地球化学研究. 湿地科学，3（4）：302-309.

陆健健，何文珊，童春富，等. 2006. 湿地生态学. 北京：高等教育出版社.

汪仲琼，王为东，郑军，等. 2012. 人工湿地构筑根孔作用下土壤物质分布状况. 环境工程学报，6（1）：146-152.

王沛芳，王超，王晓蓉，等. 2008. 苦草对不同浓度氮净化效果及其形态转化规律. 环境科学，29（4）：890-895.

王晓雪，李杰，钟成华，等. 2011. 基质对人工湿地脱氮除磷效果影响研究. 重庆工商大学学报（自然科学版），28（5）：536-539.

文明章，李宽意，王传海. 2008. 水体的营养水平对苦草（*Vallisneria natans*）生长的影响. 环境科学研究，21（1）：74-77.

吴振斌. 2011. 水生植物与水体生态修复. 北京：科学出版社.

徐德福，李映雪. 2007. 用于污水处理的人工湿地的基质、植物及其配置. 湿地科学，5（1）：32-38.

袁东海，景丽洁，张孟群，等. 2004. 几种人工湿地基质净化磷素的机理. 中国环境科学，24（5）：614-617.

张翠玲，常青，张家利，等. 2012. 天然沸石对农田退水中氨氮的去除. 环境化学，31（7）：1063-1068.

左倬，陈煜权，成必新，等. 2016. 不同植物配置下人工湿地大型底栖动物群落特征及其与环境因子的关系. 生态学报，36（4）：953-960.

Arias C A, Brix H. 2005. Phosphorus removal in constructed wetlands: can suitable alternative media be identified? Water Science & Technology, 51（9）: 267-273.

Backhaus T, Grimme L H. 1999. The toxicity of antibiotic agents to the luminescent bacterium *Vibrio fischeri*. Chemosphere, 38（14）: 3291-3301.

Drizo A，Comeau Y，Christiane Forget A，et al. 2002. Phosphorus saturation potential：A parameter for estimating the longevity of constructed wetland systems. Environmental Science & Technology，36（21）：4642-4648.

Ferrari B，Mons R，Vollat B，et al. 2004. Environmental risk assessment of six human pharmaceuticals：Are the current environmental risk assessment procedures sufficient for the protection of the aquatic environment? Environmental Toxicology and Chemistry，23（5）：1344-1354.

Jiang L，Hu X L，Yin D Q，et al. 2010. Occurrence，distribution and seasonal variation of antibiotics in the Huangpu River，Shanghai，China. Chemosphere，82（6）：822-828.

Lützhøft H C，Halling-Sørensen B，Jørgensen S E. 1999. Algal toxicity of antibacterial agents applied in danish fish farming. Archives of Environmental Contamination and Toxicology，36（1）：1-6.

Martins A，Guimarães L，Guilhermino L. 2013. Chronic toxicity of the veterinary antibiotic florfenicol to *Daphnia magna* assessed at two temperatures. Environmental Toxicology and Pharmacology，36（3）：1022-1032.

Yan C X，Yang Y，Zhou J L，et al. 2013. Antibiotics in the surface water of the Yangtze Estuary：Occurrence，distribution and risk assessment. Environmental Pollution，175：22-29.

第四章　污水处理厂尾水生态净化技术与应用

第一节　补碳水平潜流人工湿地反硝化脱氮技术

人工湿地是最常用的污水处理厂尾水深度处理技术，具有处理效果好、运行维护成本低等优点，但是碳源不足会对其脱氮效果产生严重的影响。实际应用时往往需要添加甲醇、乙酸和糖类等碳源，成本高。针对污水处理厂低污染尾水中碳源缺乏导致脱氮效率差和冬季脱氮微生物活性低的问题，通过湿地植物的厌氧发酵液进行脱氮碳源的补充，创造反硝化作用最适的 C/N，通过低温反硝化细菌群的筛选和添加，强化其低温下脱氮的活性，确定菹草发酵液较适宜的添加量和 HRT 等参数以提高人工湿地对低污染水的脱氮效率，为实际工程化应用提供依据。

一、添加菹草发酵液促进水平潜流人工湿地脱氮

水平潜流人工湿地共有 4 个（编号 1、2、3 和 4），由有机玻璃板制成，长×宽×高为 40cm×15cm×30cm，分为布水区、处理区和集水区三个部分。布水区长 5cm，宽 15cm，通过穿孔板与处理区隔开，穿孔板由下至上均匀分布 4 个直径为 2cm 的圆形过水孔，区内铺设粒径为 3cm 的砾石，对进水进行初步过滤，以防止湿地内部堵塞。处理区长 30cm，宽 15cm，填充 25cm 厚的混有蛭石的土壤（蛭石与土壤混合质量比为 1∶1，蛭石粒径为 1cm），区内种植菖蒲 6 株，植株高 50～60cm，生长旺盛。集水区长 5cm，宽 15cm，通过穿孔板与处理区隔开，区内铺设粒径为 3cm 的砾石。出水阀有 3 个，分别设在 0cm、10cm 和 20cm 的高度，以调节水位。其结构如图 4-1 所示。

添加菹草发酵液作为水平潜流人工湿地的外加碳源，在三种水力停留时间下，TN、NO_3^--N 的去除率均随进水 COD/N 值的增大而提高。进水 COD/N 为 0 即未添加菹草发酵液时，三种水力停留时间下 TN、NO_3^--N 的去除率分别为 4%～9% 和 4%～14%，表明反硝化脱氮效率很低。进水 COD/N 为 8 时，TN 和 NO_3^--N 的去除率分别提高至 37%～74% 和 68%～87%，水平潜流人工湿地系统脱氮效率较未添加菹草发酵液时显著提升；继续提高进水的 COD/N 为 16 和 20 时，TN、NO_3^--N 的去除率分别达到 66%～90% 和 84%～100%，系统反硝化作用强烈，出水中 NO_3^--N 浓度（水力停留时间为 4h、8h）低于检测限，出水中 NO_2^--N 未出现累积，表明菹草发酵液的添加量足够使反硝化微生物实现完全反硝化（表 4-1、图 4-2 和图 4-3）。

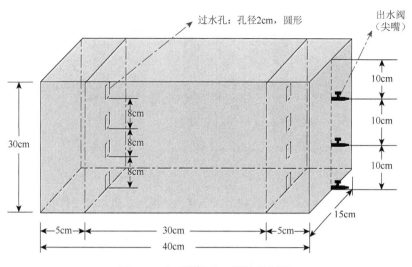

图 4-1　水平潜流人工湿地装置图

表 4-1　添加菹草发酵液水平潜流人工湿地的出水水质

HRT/h	进水 COD/N	TN/(mg/L)	NO_3^- -N/(mg/L)	NO_2^- -N/(mg/L)	NH_4^+ -N/(mg/L)	TP/(mg/L)	COD_{Cr}/(mg/L)	COD 消耗量/N
2	0	14.6	13.7	0.02	0.17	0.11	8	1.1
	8	10.4	4.5	4.1	1.3	0.56	56	3.9
	16	6.1	2.3	1.3	2.3	0.87	120	7.0
	20	6.2	2.1	1.6	3.6	0.98	212	8.6
4	0	14.4	13.5	0.02	0.12	0.08	8	1.1
	8	6.4	2.5	2.1	0.94	0.21	34	5.5
	16	1.9	0	0.08	1.8	0.48	83	9.6
	20	2.4	0	0.08	2.3	0.55	188	10.3
8	0	13.7	12.2	0.01	0.08	0.07	6	1.3
	8	4.2	1.9	0.35	0.73	0.17	32	5.6
	16	1.8	0	0.02	1.3	0.33	57	11.5
	20	2.1	0	0.02	1.5	0.42	198	9.6

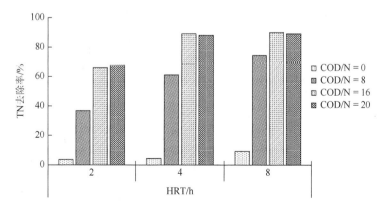

图 4-2　添加菹草发酵液时水平潜流人工湿地对 TN 去除率

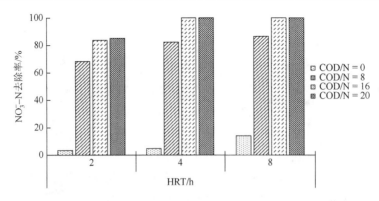

图 4-3　添加菹草发酵液时水平潜流人工湿地对 NO_3^--N 去除率

比较相同进水 COD/N、不同水力停留时间条件下的 TN 和 NO_3^--N 去除率发现，TN 和 NO_3^--N 去除率随着水力停留时间的延长而升高。以进水 COD/N 等于 16 为例，在水力停留时间为 2h、4h 和 8h 时，TN 去除率分别为 66%、89%和 90%，NO_3^--N 去除率分别为 84%、100%和 100%，表明在碳源充足时，水力停留时间对出水中的氮含量有重要影响，适当延长水力停留时间有助于反硝化作用去除更多的氮。

进水 COD/N 和水力停留时间均对出水中的 NO_2^--N 含量有重要影响。进水 COD/N 为 8 时，水力停留时间为 2h、4h 和 8h 时，出水 NO_2^--N 浓度分别为 4.1mg/L、2.1mg/L 和 0.35mg/L，较进水浓度分别累积了 205 倍、105 倍和 35 倍，这是因为此时碳源不足，反硝化过程停留在 NO_3^--N 转化为 NO_2^--N 的阶段，致使系统中 NO_2^--N 不断累积。在提高进水 COD/N 至 16 后，出水中 NO_2^--N 含量显著降低，累积程度明显减弱。同时发现出水中 NO_2^--N 浓度会随着水力停留时间的延长而降低，以进水 COD/N 等于 16 为例，水力停留时间为 2h、4h 和 8h 时，出水 NO_2^--N 浓度分别为 1.3mg/L、0.08mg/L 和 0.02mg/L，表明碳源充足时 NO_2^--N 转化为 N_2 的反硝化脱氮过程主要发生在 2～4h。

二、菹草发酵液对水平潜流人工湿地出水氨氮和总磷的影响

图 4-4 和图 4-5 分别反映了添加菹草发酵液的水平潜流人工湿地对 NH_4^+-N 和 TP 的去除效果。出水中 NH_4^+-N 和 TP 浓度均随着进水 COD/N 值的提高而增大，这主要是因为进水中 COD/N 值越高，随添加菹草发酵液带入的氮（主要是 NH_4^+-N）和磷数量就越多。由图 4-4 和图 4-5 可知，NH_4^+-N 和 TP 的去除率与进水中 COD/N 之间无明显相关性，但均随水力停留时间的延长而升高。

已有的研究表明，人工湿地系统中 NH_4^+-N 的去除主要有 3 个途径：①人工湿地表面水体的 NH_4^+-N 通过挥发进入大气；②氨氧化细菌和氨氧化古菌将 NH_4^+-N 转化为 NO_2^--N，再通过反硝化作用转化为 N_2；③大型水生植物吸收和基质吸附。人工湿地系统中磷的去除主要靠土壤的吸附作用。适当地延长水力停留时间，可以使氨氧化细菌和氨氧化古菌有更多的时间转化 NH_4^+-N，同时土壤吸附的 NH_4^+-N 和磷也更多。进水中 COD/N 为 16 和水力停留时间为 4h 时，水平潜流人工湿地系统出水中 TP 浓度为 0.48mg/L，已接近地表水 V 类水标准。

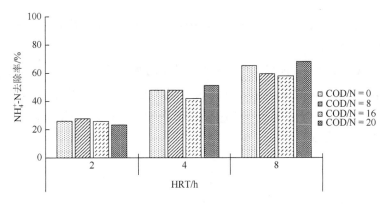

图 4-4　添加菹草发酵液的水平潜流人工湿地对 NH_4^+-N 的去除率

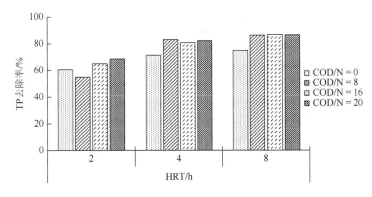

图 4-5　添加菹草发酵液的水平潜流人工湿地对 TP 的去除率

添加菹草发酵液可以快速有效地提高水平潜流人工湿地系统的脱氮效率，进水中 NO_3^--N 浓度为 14mg/L 时，只要进水碳源充足，人工湿地系统中的反硝化微生物可以在 4h 内将进水中的 NO_3^--N 完全去除，较适宜的进水 COD/N 为 16，较适宜的水力停留时间为 4h。此时，TN 和 NO_2^--N 的去除率分别为 89% 和 100%，出水中 TN 浓度为 1.9mg/L，NH_4^+-N 浓度为 1.8mg/L，达到地表水 V 类水质标准，出水中 TP 浓度为 0.48mg/L，接近地表水 V 类水质标准，添加发酵液带入的氮、磷可以被系统自身去除，不会对出水水质产生不利影响。

第二节　微生物强化人工湿地低温脱氮技术

一、低温反硝化细菌筛选和脱氮潜力

（一）低温反硝化细菌筛选

通过静置缺氧和振荡好氧多次富集，得到低温反硝化细菌，检测培养基中 NO_3^--N 的减少量和 TN 的变化量，结果显示每次富集经过 48h 后 NO_3^--N 基本没有检出，整个过程

没有 NO_2^--N 积累，TN 变化过程与 NO_3^--N 变化过程一致，表明获得了具有较强反硝化脱氮能力的反硝化细菌群。

　　分别以 15mg/L 的 NO_3^--N 和 NO_2^--N 作为试验用水，在 C/N 为 4、8 和 12 时，研究反硝化细菌群的脱氮能力。图 4-6 为以 NO_3^--N 为氮源时不同 C/N 条件下 NO_3^--N、TN 的去除率及 NO_2^--N 的积累量随时间的变化图。图 4-7 为以 NO_2^--N 为氮源时不同 C/N 条件下 NO_2^--N、TN 的去除率随时间的变化图。

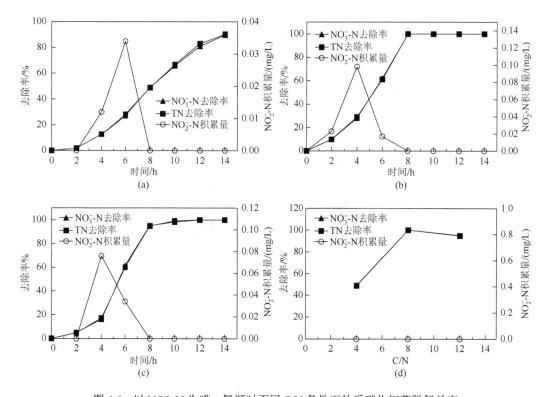

图 4-6　以 NO_3^--N 为唯一氮源时不同 C/N 条件下的反硝化细菌脱氮效率

（a）、（b）、（c）分别为 C/N 等于 4、8、12 的反硝化脱氮率；（d）为培养 8h 时 C/N 等于 4、8、12 的反硝化脱氮率

　　从图 4-6 可以看出在以 NO_3^--N 为唯一氮源时，菌群（含微生物菌体）对 TN 的去除率与对 NO_3^--N 的去除率基本一致，表明反硝化细菌群在生长过程中没有将 NO_3^--N 同化为自身的生物量，也没有进行 NO_3^--N 还原为 NH_4^+ 的过程，即该菌群完成了反硝化脱氮过程。菌群生长过程基本无 NO_2^--N 积累，虽然在 2～8h 存在一个 NO_2^--N 峰值，但是其积累量相对很小，不足 0.1mg/L，峰值表明该过程存在大量的 NO_3^--N 被还原为 NO_2^--N，然后进一步还原为 N_2O 及 N_2，从图中的曲线也可以看出此时 NO_3^--N 及 TN 的去除率正处于对数去除过程，因此此时会出现少量的 NO_2^--N 积累。从图 4-6（a）～（c）可以看出在 C/N 为 8 时菌群反硝化脱氮效率最高，其次是 C/N 为 12，最后为 C/N 为 4，而且在培养时间为 8h、C/N 为 8 和 12 时反硝化细菌的脱氮效率就到了稳定，而 C/N 为 4 时培养

14h 后才达到稳定，这表明低 C/N 不仅会影响菌群反硝化脱氮的速率，也会影响其脱氮能力。图 4-6（d）选择运行 8h 时不同 C/N 条件下反硝化细菌脱氮效率进行对比，从图中能够更好地看出在 C/N 为 8 时反硝化脱氮效率最佳。

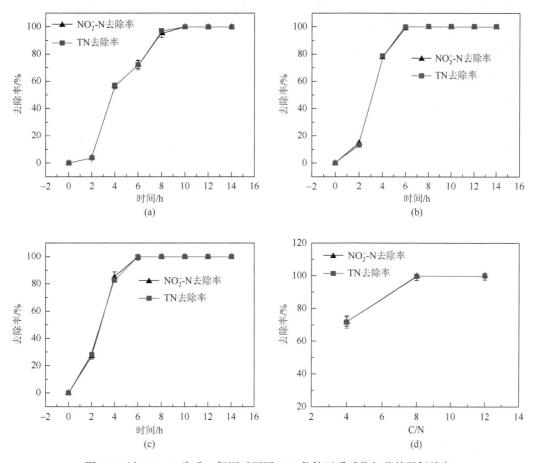

图 4-7　以 NO_2^--N 为唯一氮源时不同 C/N 条件下反硝化细菌的脱氮效率

（a）、（b）、（c）分别为 C/N 等于 4、8 和 12 的反硝化脱氮率；（d）为培养 6h 时 C/N 等于 4、8 和 12 的反硝化脱氮率

从图 4-7 可以看出在以 NO_2^--N 为唯一氮源时，菌群（含微生物菌体）对 TN 的去除率与对 NO_2^--N 的去除率基本一致，表明反硝化细菌群生长过程中没有将 NO_2^--N 同化为自身的生物量，也没有进行 NO_2^--N 还原为 NH_4^+ 的过程，即该菌群完成了反硝化脱氮过程。由图 4-7（a）～（c）得出在 C/N = 8 时反硝化脱氮效率最高，在 C/N 为 8、12 时仅需要 6h 脱氮效率即可达到稳定，而 C/N 为 4 时则需要 10h 才能够达到稳定。结果表明，以 NO_2^--N 为唯一氮源时 C/N 同样不仅影响菌群反硝化的脱氮速率，也会影响其脱氮能力。图 4-7（d）选择试验 6h 时不同 C/N 条件下反硝化脱氮效率进行对比，从图中能够更好地看出在 C/N 为 8 时反硝化脱氮效率最佳。

通过分别以 NO_3^--N 和 NO_2^--N 为唯一氮源时，研究了 C/N 为 4、8、12 时反硝化细菌群的反硝化脱氮能力，综合图 4-6 及图 4-7 得出反硝化细菌群最佳的反硝化脱氮效率条件为 C/N = 8，而且当以 $NO_2^- $-N 为唯一氮源时达到稳定去除率所需的时间要比以 $NO_3^- $-N 为唯一氮源时短。其主要原因为在以 $NO_3^- $-N 为唯一氮源时的反硝化过程中需要经过 $NO_3^- $-N 还原为 $NO_2^- $-N 这一过程，然后再进行 $NO_2^- $-N 的还原过程。

图 4-8　BTB 培养基穿刺培养反硝化细菌

具有较强反硝化脱氮能力的反硝化细菌群在通过 BTB 培养基平板涂布筛选和穿刺培养鉴定（图 4-8）后，最终获得了四株具有较强反硝化能力的反硝化细菌，分别命名为 N1、N2、N3 和 N4。

（二）低温反硝化细菌生理生化特征和鉴定

通过平板培养菌落形态和革兰氏染色观察发现，N1 和 N2 两株细菌形态特征相近，N3 和 N4 两株细菌形态特征相似，详见表 4-2。

表 4-2　四株反硝化细菌菌株特征

形态	N1、N2	N3、N4
颜色	乳白色、半透明	淡黄色、半透明
边缘	圆形、规则	圆形、规则
表面	光滑、湿润	光滑、规则
是否容易挑起	易挑起	易挑起
革兰氏染色	阴性	阴性
形状	短杆状	短杆状
大小/μm	长 1.5～2.5，宽 0.5～1.0	长 1.5～2.0，宽 0.8～1.5
排列	单个	单个

选取四株细菌采用 16S rDNA 基因的通用引物进行 PCR 扩增。扩增后得到的 16S rDNA 纯化后送测序公司测序。经测序 N1、N2、N3 和 N4 的碱基数分别为 1524bp、1523bp、1188bp 和 1576bp。将四株反硝化细菌 N1、N2、N3 和 N4 的 16S rDNA 序列分别在 NCBI 网站（http://www.ncbi.nlm.nih.gov/blast）进行序列对比。根据 BLAST 比对结果，N1 和 N2 两株细菌的 16S rDNA 的序列与 *Achromobacter* sp.相似度为 100%。N3 和 N4 两株细菌的 16S rDNA 的序列与 *Pseudomonas stutzeri* 相似性为 100%。基于 16S rDNA 基因的系统发育分析结果（图 4-9～图 4-12）及生理生化特性，将 N1 和 N2 鉴定为无色杆菌（*Achromobacter* sp.）的两株新菌株，将 N3 和 N4 鉴定为斯氏假单胞菌（*Pseudomonas stutzeri*）。

（三）低温反硝化细菌群脱氮性能

1. 生长曲线

菌株 N1、N2、N3 和 N4 在 30℃、160r/min 下恒温振荡培养，每隔 2h 取样测 OD_{600}

处吸光值，绘制细菌生长曲线分别如图 4-13（a）～（d）所示。从生长曲线可以看出 N1 菌株培养 8h 后进入对数生长期，其生长速率较快，20h 后生物量达到最高。N2 菌株培养不到 4h 就进入了对数生长期，其生长速率很快，14h 后生物量达到最高。N3 菌株培养 8h 后进入对数生长期，生长速率也较快，20h 后生物量达到最高。N4 菌株也在 8h 左右进入对数生长期，生长速率较快，20h 左右进入稳定期，但相比于其他三株细菌进入稳定期时的生物量而言，其生物量不大。

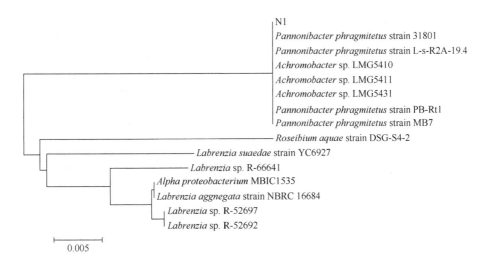

图 4-9 菌株 N1 的系统发育树

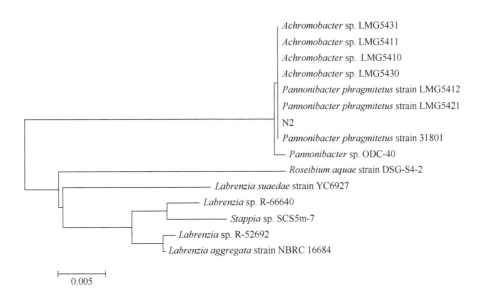

图 4-10 菌株 N2 的系统发育树

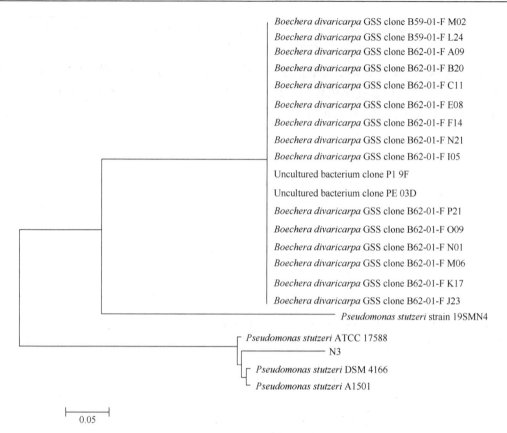

图 4-11　菌株 N3 的系统发育树

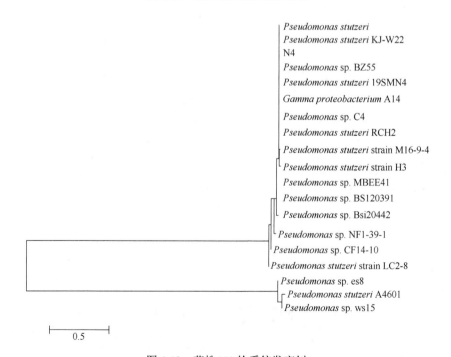

图 4-12　菌株 N4 的系统发育树

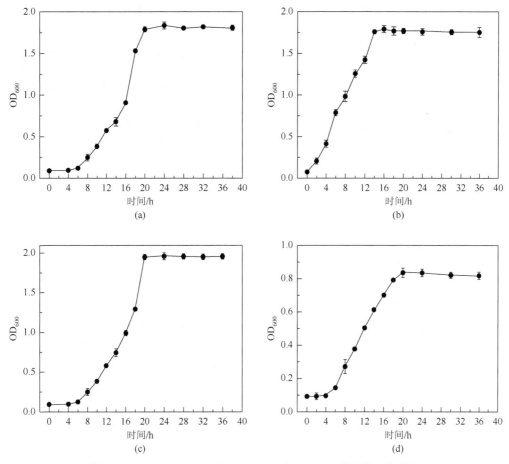

图 4-13　N1（a）、N2（b）、N3（c）和 N4（d）菌株的生长曲线

2. 底物浓度对反硝化脱氮性能的影响

根据最佳条件 C/N＝8，将反硝化细菌培养基的 C/N 调整为 8，培养基中 $NO_3^- $-N 浓度调整为 20mg/L、30mg/L、40mg/L、50mg/L、60mg/L、70mg/L、80mg/L、90mg/L、100mg/L，按 10%比例分别接种四株细菌于反硝化培养基中，于 30℃下恒温培养 48h，各株细菌的反硝化脱氮性能见图 4-14。试验过程中，四株细菌的总氮去除能力与 $NO_3^- $-N 去除能力基本一致，N1 菌株 48h 内能够将浓度在 60mg/L 以内的 $NO_3^- $-N 完全去除，而且基本无 $NO_2^- $-N 积累，浓度为 100mg/L 时其仍有 80%以上的去除能力；N2 菌株 48h 内能够将浓度在 40mg/L 以内的 $NO_3^- $-N 完全去除，对 100mg/L 的 $NO_3^- $-N 的去除能力也有 80%左右；N3 菌株 48h 能够将浓度在 70mg/L 以内的 $NO_3^- $-N 完全去除，浓度为 100mg/L 时其仍有 80%以上的去除能力；N4 菌株生长过程比较缓慢，48h 能够去除 95%以上 60mg/L 浓度以内的 $NO_3^- $-N，浓度为 100mg/L 时其去除能力为 50%左右。通过对比可以看出底物浓度对四株细菌的反硝化脱氮性能的影响有一定的差别，不同底物浓度条件下四株细菌脱氮性能按大小排序依次为 N3＞N1＞N2＞N4，其中从总体来看底物浓度大于 60mg/L（N3 菌株为 70mg/L）时对四株细菌的反硝化能力产生较大的影响。

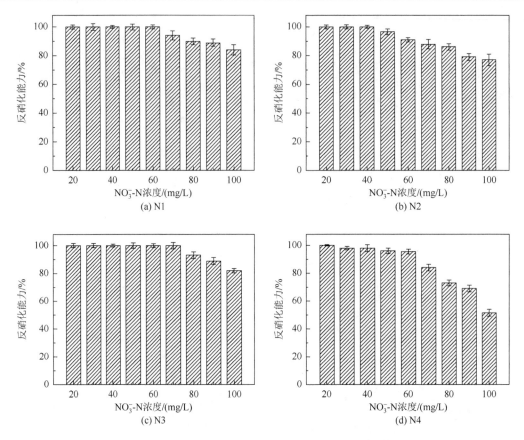

图 4-14 不同 NO_3^--N 浓度下四株细菌 48h 时的反硝化脱氮能力

3. 温度对四株细菌反硝化脱氮性能的影响

根据四株细菌最佳脱氮的 C/N 和对反硝化能力产生较大影响的底物浓度,将反硝化细菌培养基的 C/N 设为 8,NO_3^--N 浓度设为 60mg/L。研究温度为 4℃、10℃、15℃、20℃、30℃、40℃、50℃和 60℃时四株细菌的脱氮性能,在培养箱中恒温培养 48h。不同温度下其反硝化脱氮能力如图 4-15 所示。

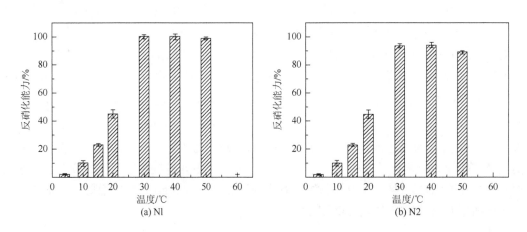

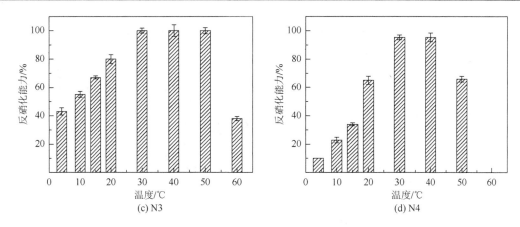

图 4-15　不同温度下四株细菌的反硝化脱氮能力

通过不同温度对四株细菌脱氮性能影响的研究，得出 4～30℃时四株细菌的反硝化能力随着温度的升高而逐渐增强，低温环境 4～15℃条件下，N3 菌株仍然具有较强的反硝化能力，12h 内可将约 40%的 NO_3^--N 还原，仅有较少量的 NO_2^--N 积累；在 30～40℃环境下，四株细菌反硝化能力最强，50℃高温环境下，在 12h 内 N1 和 N3 可完全将体系中的 NO_3^--N 还原去除，并且无 NO_2^--N 的积累；当温度升高至 60℃时，反硝化细菌 N1、N2 和 N4 反硝化能力为零，N3 仍然具有 40%左右的反硝化能力；N3 和 N4 在低温 4℃下也有一定的反硝化能力。结果表明所分离得到的四株细菌都具有一定的耐低温和高温反硝化脱氮能力，其中 N3 和 N4 菌株对低温耐受性更强，其次是 N1 和 N2。

二、固定化低温反硝化细菌脱氮潜力

对 N3 菌株进行固定化，探索其脱氮能力。确定海藻酸钠（SA）包埋微生物的最佳条件为：4%SA＋3%$CaCl_2$，得到了直径为 0.5cm 左右、大小均匀的小球，硬度适中，机械强度一般。聚乙烯醇（PVA）作为固定化材料具有机械硬度比较高的特点，制备了以 10%PVA＋1%SA 作为复合包埋材料，1%$CaCl_2$ 饱和硼酸作为交联剂的固定化微生物小球，制备的小球直径为 0.5cm 左右，大小均匀，相对于 4%SA＋3%$CaCl_2$ 固定化小球而言硬度较高，机械强度更强。

1. SA-$CaCl_2$ 固定化反硝化细菌脱氮

按照 10%接种量接种 N3 菌株和同等菌体含量的固定化微生物小球分别于以 NO_3^--N 和 NO_2^--N 为唯一氮源的反硝化培养基中，进行脱氮试验，结果如图 4-16 所示。

反硝化细菌株 N3 经 SA 固定化后，从图 4-16 可以看出固定化小球空白组对培养基中的 NO_3^--N 和 NO_2^--N 几乎没有吸附，而且培养基空白组中其浓度没有变化，表明试验过程中氮的去除主要是由微生物作用完成的。从图 4-16（a）可以看出，固定化小球微生物培养 12h 后 NO_3^--N 的去除率为 87.5%，24h 去除率为 98.7%；游离菌培养 12h 其去除率

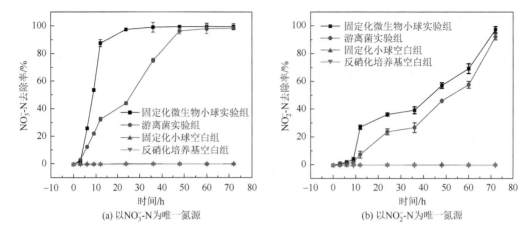

图 4-16　SA-CaCl₂ 固定化反硝化细菌与游离菌的脱氮潜力

不足 35%，24h 才能够去除 44.1%。从图 4-16（b）可以看出，以 NO_2^--N 为唯一氮源，固定化微生物小球的脱氮效率也比游离菌的高，在 72h 内 NO_2^--N 的去除率达 97.3%。但在试验过程中发现反硝化细菌株 N3 经 SA 固定后，使用多次后机械强度变差，原因是反硝化过程产生气体，小球使用数次后会发生破裂而菌体外泄。因此，在固定化材料中添加 PVA 以增加 N3 反硝化细菌固定化小球的机械强度。

2. 复合材料固定化反硝化细菌脱氮

为了克服 SA 固定化材料的缺点，选择 PVA + SA 复合材料固定化 N3 菌株，按照 10% 接种量接种 N3 菌株和同等菌体含量的固定化微生物小球于反硝化及短程反硝化培养基中进行试验，结果如图 4-17 所示。

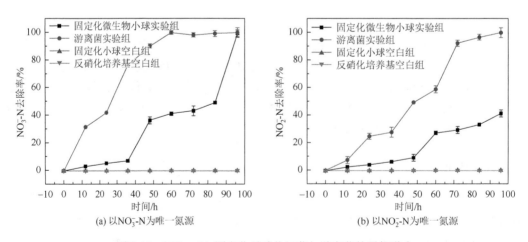

图 4-17　PVA + SA 固定化反硝化细菌与游离菌的脱氮潜力

固定化反硝化细菌静置培养 84h 后，对 NO_3^--N 的去除率仅为 50%，但是换算成浓度仍然能够去除 130mg/L 浓度的氮，NO_2^--N 仅有 40% 左右被去除，换算成浓度后仍然能够去除 100mg/L 浓度的氮。复合材料固定化反硝化细菌后，反硝化效果虽然相对较差，但是经过多次重复使用后仍然具有较高的机械强度，固定反硝化细菌小球能够长久的保持形态，而且没有细菌外泄的现象，能够保持较好的活性。

三、低温反硝化细菌强化人工湿地脱氮实验

添加低温反硝化细菌到潜流人工湿地中，调整低污染水的 C/N 分别为 8 和 4，$NO_3^- $-N 浓度保持在 15mg/L，用 1mol/L 盐酸调整 pH 为 7.2 左右，进行低温反硝化细菌强化人工湿地脱氮试验，在人工湿地上、中、下三处取样检测 $NO_3^- $-N 和 $NO_2^- $-N 的浓度及水温，结果如图 4-18 所示。

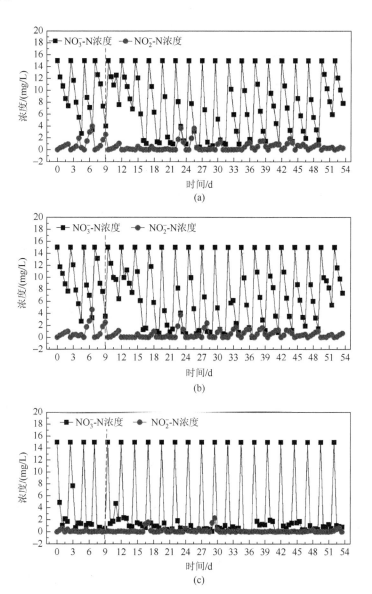

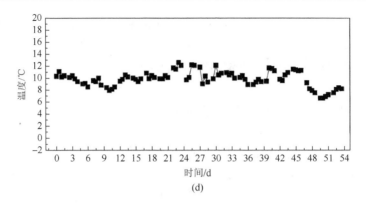

图 4-18　微生物强化潜流人工湿地对 NO_3^--N 的去除效果

(a)、(b)、(c) 分别为装置上、中、下三个取样点每 12h 取样，图中虚线左侧 C/N = 8，右侧 C/N = 4；
(d) 为每日温度

图 4-18 为潜流式人工湿地运行 54d 的监测结果，水力停留时间为 48h，整个运行过程装置温度不超过 13℃，平均气温 9.8℃。从图 4-18（a）～（c）可以看出装置启动前 3d，装置上端、中端 NO_3^--N 的去除率达 50% 左右，有 1mg/L 左右 NO_2^--N 积累，装置下端 12h NO_3^--N 的去除率有 50%，24h 去除率就大于 90%。运行 9d，装置运行稳定，运行一个周期装置上、中两处 NO_3^--N 去除率均大于 80%，NO_2^--N 积累小于 0.5mg/L，装置下端 NO_3^--N 的去除率大于 95%，几乎没有 NO_2^--N 积累。运行 9d 后，将装置 C/N 比调整为 4，调整后，监测结果显示装置上、中两处 NO_3^--N 的去除率又恢复到装置启动时的 50% 左右，装置下端去除率为 90%，NO_2^--N 浓度低于 0.04mg/L，表明 C/N 的变小使反硝化效率降低，但是没有增加 NO_2^--N 的积累。装置运行 15d 后，上、中两处 NO_3^--N 的去除率均大于 90%，NO_2^--N 的积累平均不到 0.05mg/L，下端 NO_3^--N 的去除率几乎为 100%，没有 NO_2^--N 的积累。装置运行到 48d 后，由于气温骤降了 4℃，所以装置上、中两处的去除率发生了波动，但是下端的 NO_3^--N 去除率 12h 内就达到了 100%。基于 C/N 调节的低温反硝化细菌联合人工湿地试验结果表明，在 C/N 为 4～8，水力停留时间为 48h 时实现良好的反硝化脱氮效果，NO_3^--N 的去除率均大于 90%，在污水处理厂尾水中 NO_3^--N 深度削减方面具有一定的应用前景。

第三节　改性生物质炭人工湿地强化脱氮除磷技术

针对人工湿地在运行过程中，尤其是冬季对氮、磷的处理效果不佳的问题，采用改性生物质炭作为填料进行垂直流人工湿地强化净化技术的研究。将改性生物质炭应用于人工湿地中，提高其在冬季受气候及大型水生植物生长周期影响下的脱氮除磷效率，使低污染水经过生态处理后氮、磷浓度大幅削减，并为大型水生植物的资源化利用提供依据。

一、大型水生植物生物质炭的制备和表征

过去对大型水生植物的研究往往集中在利用水生植物修复富营养化水体上，对后续的

大型水生植物收割及收割后的资源化利用研究很少。将富营养化水体中的大型水生植物定期收割，一方面能提高水体的修复能力，另一方面收割后的大型水生植物还可以用来制备生物质炭，可以进一步用于水体和土壤中污染物的去除。本节研究以常用作净化富营养化水体的空心莲子草（*Alternanthera philoxeroides*，AP）为原材料制备空心莲子草生物质炭（*Alternanthera philoxeroides* biochar，APB），并对空心莲子草生物质炭进行改性，制得改性生物质炭（MAPB），同时以常用作吸附材料的活性炭（activated carbon，AC）做对照，发现由大型水生植物所制得的生物质炭含有的活性官能团更多，有利于其对水体中氮、磷和重金属的吸附去除。

将采集的 AP 用清水冲洗以去除杂质，随后剪成 3～5cm 的小段，放在烘箱中 80℃下干燥，然后将原材料保存在干燥器中。APB 的制备采用限氧升温炭化法，将处理好的 AP 放在坩埚中压实盖严，以 10℃/min 的速率升温至 600℃后恒温炭化 3h，自然冷却至室温后取出。取出的 APB 过筛，只保存直径为 0.5～1.0mm 的。

镁改性生物质炭的制备采用前改性的方法。将干燥备用的 AP 浸泡在 $MgCl_2$ 溶液中，2h 后将 AP 从溶液中取出并放在烘箱中 80℃下烘干，最终获得 AP 与 $MgCl_2$ 的混合物。随后依然用限氧升温炭化法制备 MAPB，升温速率和炭化时间同 APB 的制备方法相同。制得的 MAPB 过筛，只保存直径为 0.5～1.0mm 的。

1. 生物质炭的理化性质

APB 和 MAPB 的 pH 分别为 10.43 和 10.11，呈弱碱性。用于改良土壤的生物质炭的 pH 一般为碱性，因此两种生物质炭均适宜改良酸性土壤。同时随着制备温度的升高，生物质炭的 pH 也会增大。主要原因是储藏于原料高聚物中的 K、Na、Ca 和 Mg 等矿质元素在高温环境下容易暴露，溶解于水溶液中对 pH 有一定的贡献。AC 的 pH 为 5.5，呈弱酸性，表明其表面酸性基团含量大于碱性基团含量，表现出阳离子交换特性。与 AC 的弱酸性不同，生物质炭 APB 或 MAPB 的强碱性在人工湿地中可以中和硝化过程中产生的酸，提高人工湿地的硝化能力。

零电荷点（PZC）是水溶液中固体表面静电荷为零时的 pH 点。PZC 是表征生物质炭表面酸碱性的重要参数，原因是如果生物质炭中的酸性基团增加，会释放出氢离子，从而使其等电点下降。APB 和 MAPB 的 pH_{PZC} 分别为 3.08 和 3.69，均较低，表明这两种生物质炭中都含有较多的酸性基团。AC 的等电点 pH 为 6.47，表明其表面也是酸性基团占多数。

表 4-3 反映了改性前后的生物质炭及原材料的元素组成和比表面积。而元素组成、孔隙大小等是影响生物质炭吸附特性的重要因素。

表 4-3　AP、APB、MAPB 及 AC 的元素组成和比表面积

理化特性	AP	APB	MAPB	AC
C/%	34.70	49.63	28.93	76.21
H/%	5.20	2.26	1.80	1.83
O/%	31.89	15.27	14.28	10.63
N/%	4.45	3.51	0.82	0.82

续表

理化特性	AP	APB	MAPB	AC
Na/%	0.61	1.40	1.11	0.15
K/%	2.80	0.16	0.24	0.06
Ca/%	2.70	9.00	0.44	0.92
Mg/%	0.41	2.20	33.1	0.23
灰分含量/%	—	29.33	54.17	10.51
H/C 摩尔比	1.80	0.55	0.75	0.29
O/C 摩尔比	0.69	0.23	0.37	0.10
$S_{BET}/(m^2/g)$	—	19.79	109.85	690.31

从表 4-3 分析可知,与 AP 作对比,APB 中 C 含量增加,而 O 和 H 元素含量减少,进而导致 H/C 和 O/C 摩尔比也相应减小。这些变化表明 AP 热解时会发生炭化反应。因为 H 主要与有机成分有关,所以生物质炭的炭化程度可以根据 H/C 摩尔比来描述。APB 和 MAPB 的 H/C 摩尔比均比 AP 的要小很多,说明生成的生物质炭发生了一定程度的炭化。O/C 摩尔比是生物质炭中极性官能团含量的一个指标,MAPB 的 O/C 摩尔比要比 APB 的大,表明 MAPB 含有更多的极性官能团,因此会更容易在生物质炭表面形成亲水基团。此外,MAPB 中 Mg 的含量达 33.1%,表明生物质炭改性成功。MAPB 的比表面积则是 APB 的 5 倍以上,表明改性后的生物质炭表面可能形成了 MgO 片层,从而增大了生物质炭的比表面积。而比表面积对生物质炭的吸附性能影响较大,因此 MAPB 在水体吸附上可能更有优势。从灰分含量上看,APB 和 MAPB 的灰分均远大于 AC,这可能是由于两种生物质炭均含有大量的矿质元素 Ca 和 Mg,而矿质元素是灰分的重要组成。

AC 的 C 含量则远高于两种生物质炭 APB 和 MAPB,表明其炭化程度更高。炭化程度也可以从 H/C 摩尔比看出,AC 的 H/C 摩尔比比生物质炭 APB 和 MAPB 的要小,也说明了 AC 的炭化程度更高。而 AC 的 O/C 摩尔比远低于生物质炭,表明 AC 的极性官能团含量没有生物质炭 APB 和 MAPB 的多。但是 AC 的比表面积很大,是 MAPB 的 6 倍以上,APB 的 35 倍左右。巨大的比表面积主要得益于 AC 特殊的制备过程,这也导致 AC 有很大的吸附容量及吸附能力。

2. 生物质炭的微观形貌

生物质炭的微观形貌可直接反映生物质炭的表面性质,因此是生物质炭的重要特征之一。从图 4-19 可看出,APB 含有不规则的孔隙,孔隙的形状和大小无规律,而 MAPB 的孔隙则较多。AC 含有十分丰富的孔隙结构,孔隙小而均匀,同 APB 和 MAPB 的大孔隙形成鲜明的对比,该结果也与三种材料的比表面积分析结果相一致。比表面积对材料的吸附性能有很大的影响,因此,单从比表面积上说,三种材料的吸附性能可能是 AC>MAPB>APB。但是,APB 和 MAPB 的大孔隙将有利于生物质炭作为载体负载功能微生物,提高人工湿地中功能性微生物的含量和活性,强化人工湿地的处理效果。

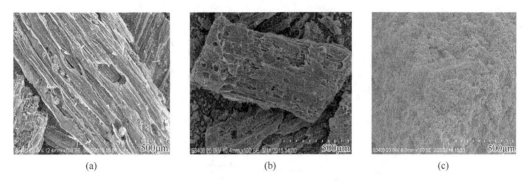

图 4-19　APB（a）、MAPB（b）和 AC（c）的扫描电镜图

3. 生物质炭矿物相分析

X 射线衍射（XRD）图谱中尖锐峰为衍射峰，表示可能存在的不同结晶面的矿物结晶体。图 4-20 是生物质炭改性前后的 X 射线衍射图谱。从图中可以看出，未改性的生物质炭 APB 的表面矿物相主要为 $CaCO_3$，而改性生物质炭 MAPB 的表面矿物相则变成了 MgO。生物质炭表面晶型的变化会影响生物质炭的吸附特性。通过 X 射线衍射分析后，并未在 AC 表面检测出明显的衍射峰，因此，AC 不存在表面矿物相。

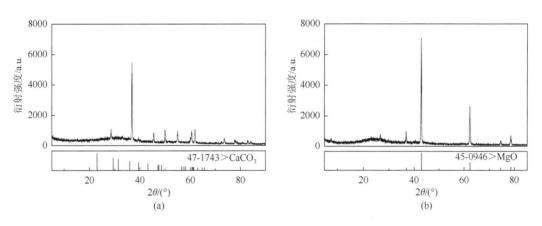

图 4-20　APB（a）和 MAPB（b）的 X 射线衍射图谱

4. 红外光谱分析

通过检测化合物分子的分子振动和转动，傅里叶变换红外光谱（FTIR）仪能够测试表征化合物的化学结构，包括各种表面官能团，如羧基、羟基和氨基等。图 4-21 为 APB、MAPB 及 AC 的红外光谱图。从图中可以看出，MAPB 和 APB 均可见明显的官能团振动峰，而 AC 的红外谱图则十分平缓，这表明在官能团数量上，MAPB 和 APB 占明显优势。对比 MAPB 和 APB 的官能团特征吸收峰可发现，在波长 $2000 \sim 500 cm^{-1}$ 处，两种生物质炭含有的官能团基本相同，而 MAPB 在波长 $3800 \sim 3200 cm^{-1}$ 处有羟基伸缩振动峰，表明改性增加了生物质炭官能团的丰富程度。

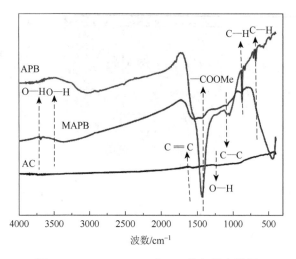

图 4-21　APB、MAPB 和 AC 的红外光谱图

二、生物质炭吸附氮磷特性

采用花生壳和小麦秸秆，限氧炭化温度为 500℃ 分别制成花生壳炭（HBC）和小麦秸秆炭（XBC）。按照 1g 生物质炭对应 10mL 盐酸的比例用 1mol/L 的盐酸浸泡 1h 后过滤，用去离子水洗至中性，烘干。然后，取一定量上述烘干的生物质炭，分别添加到 1mol/L 的 $FeCl_3$、NaOH、$MgCl_2$、$CaCl_2$ 四种改性剂中浸泡 1h，过滤，用蒸馏水洗至中性，烘干后用于吸附硝酸盐和磷酸盐，结果见表 4-4。结果表明改性大大提高了生物质炭对氮、磷的吸附能力，其中铁改性的效果最好。

表 4-4　不同改性方法制备的生物质炭吸附能力比较　　　（单位：mg/kg）

指标	未改性	$CaCl_2$	$MgCl_2$	$FeCl_3$	NaOH
P	10.21±3.54	18.38±4.33	7.39±2.10	253.29±33.75	61.28±6.13
N	37.11±8.46	59.84±0.00	45.48±6.77	468.96±0.00	55.04±6.79

（一）改性生物质炭吸附水体硝酸盐潜力

本节研究试图通过对生物质炭表面进行修饰以提高其对硝态氮的吸附能力，探索低耗、高效的水体硝态氮削减技术。同时，由于生物质炭通常颗粒较细且质地较轻，为了解决其应用于实际水体污染修复时易产生损失的问题，探究适用于固定化改性生物质炭的方法，以增加其适用范围。主要结论如下。

1. 不同改性生物质炭的制备与比选

向浓度为 10mg/L（以氮计）的硝态氮溶液中加入 0.400g 由上述改性方法制得的不同

Fe/C 质量比的生物质炭，置于 25℃恒温摇床中 200r/min 转速下振荡 24h，计算吸附量如表 4-5 所示。随着 Fe/C 的升高，吸附量基本呈逐渐上升的趋势，当 Fe/C 升高至 0.8 时，两种改性生物质炭对硝态氮均具有较高的吸附容量，再升高至 1.0 时增势不显著。综合考虑成本和吸附效果，认为适宜的改性条件为 Fe/C = 0.8，在后续的吸附实验中选取 Fe/C 为 0.8 的改性生物质炭作为研究对象。与未改性生物质炭（即 Fe/C 为 0 的处理组）相比，铁改性花生壳炭和小麦秸秆炭对硝态氮的吸附量显著提升，因此铁改性对生物质炭脱除硝酸盐而言是一种有效可行的方法。

表 4-5　不同 Fe/C 比改性生物质炭对硝态氮的吸附量　　（单位：mg/kg）

类型	Fe/C					
	0	0.20	0.40	0.60	0.80	1.00
XBC	32.50 ± 1.80^c	297.91 ± 10.12^b	276.40 ± 0.00^b	290.75 ± 14.13^b	538.68 ± 6.74^a	591.00 ± 33.71^a
HBC	66.47 ± 3.48^d	1154.62 ± 0.00^c	1178.00 ± 5.22^b	1178.00 ± 12.18^b	1200.16 ± 5.22^a	1182.93 ± 1.74^b

注：不同小写字母表示各处理间差异显著（$p<0.05$），下同

　　同时，利用 Zeta 电位仪研究了不同 Fe/C 改性生物质炭的表面电荷情况，结果如图 4-22 所示。随着 Fe/C 值的增加，Zeta 电位呈现逐渐向正值方向位移的趋势，这可能是由于在 Fe/C 升高的过程中，溶液中的 Fe^{3+} 会逐渐与生物质炭表面带负电荷的官能团结合，因此生物质炭对 NO_3^- 的静电斥力减小，吸引力增加，提高了吸附能力。利用 EDS 能谱分析生物质炭改性前后所含元素质量分数，结果显示（表 4-6）通过改性增加了生物质炭中铁的含量，花生壳炭中铁含量由 0.43%增加至 1.03%，小麦秸秆炭中铁含量由 0.20%增加至 0.80%。扫描电镜图（图 4-23）显示，两种生物质材料经过热解后在一定程度上保持了原材料的结构性状，花生壳炭主要为片层状结构，小麦秸秆炭则存在很多管状结构，表明炭化过程两者的结构特性在一定程度上影响生物质炭的比表面积和吸附能力。

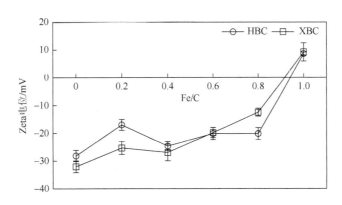

图 4-22　改性生物质炭 Zeta 电位随 Fe/C 比变化图

表 4-6　生物质炭改性前后元素质量分数变化　　　　　　（单位：%）

元素	HBC	Fe-HBC	XBC	Fe-XBC
C	77.21	72.66	77.60	73.05
O	16.08	18.94	17.54	20.54
Mg	0.48	0.34	0.31	0.20
Al	0.50	0.68	0.27	0.38
Si	2.38	4.11	2.31	3.69
S	0.11	0.11	0.14	0.16
Cl	0.34	0.88	0.21	0.71
K	0.59	0.43	0.69	0.25
Ca	1.48	0.58	0.71	0.22
Fe	0.43	1.03	0.20	0.80

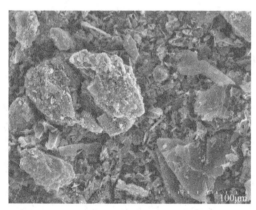 

(a) 花生壳炭　　　　　　　　　　　　　　　(a) 小麦秸秆炭

图 4-23　改性花生壳炭与小麦秸秆炭的扫描电镜图

2. 改性生物质炭硝态氮的吸附动力学

利用三种经典动力学方程对硝态氮在铁改性生物质炭上的吸附过程进行拟合,在改性生物质炭吸附硝态氮的动力学过程中,吸附量随时间的增加而增加,吸附速率($\mathrm{d}q_t/\mathrm{d}t$)在初始 6h 内较快,后期 6～24h 吸附量缓慢上升直至基本达到平衡(图 4-24)。初始吸附时,固体吸附剂与溶液交界面处吸附质浓度大,形成了大的吸附动力梯度,吸附质快速扩散至吸附剂表面;当吸附质进入吸附剂内部孔径后,溶液浓度逐渐减小,吸附动力也随之减小,吸附速率逐渐减小直至达到吸附平衡终点。对比两种改性生物质炭的吸附动力学曲线可以得出,Fe-HBC 对硝态氮的吸附速率显著高于 Fe-XBC。吸附动力学方程能较好地描述硝态氮在改性生物质炭上的吸附动力学过程,这一结果可为后期改性生物质炭脱氮装置的设计和运行提供理论支持。

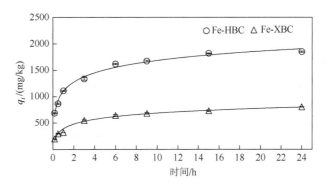

图 4-24 改性生物质炭对硝态氮的吸附动力学曲线

3. 改性生物质炭对硝态氮的吸附热力学

25℃时改性生物质炭对硝态氮的吸附热力学曲线如图 4-25 所示,两种改性生物质炭对硝态氮的最大吸附量分别为 2597.6mg/kg(Fe-HBC)和 1245.9mg/kg(Fe-XBC)。利用 Langmuir 方程和 Freundlich 方程拟合数据,研究硝态氮在生物质炭上的吸附行为。

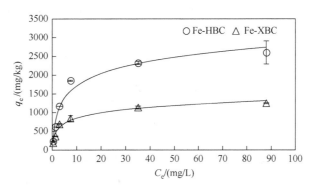

图 4-25 改性生物质炭对硝态氮的吸附热力学曲线

热力学方程拟合结果(表 4-7)显示,Langmuir 方程的回归相关系数(R^2)最高,因此其能够很好地描述硝态氮在改性生物质炭上的等温吸附行为。这一结果与有关生物质炭吸附污染物的大部分研究结论一致。计算可得,Fe-HBC 和 Fe-XBC 对硝态氮的理论最大吸附量分别为 2674mg/kg 和 1285mg/kg。一般认为在 Freundlich 方程中,n 值越大表示吸附性能越强,Fe-HBC 和 Fe-XBC 吸附水溶液中硝态氮的 n 值分别为 2.639 和 3.145,表明铁改性生物质炭对水体中硝态氮的吸附是极容易进行的。

表 4-7 改性生物质炭吸附硝态氮的动力学和等温线的拟合方程

模型	改性生物质炭类型	参数 1	参数 2	R^2
准一级	Fe-HBC	$k_1 = 0.231h^{-1}$	$q_e = 1074.237mg/kg$	0.985
	Fe-XBC	$k_1 = 0.108h^{-1}$	$q_e = 555.776mg/kg$	0.965
准二级	Fe-HBC	$k_2 = 0.001kg/(mg·h)$	$q_e = 2000.0mg/kg$	0.998
	Fe-XBC	$k_2 = 0.001kg/(mg·h)$	$q_e = 909.091mg/kg$	0.995

续表

模型	改性生物质炭类型	参数1	参数2	R^2
Elovich	Fe-HBC	$\beta = 0.004$mg/kg	$\alpha = 19560.02$mg/kg	0.989
	Fe-XBC	$\beta = 0.008$mg/kg	$\alpha = 2363.27$mg/kg	0.962
Langmuir	Fe-HBC	$K_L = 0.245$L/mg	$Q = 2674$mg/kg	0.999
	Fe-XBC	$K_L = 0.288$L/mg	$Q = 1285$mg/kg	0.997
Freundlich	Fe-HBC	$K_F = 0.540$mg$^{(1-n)}\cdot$L^n/kg	$n = 2.639$	0.843
	Fe-XBC	$K_F = 0.359$mg$^{(1-n)}\cdot$L^n/kg	$n = 3.145$	0.947

众多研究结果表明，原生生物质炭对硝态氮的吸附能力较弱，但是通过一些手段对其表面进行修饰改性，可显著提高其吸附容量，拓展生物质炭的应用范围。有人利用镁对花生壳炭进行改性，制得的改性炭对含氮量为 20mg/L 的硝酸盐溶液去除率为 11.7%（吸附量为 1170mg/kg）。本节研究所得到的吸附量高于大多数研究报道的结果。因为原材料的理化性质和组分会影响生物质炭的比表面积、电荷和官能团种类等，所以生物质原材料的差异会在很大程度上影响生物质炭对硝酸盐的吸附。本节研究得到的 Fe-HBC 对硝态氮的吸附潜力约为 Fe-XBC 的 2.1 倍，因此 Fe-HBC 在水体氮素脱除中具有更大的应用前景。

4. 改性生物质炭添加量对硝态氮去除效果的影响

吸附量和去除率随吸附剂添加量变化的结果如图 4-26 所示。当 Fe-HBC 添加量从 0.2g 增至 1.0g 时，硝态氮的去除率从 41%迅速增加至 94%，吸附量则从 2069.4mg/kg 减少到 985.0mg/kg，进一步增加添加量，去除率不再显著升高。当 Fe-XBC 添加量从 0.2g 增至 1.2g 时，硝态氮去除率从 18%增至 77%，Fe-XBC 添加量从 1.2g 增至 1.4g，去除率增加不显著。探究添加量与去除率之间的关系有利于在应用中计算适宜的改性生物质炭的投加量，节约改性生物质炭的使用量。世界卫生组织（WHO）相关标准规定饮用水中硝态氮浓度应低于 10mg/L，因此要使水质达到这一标准每升水中则需添加约 6g 的 Fe-HBC 或 12g 的 Fe-XBC。

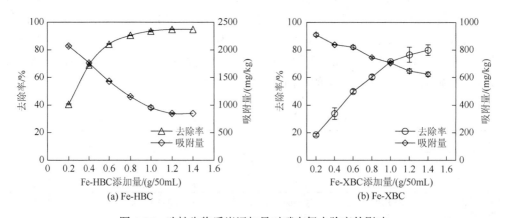

(a) Fe-HBC　　　　　　　(b) Fe-XBC

图 4-26　改性生物质炭添加量对硝态氮去除率的影响

5. 环境 pH 和共存离子对硝态氮去除效果的影响

溶液初始 pH 对改性生物质炭吸附硝态氮的影响见图 4-27。随着溶液 pH 的升高,吸附量有减小的趋势。当 pH 升高至 11 时,Fe-HBC 和 Fe-XBC 对硝态氮的吸附量分别下降了 49.4% 和 71.8%。这是由于在较低 pH 条件下,溶液中 H^+ 与生物质炭表面带负电荷的基团结合,导致对带负电荷的 NO_3^- 的吸附量较高;相反,提高溶液 pH,改性生物质炭表面的负电荷则会增多,与 NO_3^- 之间的静电排斥作用增强,吸附量减少。

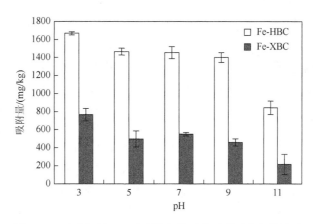

图 4-27　溶液初始 pH 对改性生物质炭吸附硝态氮的影响

常见的三种共存离子(PO_4^{3-} 、Cl^- 和 HCO_3^-)对改性生物质炭吸附硝态氮的影响见图 4-28。三种离子在不同程度上影响生物质炭对硝态氮的吸附,影响程度从小到大依次为: PO_4^{3-} < Cl^- < HCO_3^- 。当溶液中存在 0.01mol/L 的 HCO_3^- 时,Fe-HBC 和 Fe-XBC 对硝态氮的吸附量分别降低了 49.1% 和 73.5%。推测可能的原因为:①HCO_3^- 占用了生物质炭表面的一些对 NO_3^- 有效的吸附位点,与之形成了竞争性吸附;②HCO_3^- 使硝态氮溶液 pH 升高,表面负电荷增多,静电排斥作用随之增强。三种物质中,PO_4^{3-} 的存在对吸附量的影响最小,说明在铁改性生物质炭表面,PO_4^{3-} 与 NO_3^- 相互干扰程度较小,竞争性吸附不显著。实际水环境中存在多种复杂离子和大分子物质,它们对吸附的影响程度的大小还有待进一步试验探究。

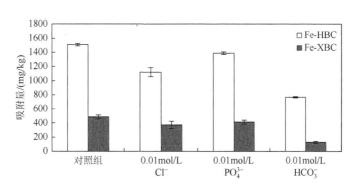

图 4-28　共存离子对改性生物质炭吸附硝态氮的影响

6. 固定化改性生物质炭吸附性能

生物质炭可以在污染水体净化中发挥重要的作用，但是，一般情况下改性生物质炭颗粒较细且质地较轻，在水流较快的环境下易产生损失，因此对改性生物质炭固定化的条件进行了探究。当海藻酸钠浓度为2%、炭胶比为1∶10时，成功制得直径为2～3mm的固定化改性花生壳炭小球，成型效果好且机械强度高（图4-29）。同时，利用聚乙烯醇法（10%）进行了固定化生物质炭的制备，但却不能得到成型的生物质炭小球。这两种方法中海藻酸钠法更适宜于生物质炭的固定化。

图4-29　固定化改性生物质炭微球

称取2.000g上述固定化改性花生壳炭小球加入到50mL初始氮浓度为20mg/L的硝酸钾溶液中，动力学曲线显示随着时间的增加，固定化小球对硝态氮的吸附量逐渐升高，前6h吸附速率较快，6～24h时吸附速率缓慢且趋于平衡，硝态氮的去除率可达45%（图4-30）。将2.000g固定化花生壳炭小球添加到一系列浓度梯度的硝酸盐溶液中，得到的吸附等温线见图4-31，Langmuir方程对数据的拟合效果较好，计算得到固定化花生壳炭小球对硝态氮的理论最大吸附量为250mg/kg。将固定化花生壳炭小球质量换算为花生壳炭的质量（质量比为1∶10）。得到的吸附量为2500mg/kg，接近于粉末态铁改性花生壳炭的理论最大吸附量（2674mg/kg）。这一结果显示，该种固定化方法不会显著降低改性生物质炭的吸附性能。天然材料海藻酸钠价廉易得，制得的生物质炭小球吸附容量高、稳定性强，因此该方法具有一定的实用性。可将制备的固定化改性生物质炭用于硝酸盐污染水体的治理，如以固定化改性生物质炭为载体设计污水处理反应器，也可将其作为填料投入湿地系统中，提高湿地对硝态氮的去除能力。

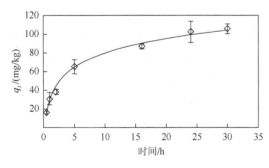

图4-30　固定化改性花生壳炭对硝态氮的
吸附动力学曲线

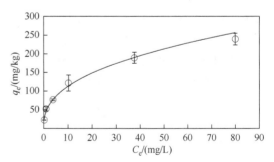

图4-31　固定化改性花生壳炭对硝态氮的
吸附等温线

（二）改性生物质炭吸附水体磷酸盐潜力

本节研究探讨了不同改性方法（烧制前改性、烧制后改性）制备的生物质炭对磷的吸附潜力。以市面上两种常见的农作物生物质炭为原料,进行前改性处理和后改性处理,比较前改性和后改性对磷吸附的效果,探究对磷的吸附机理、影响因素。另外,以常见的三种水生植物为原料制备的生物质炭作为吸附剂,比较不同前改性方法、不同热解温度制备的生物质炭对水中磷的吸附动力学、热力学及影响因素等,为水生植物资源化利用及对水中磷污染的去除提供新途径。主要结论如下。

1. 后改性生物质炭对磷酸盐的吸附

（1）后改性生物质炭的制备与比选。

利用常见的三种改性剂对花生壳炭进行改性,所制备的后改性生物质炭对磷的吸附效果如表 4-8 所示,与其他两种改性剂相比,FeCl₃ 的改性效果最好,生物质炭对磷的吸附容量得到了显著的提高。为进一步优化改性方法,探究了不同铁炭质量比制备的生物质炭对磷的吸附容量。如表 4-9 所示,综合制备成本与磷吸附能力,选取 Fe/C 比为 0.80 为铁改性生物质炭制备的适宜条件。

表 4-8　不同后改性方法制备的生物质炭对磷的吸附能力比较　　（单位：mg/kg）

类型	未改性生物质炭	CaCl₂	MgCl₂·6H₂O	FeCl₃
HBC	10.21±3.54	18.38±4.33	12.39±2.10	253.29±33.75
XBC	20.38±2.22	25.39±3.57	22.35±1.09	289.72±5.73

表 4-9　不同 Fe/C 质量比后改性生物质炭对磷的吸附量对比　　（单位：mg/kg）

类型	Fe/C					
	0	0.20	0.40	0.60	0.80	1.00
Fe-XBC	20.38±2.22	210.49±5.63	231.53±7.85	255.58±0.58	309.69±8.12	252.58±4.55
Fe-HBC	10.21±3.59	135.33±3.64	177.42±3.69	276.63±1.62	291.66±3.56	315.71±9.23

（2）后改性生物质炭对磷酸盐的吸附动力学。

选取铁改性花生壳炭（Fe/C = 0.80）为研究对象,探究其对磷酸盐的吸附动力学。由图 4-32 可知,吸附量在前 10h 内迅速升高,改性花生壳炭和小麦秸秆炭分别升高至 329.8mg/kg 和 510.0mg/kg,分别为总吸附量的 82%和 88%。之后缓慢增加,在 24h 左右吸附达到平衡。采用常见的三种动力学方程模拟数据可得,与准一级方程和 Elovich 方程相比,准二级方程的回归相关系数 R^2 较高,且大于 0.99,因此准二级方程能更好地描述改性生物质炭对磷酸盐的吸附动力学过程。

（3）后改性生物质炭对磷酸盐的吸附热力学。

后改性生物质炭对磷酸盐的吸附等温线如图 4-33 所示,通过热力学模型拟合数据可以得出,在 25℃条件下,改性小麦秸秆炭和花生壳炭对磷酸盐的最大吸附量分别为 927mg/kg 和 872mg/kg。两种改性生物质炭相比,改性小麦秸秆炭对磷酸盐的吸附能力略高于改性花生壳炭。利用铁盐对生物质炭进行后改性的方法虽然在一定程度上增加了生物质炭对磷的吸附容量,但与已有的一些研究结果相差不大,生物质炭的除磷能力并没有得到突破性的提高。因此，对高效除磷生物质炭的制备与改性方法进行了进一步的探索。

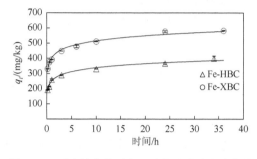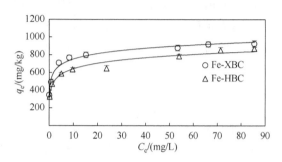

图 4-32　后改性生物质炭对磷的吸附动力学曲线　　图 4-33　后改性生物质炭对磷的吸附等温线

（4）炭添加量对磷去除率的影响。

后改性花生壳炭和小麦秸秆炭对磷酸盐的吸附量及去除率随添加量的变化见图 4-34。在 50mL 初始浓度为 10mg/L 的磷酸盐溶液中，改性花生壳炭添加量从 0.2g 增加至 1.0g，磷的去除率从 26% 增加至 86%，之后增势极小；改性小麦秸秆炭添加量从 0.2g 增加至 0.8g，磷的去除率从 33% 增加至 91%，之后趋于稳定。这是因为吸附剂添加量达到一定程度后，过量的吸附剂产生许多空余活性吸附位点，使得单位吸附剂的吸附量逐渐降低。要使磷的去除率达到 90%，改性花生壳炭的适宜投加量为 1.2g/50mL（固液比为 24g/L），改性小麦秸秆炭投加量则为 0.8g/50mL（固液比为 16g/L），因此修复磷污染水体时使用改性小麦秸秆炭有利于节约炭添加量。

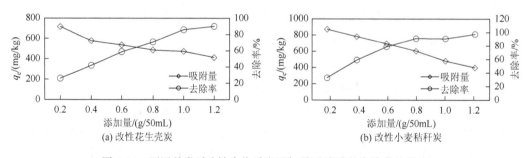

图 4-34　不同种类后改性生物质炭添加量对磷酸盐去除率的影响

（5）环境 pH 和共存离子对吸附效果的影响。

影响吸附的一个重要因素是溶液的 pH，图 4-35 显示了随着溶液初始 pH 的升高，后改性生物质炭对磷酸盐的吸附量呈逐渐下降的趋势。当 pH 升高至 11 时，Fe-HBC 和 Fe-XBC 对 PO_4^{3-}-P 的吸附量分别减少了 37% 和 62%。这是因为 pH 影响磷酸根的存在形式与改性生物质炭表面的正负电荷数。随着溶液 pH 的升高，磷酸根的主要存在形态由 H_3PO_4 依次向 $H_2PO_4^-$、HPO_4^{2-}、PO_4^{3-} 转变，负电荷逐渐增加，静电斥力增强，导致其对磷的吸附量下降。

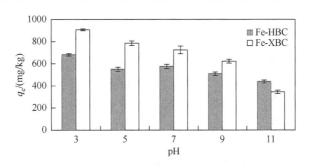

图 4-35　溶液初始 pH 对后改性生物质炭吸附磷酸盐的影响

　　共存离子对吸附的影响实验表明氯化物和硝酸盐对磷的吸附无显著影响,说明磷酸根与这两种离子之间在后改性生物质炭表面不形成竞争性位点吸附。后改性生物质炭对硝酸根和磷酸根的吸附是在不同活性位点上完成的,它们具有不同的吸附作用机制,后改性生物质炭能够实现对硝酸根和磷酸根的同步去除。当碳酸氢根存在时,Fe-HBC 和 Fe-XBC 对磷酸盐的吸附量则降低了 81.1% 和 75.2%。这可能是由于碳酸氢根会通过影响溶液的酸碱度从而降低吸附量或者两者的吸附位点相同导致竞争性吸附的产生(图 4-36)。

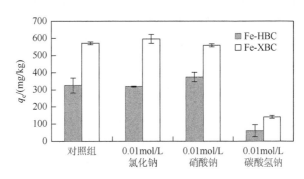

图 4-36　共存离子对后改性生物质炭吸附磷酸盐的影响

2. 前改性生物质炭对磷酸盐的吸附

（1）不同改性剂种类制备生物质炭的吸附能力的比较。

　　如图 4-37 所示,与未改性生物质炭相比,钙、镁、铁三种改性方法均能在一定程度上提高生物质炭对磷酸盐的吸附能力。对比三种改性生物质炭的吸附量可知,镁改性的效果最优,可将吸附量提高至约 20mg/g。推测原因可能是镁改性生物质炭在烧制过程中产生的 MgO 颗粒,能强力结合水溶液中的磷酸根等阴离子。除改性方法外,制备时的峰值温度也对磷的吸附能力产生影响。峰值温度是生产过程中达到的最高温度,通常情况下,峰值温度越高,生物质炭中碳元素的含量也越大。峰值温度对生物质炭的比表面积和孔径有很大的影响,因此峰值温度对生物质炭的吸附能力也有较大的影响。生物质炭对 PO_4^{3-}-P 的吸附量随着峰值温度从 400℃ 升高至 600℃ 呈现先升高后降低的趋势,三种水生植物制备生物质炭的适宜峰值温度为 500℃。Zeng 等（2013）研究了不同温度下制备生物质炭对 PO_4^{3-}-P 吸附性能的影响,得到的结果与本节研究一致。

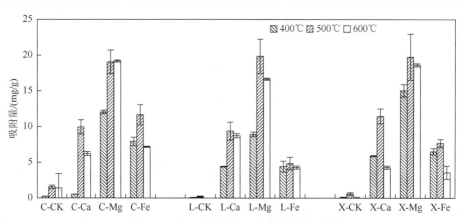

图 4-37　不同改性剂制备所得生物质炭对磷的吸附能力比较

C、L 和 X 分别代表菖蒲、芦苇和香蒲；CK 代表对照

有报道显示，PO_4^{3-}-P 可通过与生物质炭表面进行阴离子交换的方式进行吸附，而阴离子交换与生物质炭表面的碱性官能团有密切的联系。同时有研究表明，较高的热解温度有利于碱性官能团的生成，但 PO_4^{3-}-P 吸附量与热解温度之间并不存在相关性，说明碱性官能团的数量并不是吸附的主要决定因素。Yao 等（2013）研究表明，生物质炭表面等电点较高的氧化物（如 MgO、CaO、Al_2O_3 等）可通过表面沉积的方式吸附 PO_4^{3-}-P，因此金属氧化物与 PO_4^{3-}-P 之间的表面沉积作用是生物质炭吸附 PO_4^{3-}-P 的潜在机制。

（2）不同制备温度下生物质炭的产率计算。

结果表明，制备时峰值温度越高，生物质炭产率越低（图 4-38）。例如，当温度从 400℃增加到 600℃时，未改性菖蒲炭的产率从 44.2%下降至 29.3%，这与多数研究的结论相一致。Dutta 等（2015）认为生物质炭产率与高温裂解温度成反比，原因可能是热解温度越高，热解过程中挥发物质（水分、烃类组分、焦油蒸气、H_2、CO、CO_2）损失越多。

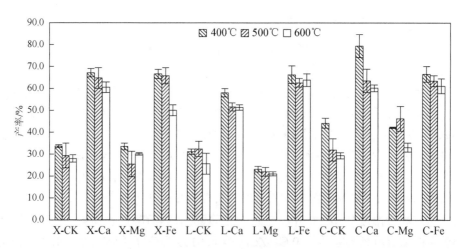

图 4-38　不同制备温度下生物质炭的产率计算

原材料的不同导致生物质炭的产率也有所不同，三种植物产率高低顺序依次为：菖蒲＞香蒲＞芦苇。这主要是由构成生物质的三大组分（半纤维素、纤维素和木质素）的热稳定性差异造成的。Demirbas（2007）认为木质素含量高的生物质（如橄榄壳），其制得的生物质炭产率也较高。不同改性方法制得的生物质炭产率差异较大，钙、铁改性组产率明显高于镁改性组和未改性组，可能的原因是改性剂分子质量之间存在差异。

（3）前改性生物质炭对磷的吸附动力学。

选取镁前改性芦苇炭为研究对象，进行了磷酸盐的吸附动力学实验（图 4-39），0～12h 内吸附速率较大，吸附量随时间的增加快速上升。随着溶液中剩余磷酸盐浓度的降低，12～16h 吸附速率降低，吸附量上升减缓，16h 后吸附达到饱和，吸附量不再随时间上升。利用吸附动力学模型对前改性生物质炭吸附磷酸根过程进行拟合，得到准二级方程的回归相关系数 R^2 最高，因此其更适于描述这一动力学过程。

（4）前改性生物质炭对磷的吸附热力学。

利用镁前改性芦苇炭对不同浓度的磷溶液进行吸附实验，得到的平衡浓度与吸附量之间的关系如图 4-40 所示。利用 Langmuir、Freundlich、Temkin 三种方程拟合数据，计算得到三种方程中 Langmuir 拟合结果的相关系数 R^2 最高（0.9867），因此拟合效果最好，推断这可能是一种单分子层吸附。计算得到理论最大吸附量为 86.21mg/g。这一吸附结果显著高于其他材料对磷的吸附容量。例如，陈丽丽等（2012）研究红泥、水洗砂、陶瓷滤料、炉渣四种人工湿地基质净化磷素的效果，得到四种基质对磷的最大吸附量均在 1mg/g 以下。梁美娜等（2012）的研究结果表明，甘蔗渣活性炭/纳米氧化铁在 25℃下对磷的最大吸附量为 2.76mg(P)/g。王宇等（2008）利用化学改性的方法制备的玉米秸秆在 20℃下的最大吸附量为 40.48mg/g。蒋旭涛和迟杰（2014）利用农作物残体小麦秸秆制备的铁改性生物质炭理论最大吸附量则为 10.1mg/g。因此，通过镁改性制备的生物质炭对水环境中磷污染的去除具有非常大的应用潜力。同时，吸附大量磷元素的水生植物炭可以作为一种营养基质，为植物的生长提供营养，从而实现磷资源的回收利用。

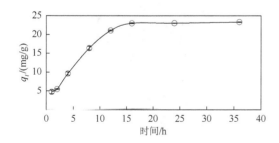

图 4-39　镁前改性芦苇炭对磷的吸附动力学曲线

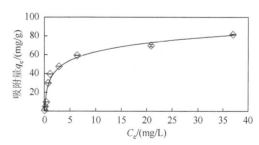

图 4-40　镁前改性芦苇炭对磷的吸附等温线

三、改性生物质炭与微生物联合脱氮

本节研究将改性生物质炭作为一种载体，负载筛选得到一株具有反硝化聚磷功能的微生物,研究了不同体系范围内改性生物质炭固定化反硝化聚磷菌对硝酸盐和磷酸盐的去除及影响因素,设计生物质炭-微生物反应器处理含氮、含磷废水,以期为以生物质炭为载体固定化微生物处理富营养化水体的研究及应用提供科学依据。

(一)反硝化聚磷菌的筛选和鉴定

1. 反硝化聚磷菌的筛选

选取在高磷和低磷平板上均显蓝色的菌株进行反硝化功能的筛选,根据文献报道,在BTB 培养基上出现硝酸盐消耗、pH 上升及有气泡形成则意味着反硝化过程的存在。经过筛选,得到一株同时具有聚磷和反硝化功能的菌株,命名为 S117,将该菌株应用于后续的生物质炭-微生物联合应用研究中。

2. 生理生化特征

观察了菌株 S117 的细胞形态及菌落形态(图 4-41),该菌株为革兰氏阴性,杆状细菌。菌落呈圆形、白色不透明且边缘整齐。

3. 16S rDNA 基因的扩增与分析

采用 S117 做 16S rDNA 基因的通用引物进行菌落 PCR 扩增,扩增 16S rDNA,正向引物为 27f ':5'-AGAGTTTGATCCTGGCTCAG-3',反向引物为 1492r':5'-GGTTACCTTG TTACGACTT-3'PCR,产物电泳图如图 4-42 所示,Marker 为 2kb,16S rDNA 约 1500bp。

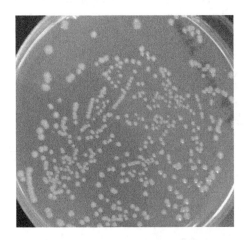

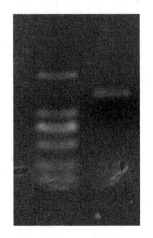

图 4-41 反硝化聚磷菌 S117 的菌落照片　　　图 4-42 反硝化聚磷菌株 S117 的
16S rDNA 电泳图

16S rDNA 纯化后测序,共 1433 个碱基序列:GGCCTAACACATGCAAGTCGAACGG

TAGCACAGAGAGCTTGCTCTCGGGTGACGAGTGGCGGACGGGTGAGTAATGTCTGG
GAAACTGCCTGATGGAGGGGGATAACTACTGGAAACGGTAGCTAATACCGCATAAC
GTCGCAAGACCAAAGAGGGGGACCTTCGGGCCTCTTGCCATCAGATGTGCCCAGA
TGGGATTAGCTAGTAGGTGGGGTAACGGCTCACCTAGGCGACGATCCCTAGCTGGT
CTGAGAGGATGACCAGCCACACTGGAACTGAGACACGGTCCAGACTCCTACGGGA
GGCAGCAGTGGGGAATATTGCACAATGGGCGCAAGCCTGATGCAGCCATGCCGCGT
GTATGAAGAAGGCCTTCGGGTTGTAAAGTACTTTCAGCGGGGAGGAAGGTGTTGTG
GTTAATAACCGCAGCAATTGACGTTACCCGCAGAAGAAGCACCGGCTAACTCCGTG
CCAGCAGCCGCGGTAATACGGAGGGTGCAAGCGTTAATCGGAATTACTGGGCGTAA
AGCGCACGCAGGCGGTCTGTCAAGTCGGATGTGAAATCCCCGGGCTCAACCTGGG
AACTGCATTCGAAACTGGCAGGCTAGAGTCTTGTAGAGGGGGGTAGAATTCCAGG
TGTAGCGGTGAAATGCGTAGAGATCTGGAGGAATACCGGTGGCGAAGGCGGCCCCC
TGGACAAAGACTGACGCTCAGGTGCGAAAGCGTGGGGAGCAAACAGGATTAGATA
CCCTGGTAGTCCACGCCGTAAACGATGTCGATTTGGAGGTTGTGCCCTTGAGGCGTG
GCTTCCGGAGCTAACGCGTTAAATCGACCGCCTGGGGAGTACGGCCGCAAGGTTAA
AACTCAAATGAATTGACGGGGGCCCGCACAAGCGGTGGAGCATGTGGTTTAATTCG
ATGCAACGCGAAGAACCTTACCTGGTCTTGACATCCACAGAACTTTCCAGAGATGG
ATTGGTGCCTTCGGGAACTGTGAGACAGGTGCTGCATGGCTGTCGTCAGCTCGTGT
TGTGAAATGTTGGGTTAAGTCCCGCAACGAGCGCAACCCTTATCCTTTGTTGCCAGC
GGTTAGGCCGGGAACTCAAAGGAGACTGCCAGTGATAAACTGGAGGAAGGTGGGG
ATGACGTCAAGTCATCATGGCCCTTACGACCAGGGCTACACACGTGCTACAATGGC
GCATACAAAGAGAAGCGACCTCGCGAGAGCAAGCGGACCTCATAAAGTGCGTCGT
AGTCCGGATTGGAGTCTGCAACTCGACTCCATGAAGTCGGAATCGCTAGTAATCGTA
GATCAGAATGCTACGGTGAATACGTTCCCGGGCCTTGTACACACCGCCCGTCACACC
ATGGGAGTGGGTTGCAAAAGAAGTAGGTAGCTTAACCTTCGGGAGGGCGCTTACCA
CTTTGTGATTC。

　　将 16S rDNA 序列在 NCBI 网站（http://www.ncbi.nlm.nih.gov/blast）上做序列比对，根据 BLAST 结果，菌株 S117 的 16S rDNA 的序列与 *Enterobacter* sp. 的相似度最大，达 100%。据此可鉴定该菌为肠杆菌属（*Enterobacter* sp.）。根据《伯杰氏细菌系统分类学手册》（第 2 版），选取并下载亲缘关系相近的若干细菌 16S rDNA 序列，利用 ClustalW 与 Mcga2 软件构建系统发育树，结果如图 4-43 所示。从发育树可以发现，S117 与 *Enterobacter* sp. 较密切。

（二）菌株生长曲线

　　菌株在 30℃、200r/min 恒温振荡培养条件下的生长曲线如图 4-44 所示。开始培养时 0～6h 为生长延滞期，在 6～24h 的对数生长期内，菌株的 OD_{600} 由 0.24 迅速增长至 1.37。曲线方程为：$y = 1.393/\{1 + 19.397 \times \exp[-0.260 \times t(\text{h})]\}$。

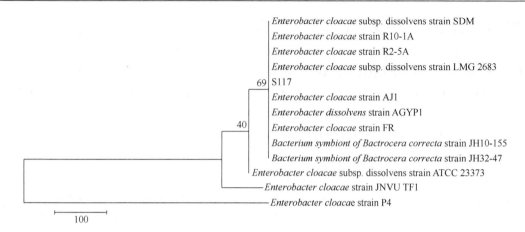

图 4-43　菌株 S117 的系统发育树

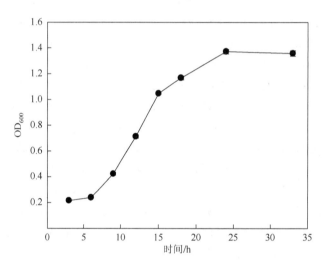

图 4-44　菌株 S117 在反硝化培养基中的生长曲线

（三）菌株与改性生物质炭联合脱氮批式试验

1. 批式试验中硝态氮去除能力

如图 4-45（a）所示，在 0～6h 的生长延滞期内，只添加肠杆菌的试验组细菌对硝酸盐的利用极少，硝态氮的浓度未出现显著的降低，在 6～15h 对数生长期内细菌才开始大量利用硝酸盐，硝态氮浓度从 60.5mg/L 下降至 2.5mg/L，去除率高达 96%，后期趋于平稳。加入改性生物质炭组并利用生物质炭的吸附作用，开始 6h 去除率快速增加至 22.8%，后期缓慢达到吸附平衡，最终去除率达到 27.6%，吸附量为 1706.4mg/kg。同时加入细菌和改性生物质炭的批式试验组中，在初始 6h 内硝酸盐浓度就开始出现迅速的下降，去除率达到 83.4%，显著快于上面两个对照组，且后期硝态氮的浓度一直下降到接近于零。因此，同时加入改性生物质炭和菌株对硝酸盐的降解速率最快且效果最优。推测可能的原因是改性生物质炭在短时间内吸附溶液中的氮素养分，将其迅速提供给吸附在炭上的肠杆菌，加速了营养的传质过程，促进微生物的生长，从而加速了反硝化脱氮过程。

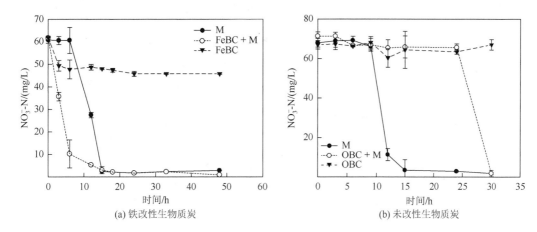

图 4-45　S117 与生物质炭联合脱氮效果

S117 菌株（M）；铁改性生物质炭（FeBC）；未改性生物质炭（OBC）

图 4-45（b）为加入未改性生物质炭的批式试验组，结果表明未改性生物质炭并不能促进体系中硝态氮的去除；未改性生物质炭与肠杆菌联合脱氮，延长了肠杆菌脱氮的时间。可能的原因是未改性生物质炭对硝态氮的吸附能力较弱，与游离菌相比，肠杆菌吸附在生物质炭表面，与溶液中氮源的接触强度相对较小，影响了肠杆菌对硝态氮的利用，其生长较为缓慢。

2. 批式试验中亚硝态氮与氨氮浓度变化

图 4-46 为批式试验中亚硝态氮的浓度变化，多次试验表明，只添加菌株会引起培养液中少量亚硝态氮的累积，自 3h 起培养液开始累积亚硝态氮，并于 12h 达到最高浓度（0.45mg/L），之后亚硝态氮开始被菌体利用，浓度逐步降低。这说明，相对亚硝态氮而言，菌株优先以硝态氮作为氮源，用于个体生长。其余两组均没有出现亚硝态氮浓度显著上升的现象。同时加入改性生物质炭和菌株在 6h 内有极少量的亚硝态氮（0.08mg/L）积累，随后迅速降低，后期浓度一直接近于零。产生这一现象的原因可能是硝酸盐被还原产生亚硝酸盐，随后又立即被生物质炭重新吸附。因此，加入改性生物质炭可以减少肠杆菌产生的亚硝酸盐，降低了中间有毒副产物的产生，具有一定的优越性。

当批式试验中初始硝态氮浓度为 60.5mg/L 时，如图 4-47 所示，只添加肠杆菌时培养液中氨氮浓度呈现先上升后下降的趋势，在 12h 时达到峰值（1.03mg/L），随后下降至 0.2mg/L 左右。加入改性生物质炭组在前 3h 有少量氨氮的产生（最高 0.49mg/L），然后呈现出一定的下降趋势，剩余氨氮浓度在 0.20mg/L 左右。加入改性生物质炭和肠杆菌组培养液中也有少量氨氮的累积（最高 0.38mg/L），并且后期维持在这一水平上。相对于高浓度的硝态氮而言，累积的氨氮含量相对较低，因此降低了中间有毒副产物氨氮的产生。

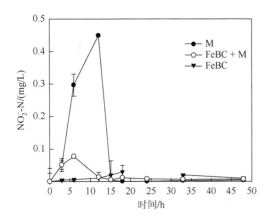

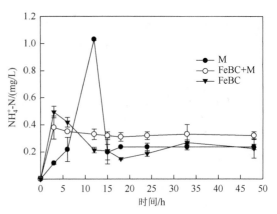

图 4-46　S117 与改性生物质炭联合脱氮过程中　　　图 4-47　S117 与改性生物质炭联合脱氮过程中
　　　　 亚硝态氮浓度的变化　　　　　　　　　　　　　　　氨氮浓度的变化

（四）不同起始硝态氮浓度对改性生物质炭与菌株联合脱氮的影响

图 4-48 为在硝态氮浓度分别为 20mg/L 和 40mg/L 的反硝化培养基中肠杆菌的生长曲线。在 0～9h 菌的生长较为缓慢，为生长延滞期。9～24h 对数生长期内，低浓度组菌开始迅速增长，OD_{600} 值从 0.3 升高至 0.8。高浓度硝态氮组肠杆菌的生长在初始阶段慢于低浓度硝态氮组，但后期增势显著提高，32h 后 OD_{600} 升高至 1.3 左右，并保持相对稳定。硝态氮浓度越高，微生物的生物量越大，细菌生长延滞期可能会在一定程度上被延长，这可能是由于微生物适应高浓度硝态氮需要相对长的时间。

不同初始硝态氮浓度下肠杆菌与改性生物质炭联合脱氮的结果见图 4-49，同时加入肠杆菌和铁改性生物质炭，硝态氮的去除速率最快且去除效果最好。在初始硝态氮浓度为 20mg/L 时，处理 9h 后，联合处理组硝态氮浓度从 20mg/L 下降至 9.2mg/L，只加入肠杆菌组和仅加入改性生物质炭对照组硝态氮的浓度仅下降至约 17.3mg/L。在初始硝态氮浓度为 40mg/L 时，各不同处理组之间脱氮潜力差异更加显著。处理 13h 后，只加入肠杆菌和只加入改性生物质炭的对照组水体中硝态氮浓度分别为 38.9mg/L 和 37.4mg/L，而同时加入肠杆菌和改性生物质炭的处理组硝态氮浓度则为 10.08mg/L，去除率达到 77.6%。硝态氮浓度越高，改性生物质炭加肠杆菌的处理组与仅加入肠杆菌处理组对硝态氮的去除率差距越大，联合处理组的优势越明显。因此，改性生物质炭的存在加速了生物反硝化作用过程。

四、改性生物质炭填料曝气生物滤床脱氮除磷试验

1. 曝气生物滤床出水溶解氧浓度

在曝气生物滤床处理污水过程中，用溶氧仪分别监测了三个小试装置出水溶解氧的浓度，结果如图 4-50 所示。随着进水时间的增加，三个装置中溶解氧的浓度均呈现逐渐降低的趋势，下降速率从大到小依次为：OBC + M＞FeBC + M＞FeBC，这是由于装置中微

生物生长及介质传递产生的氧气的消耗。微生物量不断增加，耗氧量也不断增加。未改性生物质炭灰分含量较高，微生物活性高，氧气损耗也较多。

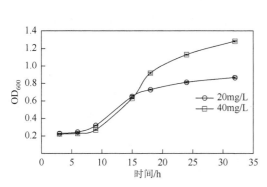

图 4-48　在不同初始硝态氮浓度培养基中 S117 的
生长曲线

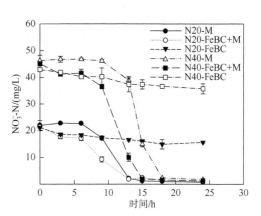

图 4-49　不同初始硝态氮浓度对改性生物质炭与
S117 联合脱氮的影响

20mg/L（N20）；40mg/L（N40）

2. 曝气生物滤床出水硝态氮浓度

将菌株扩大培养后，将 500mL 菌液缓慢加入生物滤床中，闷曝 3d，完成菌株在生物质炭表面的挂膜后将装置排空。在装置运行的初期阶段（2014 年 10 月）对其处理硝态氮的能力进行了初步探索。调节进水硝态氮的浓度为 20mg/L，碳氮比为 6，间隔一定时间取装置出水，测定出水中硝态氮的浓度，结果如图 4-51 所示。在启动阶段，改性生物质炭对硝态氮的吸附能力较强，2h 时，改性生物质炭-肠杆菌组硝态氮去除率高达 76%，显著高于其他两个对照组（改性生物质炭组和未改性生物质炭-肠杆菌组的硝态氮去除率分别为 26% 和 18%）。5h 后出水中硝态氮浓度达到最低且稳定，最终去除率在 95% 以上。因此，改性生物质炭生物滤床处理组去除硝态氮的速率最快且去除效果最好。

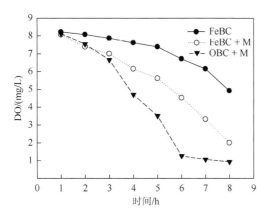

图 4-50　生物滤床初始阶段出水溶解氧浓度变化

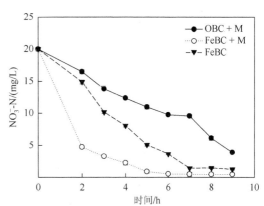

图 4-51　曝气生物滤床初始运行阶段出水硝态氮
浓度的变化图

曝气生物滤床后期稳定运行阶段（2015 年 1 月），调节进水硝态氮浓度为 12mg/L，碳氮比为 6，间隔一定时间取装置出水，测定出水中硝态氮的浓度，结果如图 4-52 所示。三个处理装置对硝态氮均有较好的处理效果，随着处理时间的增加，FeBC 组吸附不断趋于饱和，处理效率出现下降，逐渐低于加入反硝化聚磷菌的两个处理组，微生物的作用得以显现。三个处理组中，FeBC + M 组处理效果最优，在 6h 时去除率达到 95%，随后出水水质稳定。

3. 曝气生物滤床出水磷浓度

曝气生物滤床出水中磷浓度变化见图 4-53。调节进水磷浓度为 3.2mg/L，随着运行时间的增加，OBC + M 处理组出水中的磷浓度在 3h 降至最低点，此时去除率最高，达到 68.6%，随后出水中的磷浓度有逐渐增高的趋势，9h 时浓度为 1.91mg/L，去除率降至 40.1%，说明该处理组对含磷污水的处理效率随着进水时间的延长而降低。可能的原因是微生物在初始阶段相对好氧的条件下大量吸收利用磷元素。随着时间的增加，一方面微生物生物量不断增加，需氧量也随之增加，装置中的氧气状态逐渐转变为相对厌氧，出现了磷的释放现象；另一方面，因为持续进水磷负荷的增加，微生物吸收利用能力相对有限，导致了出水中磷浓度的升高。然而 FeBC 组及 FeBC + M 组则一直保持 90% 以上的高去除率，说明该装置对磷的去除处于以吸附为主导作用的阶段，因此需要探究改性生物质炭生物滤床在更大进水量、更高污染负荷的水处理状况下的污染物去除潜力。

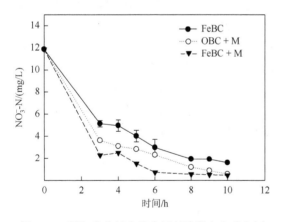

图 4-52　曝气生物滤床稳定运行阶段出水硝态氮浓度的变化图

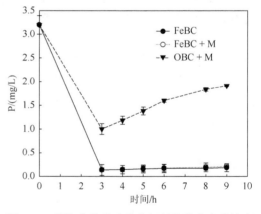

图 4-53　曝气生物滤床稳定运行阶段出水磷浓度的变化图

4. 曝气生物滤床出水亚硝态氮浓度

当进水硝态氮浓度为 12mg/L，磷浓度为 3.2mg/L，碳氮比为 6 时，三组处理装置出水中亚硝态氮浓度监测结果如图 4-54 所示。各处理组随着进水时间的增加，均在一定程度上产生亚硝酸盐的积累现象。多次试验表明，OBC + M 组处理过程中累积的亚硝酸盐含量最高，4h 时升高至 4.15mg/L，后期缓慢下降并于 10h 降至接近于 0mg/L。因此，使用未改性生物质炭具有一定的缺点，需要适当调节运行参数（如延长水力停留时间等），以期减少中间副产物的产生。相比未改性生物质炭，改性生物质炭组则产生较少的亚硝酸盐累积（6h时升高至2.23mg/L，随后迅速降低），这一现象产生的原因可能是反硝化作用产生的部分亚硝态氮可被改性生物质炭吸附和反硝化细菌进一步转化为氮氧化物和氮气，而未改性生物质炭对亚硝态氮的吸附能力较弱。此外，出水中没有检测到氨氮。

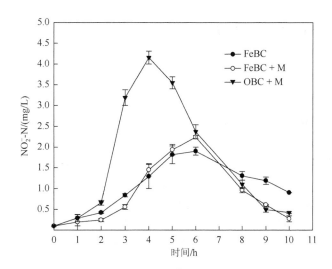

图4-54 生物滤床稳定运行阶段出水亚硝态氮浓度的变化图

第四节 生态沟渠-微生物强化净化技术

以生态沟渠和生态塘为主体，开发纳米固磷材料的基底改造技术、水生植物组合镶嵌技术、微生物强化净化技术，实现对低污染水的强化生态净化，形成了生态沟渠-微生物强化净化技术。

一、低污染水生态沟渠净化技术

采用生态沟渠与稳定塘、人工湿地组合系统处理低污染生活污水，进行野外工程规模研究。天籁河的水体主要由天籁湖及河道两部分组成，河道宽15m左右，长约1.3km；水面总面积19515m²，水体总体积为35023m³，最深2.0m，平均水深1.5m。在生态沟渠建设过程中，探索了纳米固磷材料进行基底改造技术，有效提高底泥吸附磷能力，提高水体透明度，探索了微地形改造技术，形成有利于各种大型水生生物生长的环境，形成由稳定塘、人工湿地和生态沟渠组成的低污染水生态净化系统。

探索了不同水生植物组合（镶嵌）对低污染水的适应性和净化能力，针对不同区域，特别是污染排放源之音塘，构建了不同水生植物群落，适应不同的污染物浓度，形成漂浮植物-挺水植物-浮叶植物-沉水植物组合系统，有效净化低污染水。

生态沟渠共种植穗状狐尾藻、金鱼藻、轮叶黑藻、苦草、伊乐藻和微齿眼子菜 6 种沉水植物,采用块状或带状交错种植的方法构建沉水植物群落。水生植物群落共种植睡莲、野菱、芡实等 3 种浮叶植物,荷花、黄菖蒲、黄花鸢尾、梭鱼草、菖蒲、芦苇香蒲、旱伞草、水生美人蕉、千屈菜、水葱、野菱白、野芋、常绿鸢尾、再力花、纸莎草、红蓼、花叶芦竹、彩叶杞柳、蒲苇、芦荻、五节芒、河柳等 22 种挺水、湿生植物。漂浮植物水葫芦、园币草移至之音塘泄洪管口对污染来水中氮、磷进行吸收、过滤和净化。

二、生物绳-微生物强化净化技术

微生物强化净化系统由生物绳填料组成,可有效地净化微污染流动水体。每平方米生物绳可以提供 $400m^2$ 以上的有效生物附着表面积,为水中细菌、藻类等微生物的生长、繁殖提供巨大的空间,提高微生物群落的生物量和生物多样性,实现对污染物的快速分解。生物绳采用 PP + K-45 型号,共 24000m。生物绳均匀分布于 1000mm×1000mm×1000mm 的钢骨架上形成生物纤维框体,单个骨架以 100mm×150mm 的间距布放生物绳,两端用塑料扣固定,共 200 个净化框。净化箱体利用生物绳所围成的内部空间形成一个相对的缺氧环境,外部溶解氧相对较高,分别为厌氧菌和好氧菌提供生长环境,实现水生植物-微生物联合对低污染水的净化。

通过以上强化的生态净化系统处理,从进、出水中 TN、NO_3^--N、$NH_4^+ NH_3$-N 和 TP 浓度的变化可以明显看出在通过生态沟渠净化后,水质得到明显提高,表明生态沟渠能有效净化入河的低污染生活污水。从 2013 年水质指标平均变化(表 4-10)可知,天籁河出水水质得到了有效提升,水质已经达到地表水Ⅲ类水质标准。

表 4-10　2013 年天籁河水质指标　　　　　　　　　　　　　　　　(单位: mg/L)

采样点	TN	NO_3^--N	NO_2^--N	NH_4^+-N	TP	DIP
1	0.289	0.068	0.101	0.072	0.110	0.054
2	0.289	0.068	0.080	0.074	0.094	0.056
3	0.245	0.059	0.065	0.071	0.099	0.051
4	0.398	0.084	0.139	0.129	0.115	0.069
5	0.532	0.114	0.286	0.184	0.165	0.109
6	0.595	0.112	0.288	0.217	0.185	0.111
7	0.558	0.107	0.265	0.222	0.160	0.116
8	0.501	0.106	0.227	0.162	0.145	0.101
9	0.338	0.061	0.144	0.203	0.094	0.051

注: DIP 代表溶解性无机磷

2016 年 1 月采用生物绳对反硝化细菌进行挂膜后,现场放置到生态沟渠人工湿地中。在室外温度为 –10℃ 左右并且无任何保温措施的情况下,在挂膜区进水和出水的硝态氮监测结果表明，反硝化细菌在低温下具有很好的反硝化能力，每平方米固定有反硝化细菌的生物绳单元对硝态氮的去除率最高可达 13.38%。经过 1 个月后，因为水体中大量微生物的定殖干扰，反硝化生物绳的反硝化效率有所下降，但根据进水水质的差异，最大仍可达到每米 3%以上（表 4-11）。

表 4-11　生态沟渠中反硝化细菌对 NO_3^--N 的去除效果

日期	进水/(mg/L)	出水/(mg/L)	去除量/[mg/(L·m)]	去除率/(%/m)
2016/1/28	4.229	2.683	0.38	9.13
2016/1/29	6.579	3.899	0.67	10.18
2016/1/30	6.723	2.869	0.96	14.33
2016/1/31	3.425	1.591	0.45	13.38
2016/2/29	8.063	7.774	0.07	0.89
2016/3/1	5.837	5.115	0.18	3.09
2016/3/2	9.938	9.815	0.03	0.30
2016/3/3	10.35	10.309	0.01	0.09
2016/3/4	10.948	9.567	0.34	3.15
2016/3/5	11.031	10.969	0.01	0.14
2016/3/6	11.175	10.33	0.21	1.89
2016/3/7	9.547	9.444	0.02	0.26

通过高通量测序方法分析生物绳上生物膜的微生物群落结构组成，为低污染水微生物强化生态净化提供理论依据。生物膜和水体中微生物群落结构组成相似性见表 4-12，结果表明，随着时间的推移，生物绳上生物膜微生物群落结构与水体中差异不断加大。

表 4-12　生物膜和水体中微生物群落结构 Bray-Curtis 相似性指数

	细菌	真核生物	古菌
水体（24h *vs.* 48h）	73.15	66.46	86.10
生物膜（24h *vs.* 48h）	48.93	60.34	63.50
24h 水体和生物膜	9.65	18.86	42.60
48h 水体和生物膜	9.63	26.45	25.50

从门的水平上来看，变形菌门在水体和生物膜中都占据优势地位（图 4-55），但从纲的水平上看，24h 时生物绳上的优势菌株以 α-变形菌为主，这与水体中以 β-变形菌不同，表明在 24h 内生物绳上即能形成特异型的菌群，这也证实了生物绳能够缩短生物膜的形成时间，使微生物菌群快速稳定建立，以发挥相应的功能。

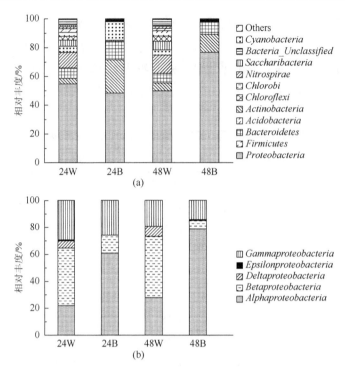

图 4-55　水体（W）和生物绳（B）上细菌群落组成

　　水体和生物绳上细菌优势 OTU 丰度的差异更说明了微生物生物膜能够在生物绳上快速形成（表 4-13）。在水体中优势 OTU 中，f_*Comamonadaceae*、g_*Nitrosomonas*、g_*Ferribacterium*、g_*Zoogloea*、f_*Spongiibacteraceae*、g_*Pseudomonas* 和 f_*Xanthomonadales* 都是在污水处理厂活性污泥中常见的菌株，并且在污水的硝化和反硝化过程中发挥着重要的作用。

表 4-13　水体（W）和生物绳（B）上细菌在 24h 和 48h 的相对丰度　　　　（单位：%）

		24W	24B	48W	48B
	d_Bacteria	1.69	0.06	1.45	0.07
	c_Acidobacteria	3.32	0.09	2.61	0.03
Acidobacteria	c_Acidobacteria other	1.24	0.03	1.04	0.02
	g_*Blastocatella*	2.26	0.21	4.10	0.07
Actinobacteria	g_*Leucobacter*	0.37	12.70	0.10	0.19
	g_*Algoriphagus*	0	1.29	0	0.07
Bacteroidetes	g_*Fluviicola*	0	0.03	0	1.31
	g_*Flavobacterium*	0.90	1.27	0.01	4.30
	s_*Flavobacterium Salibacter*	0	3.80	0	0.19
	g_*Ferruginibacter*	1.29	0.03	1.48	0
Bacteroidetes	f_Saprospiracea	1.21	0.07	1.52	0.03
	g_*Sphingobacterium*	0	3.75	0	0.34

		24W	24B	48W	48B
Chlorobi	f_PHOS-HE36	1.26	0.04	1.72	0.04
Cyanobacteria	c_Cyanobacteria	1.02	0.08	0.38	0.02
Firmicutes	s_Bacillus anthracis	0.23	1.39	0.10	0.04
	s_Trichococcus sp.	1.29	5.27	2.03	3.63
	g_Proteiniclasticum	0.34	12.74	0.57	8.46
	g_Acetoanaerobium	0.01	2.09	0	0.10
Nitrospirae	g_Nitrospira	2.62	0.03	3.98	0.09
Alphaproteobacteria	s_Brevundimonas terrae	0.03	5.69	0.03	7.32
	s_Pseudochrobactrum saccharolyticum	0.06	4.04	0.12	2.33
	g_Devosia	0.42	3.17	0.34	0.58
	g_Hyphomicrobium	0.73	0.05	1.10	0.03
	f_Rhodobacteraceae	1.33	7.47	1.35	8.16
	s_Ketogulonicigenium vulgare	0	1.89	0	0.07
	s_Pannonibacter phragmitetus	0.39	3.10	0.89	38.24
	g_Novosphingobium	0.87	0.12	1.43	0.08
	g_Sphingopyxis	0	1.44	0	1.41
Betaproteobacteria	g_Achromobacter	0.02	3.90	0.10	3.13
	f_Alcaligenaceae	2.04	0.21	2.18	0.22
	s_Polynucleobacter necessarius	1.06	0.01	0.17	0
	f_Comamonadaceae	2.57	0.23	2.01	0.40
	g_Nitrosomonas	1.43	0.02	1.00	0.01
	f_Nitrosomonadaceae other	0.61	0.02	1.23	0.01
	f_Nitrosomonadaceae	3.71	0.14	4.47	0.09
	g_Ferribacterium	1.27	0.05	1.15	0.04
	g_Zoogloea	1.03	0	1.21	0.04
Gammaproteobacteria	g_Alishewanella	0	1.62	0	3.69
	f_Spongiibacteraceae	1.19	0.10	1.71	0.08
	g_Pseudomonas	9.18	0.13	0.14	0.05
	s_Pseudomonas stutzeri	0.09	8.33	0.12	4.85
	g_Stenotrophomonas	0.01	0.89	0.01	1.52
	f_Xanthomonadales	0.90	0.05	1.36	0.03
Saccharibacteria	p_Saccharibacteria	1.03	0.09	0.71	0.05

　　在生物膜的建群过程中真核微生物发挥着重要的作用，但以往研究得较少。与细菌在水体和生物膜间群落结构相似度较低不同，水体和生物膜上真核微生物的相似度较高（图 4-56 和表 4-14）。同时发现，在 48h 时轮虫已经在生物膜的真核微生物群落中占优

势地位，这也说明生物膜中已经建立了完整的微食物网结构，表明在 48h 内生物膜即已成熟。

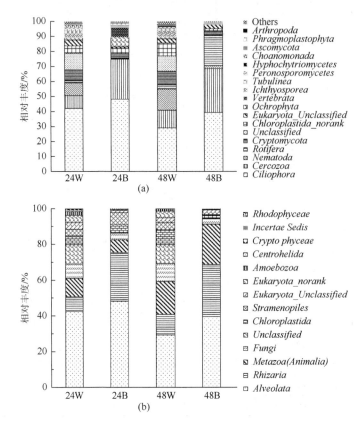

图 4-56　水体（W）和生物绳（B）上真核微生物群落组成

表 4-14　水体（W）和生物绳（B）上真核微生物在 24h 和 48h 的相对丰度　（单位：%）

		24W	24B	48W	48B
	Unclassified	14.74	1.17	13.11	2.88
Ciliophora	f_Oligohymenophorea	2.37	4.88	2.32	2.78
	g_Epistylis	1.94	0.04	1.40	0.36
	g_Opisthonecta	0.30	2.43	0.20	0.09
	g_Paramecium	18.78	1.27	3.32	0.96
	g_Telotrochidium	1.59	29.95	3.78	28.17
	g_Vorticella	0.47	4.53	0.07	0.41
	f_Oligohymenophorea other	0.84	0.57	1.11	0.42
	f_Phyllopharyngea_other	0.69	0.02	1.17	0.33
	g_Tokophrya	3.03	0.46	3.25	1.35
	f_Phyllopharyngea	5.15	2.56	7.80	2.49
	g_Prorodon	2.53	0	2.57	1.00

续表

		24W	24B	48W	48B
Ciliophora	f_Hypotrichia	1.17	0.12	1.05	0.20
Acanthocystidae	g_*Pterocystis*	1.09	0	0	0
Chloroplastida	o_Chlorellales	3.93	2.87	6.89	1.24
Fungi	p_Cryptomycota	7.51	3.12	8.90	2.71
Nematoda	o_Diplogasterida	5.20	0.05	8.73	0.93
	o_Rhabditida	2.90	0	3.86	0.51
	o_Triplonchida	0.04	0	1.51	0.40
Rotifera	o_Adinetida	0.86	0.21	2.59	19.50
Vertebrata	c_Mammalia	0.33	6.14	0.32	0.08
Cercozoa	g_*Allantion*	0.08	0.70	2.12	0.06
	g_*Heteromita*	0.05	3.60	0.02	2.39
	c_Glissomonadida	2.46	0.22	0.92	0.03
	g_*Euglypha*	0.48	0.01	1.07	0.06
	g_*Trinema*	2.89	0.02	2.34	0.13
	g_*Rhogostoma*	1.56	22.13	3.83	26.44
Hyphochytriomycetes	g_*Rhizidiomyces*	0.39	0.28	1.10	0.22
Ochrophyta	g_*Spumella*	0.15	2.14	0.39	0
	g_*Ochromonas*	0.02	3.50	0	0.01
Peronosporomycetes	g_*Aphanomyces*	1.28	0	0.96	0.01
Choanomonada	g_*Sphaeroeca*	1.31	0	0	0
Ichthyosporea	o_Rhinosporideacae	2.49	0.19	3.55	0.09

第五节 武进太湖湾污水处理厂尾水生态净化工程

常州武进区太湖湾污水处理厂现污水处理量为 0.75 万 m³/d, 污水采用 A²/O 工艺处理。该污水处理厂以处理生活污水为主, 出水排入雅浦河, 最后排入竺山湾, 出水水质达到《城镇污水处理厂污染物排放》(GB 18918—2002) 一级标准的 A 标准。采用生态沟渠技术和人工湿地处理技术对污水处理厂排放的低污染尾水进行生态净化。

一、工程技术参数

设计的污水处理厂尾水生态净化处理水量为 2000m³/d, 人工湿地处理系统总面积为 4000m²。

1. 设计进水水质

进入生态净化工程的尾水水质执行污水处理厂排放水一级标准的 A 标准, 主要指标包括 pH 6~9, 化学需氧量<50mg/L, 氨氮<5.0mg/L, 总磷<0.5mg/L, 总氮<15mg/L。

2. 设计的出水水质

污水处理厂尾水经生态净化后，排入雅浦河，执行国家《地表水环境质量标准》（GB 3838—2002）Ⅴ类水质标准，主要指标包括 pH 6～9，化学需氧量＜40mg/L，氨氮＜2.0mg/L，总磷＜0.4mg/L，溶解氧＞2mg/L。

3. 人工湿地设计区域

人工湿地设计面积为3000m²。

4. 设计水头

污水处理厂尾水现有水头为50～70cm。

二、设计工艺

人工湿地处理污水处理厂尾水的主要工艺过程如图4-57所示，图4-58和图4-59分别为污水处理厂尾水生态净化工程的平面布置图和现场图。工艺流程说明如下。

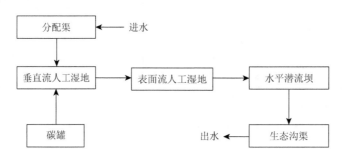

图4-57　武进太湖湾污水处理厂尾水生态净化工艺图

1. 垂直流人工湿地

垂直流人工湿地面积500m²，深1.5m。以种植漂浮植物为主，包括水鳖、圆币草等。垂直流人工湿地水力负荷4m³/(m²·d)，硝态氮去除率60%，氨氮去除率25%，总磷去除率30%。水生植物发酵罐40m³。利用碳罐产生的高浓度有机物作为碳源补碳，进行尾水的反硝化脱氮。

2. 表面流人工湿地

表面流人工湿地面积1300m²，水深0.7～1.0m。表面流人工湿地水体种植沉水植物，主要品种有狐尾藻、苦草、黑藻、马来眼子菜和金鱼藻等。表面流人工湿地水力负荷2.5m³/(m²·d)，氨氮去除率20%，总磷去除率10%。

3. 水平潜流坝

水平潜流坝以挺水植物为主，包括再力花、鸢尾和水芹等。水平潜流坝面积110m²，厚度1.0m。构建光伏电解系统，利用铁电极去除氮、磷。水平潜流坝硝态氮去除率20%～30%，氨氮去除率30%，总磷去除率20%。

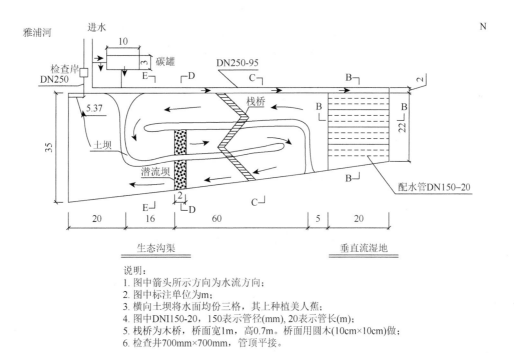

说明：
1. 图中箭头所示方向为水流方向；
2. 图中标注单位为m；
3. 横向土坝将水面均份三格，其上种植美人蕉；
4. 图中DNI150-20，150表示管径(mm)，20表示管长(m)；
5. 栈桥为木桥，桥面宽1m，高0.7m。桥面用圆木(10cm×10cm)做；
6. 检查井700mm×700mm，管顶平接。

图4-58 武进太湖湾污水处理厂尾水生态净化工程平面布置图

图4-59 武进太湖湾污水处理厂尾水生态净化工程现场图

4. 生态沟渠

生态沟渠面积1300m²，深1.3m。以浮叶植物、挺水植物为主，包括睡莲、水葱、再力花、鸢尾、香蒲等。生态沟渠水力停留负荷2.5m³/(m²·d)，TN去除率15%，氨氮去除率20%，总磷去除率10%。

三、处理效果

采用生物质炭垂直流人工湿地和光伏电解潜流坝有效实现脱氮除磷,出水中氨氮浓度低于 1mg/L,总磷浓度低于 0.1mg/L,总氮和总磷平均削减率大于 30%。

四、运行费用

鉴于我国的实际情况,工程造价及运行费用仍是选择污水处理工艺优先考虑的因素。由于人工湿地的土建施工比较简单,正常运行几乎无须能耗,因此运行费用远比传统二级生物处理工艺低。武进太湖湾污水处理厂人工湿地建成后满负荷运行（2000t/d）,运行费用为 0.06 元/t,主要为大型水生植物打捞、虫害防治和铁电极更换等。

第六节　宜兴官林污水处理厂尾水生态净化工程

宜兴官林污水处理厂位于宜兴官林镇,污水处理厂现设计污水处理量为 1.0 万 m^3/d。污水处理工艺采用间隙式活性污泥法（SBR）。污水处理厂尾水排入滆湖,根据国家污水综合排放标准,排水执行一级标准的 A 标准。示范工程内容包括强化的理化-生态净化技术、基于水质改善的人工强化生态沟渠技术、湿地处理和生态修复技术。

一、尾水生态净化与资源化工艺

污水处理厂尾水处理采用物化-生态组合工艺,处理系统主要由土地处理系统-潜流人工湿地和生态塘处理系统组成。通过氮磷浓缩、生物萃取、循环利用、资源再生等过程,实现对 COD、TN 和 TP 的深度削减,有效降低排入太湖的污染物数量,同时,利用尾水中的营养盐生产大型水生植物,实现资源化。主要工艺路线如图 4-60 所示。

本工程采用生态净化技术模块组装技术、生物质炭-植物除磷技术和生态净化与湿生、水生花卉、苗木生产联合技术进行尾水生态净化。

（1）污水处理厂尾水经管道流入配水井,再进入配水槽,通过配水槽上的方孔均匀配水给人工湿地系统。

（2）人工湿地。人工湿地为潜流、表面流式复合湿地,面积 160m×80m。人工湿地中添加高效的纳米材料的氮磷吸附剂,尾水从人工介质中流过,污水中的氮、磷被纳米材料吸附,氮通过微生物的反硝化作用得到去除,在实现氮磷污染物浓缩的同时氮素得到有效去除。在人工湿地上种植鸢尾、黄菖蒲等水生花卉,不仅可以提高人工湿地去除氮磷的能力,水生花卉还可以作为商品出售。

（3）挺水植物塘。经人工湿地处理过的水由集水管收集到集水槽中,再进入后续的植物塘处理系统。植物塘由两个塘构成,前部分是挺水植物塘,面积 160m×60m,挺水植物由高大的芦苇、香蒲等组成,进一步去除尾水中的氮磷污染物。

工艺流程图说明

本工程采用生态净化技术模块组装技术、保温脱氮技术、生物炭-植物除磷技术和生态净化与湿生、水生花卉、苗木生产联合技术进行尾水生态净化。

1. 污水处理厂出水经管道流入配水井，再进入配水槽，通过配水槽上的方孔均匀配水给人工湿地系统。

2. 功能湿地

功能湿地为潜流式湿地，面积为160m×80m。湿地中添加的高效纳米材料的氮磷吸附剂——改性生物炭，尾水从人工介质中流过，污水中氮磷被纳米材料吸附，氮通过微生物反硝化作用去除，在实现氮磷污染物浓缩的同时氮素得到有效去除。在湿地前段加生物碳罐，利用沉水植物发酵产生的有机酸作为碳源进行反硝化脱氮，同时在湿地里种植鸢尾、水柳、黄菖蒲等水生花卉，不仅可以提高人工湿地去除氮磷能力，花卉可作为商品出售。

3. 挺水植物塘

经湿地处理过的水汇集到集水槽中，再进入后续的植物塘处理系统。植物塘由两个塘构成，前部分是挺水植物塘，面积160m×60m，挺水植物由高大的芦苇、香蒲等组成，对尾水中氮磷污染物进一步去除。利用芦苇、香蒲等制备生物质炭，然后进行改性，生产改性生物质炭，用于功能湿地除磷脱氮。

芦苇作为人工湿地脱氮的碳源，用于人工湿地脱氮，在冬天作为保温材料用于人工湿地保温。香蒲可以作为商品花卉出售。

4. 沉水植物塘

沉水植物塘面积为160m×60m，沉水植物塘种植高降解性能的狐尾藻、金鱼藻和圆币草等，实现对尾水的深度处理，产生的沉水植物也作为水草出售，同时沉水植物塘、浮叶植物收获后切碎后放入生物碳罐，厌氧发酵，形成有机酸发酵液，用于功能湿地反硝化脱氮，实现水生植物资源化。

5. 沉水植物塘出水通过管道排入涵湖。

构筑物尺寸	
配水井	1m*1m*2m
配水槽	160m*1m*0.7m
功能湿地	160m*80m*0.6m
集水槽	160m*1m*0.7m
挺水植物塘	160m*60m*1.2m
沉水植物塘	160m*60m*1.5m
排水井	Φ6m*2m

图4-60　官林污水处理厂尾水生态净化工艺流程图及其说明

芦苇作为人工湿地脱氮的碳源，用于人工湿地脱氮，在冬天作为保温材料用于人工湿地保温。香蒲还可以作为商品花卉出售。

（4）沉水植物塘。沉水植物塘面积为 8500m^2，种植高降解性能的狐尾藻、金鱼藻和圆币草等，实现对尾水的深度处理，产生的沉水植物也可作为水草出售。

（5）沉水植物塘出水经过管道排入涵湖。

尾水生态净化与资源化设施平面布置图见图 4-61，利用场地的自然坡度，南面设置

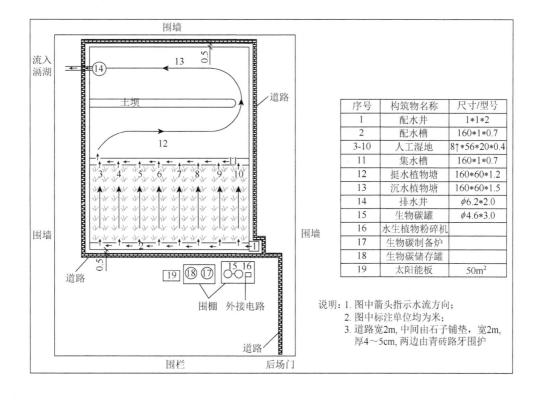

序号	构筑物名称	尺寸/型号
1	配水井	1*1*2
2	配水槽	160*1*0.7
3-10	人工湿地	8↑*56*20*0.4
11	集水槽	160*1*0.7
12	挺水植物塘	160*60*1.2
13	沉水植物塘	160*60*1.5
14	排水井	Φ6.2*2.0
15	生物碳罐	Φ4.6*3.0
16	水生植物粉碎机	
17	生物碳制备炉	
18	生物碳储存罐	
19	太阳能板	50m^2

说明：1. 图中箭头指示水流方向；
2. 图中标注单位均为米；
3. 道路宽2m，中间由石子铺垫，宽2m，厚4～5cm，两边由青砖路牙围护

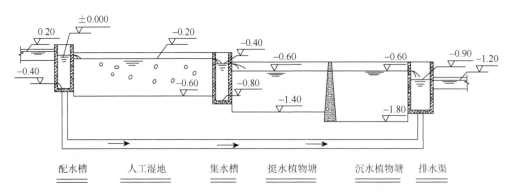

图 4-61　尾水生态净化与资源化工程平面布置图

人工湿地处理系统，北面为水生生态塘系统。人工湿地面积 17000m²，挺水植物塘和沉水植物塘均为 8500m²，挺水植物塘水深 0.8m，沉水植物塘水深 1.2m。

二、污染物削减量分析

人工湿地工程设计圆币草与聚草、睡莲、狐尾藻、鸢尾、黄菖蒲、香蒲、再力花、芦竹 8 个生态净化单元，每个生态净化单元长约 80m，宽约 20m，出水流经 300m 的稳定塘植物塘流入漏湖。对 8 个生态净化单元进水、出水、植物塘出水进行定期采样监测，监测点分布见图 4-62。

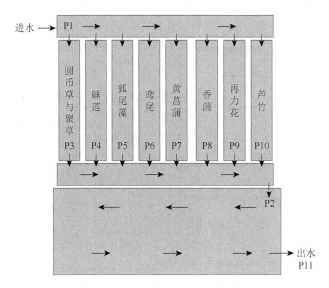

图 4-62　官林污水处理厂尾水生态净化监测点位布置图

人工湿地池长 80m，总宽 150m，深 0.35～0.36m，体积 4300m³ 左右，进水量 4000～4500t/d，水力停留时间为 1d。

对 2014 年 6～8 月三次采样数据进行分析，各生态净化单元水质指标均有所下降，去除率为 20%～50%。香蒲对 COD 的去除效果最好，圆币草对 TN、硝态氮的去除效果最好，再力花对氨氮的去除效果最好，狐尾藻对 TP、亚硝态氮的去除效果最好（图 4-63）。

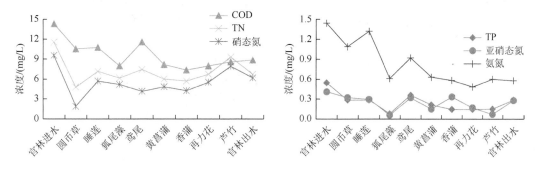

图 4-63　生态净化工程运行效果分析

生态净化处理系统有效地去除水中的氮、磷、COD 等污染物，使出水达到地面水环境质量的 V 类水质标准，即出水中氨氮含量小于 2.0mg/L，去除率最大为 79.4%；TP 含量均值小于 0.4mg/L，去除率最大可达到 56.5%，平均去除率大于 35%；TN 平均去除率为 32%；COD 含量在 40mg/L 以下，去除率最大达到 53.8%。

对官林污水处理厂尾水生态净化与资源化工程的磷循环过程进行核算，核算的时间尺度为一年，具体的核算结果见表 4-15。

表 4-15　尾水生态净化工程磷的流向与分配

名称	系统	类别	磷量	单位
输入	进水		1825.00	kg
削减	人工湿地	植物吸收	53.50	kg
		底泥蓄积	173.33	kg
		基质蓄积	77.59	kg
	挺水植物塘	植物吸收	97.71	kg
		底泥蓄积	130.00	kg
	沉水植物塘	植物吸收	0.49	kg
		底泥蓄积	130.00	kg
		其他损失	67.38	kg
	总和		730.00	kg
输出	出水		1095.00	kg

从官林污水处理厂尾水生态净化与资源化工程含磷物质输入看，尾水带入的磷总输入量为 1825.00kg，其中 730.00kg 在生态净化工程中得以削减，磷脱除率达到 40%，其他 60% 的磷（即 1095.00kg）则随着出水带出系统。

在磷总削减量中，由人工湿地削减的磷量最多，为 304.42kg，占总削减量的 41.70%。

挺水植物塘和沉水植物塘削减的磷量紧接其后,占比分别为31.19%和17.88%。在人工湿地中,底泥蓄积和基质蓄积是削减磷的主要途径,两者削减的磷占人工湿地总削减磷量的82.43%。在生态塘中,底泥蓄积同样是贡献度最大的削减途径,在挺水植物塘中占比为57.09%,而在沉水植物塘中占比则约为99%。各流程具体的削减比例见图4-64。

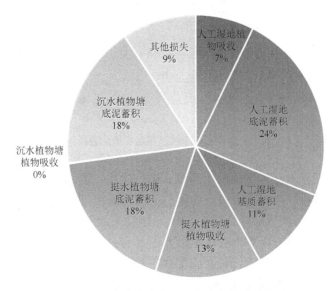

图4-64 尾水生态净化工程各流程削减磷占比

由图4-65可知,三类去除途径对尾水生态净化工程除磷的贡献由大到小排名为基质蓄积、大型水生植物吸收和其他损失,削减的磷量分别为510.92kg、151.7kg和67.38kg。由此可见,在尾水生态净化工程中,基质蓄积对于磷的削减起着最为主要的作用,其次是大型水生植物吸收作用,而以枯叶飘落等形式流失或损失的磷则最少。在大型水生植物吸收中,植物地上部分蓄积的磷占植物吸收磷量的一半以上,这部分磷可以通过定时收割被带出工程外,而存储在植物地下部分的磷最终由于植物的衰老死亡营养而蓄积于人工湿地系统基质中。各大型水生植物具体吸收磷的情况见表4-16。

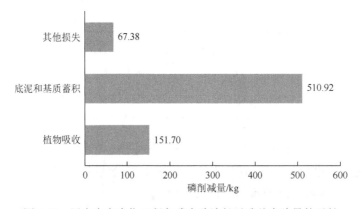

图4-65 尾水生态净化工程各磷去除途径对磷总去除量的贡献

表 4-16　不同大型水生植物吸收磷的贡献　　　　（单位：kg）

种植地点	名称	吸收磷量	地上部分	地下部分
人工湿地	黄菖蒲	4.448	2.512	1.936
	睡莲	0.050280	0.037655	0.012625
	圆币草	2.498752	1.986786	0.511966
	聚草	0.716352	0.716352	0
	香蒲	35.112	12.2265	22.8855
	再力花	4.48146	3.5898	0.89166
	花叶芦竹	2.136474	1.210669	0.925805
	鸢尾	4.0495	2.581	1.4685
	苦草	0.00672	0.005376	0.001344
挺水植物塘	香蒲	59.73296	20.79987	38.93309
	芦苇	37.9731	30.45314	7.519953
沉水植物塘	苦草	0.037333	0.029866	0.007467
	菹草	0.45397	0.360907	0.093064
总和		151.6969	76.50992	75.18697

在各种大型水生植物中，香蒲及芦苇吸收的磷量最多，主要是因为香蒲及芦苇生物量多，含磷系数大。通过物质流的方法核算了官林污水处理厂尾水生态净化与资源化工程的磷循环过程，结果表明，尾水生态净化工程削减了 730kg，占总输入磷量的 40%，在削减途径中，基质填料的蓄积作用是尾水生态净化过程除磷的主要途径，削减了约 70% 的磷，其次是植物的吸收作用，削减了约 21% 的磷。因此，在尾水生态净化工程中需要注意底泥的定期清理及植物的定时收割，以确保除磷效果。

三、运行费用

宜兴官林污水处理厂人工湿地满负荷运行（10000t/d），人工湿地处理系统是自流式，不需要泵提升等费用。日常运行费用主要为水生植物收割的人工费、生产发酵液的电费、生产生物质炭的人工费等，还有人工湿地维护和虫害防治等费用。日运行费用为 0.03 元/t。

第七节　常州新龙生态林湿地尾水净化和中水回用工程

开发的污水处理厂低污染尾水生态净化技术在常州市江边污水处理厂尾水深度净化和回用中得到应用。污水处理厂尾水压力输送，设计区域中水利用为 80000t/d。采用多点进水，多点出水，实行非均匀进出水，保证河道各部分水体水力停留时间大致相同，优化水流态，水力停留时间最大化。理化-生态联合净化污水处理厂中水，实现污染物进一步削减。采用固磷技术实现中水磷的深度去除。梯级曝气增氧，抑制硝酸盐反硝化（nitrate denitrification）生成氨氮。

一、工程技术参数

（1）江边污水处理厂中水通过 DN 1000mm 管道多点输送到垂直流湿地、水生森林湿地、表面流湿地、溪流湿地和河道湿地等。中水 2000t/d 直接进垂直流湿地，中水 15000t/d 直接进水生森林湿地，6000t/d 直接进表面流湿地，中水 4000t/d 直接进垂直流湿地后的溪流湿地，53000t/d 直接进河道湿地，因此本区域中水利用量为 80000t/d。

（2）垂直流湿地面积 2000m^2，1 个。垂直流湿地为漂浮植物的垂直流湿地。垂直流湿地体积 3000m^3，填料体积 2000m^3，填料包括碎石、细石、土壤、改性生物质炭等。水生植物发酵罐 60m^3，采用砖混结构。垂直流湿地采用高效固氮和固磷吸附-生物再生技术，以及自循环生物补碳脱氮技术，进行反硝化脱氮，进一步去除中水中的硝态氮、COD，同时通过吸附固磷削减中水中的磷素。

（3）水生森林湿地。建设水生森林湿地 1 个，梯田式构造，水上森林面积为 15000m^2，处理能力 1.50 万 t/d，种植池杉、水杉、河柳等湿生乔木，与周边环境融为一体，同时能净化中水，水深 30～40cm。

（4）表面流湿地面积 6000m^2，1 个，处理能力 6000t/d，水深 60～90cm。

（5）溪流湿地面积共 4000m^2，分别接于表面流湿地、垂直流湿地和西边的水生森林湿地后面，中水 4000t/d 直接进垂直流湿地后的溪流湿地。

溪流湿地在基底改造的基础上，种植挺水植物、浮叶植物、沉水植物等，形成不同景观类型的表面流湿地，采用水生植物增氧技术和好氧反硝化同步脱氮技术，去除水体中的硝态氮。在垂直流湿地与表面流湿地中直接进行瀑布曝气增氧。表面流湿地出水通过多点流入河道湿地。

（6）河道湿地采用生态沟渠技术，增加水力停留时间，直接处理中水能力为 5.3 万 t/d，生态沟渠水面面积 66700m^2，日常保有水量 167600m^3。

对河道岸基进行改性，添加纳米材料，提高其固磷能力，添加量为 0.1%，厚度为 5cm。在岸基改造的基础上，岸边梯度种植挺水植物、浮叶植物、沉水植物等，种植品种包括沉水植物：穗状狐尾藻、菹草、伊乐藻；浮叶植物：田字萍、睡莲；漂浮植物：浮萍；挺水和湿生植物：鸢尾、再力花、蓝花梭鱼草、狭叶香蒲、芦苇、茭、水葱、蓼、双穗雀稗、水芹、南美天胡荽和苔草，在岸边台地上种植水生植物平均宽度为 5m。利用水生动植物联合净化，实现对氮、磷的深度削减，同时提高水体溶解氧含量。

中水回用于景观用水，湿地生态净化系统总水力停留时间为 2.5～3.0d。在中水回用处理过程中，产生一定数量的沉水植物、挺水植物和漂浮植物，需要定期打捞。打捞的水生植物，部分废弃的水生植物进行发酵处理作为碳源用于回用中水的氮素脱除，实现氮磷污染物资源化和营养物的再循环，保证中水回用系统和生态林的长效运行，达到经济效益、环境效益和社会效益的统一。

二、处理效果

中水景观回用，通过生态净化后出水主要指标包括 pH 7～8，氨氮＜1.0mg/L，总磷＜0.2mg/L，硝态氮得到去除。

三、运行费用

新龙生态林人工湿地建成后满负荷运行（80000t/d），人工湿地为自流式，运行费用主要为进水的泵运转费，每天用电 7000kW·h，按 0.6 元/(kW·h)计，还有水生植物收割、日常清除杂草和虫害防治等，运行费用为 0.08 元/t。

参 考 文 献

艾小雨. 2013. 凤眼莲生物质炭对水中磷和氮吸附研究. 重庆：重庆大学.

陈德元，谢贻发，刘正文. 2016. 生长不同根冠比沉水植物的实验水体对磷输入的响应比较研究. 应用与环境生物学报，22（5）：747-751.

陈丽丽，赵同科，张成军，等. 2012. 不同人工湿地基质对磷的吸附性能研究. 农业环境科学学报，31（3）：587-592.

陈温福，张伟明，孟军，等. 2011. 生物炭应用技术研究. 中国工程科学，13（2）：83-89.

戴静，刘阳生. 2013. 生物炭的性质及其在土壤环境中应用的研究进展. 土壤通报，44（6）：1520-1525.

杜衍红，蒋恩臣，李治宇，等. 2016. 稻壳炭对铵态氮的吸附机理研究. 农业机械学报，47（2）：193-199.

蒋旭涛，迟杰. 2014. 铁改性生物炭对磷的吸附及磷形态的变化特征. 农业环境科学学报，33（9）：1817-1822.

梁美娜，王敦球，朱义年，等. 2012. 甘蔗渣活性炭/纳米氧化铁对磷的吸附作用. 环境化学，31（8）：1279-1280.

王宇，高宝玉，岳文文，等. 2008. 改性玉米秸秆对水中磷酸根的吸附动力学研究. 环境科学，29（3）：703-708.

Bais H P，Weir T L，Perry L G，et al. 2006. The role of root exudates in rhizosphere interations with plants and other organisms. Annual Review of Plant Biology，57（1）：233.

Demirbas A. 2007. Combustion of biomass. Energy Sources，Part A：Recovery，Utilization，and Environmental Effects，29（6）：549-561.

Dutta B，Raghavan V G S，Orsat V，et al. 2015. Surface characterisation and classification of microwave pyrolysed maple wood biochar. Biosystems Engineering，131：49-64.

Jing Z Q，He R，Hu Y，et al. 2015. Practice of integrated system of biofilter and constructed wetland in highly polluted surface water treatment. Ecological Engineering，75：462-469.

Li H Y，Tao W D. 2017. Efficient ammonia removal in recirculating vertical flow constructed wetlands：Complementary roles of anammox and denitrification in simultaneous nitritation，anammox and denitrification process. Chemical Engineering Journal，317：972-979.

Liu H Q，Hu Z，Zhang J，et al. 2016. Optimizations on supply and distribution of dissolved oxygen in constructed wetlands：A review. Bioresource Technology，214：797-805.

López-Rivera A，López-López A，Vallejo-Rodríguez R，et al. 2016. Effect of the organic loading rate in the stillage treatment in a constructed wetland with Canna indica. Environmental Progress & Sustainable Energy，35：411-415.

Massimiliano S，Catiane P，Pao I R，et al. 2018. Removal of organic carbon，nitrogen，emerging contaminants and fluorescing organic matter in different constructed wetland configurations. Chemical Engineering Journal，332：619-627.

Xu D，Xiao E R，Xu P，et al. 2017. Bacterial community and nitrate removal by simultaneous heterotrophic and autotrophic denitrification in a bioelectrochemically-assisted constructed wetland. Bioresource Technology，245：993-999.

Yao Y，Gao B，Chen J J，et al. 2013. Engineered biochar reclaiming phosphate from aqueous solutions: Mechanisms and potential application as a slow-release fertilizer. Environmental Science & Technology，47（15）：8700-8708.

Zeng Z，Zhang S D，Li T Q，et al. 2013. Sorption of ammonium and phosphate from aqueous solution by biochar derived from phytoremediation plants. Journal of Zhejiang University Science B，14（12）：1152-1161.

第五章 低污染水生态净化模块化组装与应用

第一节 工业废水处理尾水生态净化技术的模块化

针对污水处理厂尾水水质变化大、硝态氮浓度高、含难降解有机物的特点，综合比选各种生态净化技术，分析不同生态单元的净化能力和对水质特征的响应，根据低污染水生态处理的出水水质要求，集成、组合生态净化技术，构建净化技术的模块化组合运行方法，包括水生植物快繁技术、挺水植物根系分泌物补碳技术、低温生物反硝化脱氮技术、电解强化人工湿地脱氮除磷技术等，以满足不同水质的变化特征对净化的需求，有效削减低污染水中难降解微量有毒物质，形成低污染水深度生态处理技术与设备的模块化技术体系，选择城镇污水处理厂低污染出水进行工程示范，有效削减入河 COD、氮、磷污染负荷。

一、大型水生植物组培繁殖技术

人工湿地是污水生态处理的核心单元之一。在净化污水的人工湿地的构建过程中，快速获取大量大型水生植物植株是一个关键环节。宽叶香蒲和黄菖蒲在水体的植物净化和生态修复中都是经常用到的大型水生植物种类，对营养盐的富集浓度高并对重金属等毒害物质有一定的耐受性。建立宽叶香蒲从根尖诱导愈伤组织并分化成苗的方法，能够获得大量的愈伤组织用于分化成苗；同时建立黄菖蒲悬浮培养方法，能够利用悬浮体系促使愈伤组织快速、大量形成，以用于苗的再生和繁殖，实现不受季节限制和高效快速生产大型水生植物苗种。

1. 宽叶香蒲根尖诱导愈伤组织及苗再生技术

宽叶香蒲根尖诱导愈伤组织及苗再生技术，建立了一种宽叶香蒲从根尖诱导愈伤组织并分化成苗的方法。与传统方法相比，具有以下两点优势：①组织产量高。在植株分化中，使用不同比例的生长素和分裂素能够促进苗和根的生长，有效提高了愈伤组织的产量，简化了苗再生的步骤，能够获得大量的愈伤组织用于分化成苗。根尖诱导愈伤组织的产量远高于从苗诱导的产量，从根尖诱导出的愈伤组织数量对应于 1 粒萌发的种子是 12.7 块，而从苗诱导的愈伤组织的相应数量仅为 0.31 块。②受原材料和季节限制小。传统技术从种子开始诱导，需要大量的种子供应，易受季节影响，且宽叶香蒲种子很小，获取过程烦琐，而根培养为愈伤组织诱导提供了大量的材料。同时继代培养简化了愈伤组织诱导过程，无须像传统苗诱导技术从种子开始诱导，避免受到季节的影响。

宽叶香蒲拥有非常发达的根系，为从根诱导愈伤组织提供了可能。实验发现宽叶香蒲根部的生长速率快于芽，且根的数量远多于叶片的数量（图 5-1）。

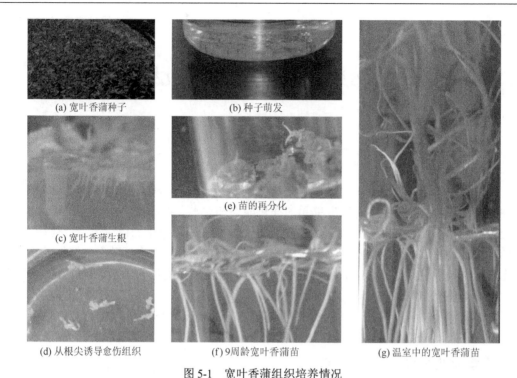

(a) 宽叶香蒲种子　　　　　　　(b) 种子萌发

(e) 苗的再分化

(c) 宽叶香蒲生根

(d) 从根尖诱导愈伤组织　　　　(f) 9周龄宽叶香蒲苗　　　　(g) 温室中的宽叶香蒲苗

图 5-1　宽叶香蒲组织培养情况

在宽叶香蒲苗再生过程中，使用的细胞分裂素有 6-苄基氨基嘌呤（BA）和 6-糠基氨基嘌呤（KT），生长素有 α-萘乙酸（NAA）和吲哚-3-乙酸（IAA）。在不同的植物中，不同细胞分裂素之间存在协同作用，同时添加 KT 和 BA 有利于苗的生长。生长素在苗再生过程中能够促进细胞的分裂和生长，所以一般情况下，在苗再生的过程中会施加低剂量的生长素。生长素和分裂素之间的比值对愈伤组织苗再生的影响较大。通常采用高的分裂素：生长素比值（通常大于 10∶1），这对于愈伤组织分化有利的同时也能够促进细胞快速生长。施加 NAA 和 IAA 明显提高了宽叶香蒲再生苗的数量（$p < 0.05$）。

在培养基 A 上，诱导出的苗的数量平均是 5.3 株，在培养基 B 上则是 6.2 株，在培养基 C 上是 6.1 株；在培养基 A 上 5 周龄的苗高度平均是 0.55cm，在培养基 B 上是 0.76cm，在培养基 C 上是 0.77cm（图 5-2）。因此，同时添加 KT 和 BA 有利于苗的生长，添加了生长素的培养基 C 则更能够促进苗的生长速率。

2. 黄菖蒲愈伤组织悬浮培养技术

为了快速繁殖黄菖蒲，建立黄菖蒲愈伤组织的悬浮培养体系和方法，一方面，悬浮体系能够很好地保存愈伤组织，这种继代培养的方式比固体培养基得到的愈伤组织更加致密，表面更加光滑，颜色更加均一；另一方面，悬浮培养建立后，愈伤组织可以不断增殖，形成很多小块的愈伤组织，使愈伤组织的数量迅速得到扩大，从而避免愈伤组织的从头诱导，节省时间和成本。另外，新鲜的黄菖蒲种子只在秋季能够被采集到，老的种子往往附生大量的微生物，对组培造成较大的困难。建立该技术的悬浮培养体系之后，有效避免了因种子问题产生的困境。

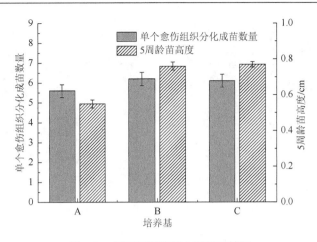

图 5-2　在不同培养基上苗诱导情况

培养基 A：MS 培养基并添加 5mg/L BA；培养基 B：MS 培养基并添加 5mg/L BA，0.05mg/L NAA 和 IAA；培养基 C：MS
培养基并添加 2.5mg/L BA 和 KT，0.05mg/L NAA 和 IAA

在 1～2 月，500mL 悬浮培养体系（初始仅需一粒直径 5mm 左右的愈伤组织）可以形成 100～500 粒直径为 1～2mm 的愈伤组织。而传统的诱导方式仅能形成极少的愈伤组织，且愈伤组织经继代培养 1～2 月之后方能长到 2～3mm（图 5-3）。愈伤组织悬浮培养有效地实现了黄菖蒲的快速繁殖，为水生植物大量繁殖和转基因提供了生物材料。

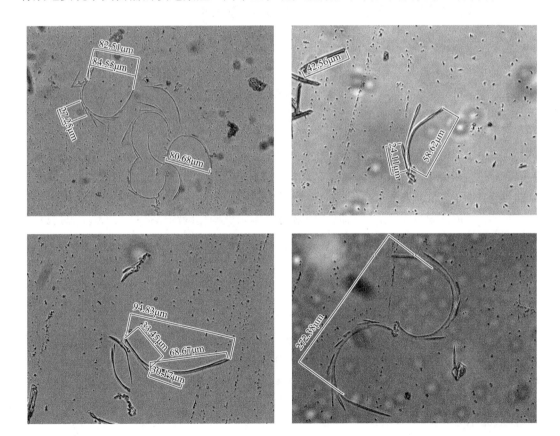

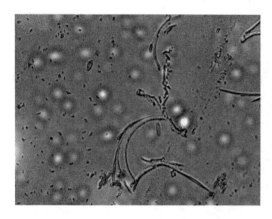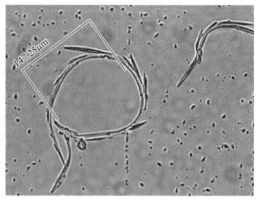

图 5-3　显微镜下黄菖蒲悬浮培养物

从根尖诱导愈伤组织并分化成苗，分化所得的苗生长状况良好，能够形成发达的根系，可为人工湿地或生态浮岛提供充足的植物苗，且避免了季节的限制。通过建立黄菖蒲的悬浮培养体系，一方面为黄菖蒲快速繁殖和转基因工作提供了丰富的材料，另一方面避免了愈伤组织诱导从种子开始的复杂过程，也有效避免了种子灭菌不完全的缺点。

二、挺水植物的根系泌有机碳-微生物脱氮除磷技术

挺水植物的特点为地面植株高大、叶片总面积大、生物量较大，须根系一般较为发达，根系结构多样，通气组织较发达，植物通过根系与土壤进行空气交换的能力较强。这些特点使得挺水植物与底泥土壤中的根际微生物存在着复杂的生态生化过程，可通过发达的根系泌氧和根系分泌物为微生物提供氧气和有机碳源，促进微生物的生长活动。

根系分泌物是植物根系在生命活动过程中向外界环境分泌的各种有机物的总称，主要包括低分子量分泌物（有机酸、糖类、酚类、氨基酸）和高分子量分泌物（黏胶、胞外酶等）。此前的研究侧重于根系分泌机理、分泌物化感效应、根际微环境中植物与微生物交互作用等。最近的研究发现，植物根系分泌物可作为反硝化碳源以提高人工湿地的脱氮效率，通过分析芦竹、风车草、西伯利亚鸢尾和腺柳四种挺水植物的有机物分泌量及潜力，开发挺水植物根系分泌物补碳新方法。

（一）挺水植物有机分泌物定性分析

经定性分析，得到芦竹、风车草、西伯利亚鸢尾和腺柳四种水生植物的根系分泌物有机物组成（包括有机酸组分和其他有机物组分）和相对含量。由表 5-1～表 5-8 可见，这四种植物根系分泌物中，小分子有机酸主要包括香草酸、琥珀酸、苯甲酸、丁香酸等，大分子有机酸则主要为硬脂酸、肉豆蔻酸和棕榈酸等。除了有机酸外，还有一些甘油酯类物质和糖类物质。

表 5-1　芦竹根系分泌的有机酸类物质组成和相对含量

名称	保留时间/min	相对含量/%
硬脂酸	24.92	100.00
棕榈酸	22.68	70.97
反式阿魏酸	23.30	9.52
对羟基苯丙酸	19.13	3.67
肉豆蔻酸	20.21	3.54
乙醇酸	8.28	3.22
扁桃酸	22.19	2.99
3-羟基丁酸	9.72	2.53
亚油酸	24.56	2.25

表 5-2　芦竹根系分泌的其他有机物质组成和相对含量

名称	保留时间/min	相对含量/%
甲基-A-D-吡喃木糖	16.36	8.71
甲基-β-D-呋喃核糖苷	16.54	6.94
阿拉伯糖	17.34	4.65
L-鼠李糖	17.54	4.42
L-(-)-海藻糖	17.22	3.18
a-D-阿拉伯糖	17.28	3.04
葡萄糖	22.28	2.56
阿拉伯呋喃糖	17.66	2.16
3-羟基，5-甲基蒽醌	16.06	13.28
棕榈酸甘油酯	28.54	12.10
硬脂酸甘油酯	30.78	5.86

表 5-3　风车草根系分泌的有机酸类物质组成和相对含量

名称	保留时间/min	相对含量/%
香草酸	19.20	100.00
苯甲酸	11.14	77.42
月桂二酸	24.90	54.21
苯乙酸	12.00	48.65
间羟基苯甲酸	17.14	47.22
香草醛	15.89	44.36
棕榈酸	21.65	37.68
对羟基苯乙酸	17.43	29.25
对羟基苯甲酸	17.24	28.30
丁香酸	20.99	22.10

续表

名称	保留时间/min	相对含量/%
β-苯基羟基丙酸	16.81	19.24
3,4-二羟基苯甲酸	19.98	19.24
邻苯二甲酸	18.25	14.23
琥珀酸	12.31	9.48

表 5-4　风车草根系分泌的其他物质组成和相对含量

名称	保留时间/min	相对含量/%
棕榈酸甘油酯	28.54	6.20
硬脂酸甘油酯	24.94	2.47
1,2-环己二醇	8.55	2.23
甘油磷酸酯	19.41	9.65

表 5-5　西伯利亚鸢尾根系分泌的有机酸物质组成和相对含量

名称	保留时间/min	相对含量/%
香草酸	19.20	39.31
根皮酸	19.13	29.41
肉豆蔻酸	20.21	25.25
间羟基苯甲酸	17.25	20.50
琥珀酸	12.30	18.61
棕榈酸	22.68	17.43
丁香酸	21.00	13.86
肉桂酸	24.45	10.40
肥酸	15.43	10.30
苯甲酸	11.12	9.73
托品酸	16.81	8.11

表 5-6　西伯利亚鸢尾根系分泌的其他有机物质组成和相对含量

名称	保留时间/min	相对含量/%
棕榈酸甘油酯	28.54	31.19
硬脂酸甘油酯	24.94	23.27
1,2-环己二醇	8.55	9.66
甘油磷酸酯	19.41	8.50

表 5-7　腺柳根系分泌的有机酸物质组成和相对含量

名称	保留时间/min	相对含量/%
苯甲酸	8.32	

续表

名称	保留时间/min	相对含量/%
2-羟甲基蒽醌	11.58	
琥珀酸	12.30	18.61
棕榈酸	15.97	
托品酸	16.81	
间羟基安息香酸	17.25	20.50
硬脂酸	18.67	100.00
根皮酸	19.13	19.41
香草酸	19.20	19.31
肉豆蔻酸	20.21	25.25
丁香酸	21.00	13.86
甘氨酸	21.85	12.67
棕榈酸	22.68	47.43
棕榈酸甘油酯	23.39	
肉桂酸	24.45	10.40
硬脂酸甘油酯	27.14	52.00

表 5-8 腺柳根系分泌的其他有机物质组成和相对含量

名称	保留时间/min	相对含量/%
苯丙氨酸乙酯	10.64	5.56
2-羟甲基蒽醌	11.58	4.12
磷酰基乙酸	12.00	2.36
1-亚油酸单甘油酯	12.71	15.60
对叔丁基苯酚	12.96	5.52
α-D-阿拉伯呋喃糖	13.86	9.25
3-羟基-5-甲基蒽醌	16.06	1.26
甲基-A-D-吡喃木糖	16.36	5.24
甲基-β-D-呋喃核糖苷	16.54	21.60
L-(−)-海藻糖	17.22	3.26
a-D-阿拉伯糖	17.28	5.96
阿拉伯糖	17.34	8.99
L-鼠李糖	17.54	6.65
D-木糖	18.37	45.20
失水山梨醇	18.78	2.66
葡萄糖	22.28	22.60
棕榈油酸甘油酯	23.39	56.90
亚油酸甘油酯	25.72	36.00
硬脂酸甘油酯	27.14	52.00
棕榈酸甘油酯	28.54	32.20

在四种植物的根系分泌物中，多数有机物可以作为碳源被微生物直接利用，还有一些有机物可通过化感作用调节根系微生物的群落结构。四种植物分泌的糖的种类和含量差异较大，阿拉伯糖、鼠李糖及相关衍生物存在较多。

四种植物的根系分泌物最高峰响应比为 7.7∶7.6∶17.5∶29.2，因此，检测的芦竹和腺柳的根系分泌物响应较高，而西伯利亚鸢尾和风车草的响应为前者的 1/4～1/2。腺柳根系分泌物中有机酸和糖含量要高于前三种大型水生植物，有机酸和糖类是较容易被根基微生物直接利用的碳源，因此腺柳为人工湿地提供碳源的效果更好。

（二）挺水植物根系分泌物中有机酸的定量分析

定量分析芦竹、风车草、西伯利亚鸢尾和腺柳四种挺水植物根系分泌物中有机物的含量，特别是有机酸类物质的含量，对评估根系分泌物提供碳源的能力具有重要的意义。

对比总有机酸分泌量随温度的变化情况（表 5-9）可以发现，四种挺水植物在 26℃时总有机酸分泌量最高，温度过高过低都会影响植物根系分泌物的组成，其中以芦竹最具代表性，而西伯利亚鸢尾分泌总有机酸受到温度的影响最明显，在 17℃时其有机酸分泌总量最低，为 0.429mg/(g·h)，而在 26℃时，其有机酸分泌总量为 1.764mg/(g·h)。

表 5-9　不同温度培养下挺水植物单位质量根系分泌有机酸量

温度/℃	有机酸种类	单位干重根系分泌有机酸量/[mg/(g·h)]			
		芦竹	风车草	西伯利亚鸢尾	腺柳
17	琥珀酸	0.160	0.093	0.124	0.207
	酒石酸	0.263	0.144	0.217	0.167
	香草酸	0.090	0.032	0.030	0.065
	肉豆蔻酸	0.040	—	0.058	0.261
	棕榈酸	0.467	0.665	—	—
	硬脂酸	0.511	0.875	—	0.870
26	琥珀酸	0.341	0.115	0.151	0.078
	酒石酸	0.272	0.142	0.227	0.311
	香草酸	0.062	0.065	0.124	0.591
	肉豆蔻酸	0.049	0.054	0.059	0.093
	棕榈酸	0.408	0.383	0.592	—
	硬脂酸	0.389	0.471	0.611	—
32	琥珀酸	0.203	0.093	0.192	0.222
	酒石酸	0.290	0.140	0.233	0.238
	香草酸	0.050	0.022	—	0.124
	肉豆蔻酸	0.042	0.082	0.065	0.078
	棕榈酸	0.196	0.483	0.467	0.280
	硬脂酸	0.243	0.537	0.329	0.127

如表 5-10 所示，从单位质量根系总有机碳（TOC）含量来看，同等光照条件下，随着温度的升高，四种挺水植物根系分泌物的 TOC 量都有显著的变化，可以依照变化规律将四种挺水植物归为两类。第一类为西伯利亚鸢尾和腺柳，在 26℃时根系分泌物 TOC 最大，且在 32℃时 TOC 要大于 17℃时的 TOC 值，其中，西伯利亚鸢尾在 26℃时单位干重根系分泌量可达到 4.44mg/(g·h)，腺柳可以达到 5.00mg/(g·h)。第二类为芦竹和风车草，在相同的光照下，随着温度的升高，根系分泌物中 TOC 含量升高，其中 32℃时芦竹根系分泌物 TOC 量在四种挺水植物中最高，达到 6.50mg/(g·h)。这可能与不同挺水植物对温度变化的敏感性及植物叶片光合作用的效率有关。

表 5-10　不同光照条件下挺水植物单位质量根系分泌物的 TOC 量

温度/℃	光照强度/lux	单位干重根系总有机碳含量/[mg/(g·h)]			
		芦竹	风车草	西伯利亚鸢尾	腺柳
17	0	1.63	0.83	0.37	1.65
	1500	1.88	1.48	0.46	1.40
	3000	2.75	2.41	0.69	2.50
26	0	2.00	0.99	0.57	2.67
	1500	3.00	5.99	2.64	2.08
	3000	4.38	4.16	4.44	5.00
32	0	1.88	2.78	1.74	1.50
	1500	3.50	3.53	1.32	1.75
	3000	6.50	5.00	2.29	4.00

（三）挺水植物根系分泌有机碳潜力评估

硝化和反硝化作用是人工湿地中氮素去除的重要过程。在将 NO_3^- 转变为 N_2 的过程中，湿地基质中反硝化细菌需要足够的碳源提供能量。在以往的人工湿地工程中，如碳源不能满足反硝化作用的需要，则需人工添加污水、葡萄糖、乙酸等碳源。在人工湿地生态系统中，湿地植物通过根系分泌物向根际基质分泌有机物，包括糖类、有机酸和氨基酸等，可以被微生物直接利用。有研究表明，植物向根系分泌的有机物量占植物初级生产量的10%～40%。在人工湿地中种植合理的挺水植物，有利于补充湿地基质中的有机碳，促进微生物群落结构的优化及反硝化细菌群的建立。

研究发现，在适宜温度和强光照条件下，芦竹、风车草、西伯利亚鸢尾和腺柳四种植物 TOC 分泌能力都较强。因此，对单位面积挺水植物根系分泌有机碳潜力进行了估算，作为评价挺水植物根系分泌物补碳潜力的依据。

估算单位面积人工湿地中挺水植物根系分泌的有机碳的总量（TTOC），计算公式为

$$TTOC = A \times T \times R \times S \times M$$

式中，A 为单位干重根系有机碳分泌速率；T 为时间转换系数；R 为单位面积根重，平均每公顷湿生植物的根系干重，g/hm^2；S 为季节转换系数；M 为质量转换系数。

根据 30℃、3000lux 光照强度时四种挺水植物根系的总有机碳分泌量及计算公式，得到四种挺水植物在人工湿地中每年的有机碳的总量。由表 5-11 可知，芦竹每年单位面积湿地根系有机碳总量分泌量大约可以达到 124kg/(a·hm²)，风车草大约可以达到 30kg/(a·hm²)。根系分泌有机碳总量最大的是腺柳，大约可以达到 235kg/(a·hm²)。此外，除了挺水植物的根系分泌物外，植物收割不完全留下的植株在土壤中腐烂降解也可以提供一定量的有机物，作为微生物可以利用的碳源。

表 5-11　四种挺水植物根系分泌 TTOC

计算参数	芦竹	风车草	西伯利亚鸢尾	腺柳
$A/[\text{mg}/(\text{g·h})]$	4.38	4.16	4.44	5
$R/(\text{g/hm}^2)$	26000	6740	13500	43000
$\text{TTOC}/[\text{g}/(\text{a·hm}^2)]$	124699	30702	65634	235425

造成有机碳分泌能力差异的主要原因是不同挺水植物间植株生物量和根系类型的不同。芦竹植株较为高大，叶片总面积更大，因此光合作用更强，通过根系向下输送的有机物总量也更大。西伯利亚鸢尾和风车草都是植株较矮的丛生草本植物，因此单位面积的叶片面积和光合能力较小。此外，腺柳作为木本植物，在茎节部会产生许多的不定根，这些不定根增大了腺柳与基质接触的根系面积，增加了分泌面积。

在人工湿地建设的过程中，可以依据不同类型人工湿地的作用，合理安排挺水植物的种植密度和类型，使得湿地内可以形成有效的微生物群落。在人工湿地中选择总有机碳分泌量大、根系发达、植株光合作用强的挺水植物，可以有效去除水体中的营养盐，同时增加微生物的种类和数量。

（四）挺水植物根系的泌氧能力分析

植物根系的结构是影响植物泌氧能力的重要因素，水生植物由于根系内具有发达的通气组织，能够将茎叶光合作用产生的氧气输送到根表面，改变湿地环境。不同植物的通气组织的结构不尽相同，影响着植物输送氧气的能力，通气组织发达的植物根系有利于氧气沿根系向下输送。试验所用的西伯利亚鸢尾、风车草、芦竹和腺柳采自仙林河道。洗净植株根系泥土后将其放入 0.1 倍霍格兰德营养液中，在植物培养箱内水培 2 个月。培养箱温度设置为 26℃，光照强度约 3000lux，相对湿度 80%，光照黑暗时间比为 16h：8h，培养期间每 4 天更换一次培养液。

1. 湿生植物根系泌氧能力的差异

四种湿生植物中，西伯利亚鸢尾和芦竹属于根茎型植物，因而采用须根的干重作为植物根系干重指标。四种湿生植物根系总干重、植株总干重、平均根长、植株-根系干重比和根重-根长比如表 5-12 所示。

表 5-12　湿生植物根系总干重、植株总干重、平均根长、植株-根系干重比和根重-根长比

植物名称	西伯利亚鸢尾	风车草	芦竹	腺柳
根系总干重/g	2.81	3.13	2.78	3.03
植株总干重/g	8.57	14.53	22.42	20.60
平均根长/cm	8.65	10.27	5.02	3.54
植株-根系干重比	3.050	4.642	8.065	6.799
根重-根长比	0.325	0.305	0.554	0.856

由于植株的生长情况与根系的发达程度存在差异，因此采用单位干重根系泌氧率（ROR）作为指标来衡量不同植物根系泌氧能力的差异。四种湿生植物在 17℃、26℃ 和 32℃ 条件下单位干重根系泌氧率如图 5-4 所示，可以看出，芦竹的单位干重根系泌氧率最高，在 26℃ 时达到最大值 0.201mmol/(g·h)，其次是腺柳，在 32℃ 时可以达到 0.163mmol/(g·h)。西伯利亚鸢尾和风车草单位小时内单位干重根系泌氧量最大值分别为 0.039mmol/g 和 0.079mmol/g，分别为芦竹泌氧率的 1/5 和 2/5。如果以单位干重植株作为比较泌氧率大小的指标，这些植物之间泌氧率差就变小，相同植物在不同温度下单位植物干重根系泌氧率无显著差异。

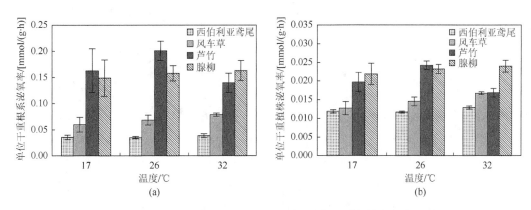

图 5-4　不同温度下单位干重根系和单位干重植株泌氧率

（1）湿生植物的根系结构特征。

利用 SEM 对四种植物的根系截面进行扫描。用 AutoCAD 2008 对 SEM 图中根系中部维管束的面积进行测量，并计算湿生植物根系孔隙度、通气组织面积占比和根系表皮层的平均厚度（表 5-13）。

表 5-13　湿生植物根系孔隙度、通气组织面积占比和根系表皮层的平均厚度

植物种类	西伯利亚鸢尾	风车草	芦竹	腺柳
根系孔隙度/%	34.9±12	41.5±5	50.9±9	52.6±4
通气组织面积占比/%	10.38	10.65	20.54	15.97
根系表皮层平均厚度/μm	90	60	52	84

由图 5-5 和表 5-13 可知，四种植物的根系结构存在显著差异，西伯利亚鸢尾的根表皮层壁厚最大，平均为 90μm，其表皮层细胞排列紧密，而风车草根系表皮层细胞体积较大，排列疏松。芦竹的表皮层细胞排列较为松散，且在根系表面有很多直径为 2～4μm 的第二级须根，这区别于其他 3 种植物根系。根系表皮细胞层厚度越小、表皮细胞体积越大意味着径向泌氧屏障越小，这样的结构有利于氧气由根系内部向外扩散。此外，腺柳虽然根系表皮层厚度达到 84μm，但其根系内部氧气传输能力比其他植物更高，这主要与木本植物根系成熟区结构变化有关。

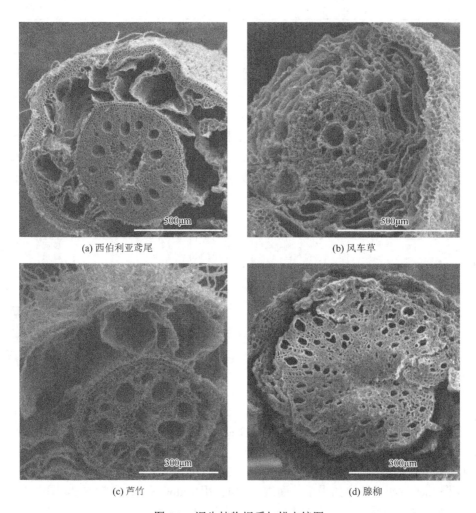

(a) 西伯利亚鸢尾   (b) 风车草

(c) 芦竹   (d) 腺柳

图 5-5　湿生植物根系扫描电镜图

在四种湿生植物根系中，芦竹根系中通气组织的面积占比最大，达到 20.54%。植物根系内的通气组织发育程度和该面积占比呈正相关。根系通气组织占比越高，植物通过根系向下输送氧气的能力越强。植物的根系孔隙度主要与植物根系结构及生长环境有关，四种湿生植物根系孔隙度为 34.9%～52.6%，风车草和芦竹在根系成熟区皮质层会形成空腔，增大孔隙度。腺柳根系结构与红树属根系类似，在根系成熟区通气组织占比变大，根系表皮层变薄，有利于根系泌氧。

（2）影响植物根系泌氧能力的因素。

由于植物光合作用的强弱会影响植物氧气由地上部分向根系的输送量,单位干重植株的泌氧能力比单位干重根系的泌氧能力更能反映植物结构对泌氧能力的影响程度,因此湿生植物的泌氧能力与根系孔隙度、植株-根系干重比和根重-根长比有关（表5-14）。

表5-14　四种植物单位干重植株 ROR 与根系孔隙度、植株-根系干重比和根重-根长比的相关性

类型	参数	根系孔隙度	植株-根系干重比	根重-根长比
Kendall	r	1.000*	0.667	1.000*
	p	0.000	0.174	0.000
Spearman	r	1.000**	0.800	1.000**
	p	0.000	0.200	0.000

*表示双尾检验在 $p<0.05$ 水平上显著；**表示双尾检验在 $p<0.01$ 水平上显著

湿生植物单位干重植株泌氧率与根系孔隙度及根重-根长比呈显著正相关（$p<0.01$）。根系孔隙度反映了植物根系通气组织的发达程度,与根系向下输氧能力密切相关。而根重-根长比越大,则根系中须根的数量越多,有效泌氧根系面积越大。此外,植株-根系干重比表征植物光合作用的强弱,与单位干重根系泌氧率也有很强的相关性。除木本植物腺柳外,西伯利亚鸢尾、风车草和芦竹的单位干重根系泌氧率与通气组织面积占比呈显著正相关（$p<0.01$）,与根系表皮层平均厚度呈显著负相关（$p<0.01$）,表明通气组织发育程度和根系表皮层厚度也是影响湿地植物根系泌氧能力的重要因素。

四种湿生植物根系形态差异较大。根据 Cheng 等（2009）的分类,挺水植物可以分为须根型植物和根状茎植物。芦竹、西伯利亚鸢尾为根状茎植物,其地下生物量多数为根状茎,占比可以达到80%。由于根状茎的生长需要消耗大量的养分,限制了须根的生长,须根所占比例较小。根状茎植物根系与土壤的接触面积有限,但根状茎使得植物对厌氧环境有了更强的适应能力。风车草和腺柳属于须根型植物,这种类型的植物的根系往往具有较大的根表面积,有利于其对无机营养盐的吸收。研究表明,在多数湿生植物根系中,根尖部分泌氧量最多,由根尖向后逐渐减小,如海大麦在距根尖30mm处根系的径向泌氧量最大,距根尖60mm处根系则基本没有泌氧能力,所以根系发达的须根型植物具有更大的有效泌氧根系面积。发达的根系也使得须根型植物根系与土壤接触面积更大,能更有效地提高根际的氧含量,为微生物提供附着的面积也更大。一些植物的须根上还会生长大量的第二级须根,这些细小的须根使得植物有更大的泌氧面积。在人工湿地植物选择中,种植须根型植物及根系具有第二级须根的湿生植物更加有利于形成好氧根际环境。

在四种湿生植物中,芦竹和腺柳的根长虽然较短,但须根上生长着大量的第二级须根。腺柳浸没在水中的枝条会生长大量的不定根,大大增加了植株的根系总量。此外,这四种湿生植物的地上部分生物量差异也较大。西伯利亚鸢尾和风车草植株-根系干重比分别为3.036 和4.677,属于低矮丛生型植物,而芦竹和腺柳植株-根系干重比则分别为8.296 和6.799。芦竹植株株高可以达到2m,腺柳属于木本小乔木,株高可以达到1.5～2.5m。根据植株-根系干重比,地上生物量越大的植物对应的根系生物量也越大,种植这种类型的植物有利于提高湿地单位面积的泌氧量。

不同类型的植物根系泌氧能力差异很大，邓泓等（2007）将水生植物根据根系泌氧形式的不同分为三种类型，形成这种差异的主要原因是植物组织结构和代谢活动的不同。本节研究表明根系泌氧能力与孔隙度、通气组织占比、植株-根系干重比和根重-根长比呈正相关，与根系表皮层厚度呈负相关。影响植物根系泌氧能力的主要因素为植物根系的孔隙度和根系的根重-根长比。

除此之外，影响湿生植物根系泌氧量的还有外部环境因素，如温度、光照、湿度和湿地类型等。在不同的生长环境下，植物的泌氧能力会产生较大的差异，常淹水、基质紧实的湿地中植物泌氧能力比未淹水地区的植物要高。本节研究中得到的芦竹根系孔隙度为50.9%，而 McDonald 利用相同的方法测得的根系孔隙度为 32.6%，产生差异主要与湿生植物的培养方式和培养时间不同有关。相较于土培而言，水培的植株根系有更发达的通气组织，以适应水体缺氧环境，水培时间越久的植物，根系内通气组织发育越完善。

2. 湿生植物泌氧潜力

（1）湿生植物泌氧能力影响因素。

湿生植物根系的泌氧能力是湿地在经常淹水状态下仍能有效削减水中污染物的重要保证。在人工湿地中种植面积泌氧率（oxygen release per unit area，ORA）较高的植物可以有效地增加基质和湿地表面水体中的氧浓度，植物的根系泌氧作用可以将植物产生的氧气分泌到根际土壤，形成好氧微环境，为根系的正常生长和好氧微生物群落的形成打下基础。因此，评估不同植物在湿地中的根系泌氧潜力，对于湿地建设中种植植物的选择具有重要的意义。

不同植物的根系泌氧能力差异很大，这与植物的不同根系类型和植株生长状况密切相关，研究发现：①须根系植物的单株泌氧能力要大于根茎型植物；②地上部分发达的植物强于低矮丛生型植物；③根系孔隙度越大的植物泌氧能力越强。

已有诸多学者研究了一些常见的湿生植物在水培或模拟人工湿地中根系的泌氧能力，在不同条件下，结果差异很大（表 5-15）。

表 5-15　不同研究中植物根系泌氧能力比较

植物	泌氧量	单位	参考文献
泽苔草	151	$ng/(cm^2 \cdot min)$	
香附	150	$ng/(cm^2 \cdot min)$	Lai et al.，2011
慈姑	146	$ng/(cm^2 \cdot min)$	
千屈菜	139	$ng/(cm^2 \cdot min)$	
水稻	60	$ng/(cm^2 \cdot min)$	Shiono et al.，2011
菖蒲	42	$ng/(cm^2 \cdot min)$	黄丹萍等，2012
慈姑	0.0015	$\mu mol/d$	
互花米草	0.030	$\mu mol/d$	Smith and Luna，2013
灯芯草	0.020	$\mu mol/d$	
藨草	0.020	$\mu mol/d$	

植物	泌氧量	单位	参考文献
半边莲	0.035	μmol/d	Smith and Luna，2013
香蒲	7.85	μmol/g	Sasikala et al.，2008
美人蕉	2.84	μmol/(g·h)	
菖蒲	6.84	μmol/(g·h)	
香蒲	3.29	μmol/(g·h)	刘志宽等，2010
马蹄莲	4.30	μmol/(g·h)	
水芹	2.75	μmol/(g·h)	
芦苇	3.36	mg/(g·d)	
香蒲	1.60	mg/(g·d)	吴海明等，2010
水葱	3.30	mg/(g·d)	

由表 5-15 可知，在不同的试验条件下，植物泌氧能力差异较大，有研究表明，湿生植物面积泌氧率为 5～45g O_2/(m^2·d)（Cheng et al.，2009），而美国环境保护署（EPA）在 2000 年得到的数据为 0～3g O_2/(m^2·d)。这些数据反映的只是在特定试验条件下测得的根系泌氧能力。

根据表 5-15 推算得到的根系泌氧数据差异也很大。例如，黄丹萍等（2012）得到的菖蒲面积泌氧率为 0.60g O_2/(m^2·d)，Shiono 等（2011）测得的水稻面积泌氧率为 0.864g O_2/(m^2·d)，而 Lai 等（2011）得到的几种植物面积泌氧率都在 2.0g O_2/(m^2·d)以上。

（2）根系泌氧潜力计算。

考虑到影响植物根系泌氧能力的因素较多，选取其中影响较大的参数，如根系质量、植株质量、植物单株占地面积等，综合人工湿地种植植物的具体情况，如种植密度和种植时间，估算单种植物人工湿地中植物的根系泌氧潜力。

按照试验得到的植物单位干重根系泌氧速率、植株质量（m），结合时间转换系数（t）、种植密度（ρ）、氧气分子量（M）、湿地半年生植株质量-试验植株质量比（α），得到计算湿生植物面积泌氧率的公式如下：

$$ORA = \frac{ROR \times m \times t \times \rho \times M \times \alpha}{1000}$$

式中，不同植物的 ROR、ρ、α、m 都有所不同。在湿地中植株高大的植物，往往 α 和 m 较大，而 ρ 较小。参考了之前一些研究中的 m 和 ρ 的数据，得到四种植物的种植参数表（表 5-16）。

表 5-16　湿地植物种植参数及面积泌氧率

植物	西伯利亚鸢尾	风车草	芦竹	腺柳
ROR/(mmol/g)	0.035	0.07	0.2	0.16
αm/g	8.3	6.7	11	72.6
ρ/(株/m^2)	25	25	25	16
ORA/[g/(m^2·d)]	5.58	9.00	42.24	142.73

注：αm 表示半年生植株质量

根据人工湿地施工的实际情况，估算得到人工湿地中西伯利亚鸢尾的面积泌氧率为 5.58g $O_2/(m^2 \cdot d)$，风车草的面积泌氧率为 9.00g $O_2/(m^2 \cdot d)$，芦竹的面积泌氧率约为 42.24g $O_2/(m^2 \cdot d)$，而木本植物腺柳的面积泌氧率约为 142.73g $O_2/(m^2 \cdot d)$，这是因为腺柳在水体中会生长发达的不定根。经过比较可以发现，西伯利亚鸢尾和风车草的面积泌氧率差别不大，都低于 10g $O_2/(m^2 \cdot d)$，芦竹和腺柳的面积泌氧率分别大约是风车草的 4 倍和 14 倍，可以更有效地增加人工湿地基质中的氧气含量。

有研究表明，曝气的途径可以为表面流人工湿地增加氧气含量，使得湿地对于各形态的氮、磷的去除效率大幅提高。然而，在潜流人工湿地中，随着水体流经长度的增加，水中的氧气含量迅速降低，植物在潜流人工湿地中可以有效地提供氧气，作为湿地内降解污染物的氧气来源，提高污染物去除效率。

在选择人工湿地植物，特别是建造潜流人工湿地时，需要考虑湿地基质内氧气的供应。种植合适的挺水植物可以大幅提高湿地对污染物的去除效率。芦竹和腺柳作为常见的湿地植物，单位面积每天可以提供 40g 以上的氧气，但是由于腺柳分泌氧气的不定根多数在水中才会长出，因此在潜流人工湿地中，其根系每日分泌的氧气量要小于 142g，根据根系质量占比，该数值约为 50g。

分析试验中四种植物的植株形态和根系形态可以发现，植株高大的植物单位面积根系泌氧速率更大，因此在需要提高面积泌氧率的湿地中可以选择性地种植这类植物，如芦竹、芦苇、腺柳、千屈菜等。

（五）挺水植物补碳去除污染物能力评估

在湿地中，微生物是一个重要的组成部分，存在于基质、水体中，依靠水体和基质中的营养生存，同时和湿地中的植物相互作用。有研究表明，微生物的存在可以有效去除湿地水体中无机污染物、有机污染物、重金属等，如多环芳烃、有机氯农药、有机磷杀虫剂。微生物的群落结构由于湿地类型的不同而有很大的差异，一般来说，湿地内植物根系 0.5cm 以内的区域微生物整体含量高，微生物种类也更加丰富，根系周围区域生物活性大。根际区域对污染物的去除效果显著，物理和化学活性较高，这种效应又称为根际微环境效应。正是由于根际环境的存在，湿地中许多的化学反应才得以进行，如酸碱反应、氧化还原反应、络合解离反应、生化反应、活化固定、吸附解吸等，这些反应是湿地削减污染物的主要途径。根际生态微环境的存在形成了好氧、厌氧、兼性厌氧等不同的环境，为不同种类的微生物提供了适合的生存环境。

关于土壤中微生物的研究由来已久，从测定土壤总生物量，到定性分析土壤中微生物种类组成，再到定量分析种群结构，研究微生物的方法也在不断完善。研究微生物总量的方法依次经过了氯仿熏蒸法、基质诱导呼吸法、荧光染料染色法、磷脂测定法、PCR 定量法等。不同的方法各有优势。在测定土壤微生物群落结构时，需要对不同微生物的种类和数量进行分析，人们往往会采用培养法、磷脂脂肪酸（phospholipid fatty acid，PLFA）法和变性梯度凝胶电泳（denaturing gradient gel electrophoresis，DGGE）等方法。基质培养法面临过程复杂且很多微生物无法直接培养等问题。White（1993）于 20 世纪 70 年代末发展了磷脂脂肪酸谱图分析方法。该方法是基于脂肪酸可作为生物标记物而发展起来的分析技术。通过分析微生物细胞膜上磷脂脂肪酸的组分来鉴定微生物的种属，分析微生物的多样性，如饱和脂肪酸16：0常被作为评价微生物种群总生物量的标志。而变性梯度凝胶电泳是近年来出现的一种分子技术，可以获得微生物的种名等信息，但容易受到DNA提取、PCR扩增等过程中操作的影响。

　　磷脂几乎是所有生物膜的重要组成部分，细胞中的磷脂含量大约占细胞干重的5%，且在死亡细胞中，磷脂类物质会快速降解，使得磷脂脂肪酸可以作为表征样品内存活微生物量和属的参数。脂肪酸通常被分成6类：直链、直链顺单烯（cis-）、直链反单烯（ran-）、支链饱和、环状及多烯脂肪酸（这些脂肪酸优先与磷脂甘油骨架中间的C原子键合）。脂肪酸经甲酯化后形成脂肪酸甲酯（fatty acid methyl esters，FAMEs），它们又可分为：羟基取代的FAMEs（OH FAMEs）、酯连接羟基取代的FAMEs（ELOH FAMEs）、非酯连接羟基取代的FAMEs（NEL-NY FAMEs）、饱和FAMEs（SA FAMEs）、单不饱和FAMEs（MU FAMEs）、酯连接多聚不饱和FAMEs（PU FAMEs）和非酯连接不饱和FAMEs（UNS FAMEs）。不同种类的脂肪酸代表着不同类型的微生物膜，根据PLFA结果可以得到微生物的相应种属。在文献中常见的磷脂、微生物种类对应关系如表5-17所示。

表 5-17　微生物类型、PLFA 类型对照表

微生物类型	PLFA 类型
细菌	含有以酯链与甘油相连的饱和或单不饱和脂肪酸（MUFA）（如 15：0、i15：0、a15：0、16：0、i16：0、16：1ω5、16：1ω9、16：1ω7t、17：0、i17：0、a17：0、cy17：0、18：1ω5、18：1ω7、18：1ω7t、i19：0、a19：0 和 cy19：0 等）
革兰氏阳性细菌（Gram-positive bacteria）	分枝脂肪酸
革兰氏阴性细菌（Gram-negative bacteria）	羟基脂肪酸
厌氧细菌（anaerobic bacteria）	cy17：0、cy19：0
好氧细菌（aerobic bacteria）	碳数为 12～20 的 MUFA：16：1ω7、16：1ω7t、18：1ω7t
硫酸盐还原细菌（sulfate-reducing bacteria）	10Me16：0、i17：1ω7、17：1ω6
甲烷氧化菌（methane-oxidizing bacteria）	16：1ω8c、16：1ω8t、16：1ω5c、18：1ω8c、18：18t、18：1ω6c
嗜压/嗜冷细菌（barophilic/psychrophilic bacteria）	20：5、22：6
黄杆菌（*Flavbacterium balustinum*）	i17：1ω7
芽孢杆菌（*Bacillus* spp）	支链脂肪酸
放线菌（actinomycete）	10Me16：0、10Me17：0、10Me18：0 等
真菌（fungi）	含有特有的磷脂脂肪酸（如 18：1ω9、18：2ω6、18：3ω6、18：3ω3）
蓝细菌（cyanobacteria）	含有多不饱和脂肪酸（如 18：2ω6）
微型藻类（microalgae）	16：3ω3
原生动物（protozoa）	20：3ω6、20：4ω6
脱硫细菌（desulfobacteria）	cy18：0（ω7，8）
微真核微生物	碳数小于 19 的 PUFA

1. 模拟湿地环境中微生物群落变化

不同结构的人工湿地,在基质选择、植物种植和水流水力方面有很大的差异,加上湿地所在地的气候、天气、污水性质等方面的不同,在湿地基质内和植物根际的微生物群落结构就会有很大的区别。为研究不同植物及其根系分泌物对土壤中微生物的生长有何影响,设置一组模拟湿地试验,分为空白、外加碳源、种植植物等共7组,通过对比添加碳源和种植植物的微生物群落结构的差异,分析种植植物对于湿地微生物的影响。

模拟湿地装置如图5-6所示,试验所用植物采自仙林河道,根系洗净后用石英砂作为培养基质,在恒温培养箱中水培一段时间用于测定根系分泌物的TOC,培养箱温度设置为26℃,相对湿度70%,光照黑暗比16h∶8h。取河水及底泥、混合人工湿地出水各2L,放入5L的圆柱形容器中,底泥层厚度10cm,在培养箱中相同条件下避光培养约1个月作为接种菌种来源。采集南京大学仙林校园内距表层0.5m处的土壤,晒干后去除土中的石块、树枝等杂物,放置20d后粉碎过筛,作为培养基质。混合均匀后取样测定其总氮、总碳及pH等基本性质。

按照试验得到的根系分泌物总有机碳的值,确定在基质中加入外加碳源的类型和量。在试验中设置7组不同的对照:外加有机酸碳源、外加单糖碳源、种植植物组、对照等。有机酸选择分析纯柠檬酸,单糖选择葡萄糖。外加碳源添加量为每克干重基质分别添加50mg柠檬酸或葡萄糖,接近于前试验中植物分泌总有机碳的量。在1L的装置底部铺1cm厚的粗石英砂,加入混匀的泥土,种植植物,最后加入人工菌种污水。培养箱条件设置为32℃,3000lux,光照黑暗比16h∶8h,相对湿度70%。在试验进行过程中,添加去离子水并保持水面没过基质表面0.5~1.0cm。

（1）基质理化性质和对照组。

经元素分析仪测量,试验基质中总碳含量4.58%,总氮含量0.39%,C/N为11.74,pH=6.4,呈轻微酸性。在加入了外加有机酸和葡萄糖后,不同对照组的有机碳含量和C/N见表5-18。

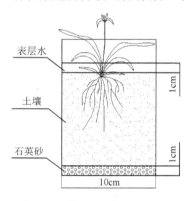

图 5-6　模拟湿地装置示意图

表层水　土壤　石英砂　1cm　1cm　1cm　10cm

表 5-18　不同试验组的有机碳含量和碳氮比

组名	每克基质有机碳含量/mg	C/N	主要碳源组成
空白	45.80	11.74	未知
外加有机酸	95.8	245.64	琥珀酸
外加单糖	95.8	245.64	葡萄糖
芦竹	94.10*	241.28*	棕榈酸甘油酯、吡喃木糖、反式阿魏酸、硬脂酸
风车草	79.72*	204.42*	苯甲酸、苯乙酸、羟基苯甲酸、月桂二酸、棕榈酸、棕榈油酸、糖类、甘油酯
西伯利亚鸢尾	75.67*	194.02*	苯甲酸、肥酸、根皮酸、香草酸、棕榈酸、反式油酸、五碳醛糖、鼠李糖

续表

组名	每克基质有机碳含量/mg	C/N	主要碳源组成
腺柳	84.20*	215.90*	安息香酸、肉桂酸、呋喃核糖苷、D-木糖、棕榈酸甘油酯、硬脂酸、琥珀酸

*表示估算值

由表 5-18 中可以发现，加入了外加有机酸和葡萄糖后，土壤的 C/N 显著提高，达到了 245.64，为之前的 20.92 倍。而种植植物组由于植物根系分泌物和根系腐烂部分会增加一定量的 N 元素，因此实际 C/N 低于表中数值。林生等（2013）的研究表明，土壤中 C/N 将影响微生物的生长，高的 C/N 会促进微生物的生长。

而根据计算得到的不同植物的根系分泌总有机碳含量为每克土壤 75～94mg。相较于空白土壤和添加外加碳源的基质，种植植物的基质内有机物的组分更加复杂，包括有机酸、脂肪酸类、糖类、甘油酯类及一些可能微量存在的物质，而且植物根系环境与微生物之间会产生化感效应。

（2）不同试验组微生物的 PLFA 分析结果。

经检测得到了 7 个不同根际土壤组中的 PLFA 分析结果，如表 5-19 所示。从表 5-19 中可以发现，不同组别的微生物种类差异较大。加入了外加碳源的两组和四种植物的对照组表征好氧菌的 16：1ω9、16：1ω7 等含量相对较高，加入有机酸作为碳源的一组具有最高的 15：0 脂肪酸响应，这说明该组中好氧菌的含量最高。这也是试验中几个对照组共有的特征：好氧菌的数量明显在细菌中占主体地位。

表 5-19　不同组别的 PLFA 种类及数量

PLFA 类型	表征微生物	PLFA 含量/(nmol/g)						
		空白	外加葡萄糖	外加有机酸	西伯利亚鸢尾	风车草	芦竹	腺柳
a15：0	好氧菌	0	0	0	0	1.30	0	0
15：0	好氧菌	35.24	69.43	70.48	35.25	29.00	44.45	35.46
16：0	细菌	3.28	5.00	6.56	2.23	3.47	2.30	0
16：1ω9	好氧菌	0	0	0	0	8.26	0	9.38
a16：0	革兰氏阳性菌	0	0	0	0	2.57	0	2.38
16：1ω7	革兰氏阴性菌	0	0	0	0	0.68	0	0
i17：0	革兰氏阳性菌	12.42	25.13	24.84	13.78	13.97	17.79	15.33
17：0（10Me）	放线菌	0	0	0	0	0.55	4.66	0
18：0	嗜热解氢杆菌	2.45	0	4.89	0	0	0	0
a18：0	嗜热解氢杆菌	0.67	0	1.87	1.87	2.49	0	0
i18：0	革兰氏阳性菌	0	0	0	0	0	0	1.96
18：1ω9	真菌	0	1.75	0	0	0.98	0.91	0.60
18：1ω9c	真菌	0	0	0	0	0.50	0	0
18：0（10Me）	真菌	0	4.39	0	1.68	1.32	1.93	6.45
4-18：0	细菌	0	0	0	0	0	0	1.22

PLFA 类型	表征微生物	PLFA 含量/(nmol/g)						
		空白	外加葡萄糖	外加有机酸	西伯利亚鸢尾	风车草	芦竹	腺柳
cy20：0	厌氧菌	0	0	0	0	0	0.16	0
20：0（10Me）	细菌	0	0	0	0	4.46	0	0
22：1ω13	好氧菌	0	0	0	0	0.53	0	0.94
22：1ω9c	细菌	1.08	0	0	0	0	0	0
23：1ω22	好氧菌	0	0	0	0	0	0	0.89

此外，在种植风车草、芦竹、腺柳的试验组基质中分别检测到表征革兰氏阳性菌的 a16：0、i17：0、i18：0 和表征真菌的 18：1ω9、18：1ω9c、18：0（10Me）六种脂肪酸。表征革兰氏阴性菌的 16：1ω7 脂肪酸在风车草种植组中出现，其他几组则没有。表征真菌的 18：1ω9、18：0（10Me）两种脂肪酸在植物组中出现在风车草、芦竹、腺柳三种植物中，在外加葡萄糖的试验组中也可以检测到这两种。表征放线菌的 17：0（10Me）仅在风车草和芦竹中出现，可能是由于这两种植物分泌的有机物能够促进放线菌的生长。表征厌氧菌的 cy20：0 只在芦竹的组中出现，造成这一现象的原因：一是试验过程中采用浸水培养，但植物组中通过根系向下分泌的氧气使基质内部环境有利于好氧微生物的生长；二是培养时间并不长，可能也是造成基质未形成厌氧环境的一个原因。整个试验周期较短，基质中微生物未能完全消耗氧气形成厌氧环境。

在微生物总量上，添加了外加葡萄糖和有机酸的试验组微生物总量最高，分别达到了 105.70nmol/g 和 108.64nmol/g，是空白组的近两倍。种植植物的试验组中，西伯利亚鸢尾组与空白组的差距不明显，微生物总量接近。风车草、芦竹和腺柳的微生物总量较为接近，都在 72nmol/g 左右，相比空白组提高了 40% 左右（表 5-20）。

表 5-20 不同组别的微生物总量和微生物种类

组别	微生物总量/(nmol/g)	微生物种类
空白	55.14	好氧菌、细菌、嗜热解氢杆菌、革兰氏阳性菌
外加葡萄糖	105.70	好氧菌、细菌、真菌、革兰氏阳性菌
外加有机酸	108.64	好氧菌、细菌、嗜热解氢杆菌、革兰氏阳性菌
西伯利亚鸢尾	54.81	好氧菌、细菌、放线菌、革兰氏阳性菌
风车草	70.08	好氧菌、细菌、真菌、嗜热解氢杆菌、革兰氏阳性菌、革兰氏阴性菌
芦竹	72.20	好氧菌、细菌、真菌、放线菌、革兰氏阳性菌
腺柳	74.61	好氧菌、细菌、真菌、革兰氏阳性菌

如表 5-20 所示，在未种植植物和添加碳源的空白组中，检测到好氧菌、细菌、嗜热解氢杆菌、革兰氏阳性菌，而这 4 种微生物在种植植物组中有一些并没有被检测到，如芦竹、腺柳中没有发现嗜热解氢杆菌，这可能和植物根系分泌物化感组分对微生物的抑制有关。

（3）微生物多样性分析。

相对于空白和外加碳源组而言，种植湿生植物组的最明显的特征是磷脂脂肪酸的种类明显增加，微生物种类包含了真菌、革兰氏阴性菌、放线菌等。各磷脂脂肪酸的组分也比前3个试验组要多。为了探索不同试验组中基质对于微生物种类的影响，对试验内7组的微生物多样性指数进行了比较。

由表5-21的微生物多样性指数可以看出，种植风车草、腺柳的组基质中微生物多样性较高，Shannon-Wiener指数分别为1.87和1.57，微生物平均度较高的有种植风车草、腺柳、西伯利亚鸢尾的组和空白组，分别为0.703、0.67、0.555和0.592。相对而言，芦竹根际微生物的多样性和平均度都较低，而外加有机酸和外加葡萄糖的两组差异并不大。

表 5-21 不同组的微生物多样性指数

多样性指数	空白	外加葡萄糖	外加有机酸	西伯利亚鸢尾	风车草	芦竹	腺柳
Simpson 指数	0.389	0.487	0.474	0.471	0.224	0.438	0.284
Shannon-Wiener 指数	1.26	0.96	1	0.98	1.87	1.10	1.57
平均度	0.592	0.54	0.557	0.555	0.703	0.534	0.67

种植四种湿生植物的基质中微生物之间的多样性差异较为明显，西伯利亚鸢尾和芦竹的根际微生物多样性较低，甚至弱于空白对照组。造成植物间的微生物多样性明显差异的主要原因在于根系分泌的有机物的一些酚类等具有化感效应的组分对微生物的抑制作用和植物的根系生长形态的差异。

造成外加碳源组Shannon-Wiener多样性指数小于空白组的原因可能有以下几点：①C/N过高。微生物的生长需要适宜的C/N（Jones et al.，2009），有研究表明，在C/N约为25时，堆肥中微生物的生长情况要好于过高或过低时的，这是因为N元素含量过低会限制微生物对营养的获取，只有合适的C/N才能促进多种微生物的生长。试验结果表明，单纯的增加碳源，并不能有效地提高土壤中微生物的丰度。②碳源种类单一。基质中原有碳源的主要组成是腐殖质，含碳50%～60%，含氢1.5%～6%，含氮1.5%～6%，其余大部分是氧，以及1%以下的磷和硫。土壤中腐殖质的分子量较高，所含营养元素种类丰富，因此对生物生长的促进作用更明显。③试验时间不足。试验总时间为20d，可以看出外加碳源组总的生物量大于空白组，但生物多样性低，这可能是因为形成了可有效降解有机酸和葡萄糖的菌群，导致好氧菌等微生物量的增加。

（4）微生物群落与植物根系特征相关性。

由于土壤微生物的生存条件会随着种植植物而发生改变，植物根系分泌物和根系泌氧量会改变土壤的理化性质，进而影响微生物的菌落结构组成。

对试验中四种植物的单株碳分泌量、单株泌氧量（32℃，3000lux 条件下）和微生物总生物量（表5-22）之间的关系进行相关性分析，可以发现，虽然在三者之间并没有出现 $p < 0.05$ 的显著性相关，但单株碳分泌量、单株泌氧量与微生物总生物量的 Pearson 相关系数分别为0.794和0.816，相关性较强。这表明试验中种植植物组的土壤微生物量和

根系的有机碳分泌量、根系的泌氧量存在一定的正相关。此外，有机碳分泌量、根系的泌氧量和试验组土壤微生物多样性指数的数值也存在一定的正相关的关系。造成相关性不显著的原因有很多，最主要的原因可能是影响植物根际土壤中微生物数量和种类的因素十分复杂，如土壤间隙差异导致的水含量不同，或微生物的生存能力差异。此外，试验植物在土壤中的生长情况和在水培条件下的生长情况不一致也是可能的原因。

表 5-22　四种植物根系分泌物和微生物生物量

植物	单株碳分泌量/(mg/h)	单株泌氧量/(mmol/h)	总生物量/(nmol/g)	Shannon-Wiener 指数
西伯利亚鸢尾	6.43	0.10	54.81	0.98
风车草	15.65	0.21	70.08	1.87
芦竹	18.07	0.56	72.20	1.10
腺柳	12.12	0.48	74.61	1.57

在研究植物根系对土壤微生物影响的试验中，外加碳源组的土壤微生物多样性较低，这主要与基质中微生物对单一碳源的利用率较低有关。外加碳源组过高的 C/N 也会不利于微生物多样性的提高。种植植物组中，植物根系分泌物的复杂性导致了根际微生物的差异性。Zou 等（2013）发现，薫草根系分泌物对微生物群落结构有明显的影响，细菌及真菌群落结构和植物根系分泌物中有机酸及酚酸的组成有直接的关系。另外，基质间隙的差异导致的水含量不同或微生物的生存能力差异都会导致基质微生物群落的差异性。以往的研究表明，微生物的存在可以显著提高人工湿地的污染物去除能力，在模拟湿地中，微生物数量与湿地水体中氮及 COD_{Cr} 的去除率显著相关（梁威等，2002）。在多级串联人工湿地中，微生物的数量也影响着总氮及 COD 的去除率。除了这些常见的污染物外，微生物数量对水体中三氯乙烯、柴油污染物等有机污染物的去除也有促进作用。

2. 水培植物对污染物的去除能力

湿生植物根系泌氧可以维持根系环境的氧化状态，促进根际物质的转化，根系泌氧量大的植物根系附近可以形成降解多环芳烃（PAHs）、除草剂、杀虫剂等污染物的菌群；培养液中栽培的植物对溶液中的砷等金属也有明显的去除效果。同时，微氧环境有利于硝化细菌和好氧反硝化细菌群的形成，可以极大地增加湿地对于污染物的去除能力。湿地内污染物的去除率和植物根系的密度、根系总表面积都有关。除此之外，水体中氧化还原作用和光降解作用也可以降低污染物的浓度。

关于植物根系对无机污染物的去除效果已有较多的报道。湿地种植挺水植物对氮的去除效果要优于种植沉水植物，主要途径是促进基质内硝化或好氧反硝化微生物群落的形成。植物还可以直接利用无机污染物，如 N、P 作为植物生长的营养，这主要是因为污染物的去除是一个复杂的过程，在较长时间的研究过程中，研究体系内污染物的消耗不仅依赖植物自身生长，还有微生物降解参与其中，很难将两者的作用区别开来。

本节研究通过体系灭菌和隔绝氧气的手段减少环境中其他因子对试验结果的影响，重点研究了短时间内植物自身根系的吸收作用和植物根系泌氧的氧化作用对污染物的去除效果。通过对比西伯利亚鸢尾、芦竹和风车草对 N、P 元素的去除能力，分析了植物生长、泌氧特性对污染物去除的影响。

试验所用的植物均采自仙林河道，洗净根系后放入培养箱中，在 0.1 倍霍格兰德营养液中水培预培 2 个月。试验期间，培养箱光照保持为 3000lux，在 26℃下水培。采样完成后，调节温度为 32℃，水培植物一周后再次进行试验。从培养液中取出植物并洗净根系，用 50%的乙醇浸泡根系 10s，经灭菌水冲洗后放入 200mL 无氧人工污水中，使根系完全浸入，并在水面表层覆盖 1cm 厚的液体石蜡隔绝氧气。每隔 4h 取水样并检测水体中营养盐的浓度变化。每种植物取三株植株生长情况接近的进行试验，设置一组空白组。

试验中，在不同时间对人工模拟污水进行取样并检测，得到的不同温度下单位干重根系污染物去除量见表 5-23～表 5-28。

表 5-23　26℃单位干重根系硝态氮的去除量

时间/h	单位干重根系 NO$_3^-$-N 去除量/(mg/g)		
	风车草	西伯利亚鸢尾	芦竹
4	0.37	0.03	1.37
8	0.35	0.27	0.46
12	2.81	0.60	1.42
16	5.33	1.83	3.66
20	3.95	1.36	2.94
24	4.33	1.60	2.85

表 5-24　26℃单位干重根系正磷酸盐磷的去除量

时间/h	单位干重根系 DIP 去除量/(mg/g)		
	风车草	西伯利亚鸢尾	芦竹
4	0.47±0.02	0.23±0.01	0.47±0.02
8	1.17±0.13	0.74±0.01	0.42±0.00
12	1.99±0.01	1.67±0.01	3.15±0.08
16	2.31±0.01	1.45±0.01	3.33±0.01
20	2.13±0.03	1.40±0.02	1.91±0.17
24	2.18±0.05	1.48±0.03	1.82±0.33

表 5-25　26℃单位干重根系氨氮的去除量

时间/h	单位干重根系 NH$_4^+$-N 去除量/(mg/g)		
	风车草	西伯利亚鸢尾	芦竹
4	1.14	0.53	1.71
8	1.23	1.00	2.09
12	1.14	0.56	2.75
16	1.68	1.00	4.54
20	2.28	2.29	4.54
24	2.13	2.56	4.65

表 5-26　32℃单位干重根系硝态氮的去除量

时间/h	单位干重根系 NO_3^- -N 去除量/(mg/g)		
	风车草	西伯利亚鸢尾	芦竹
2	1.23±0.25	0.13±0.03	0.49±0.10
4	0.38±0.04	0.11±0.03	0.54±0.02
8	0.80±0.10	0.63±0.15	0.61±0.11
12	0.92±0.12	1.70±0.41	1.06±0.11
16	1.53±0.10	1.97±0.47	1.36±0.19
20	1.91±0.24	2.92±0.70	0.39±0.31
24	1.41±0.11	3.10±0.74	0.24±0.06

表 5-27　32℃单位干重根系正磷酸盐的去除量

时间/h	单位干重根系 DIP 去除量/(mg/g)		
	风车草	西伯利亚鸢尾	芦竹
4	1.10±0.12	0.71±0.09	1.14±0.49
8	1.05±0.20	1.14±0.20	1.41±0.04
12	2.47±0.16	1.86±0.36	1.80±0.62
16	3.09±0.71	1.84±0.67	1.55±0.24
20	2.77±1.18	1.45±0.02	2.24±0.01
24	2.72±0.24	1.42±0.61	2.40±0.33

表 5-28　32℃单位干重根系氨氮的去除量

时间/h	单位干重根系 NH_4^+ -N 去除量/(mg/g)		
	风车草	西伯利亚鸢尾	芦竹
4	0.02±0.29	0.06±0.15	0.08±0.43
8	0.52±0.19	0.13±0.10	0.28±0.04
12	0.19±0.30	0.62±0.52	0.55±0.04
16	2.28±0.07	0.94±0.28	0.57±0.17
20	3.03±0.02	0.58±0.20	0.63±0.37
24	2.81±0.54	0.65±0.00	0.66±0.59

（1）26℃时单位干重根系污染物的去除效果。

由表 5-23 可以发现，在第 16h 时，三种植物对 NO_3^- -N 的去除效果最好，分别达到了 5.33mg/g、1.83mg/g、3.66mg/g，其中，芦竹对 NO_3^- -N 的去除效果随时间的变化较明显。在第 24h，三种植物对 NO_3^- -N 的最终去除率最高的是风车草，达到 4.33mg/g，相比之下，芦竹对 NO_3^- -N 的去除量较小。在整个时间段内，三种植物的去除能力变化差别较大，西伯利亚鸢尾对 NO_3^- -N 的去除能力最弱。

在第16h时,三种植物对DIP的去除量最高,分别约为2.31mg/g、1.45mg/g和3.33mg/g,芦竹的去除效果最好。而随着时间的推移,第24h时污染物去除量最高的植物为风车草,达到2.18mg/g左右,另两种植物差别不大。

芦竹和西伯利亚鸢尾对NH_4^+-N的去除量在第24h时最高,分别为4.65mg/g和2.56mg/g,而风车草在第20h时去除效果最好,达到2.13mg/g,这三种植物的去除效果从小到大依次为:西伯利亚鸢尾、风车草、芦竹。芦竹在三种植物中的去除效率最大,可以达到单位干重根系4.65mg,是另两种植物的近两倍。

综上可以发现,水培条件下26℃时芦竹在三种植物中对NO_3^--N、NH_4^+-N和DIP的去除能力最强。

（2）32℃时单位干重根系污染物的去除效果。

在32℃时,西伯利亚鸢尾对NO_3^--N的去除能力在三种植物中最强,单位干重根系可以达到3.10mg左右,而芦竹对NO_3^--N的去除能力显著下降,在16h时仅约为1.36mg/g。三种植物达到最大去除量的时间并不相同,风车草在20h时NO_3^--N的去除量最高,西伯利亚鸢尾在24h时去除量最高,芦竹在第16h时去除率最高。总体而言,西伯利亚鸢尾的去除效果最好。

在湿生植物对DIP的去除试验中,风车草的去除能力要稍高于芦竹和西伯利亚鸢尾,在16h时可以达到3.09mg/g左右,而芦竹和西伯利亚鸢尾两者的去除能力相差不大,最高去除量分别约为1.86mg/g和2.40mg/g。西伯利亚鸢尾的去除效果一直较为稳定,而芦竹随着时间的推移对DIP的去除效果增强。

风车草对氨氮的去除效果是另两种植物的5倍左右,在20h时最高达到单位干重根系3.03mg左右。而西伯利亚鸢尾在第16h时对氨氮的去除效果最好,芦竹在第24h时对氨氮的去除效果最好。

相较于26℃,32℃时芦竹对污染物的去除能力都有所下降。西伯利亚鸢尾对NO_3^--N的去除能力有所增加,对NH_4^+-N的去除能力降低了。风车草对NO_3^--N的去除能力减弱了,对NH_4^+-N和DIP的去除效果变化不大。在对NO_3^--N的去除中,温度的变化导致三种植物去除效率的变化很大,而温度对DIP的去除率的影响较小。其中,较高的温度会增加芦竹根系对于DIP的吸收能力。温度的变化对风车草吸收NH_4^+-N能力的影响不明显。

对比表5-29中三种植物对污染物的最高去除率,可以发现,对硝态氮而言,三种植物的去除效果都不佳。而风车草和西伯利亚鸢尾对DIP的去除效果较好,可以达到30%以上。风车草和芦竹对于NH_4^+-N的去除效果在10%以上,优于西伯利亚鸢尾。

表5-29　三种水生植物对污染物的最高去除率　　　　　　（单位：%）

类型	风车草	芦竹	西伯利亚鸢尾
NO_3^--N	2.8	1.1	1.2
DIP	37	12.4	31
NH_4^+-N	10.7	11.8	4.1

由表5-23～表5-28可知,不同植物在不同条件下对污染物的去除能力随时间先逐渐

上升，在16～20h达到最大值，随后有一定程度的下降。造成这一现象的主要原因是在植物的预培养过程中，光照黑暗比为16h∶8h，在固定的光照时长比下，植物会形成恒定的光周期现象，因此在试验中，在第16～20h时植物的光合作用减弱，呼吸作用加强，根系对污染物的吸收减少，根系内部分无机离子重新分泌到水体中。同时，水体中根系分泌物含量增加，造成水体无机离子浓度升高。

　　在试验的三种植物中，不同植物间污染物去除能力的差异主要由以下几个因素决定。①植物的根系结构。不同植物的根系差异很大，试验中三种植物风车草、芦竹、西伯利亚鸢尾分别为茎根、须根、茎根植物；风车草的须根较多，根系下部纤维化，根毛丰富；芦竹根系表面新生根毛较粗，直径约2μm（黄永芳等，2014）；西伯利亚鸢尾根系表面呈绳索状且不光滑。根系的差异是造成植物根系总表面积和吸附能力不同的主要原因。如26℃单位干重根系NO_3^-的去除量就反映了不同根系结构对于硝态氮的去除能力的差异。②植物植株生物量和光合能力强弱。植株的生物量主要影响的是植物整体的营养物需求，而光合作用的强弱则影响了植物由根系向上运输营养物的速率，根系在向茎干运输水分时，无机离子将通过主动渗入进入植物体内。一般来说，植物的光合作用越强、植株越大、根系越发达，对污染物的去除能力越高。

　　造成三种植物对N、P吸收量差异很大的因素主要有两个方面。在低污染水中N和P等营养元素的去除中，植物的直接吸收占了较大一部分。之前的研究中测定了17种植物在收割前对植物的N和P积累量，发现这些植物对去除水中N、P的贡献率分别为46.8%和51.0%，而且对于N和P的积累主要是生物量占比最大的地上部分在起作用，其贡献率分别为38.5%和40.5%。成水平等（2002）的研究考察了香蒲和灯芯草两种湿地植物，结果发现在试验的人工湿地基质中N、P的含量分别比无植物的对照基质中的含量低18%～28%和20%～31%，这些减少的N和P总量即植物在这个过程中吸收并积累在体内的量。

　　植株发达的植物由于有较大的地上生物量，可以更好地积累N、P等营养元素，有效降低湿地内污染物的浓度，但除此之外，还要考虑植物的生长速率，即单位时间的生物量的增长。一些木本植物的生物量极大，但是每年的新增生物量相较于芦竹、芦苇等茎秆有所不及。在植物衰老时及时收割植物地上部分，避免植物在水中腐败，就可以有效净化低污染水体。

　　除了植物的直接吸收外，在短时间内，植物的根系吸附对污染物的去除也有一定的作用。不同植物的根系形态差异很大，如西伯利亚鸢尾、芦竹属于茎根，根系不发达，但芦竹须根表面发育细小根毛，使得根系表面积极大。

　　在不同研究中，湿生植物在湿地系统中对于污染物的去除效果是不同的。Reddy等（1993）的研究指出，植物吸收了16%～75%的N元素。Hoagland等（2001）则认为植物对湿地中N元素的去除可以达到47%。Fink和Mitsch（2006）的研究表明植物去除湿地41%的N元素。与之对照的是，Gottschall等报道称植物仅去除湿地9%的N元素。当前的研究说明植物的吸收是N和TIP去除的一条重要途径。Moore和Kröger（2011）的研究表明在4h时，水葫芦和黄菖蒲分别可以去除(56±3)%和(67±0.2)%的氨氮。

三、光伏电解强化人工湿地脱氮除磷技术

（一）电解-水平潜流人工湿地强化去除硝态氮与磷的研究

在室内构建电解-水平潜流人工湿地（electrolysis-horizontal subsurface constructed wetland systems，E-HFCWs）装置，通过室内模拟污水处理厂尾水，配制高硝态氮与低磷酸盐含量的模拟废水，进一步探索电化学反应体系与水平潜流人工湿地耦联后是否有利于强化人工湿地的脱氮除磷；并进一步验证铁阳极和铁阴极组成对电极电化学反应体系去除硝态氮和磷酸盐的能力；分析阴阳极不同的电极布置形式、电流密度、电解反应时间及 HRT 对硝态氮和磷酸盐的去除能力的影响；通过优化电解反应条件强化人工湿地对氮、磷的净化效果，并对其电耗也进行了相应的分析；最后对电解-水平潜流人工湿地基质中细菌群落结构进行了鉴定与分析，探索电解强化人工湿地去除硝态氮和磷的微生物学机制。

室内构建的电解-水平潜流人工湿地装置由有机玻璃构成，长300mm，高300mm，宽200mm。装置的有效高度为250mm，填料层分为两层，上层为石英砂层（直径2~4mm，厚10cm），下层为生物陶粒层（直径3~6mm，厚10cm）。填料层中种植湿生、挺水植物风车草。风车草常种植于溪流岸边，是水体造景常用的观赏植物。在填料层内垂直布置电极，电极的阳极和阴极材料均为纯铁，其电极长250mm，宽175mm，厚0.2mm，电极板平均布置在水平潜流人工湿地中，电极表面分布直径 1cm 的孔（孔中心到孔中心的距离为30mm），以便于模拟废水流过。图 5-7 为装置示意图。

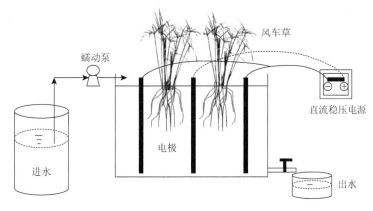

图 5-7　电解-水平潜流人工湿地装置示意图

电极均连接铜线，铜线表面用防水胶粘住以防止其生锈。湿地使用 5L 的进水槽，每天配制一次模拟废水，废水通过蠕动泵连续进水，通过调节蠕动泵的转速来调节湿地进水的 HRT。电极反应的电能由直流稳压电源（0~30V，0~5A）供给直流电，可直接调整电压来改变电解的反应条件，反应时间由定时器直接控制。同时设置不含电极的水平潜流人工湿地（horizontal subsurface constructed wetland systems，HFCWs）作为对照组，试验

开始之前先进行 15d 的模拟废水进水驯化处理，使基质表面的微生物开始生长繁殖，风车草适应环境并开始生长。该装置在 25～30℃的实验室体系下进行试验。

试验用水采用模拟城市污水处理厂尾水。前期对污水处理厂尾水中氮、磷营养盐的浓度和成分进行现场调研，发现污染物中氮、磷的主要成分是硝态氮和磷酸盐-磷，硝态氮用硝酸钾（分析纯）和自来水配制成初始硝态氮浓度为 12mg/L 的溶液，磷酸盐-磷的浓度在 1mg/L 以内，采用磷酸二氢钾（分析纯）进行配制。因自来水中含有一定的微量金属元素，因此模拟废水未添加金属元素，进水 pH 为 6.5～7.5，氧化还原电位为 90～120mV，每天配制 10L 模拟废水。

1. 电极布置方式对 E-HFCWs 脱氮除磷效果的影响

在电化学反应过程中，电极的布置方式对电化学反应过程中污染物的去除具有较大的影响。本节试验中的电极布置方式主要是单阴极和双阴极，电解反应的电压均为 15V，电解时间为 4h，HRT 为 1d 的试验条件下研究电极的布置方式对 E-HFCWs 的氮、磷去除效率的影响。当使用单阴极时，其电解过程中的阴极板的总面积为 0.16m^2，而当使用双阴极时，其阴极板的总面积为 0.32m^2，其反应过程中的电极板面积增加了一倍。

从图 5-8 中可以看出，其中使用单阴极时 E-HFCWs 出水中 TN 含量为 11.4mg/L，而双阴极的电解反应条件下 E-HFCWs 出水中 TN 含量下降至 8mg/L，其去除率为 46%，远高于单阴极条件下 TN 的去除率（18%）。NO_3^--N 的去除情况和 TN 基本一致，推测阴极面积的增加有利于提高 NO_3^--N 的电化学还原作用，从而使 NO_3^--N 的去除率升高。从结果中可看出，其双阴极条件下的出水中 NO_3^--N 含量为 7.49mg/L，其去除率为 44.6%，而单阴极条件下出水中 NO_3^--N 为 10.37mg/L，去除率仅为 23.4%。因此，双阴极的电极布置方式有利于 NO_3^--N 的去除。

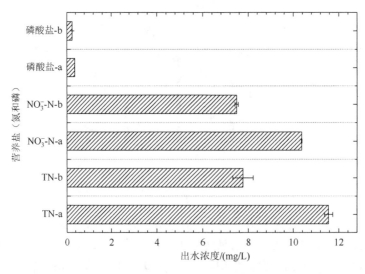

图 5-8　单阴极和双阴极反应条件下出水中氮、磷营养盐的含量

a 为使用单阴极条件；b 为使用双阴极条件，下图同

E-HFCWs 对磷的去除效果也是双阴极的电解条件优于单阴极电解条件，这主要是由于使用了双阴极之后，在相同的电压条件下阳极的电解面积增加了一倍，因此其电解出的铁离子含量也相对较高。从图 5-9 的数据中可以看出，单阴极的电解条件下其 E-HFCWs 出水中总铁的含量高于双阴极的电解条件，但是亚铁离子的含量是双阴极电解条件下较高。单阴极 E-HFCWs 出水中铁离子含量为 10.36mg/L，双阴极的电解条件下 E-HFCWs 出水中其含量为 6.1mg/L，可见在双阴极的电解条件下，大部分铁离子截留在 E-HFCWs 中与磷酸盐发生沉淀反应。同时在双阴极条件下，电极之间的湿地面积占总湿地面积的比例增大，供电解反应的湿地面积较单阴极条件下大 1.3 倍，因此模拟废水流经的电化学强化人工湿地面积增大。

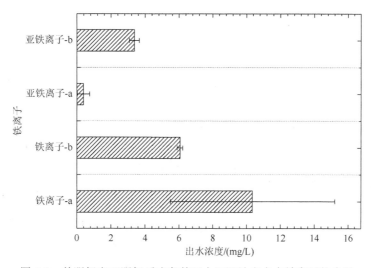

图 5-9   单阴极和双阴极反应条件下人工湿地出水中铁离子的含量

从图 5-8 中也可以看出单阴极 E-HFCWs 出水中磷酸盐-磷浓度为 0.36mg/L，去除率为 64%；双阴极 E-HFCWs 出水中磷酸盐-磷浓度为 0.24mg/L，去除率升高至 76%，其去除率较单阴极电解条件提高 12%。因此，可以通过扩大电化学反应的阴极面积来增加 E-HFCWs 对高浓度硝态氮和低浓度磷酸盐-磷的去除。

2. 电流密度对 E-HFCWs 脱氮除磷效果的影响

对电极的布置方式进行优化后，设定电压为 5V、10V、15V 和 20V 的电解条件，其相对应的电流密度分别为 $0.02mA/cm^2$、$0.04mA/cm^2$、$0.07mA/cm^2$ 和 $0.09mA/cm^2$，在双阴极的电解条件下，电解反应时间均为 4h，分析 E-HFCWs 对各形态氮的去除效果，筛选出最适宜的电流密度。

如图 5-10 所示，当电流密度从 $0.02mA/cm^2$ 提高到 $0.07mA/cm^2$ 时，E-HFCWs 出水中总氮浓度从 14.11mg/L 降低到 7.99mg/L，其总氮去除率不断升高，从 0.03% 增加到 43.38%。而当电流密度从 $0.07mA/cm^2$ 提高到 $0.09mA/cm^2$ 时，E-HFCWs 出水中总氮含量为 7.77mg/L，随着电流密度的进一步升高，其去除率并没有明显提高。因此，在模拟废水中总氮浓度为 14mg/L 的条件下，当水力停留时间为 1d 时，其最适宜的电流密度为 $0.07mA/cm^2$。

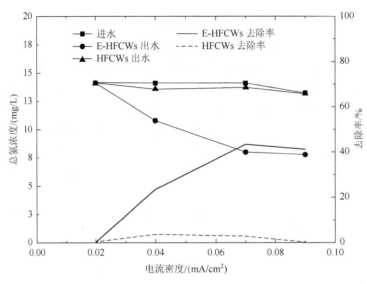

图 5-10　不同电流密度反应条件下进出水中总氮的含量和去除率

E-HFCWs 对硝态氮的去除效果如图 5-11 所示,从图中可知提高电流密度有利于硝态氮的去除。其电流密度从 0.02mA/cm² 提高到 0.07mA/cm² 时,其出水中硝态氮含量从 12.43mg/L 降低至 7.49mg/L,去除率从 5.54% 增加到 44.11%,而当电流密度增长到 0.09mA/cm² 时,其去除率仅增加到了 45.10%。而 HFCWs 对硝态氮的去除率较低,最高仅为 2.63%。因此,E-HFCWs 对硝态氮有较好的去除效果,电解过程中随着电流密度的提高其去除率也不断提高,但是超过 0.07mA/cm² 后其去除效果增加不明显。并且随着电流密度的升高,其副产物 NO_2^--N 和 NH_4^+-N 的含量也会不断升高,从表 5-30 中可以看出,其在 0.09mA/cm² 时出水中 NO_2^--N 和 NH_4^+-N 含量分别增加到 0.127mg/L 和 0.767mg/L 左右。提高电流密度虽然可以增加一定的硝态氮还原量,但是也会产生浓度较高的副产物。因此,综合考虑硝态氮的还原特性和副产物的生成量,0.07mA/cm² 为最优的脱氮电流密度。

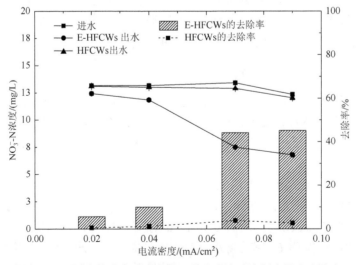

图 5-11　不同电流密度反应条件下进出水中硝态氮含量和去除率

表 5-30　不同电流密度反应条件下进出水中副产物的含量

电流密度/(mA/cm²)	进水（mg/L）		出水 E-HFCWs/(mg/L)		出水 HFCWs/(mg/L)	
	NO_2^--N	NH_4^+-N	NO_2^--N	NH_4^+-N	NO_2^--N	NH_4^+-N
0.02	0.010±0.01	0.418±0.172	0.079±0.002	0.357±0.009	0.010±0.001	0.059±0.012
0.04	0.010±0.001	0.418±0.173	0.088±0.001	0.351±0.009	0.093±0.006	0.063±0.015
0.07	0.010±0.001	0.418±0.173	0.087±0.003	0.556±0.029	0.097±0.021	0.050±0.020
0.09	0.010±0.001	0.214±0.006	0.127±0.001	0.767±0.012	0.083±0.032	0.050±0.010

随着电流密度的增加，E-HFCWs 对磷酸盐-磷的去除效率呈波浪式提高，在进水磷酸盐-磷浓度为 1mg/L 的情况下，电流密度为 0.09mA/cm² 时去除率最高，达到 93%（图 5-12），但是出水中总铁离子（Fe^{2+} 和 Fe^{3+}）含量也不断升高，达到 14.7mg/L（图 5-13）。由于过高的铁离子含量对水体环境会造成一定的影响，因此在电解人工湿地中应选择适当的电流密度条件。

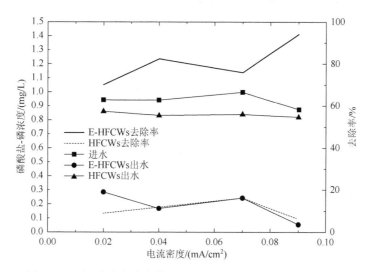

图 5-12　不同电流密度条件下进出水中磷酸盐-磷含量和去除率

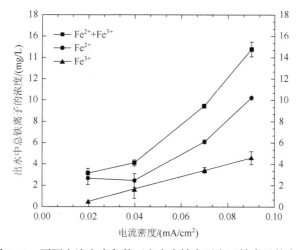

图 5-13　不同电流密度条件下出水中铁离子和亚铁离子的含量

3. 电解时间对 E-HFCWs 脱氮除磷效果的影响

确定其合适的电流密度后,为了了解在该电流密度下不同电解时间对 E-HFCWs 的氮、磷去除效果的影响,设置不同的电解时间研究其对硝态氮和磷酸盐-磷去除效果的影响,结果表明随着电解时间的延长,E-HFCWs 对硝态氮和磷酸盐-磷的去除率不断升高。

从图 5-14 和图 5-15 中可以看出,随着电解时间的延长其高含量的硝态氮和低含量的磷酸盐-磷的含量均呈现下降的趋势。硝态氮的下降速率在电解时间为 2h、4h 时较快,其浓度从 12.90mg/L 降低至 7.31mg/L,再下降到 4.28mg/L,硝态氮的去除率在 4h 时达到66.82%,去除速率为 2.155mg/h。从 4h 到 10h 的试验过程中硝态氮的含量从 4.28mg/L 降低至 1.85mg/L,硝态氮的去除速率为 0.405mg/h,到 10h 时其总去除率为 85.66%。从结果中看出其硝态氮的去除速率在电解反应的前期较快,但由于电解过程中会形成一定量的副产物,随着电解时间的延长,其去除速率降低。因此,应选择对硝态氮和磷酸盐-磷去除率高,同时副产物较少的电解时间。

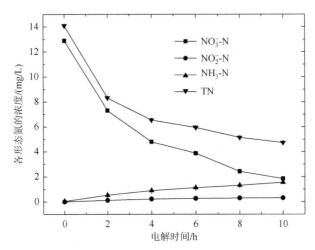

图 5-14 不同电解时间下出水中各形态氮的含量

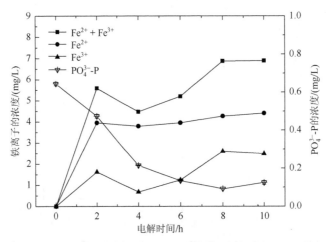

图 5-15 不同电解时间下出水中磷酸盐-磷和铁离子的含量

　　此外，电解时间的延长导致总铁离子含量上升而有利于磷酸盐-磷的去除。从图 5-15 中可以看出，随着电解时间的延长，其出水中总铁离子的含量不断上升，从 2h 的 5.58mg/L 上升到 6.89mg/L（电解时间为 10h）。磷酸盐-磷去除率在电解时间为 8h 时达到 85.94%，10h 时为 80.75%。由于出水中磷酸盐-磷的含量已经较低，因此进一步延长电解时间对磷酸盐-磷的去除贡献不大。

　　随着电解时间的延长，出水中 DO、氧化还原电位（ORP）、pH 和温度的变化情况见表 5-31。从表中可以看出，随着电解时间的延长，DO 从进水的 6.6mg/L 左右下降至 3.45mg/L 左右（电解时间为 10h）；ORP 逐渐降低至（－455±40）mV（电解时间为 10h），pH 升高至 10.35±0.02（电解时间为 10h），温度会随着电解时间的延长有一定程度的升高。

表 5-31　不同电解时间条件下 E-HFCWs 出水中 DO、ORP、pH 和温度的变化

电解时间/h	DO/(mg/L)	ORP/mV	pH	温度/℃
0	6.60±0.21	94±24	6.77±0.02	21.0±0.04
2	6.21±0.32	−133±12	9.43±0.03	21.6±0.01
4	5.49±0.51	−225±23	10.00±0.05	22.0±0.02
6	5.07±0.12	−272±18	10.24±0.03	22.9±0.05
8	4.86±0.13	−394±13	10.30±0.08	23.0±0.03
10	3.45±0.31	−455±40	10.35±0.02	23.1±0.01

4. 水力停留时间对 E-HFCWs 脱氮除磷效果的影响

　　在相同的电流密度（0.07mA/cm²）下，随着模拟废水在 E-HFCWs 中 HRT 的延长，可以有效地提高其对 NO_3^--N 和 TN 的去除率。NO_3^--N 和 TN 的具体变化情况见图 5-16 和图 5-17。在试验的各个 HRT 下其进水的 NO_3^--N 浓度均为 13mg/L，延长 HRT 后，E-HFCWs 出水中的 NO_3^--N 从 10.93mg/L（条件Ⅰ，HRT = 2h）降低到 5.36mg/L（条件Ⅱ，HRT = 4h），又从 4.92mg/L（条件Ⅲ，HRT = 8h）降低到 2.26mg/L（条件Ⅳ，HRT = 12h）。同样地，其去除率也不断的上升，从 15.07%（条件Ⅰ，HRT = 2h）升高到 58.77%（条件Ⅱ，HRT = 4h），又从 62.15%（条件Ⅲ，HRT = 8h）增长到 82.62%（条件Ⅳ，HRT = 12h）。当 HRT 为 8h 时，可以显著地提高 E-HFCWs 对 NO_3^--N 的去除率，而在 HFCWs 对照组中 NO_3^--N 的去除率往往低于 13%，因此，延长 E-HFCWs 的 HRT 有利于模拟污水中 NO_3^--N 的去除。

　　TN 的去除率从条件Ⅰ（HRT = 2h）的 18.2%提高到条件Ⅱ（HRT = 4h）的 58.9%，从条件Ⅲ（HRT = 8h）的 60.4%提高到条件Ⅳ（HRT = 12h）的 75.5%。由于在电解的过程中会有一定含量的 NO_2^--N（试验过程均值 0.005mg/L）、NH_3-N（试验过程均值 0.17mg/L）产生，因此 TN 在各个条件下的去除率略低于 NO_3^--N（图 5-17）。

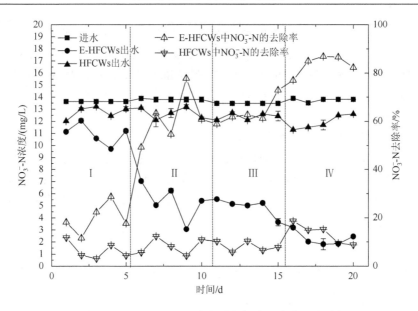

图 5-16　E-HFCWs 进出水中硝态氮含量变化和去除率

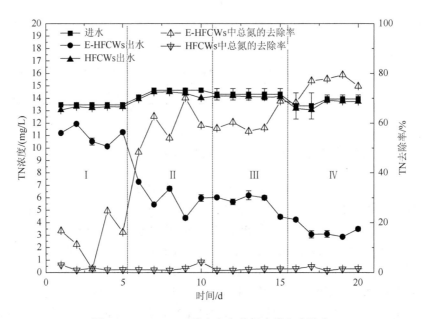

图 5-17　E-HFCWs 进出水中总氮含量和去除率

如图 5-18 所示，随着进水 HRT 的延长，E-HFCWs 出水中 NO_2^--N 和 NH_4^+-N 的浓度不断升高。在 HRT 分别为 2h、4h、8h 和 12h 的电解过程中，出水中 NO_2^--N 浓度分别为 0.06mg/L、0.45mg/L、0.54mg/L 和 0.96mg/L。而在 HFCWs 中，出水中 NO_2^--N 含量始终低于 0.01mg/L。同样地，出水中 NH_4^+-N 浓度分别为 0.18mg/L（条件 Ⅰ，HRT = 2h）、0.31mg/L（条件 Ⅱ，HRT = 4h）、0.37mg/L（条件Ⅲ，HRT = 8h）和 0.38mg/L（条件Ⅳ，HRT = 12h）。

在 HFCWs 中，出水中 NH_4^+-N 含量从 0.13mg/L（条件Ⅰ）增加 0.18mg/L（条件Ⅱ）、0.17mg/L（条件Ⅲ）和 0.23mg/L（条件Ⅳ），其含量相对于 E-HFCWs 出水中的均较低。

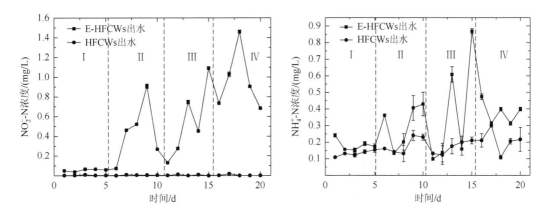

图 5-18　不同 HRT 时 E-HFCWs 出水中 NO_2^--N 和 NH_4^+-N 的含量变化

通过分析 HRT 的变化对 NO_3^--N 和 TN 的去除的影响发现，HRT 的延长可以显著地提高 TN 的去除率，但是 HRT 超过 8h 后 TN 的去除率提高有限，并且电解过程中产生的副产物量也会增加。因此，综合考虑 NO_3^--N 的去除与副产物的生成量之间的关系后得出，在电解电流密度为 $0.07mA/cm^2$ 时，E-HFCWs 处理模拟污水的较适宜的 HRT 为 8h。

人工湿地中氮的去除主要是微生物作用、基质沉淀、化学吸附和植物吸收等作用的综合过程。微生物的硝化和反硝化过程是湿地中氮去除的主要途径。在本节研究中，NO_3^--N 可以在较短的 HRT 内（HRT = 12h，NO_3^--N 去除率 = 84%）通过电化学反硝化反应去除，铁电极的电化学还原作用在其去除过程中发挥了重要的作用。铁电极的电化学还原作用已有报道，有研究学者在独立的反应槽中利用铁作为阴极、Ti/IrO_2-Pt 作为阳极进行 NO_3^--N 的电化学还原，结果发现在中性含有氯化钠的电解质中其 NO_3^--N 的还原具有较强的选择性，可以将 NO_3^--N 转化为氮气，且副产物产量较低。另外，随着电流密度的提高其去除率不断升高，但是为了保证处理效果，往往采用较大的电流密度，常常大于 $10mA/cm^2$。由于本试验将电极布置在人工湿地中，电流密度较小，仅为 $0.07mA/cm^2$，因此将电解反应引入人工湿地可以有效地降低电解反应的电耗。

前人的研究成果和本节试验的研究成果均发现用铁作为阴极有利于 NO_3^--N 的电化学还原。除了电化学还原去除 NO_3^--N 之外，在电解过程中还会在阴极产生一定量的氢气，该氢气可以作为氢自养反硝化微生物的能量来源，用于去除 NO_3^--N。因此，该过程中 NO_3^--N 的去除是一个生物催化过程和电化学催化过程的综合过程。

随着 HRT 的延长 E-HFCWs 对 PO_4^{3-}-P 的去除量不断增加，其出水含量和去除率见图 5-19。在整个试验过程中，进水的 PO_4^{3-}-P 浓度为 1mg/L。当 HRT 从 2h 延长到 12h 时，其出水中 PO_4^{3-}-P 浓度从 0.18mg/L 降低至 0.05mg/L，PO_4^{3-}-P 去除率从 68% 提高至 95%。而对照组 HFCWs 中由于无电解系统，PO_4^{3-}-P 浓度仅从 0.66mg/L 降低至约 0.57mg/L，且在整个试验过程中 PO_4^{3-}-P 的去除率均低于 45%。因此，铁电极作为阳极可以有效地提高

PO_4^{3-}-P 的去除率。本试验进一步表明了牺牲阳极法可以有效地提高人工湿地对 PO_4^{3-}-P 的去除率。

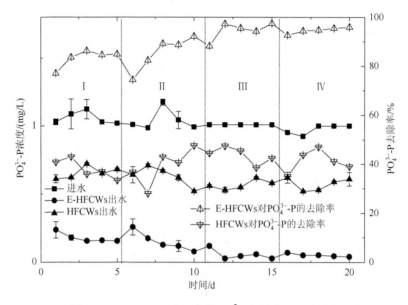

图 5-19 E-HFCWs 进出水中 PO_4^{3-}-P 的含量和去除率

E-HFCWs 出水中铁离子的含量检测结果如图 5-20 所示，其出水中 Fe^{2+} 在不同 HRT 条件下的含量分别为 1.87mg/L（条件Ⅰ，HRT = 2h）、1.31mg/L（条件Ⅱ，HRT = 4h）、1.62mg/L（条件Ⅲ，HRT = 8h）和 2.56mg/L（条件Ⅳ，HRT = 12h）；Fe^{3+} 的含量分别为 3.16mg/L（条件Ⅰ，HRT = 2h）、7.64mg/L（条件Ⅱ，HRT = 4h）、6.81mg/L（条件Ⅲ，HRT = 8h）和 14.2mg/L（条件Ⅳ，HRT = 12h）。从结果中可以看出 E-HFCWs 在各个 HRT 条件下出

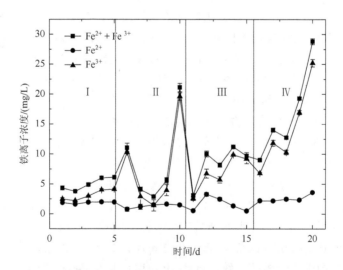

图 5-20 E-HFCWs 出水中铁离子的含量

水中 Fe^{3+} 的含量略高于 Fe^{2+}。电解产生的铁离子可以有效地提高 E-HFCWs 对 PO_4^{3-}-P 的去除率，但是水体中其含量过高会产生一定的影响。前人的研究表明原位曝气可以有效地促进铁离子的沉淀，从而减弱其金属的毒害作用。

由于电解过程中产生一定量的 Fe^{2+}，其较容易氧化生成 Fe^{3+}，此氧化过程会导致出水的理化指标的变化。从对 DO 的检测结果（表 5-32）中可以看出，水体中氧含量不断下降，出水中 DO 从（5.75±1.80）mg/L（条件Ⅰ，HRT=2h）下降到（2.26±0.65）mg/L（条件Ⅳ，HRT=12h）。同时电解产生的 Fe^{2+} 的含量增加也会导致 ORP 的下降，从表 5-32 中可以看出，ORP 从（14.2±128.97）mV（条件Ⅰ，HRT=2h）下降到（−33.6±100.06）mV（条件Ⅱ，HRT=4h）、（−322.2±109.65）mV（条件Ⅲ，HRT=8h），最后下降到（−346±79.80）mV（条件Ⅳ，HRT=12h）。但是由于电解的作用，随着 HRT 的延长，E-HFCWs 出水的 pH 不断升高，从 8.16±0.29（条件Ⅰ，HRT=2h）升高到 9.97±0.64（条件Ⅳ，HRT=12h）。

表 5-32　不同 HRT 条件下 E-HFCWs 出水中 pH、DO、ORP 和温度的变化

水样	时期	pH	DO/(mg/L)	ORP/mV	温度/℃
进水	Ⅰ	7.09±0.04	9.34±0.18	339.6±8.00	19.38±0.04
	Ⅱ	7.43±0.26	9.04±0.07	357.2±14.76	21.30±0.27
	Ⅲ	7.09±0.06	9.40±0.42	369.8±4.02	18.50±1.26
	Ⅳ	7.35±0.04	8.20±0.66	381.8±17.53	17.88±1.08
HFCWs 出水	Ⅰ	7.13±0.07	6.24±0.24	319.3±12.01	19.08±0.03
	Ⅱ	7.53±0.16	6.04±0.09	321.2±16.76	21.13±0.17
	Ⅲ	7.59±0.39	5.30±0.62	346.8±24.02	18.20±1.06
	Ⅳ	7.65±0.14	4.10±0.76	361.8±14.53	17.48±0.08
E-HFCWs 出水	Ⅰ	8.16±0.29	5.75±1.80	14.2±128.97	19.86±1.35
	Ⅱ	9.76±0.29	5.91±1.03	−33.6±100.06	21.76±0.43
	Ⅲ	9.88±0.26	3.09±1.23	−322.2±109.65	19.44±1.07
	Ⅳ	9.97±0.64	2.26±0.65	−346.0±79.80	18.20±1.02

注：数据用±表示标准差

从对 E-HFCWs 出水水质理化指标的分析结果可以看出，相对于对照组 HFCWs，电解过程会导致人工湿地形成一个相对碱性、厌氧的、温度略高的微环境。其碱性的环境有利于人工湿地中微生物的硝化作用，而其厌氧的高温环境会提高微生物的反硝化活性。因此，在 E-HFCWs 床体中电解作用导致的微环境变化对氮素的去除也有一定的促进作用。

总之，电极的布置方式会影响 E-HFCWs 中氮、磷的去除。当采用双阴极的布置方式时，其阴极反应面积增加了 1 倍，同时去除氮、磷的湿地面积也增加了 1.3 倍，因此在相同的电流密度下，在电解时间为 4h、HRT 为 1d 的情况下，硝态氮去除率为 44.6%，而单阴极 E-HFCWs 对其的去除率仅为 23.4%。双阴极 E-HFCWs 对磷酸盐-磷的去除率为 76%，而单阴极 E-HFCWs 对磷酸盐-磷的去除率仅为 64%。因此，使用双阴极的电极布置方式能够显著地提高人工湿地去除氮、磷的效果。不同电流密度对 E-HFCWs 硝态氮和磷酸盐-磷

去除率的影响试验结果表明，随着电流密度的升高，E-HFCWs 对硝态氮的去除率显著升高，但是电流密度高于 0.07mA/cm² 后，其去除率增加量相对较小，且副产物产生量明显增加；电流密度的升高虽然能逐渐提高磷酸盐-磷的去除率，但电流密度过高会产生过量的铁离子，导致水体的二次污染。因此，综合考虑各种因素，选择电解反应的电流密度为 0.07mA/cm² 较为适合。当电流密度为 0.07mA/cm² 时，电解时间的延长会显著促进 E-HFCWs 对硝态氮和磷酸盐-磷的去除，其硝态氮的去除速率在电解反应的初期较快，在电解时间为 4h 时，硝态氮去除速率为 2.155mg/h，而在电解时间为 4h～10h 过程中仅为 0.405mg/h。硝态氮的电化学还原可使硝态氮浓度降低至 1.85mg/L。E-HFCWs 对磷酸盐-磷的去除率也随着电解时间的延长而不断升高，最高可达 85.94%，磷酸盐-磷浓度低至 0.09mg/L。另外电解时间对出水中 DO、ORP、pH 和温度也有一定的影响。随着电解时间的延长，其 DO 逐渐下降，ORP 低至（−455±40）mV，pH 升高至（10.35±0.02），温度由于电解的作用也有一定程度的升高，这些微环境的改变有利于促进人工湿地微生物的脱氮除磷过程。在电流密度为 0.07mA/cm² 的情况下，E-HFCWs 中 HRT 的延长可有效地提高硝态氮和磷酸盐-磷的去除效率，在 HRT 为 12h 时，其出水中硝态氮去除率为 84%，总氮去除率为 75.5%，同时电解过程中产生的副产物亚硝酸盐和氨氮浓度也有一定程度的升高。在 HRT 为 12h 时，磷酸盐-磷的去除率为 95%，HRT 为 8h 时为 94.49%。结合其铁离子含量和副产物的生成情况，选择 HRT 为 8h 较为合理。

从电耗的角度进行分析，在 HRT 为 4h 时，单位总氮去除量的最低电耗为 0.026kW·h/g，在 HRT 为 2h 时，单位磷酸盐-磷去除量的最低电耗为 0.112kW·h/g。因此，在利用电化学法去除氮、磷的过程中必须综合考虑氮、磷去除率与电耗之间的关系。基于 16S rDNA，对 E-HFCWs 基质表面细菌群落结构进行分析，结果发现电解会影响基质中细菌群落结构的组成和多样性。电解使细菌群落主要为 β-proteobacteria，其门和属数量较对照组呈现一定的减少的趋势，但是其中的 *Hydrogenophaga* 属细菌和 Xanthomonadaceae 科细菌含量增加，它们分别是自养反硝化微生物，以氢、铁硫作为电子供体进行生长。因此电解作用有利于基质生物膜中自养反硝化微生物的生长和繁殖，从而使 E-HFCWs 对有机物含量较低的污水具有很好的脱氮效果。

（二）电解-生物质炭水平潜流人工湿地强化脱氮除磷研究

为了进一步优化电解联合人工湿地的脱氮除磷效果，在人工湿地基质中添加吸附材料——生物质炭，生物质炭可以作为电解过程中产生的铁离子的吸附材料，同时实现了生物质炭的原位电化学铁改性。通过在室内构建电解强化生物质炭水平潜流人工湿地（electrolysis-biochar horizontal subsurface constructed wetland systems，E-B-HFCWs）装置，进一步分析探索电化学反应体系与生物质炭人工湿地联合作用后，其强化脱氮除磷效果，以及电化学反应的电耗下降程度。对湿地中生物质炭的表观和改性特性，氮、磷去除能力，以及与电流密度的关系，出水的基本理化指标，副产物的生成情况及电耗进行了相应的分析，同时对湿地植物的生长指标和生理指标进行测定，分析电解对湿地植物的影响；对生物质炭表面的微生物群落结构也进行了相关的分析，为电解强化人工湿地的进一步应用提供了相关的理论依据。

电解强化生物质炭水平潜流人工湿地装置由有机玻璃构成，长 67cm，高 31cm，宽 30cm（图 5-21），填料为生物陶粒层（直径 3～6mm），体积比为 25%，石英砂层（直径 2～4mm），体积比为 25%，生物质炭为竹炭，粒径 1～7mm，体积比为 50%。竹炭为竹子在控制氧气的条件下先烧制 3d 左右，然后在充足氧的 800℃条件下烧制若干小时后，使其自然冷却。将填料混合均匀后添加于有机玻璃装置中，基质有效高度为 20cm，有效容积为 20L，湿地种植西伯利亚鸢尾，其为含有根状茎的种苗，种植密度为 74 株/m²。

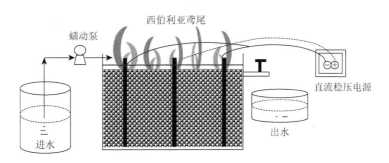

图 5-21　电解强化生物质炭水平潜流人工湿地装置示意图

湿地内部垂直布置铁电极，其铁电极为长 250mm、宽 175mm、厚 0.2mm 的铁板，阳极和阴极均为铁电极，电极的布置方式为"三明治状"，中间为阳极，阳极两侧布置阴极。电极之间的板间距为 16cm，电极平均分布在水平潜流湿地中，电极反应的表面积共为 0.24m²，电极表面均匀分布直径 1cm 的孔（孔中心到孔中心的间距为 3cm），以便于模拟废水流过。直流稳压电源供给直流电。电解后进行 15min 的磷沉淀反应，然后测定其中的营养盐指标和其他理化指标。试验开始之前先进行 15d 进水驯化，使湿地基质表面形成生物膜，水生植物适应环境并开始生长。

模拟废水的 HRT 为 1d，模拟废水的氮、磷含量和浓度主要以污水处理厂尾水为参考依据。污水浓度设计：PO_4^{3-}-P 为 0.5mg/L，使用磷酸二氢钾（分析纯）进行配制，NO_3^--N 为 15mg/L，使用硝酸钾（分析纯）进行配制，NH_3-N 为 2mg/L，使用氯化铵（分析纯）进行配制，化学需氧量设定为 50mg/L，使用乙酸钠（分析纯）进行配制，并添加适量的微量元素。同时，设置不添加电化学反应体系的对照湿地（B-HFCWs）来反映 E-B-HFCWs 的变化趋势。

1. E-B-HFCWs 脱氮除磷研究

（1）E-B-HFCWs 中氮转化和去除研究。

将电解反应与生物质炭水平潜流人工湿地联合作用后，可以显著提高人工湿地对总氮的去除效果。从运行的 5 个试验条件可以看出，在前期的第 1 和第 2 试验条件下两组湿地对总氮和硝态氮的去除效果差异不明显（图 5-22～图 5-25）。从对照组 B-HFCWs 的结果中可以看出，其湿地基质生物质炭对硝态氮的吸附作用在第 2 试验条件时达到最大，去除率为 60.87%。

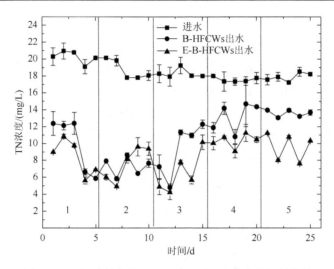

图 5-22　不同电解条件下 E-B-HFCWs 出水中总氮的含量

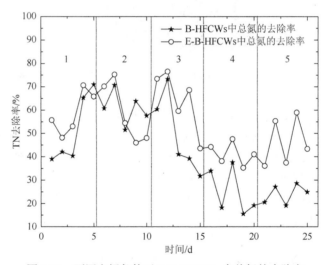

图 5-23　不同电解条件下 E-B-HFCWs 中总氮的去除率

　　生物质炭是富含碳的生物质在无氧或缺氧条件下经过高温裂解生成的一种具有高度芳香化、富含碳素的多孔固体颗粒物质，具有丰富的孔隙结构、较大的比表面积且表面含有较多的含氧活性基团，可以作为土壤中多种污染物质的吸附剂。将生物质炭施入土壤之后可以减少其中硝态氮的流失，生物质炭对氮、磷的吸附去除作用也受到了极大的关注。

　　但是随着 B-HFCWs 运行时间的延长其基质生物质炭的吸附能力逐渐变弱，硝态氮在条件 4（电流密度 = 0.021mA/cm^2，电解时间 = 12h）时的去除率为 49.12%，而在条件 5（电流密度 = 0.021mA/cm^2，电解时间 = 24h）时仅为 24.93%。相比于 B-HFCWs，由于 E-B-HFCWs 中具有电解系统，对硝态氮的去除率在条件 3（电流密度 = 0.021mA/cm^2，电解时间 = 6h）、条件 4（电流密度 = 0.021mA/cm^2，电解时间 = 12h）、条件 5（电流密度 = 0.021mA/cm^2，电解时间 = 24h）分别较对照组高 15.18%、16.31%和 22.12%。从结果中可以看出，随着试验时间的延长，E-B-HFCWs 较对照组去除总氮和硝态氮的效果好，B-HFCW 在第 20～25 天时对总氮的去除率约为 24.09%，而 B-E-HFCWs 约为 46.20%。

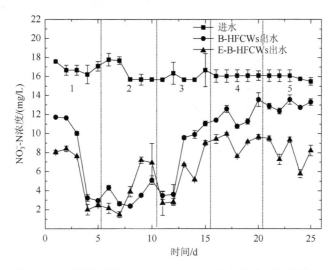

图 5-24　不同电解条件下 E-B-HFCWs 出水中硝态氮的含量

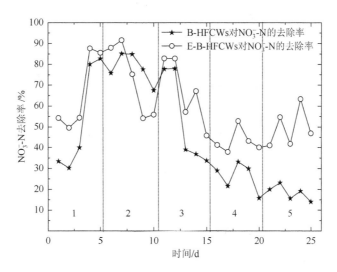

图 5-25　不同电解条件下 E-B-HFCWs 中硝态氮的去除率

E-B-HFCWs 对硝态氮具有较好的去除效果，生物质炭吸附铁离子后，实现了生物质炭的原位铁改性，改性后的生物质炭吸附硝态氮的能力得到提高。研究发现，生物质炭经过 Mg-Fe 双层氢氧化物的改性作用后，其吸附硝态氮的能力是 24.8mg/g；低温烧制的小麦秆炭经过 $FeCl_3$ 改性之后，其吸附硝态氮和磷酸盐-磷的能力提高了，其生物质炭表面活性物质为非结晶的 FeOOH。

从图 5-24 中也可以看出，E-B-HFCWs 对硝态氮的去除能力优于 B-HFCWs，其主要的原因：一是铁阴极的还原作用促进了硝态氮的转化；二是生物质炭的原位电解铁改性使其吸附硝态氮的能力升高。从结果中可以看出 15～25 天的试验过程中对照组的吸附作用不是很高，而 E-B-HFCWs 对总氮的去除效果较对照组高。

如图 5-26 所示，在试验过程中 B-HFCWs 和 E-B-HFCWs 均出现亚硝酸盐含量升高的情况，主要原因是在湿地运行过程中其生物质炭表面的生物膜不断形成，使其微生物的硝化作用和反硝化作用不断增强，导致其出水中亚硝态氮含量的升高。此外，B-HFCWs 中的溶解氧含量相对 E-B-HFCWs 高，这种环境有利于氨氮的硝化作用。在第 1～5 天的试验过程中，E-B-HFCWs 出水中的亚硝酸盐含量呈现出较高的水平，但是随着电解过程中电流密度的降低，其出水中的亚硝态氮浓度逐渐降低。亚硝态氮含量较高的原因可能是：①电解还原过程中的中间产物；②微生物的硝化过程和反硝化过程的中间产物。与 B-HFCWs 的比较分析可以得知，E-B-HFCWs 中亚硝态氮含量较高的主要原因是电解作用。

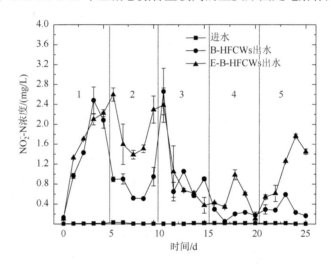

图 5-26　不同电解条件下 E-B-FCWs 出水中亚硝态氮的含量

从以上结果可以得出，如何降低亚硝态氮在 E-B-HFCWs 中的浓度也是未来需要解决的问题之一；另外生物质炭自身作为第三极导电粒子，在较高的电流密度下，其表面会形成较弱的电场，其存在是否影响生物质炭对硝态氮的吸附作用和电化学还原作用需要进一步探索；生物质炭与铁离子的存在会形成铁碳微电解反应体系，其与电化学的反应体系之间的关系是如何的，以及生物质炭是否会影响铁的价态之间的转变等也需要做进一步的探索。

氨氮是废水中另一种主要的氮素营养盐，生物质炭对氨氮具有一定的吸附作用，其对各形态氮的吸附研究已经受到了国内外学者的广泛关注。对比生物质炭对硝态氮的吸附量，研究学者对氨氮的吸附量的研究相对较少。国外有学者利用玉米、橡树等材料制备生物质炭并对氨氮进行吸附研究。李飞跃等（2019）在 500℃下制备的稻壳生物质炭的氨氮吸附量为 6.51mg/g。水生植物芦竹也被制备成生物质炭并研究其吸附氨氮的效果，最大的吸附量为 1.490mg/g。

图 5-27 和图 5-28 分别为氨氮浓度和去除率的变化情况。在整个试验过程中进水中氨氮的浓度均为 2mg/L，在 E-B-HFCWs 中氨氮可以通过微生物的硝化和反硝化作用、电化学的氧化作用、湿地基质的吸附作用、氨氮的挥发作用等协同作用去除。在整个试验过程

中 B-HFCWs 对氨氮的去除率均值为 89.03%。生物质炭对氨氮的去除效果较好。添加电解反应系统的 E-B-HFCWs 出水中的氨氮浓度在前期的第 3～8 天突然升高，这可能是电解过程中产生的副产物导致了氨氮浓度的升高。随着电流密度从 0.080mA/cm^2 降低到 0.021mA/cm^2，其出水中氨氮的浓度迅速降低，在第 11～25 天氨氮的去除率均值为 92.69%，和对照组 B-HFCWs 相比，二者的差别不大。

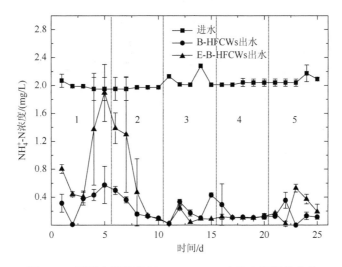

图 5-27 不同电解条件下 E-B-HFCWs 出水中氨氮的含量

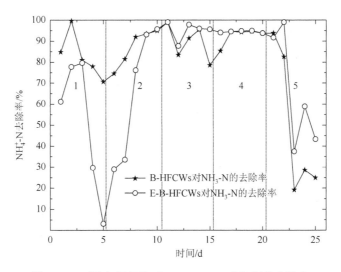

图 5-28 不同电解条件下 E-B-HFCWs 中氨氮的去除率

（2）E-B-HFCWs 的除磷研究。

E-B-HFCWs 中的磷通过生物质炭对磷的吸附、电化学絮凝沉淀、植物和微生物吸收作用等共同去除。从图 5-29 和图 5-30 中可以看出，生物质炭对磷具有一定的吸附能力，从 B-HFCWs 出水中 PO_4^{3-}-P 的含量曲线可以看出，其吸附能力在第 1～5 天从 11.10%上升到

43.48%，到第 6～10 天就从 32.05%下降到 27.25%。从第 13 天就开始出现磷的二次释放问题，使得出水中 PO₄³⁻-P 的浓度高于进水，到第 21～25 天其去除率均值仅为 26.96%。

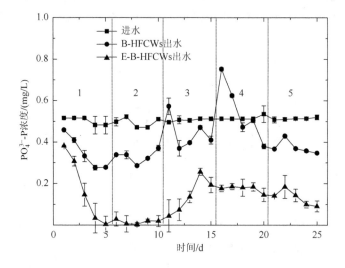

图 5-29 不同电解条件下 E-B-HFCWs 出水中磷酸盐-磷的含量

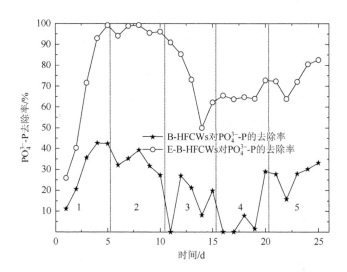

图 5-30 不同电解条件下 E-B-HFCWs 中磷酸盐-磷的去除率

在 E-B-HFCWs 运行过程中，随着电解过程中铁离子的不断解离，磷的去除率不断增加，从第 1～5 天的 25.92%提高到 92.93%。在第 11～15 天（电流密度 = 0.021mA/cm²，电解时间 = 6h）将电解过程中的电流密度降低后，其去除率仍高达 72.27%。当延长电解时间为 12h（第 16～20 天）和 24h（第 21～25 天）后，其去除率从 66.11%增加到 74.24%。电解时间的延长有利于 PO₄³⁻-P 的去除，生物质炭吸附铁离子之后，其对 PO₄³⁻-P 的吸附能力也会提高。

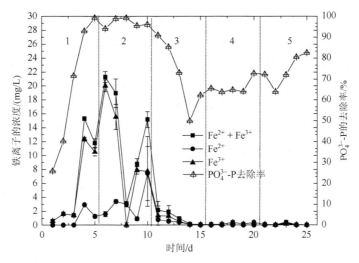

图 5-31　不同电解条件下 E-B-HFCWs 出水中铁离子的含量

从图 5-31 中可以看出，添加生物质炭作为人工湿地的基质后其出水中铁离子的含量明显降低，在第 11～25 天的试验过程中，其出水的总铁含量均低于 1mg/L，而磷酸盐-磷的去除率依然在 60% 以上。活性炭被用来去除地下水中的铁锰物质。本节研究将生物质炭加入人工湿地中与电解作用联合，结果显示铁阳极的电解过程中产生的铁离子会被生物质炭吸附，生物质炭可以有效地去除水体中的磷酸盐-磷和铁离子，使其在出水中的含量大大降低。

2. E-B-HFCWs 对 COD 的去除效果

E-B-HFCWs 和 B-HFCWs 出水中 COD 的含量见图 5-32。其水体中 COD 的去除主要是通过生物质炭的吸附、微生物的吸收转化、电解的氧化作用等完成的，同时 E-B-HFCWs 中含有亚硝酸盐、亚铁盐等无机物，会消耗其中的溶解氧。因此，通过测定 COD 的含量可以分析电解作用与生物质炭基质的吸附作用对还原性物质的去除效果。从图 5-33 中可以看

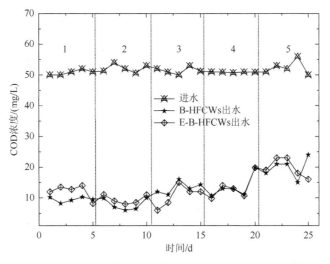

图 5-32　不同电解条件下 E-B-HFCWs 出水中 COD 的含量

出，第 1～5 天（电流密度 = 0.08mA/cm²，电解时间 = 6h）E-B-HFCWs 对 COD 的去除率为 76.12%，对照组 B-HFCWs 的去除率为 81.32%。E-B-HFCWs 出水中 COD 含量略高的主要原因是其出水中亚硝酸盐、亚铁离子含量较高。随着电解反应过程中电解时间的缩短，其出水的 COD 去除率在第 6～10 天（电流密度 = 0.08mA/cm²，电解时间 = 4h）上升至 81.75%。第 11～15 天（电流密度 = 0.021mA/cm²，电解时间 = 6h）、第 16～20 天（电流密度 = 0.021mA/cm²，电解时间 = 12h）和第 21～25 天（电流密度 = 0.021mA/cm²，电解时间 = 24h）E-B-HFCWs 和 B-HFCWs 对 COD 的去除率差别较小，均略有下降，但均高于 60%。

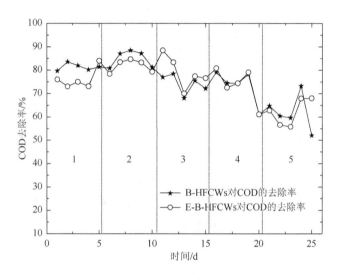

图 5-33　不同电解条件下 E-B-HFCWs 中 COD 的去除率

3. E-B-HFCWs 出水的理化指标分析

如表 5-33 所示，生物质炭填充于人工湿地后，E-B-HFCWs 和 B-HFCWs 出水的 pH 均出现升高的趋势，pH 升高会影响水体中微生物的活性及氮磷营养盐的形态。pH 升高有利于水体中铵根离子向气态氨氮进行转变，有利于氨氮的挥发，同时会促进硝化微生物的硝化作用，促进氨氮的微生物转化。B-HFCWs 出水中的 DO 含量为 2～5mg/L，较 E-B-HFCWs 略高。在 E-B-HFCWs 中，电解过程会产生 Fe^{2+} 和 Fe^{3+}，生物质炭对各形态铁离子的吸附作用，以及亚硝态氮的含量等均会影响出水中 ORP 的数值。在第 1～10 天电流密度为 0.080mA/cm² 的电解条件下，ORP 呈现上升的趋势，在电流密度下降为 0.021mA/cm² 时（第 11～25 天），电流密度的降低使 E-B-HFCWs 出水中 ORP 略升高。

E-B-HFCWs 出水的色度与水体中铁离子的含量直接相关。当第 16～20 天（电流密度 = 0.021mA/cm²，电解时间 = 12h）、第 21～25 天（电流密度 = 0.021mA/cm²，电解时间 = 24h）电流密度较第 1～11 天降低时，其出水的色度先降低；同时由于 E-B-HFCWs 中电极的电解作用会产生一定的余热，其出水中的温度也较对照组 B-HFCWs 有一定程度的升高。总之，生物质炭填充人工湿地后，会影响湿地的 pH 环境和 DO 含量，而经过电解作用之后，其微环境又有了一定程度的变化。

表 5-33 不同电解条件下 E-B-HFCWs 出水的理化指标的变化

样品	阶段	pH	DO/(mg/L)	ORP/mV	温度/℃	色度
B-HFCWs	1	8.64±0.26	2.71±0.35	4.60±1.45	15.48±1.51	90.20±30.31
	2	9.62±0.63	5.22±1.51	58.20±42.80	15.06±1.08	26.20±2.06
	3	8.48±0.33	4.11±1.52	75.60±39.43	16.02±2.77	24.60±11.45
	4	8.72±0.08	3.55±1.13	95.80±27.44	19.62±3.19	34.40±10.29
	5	8.72±0.08	3.52±1.12	99.80±20.14	21.06±1.89	36.20±10.29
E-B-HFCWs	1	9.62±0.63	2.44±1.30	−284.60±157.32	16.68±1.08	358.60±28.53
	2	7.89±0.51	1.25±0.91	−247.60±139.60	16.14±1.11	416.40±52.01
	3	8.04±0.79	1.94±1.01	−33.4±162.84	17.26±2.34	127.00±18.78
	4	8.74±0.16	1.50±0.13	23.77±15.23	20.76±2.89	41.60±9.50
	5	8.75+0.16	1.51±0.12	35.00±23.67	21.66±1.89	57.10±9.50

4. E-B-HFCWs 电耗分析

电耗是 E-B-HFCWs 对氮、磷污染物的去除效果的参考依据。从图 5-34 中可以看出，E-B-HFCWs 在第 11～15 天（电流密度＝0.021mA/cm^2，电解时间＝6h）时其氮、磷去除的电耗最低，这可能是其中生物质炭的吸附作用导致去除率的升高。总氮的电耗从高到低依次是第 11～15 天（0.01kW·h/g）＜第 16～20 天（0.02kW·h/g）＜第 21～25 天（0.03kW·h/g）＜第 6～10 天（0.04kW·h/g）＜第 1～5 天（0.05kW·h/g）；E-B-HFCWs 对磷酸盐-磷去除的电耗从小到大依次是第 11～15 天（0.21kW·h/g）＜第 16～20 天（0.44kW·h/g）＜第 6～10 天（0.81kW·h/g）＜第 16～20 天（0.92kW·h/g）＜第 1～5 天（2.23kW·h/g）。可见，生物质炭作为湿地基质填充于电解人工湿地之后，其原位吸附氮磷等污染物，以及生物质炭的导电特性等有利于降低电解反应需要的电耗，且有利于污染物的高效去除。

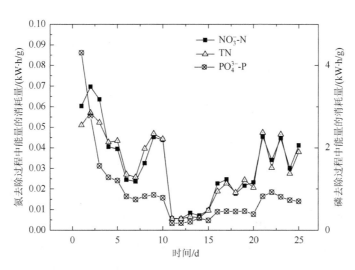

图 5-34 试验过程中 TN、NO$_3^-$-N 和 PO$_4^{3-}$-P 去除量能耗计算

5. E-B-HFCWs 基质对污染物去除影响的研究

为了了解生物质炭经过电解作用之后其表面特征和金属元素成分含量的变化,采用扫描电子显微镜和能谱分析,利用相同的放大倍数对生物质炭使用前后进行了表面微观缺陷的观察比较,并定量分析了 E-B-HFCWs 中生物质炭表面吸附的铁离子含量。

(1) 基质电镜观察。

试验前生物质炭(竹炭)的表面结构见图 5-35,从图中可以看出其表面具有较多的孔隙结构,符合其比表面积较大的特点,同时其孔隙结构不仅有利于微生物的附着和生长,也有利于对营养盐的吸附。从试验结束后 B-HFCWs 的生物质炭表观结构可以看出,其孔隙结构依然明显,表面生长的微生物膜不会影响其孔隙结构,因此将生物质炭作为湿地基质有利于提高湿地中水流的畅通性,不易造成堵塞。电解之后的生物质炭表面结构变化不大(图 5-36 和图 5-37),推测电解作用及吸附铁离子对其结构影响不大,其孔隙结构依然清晰。因此,电解作用、生物膜的生长和吸附污染物均对生物质炭的孔隙结构无影响,生物质炭作为湿地基质既可以提高污染物的去除率,又可以提高湿地水流的畅通性,不易造成堵塞。

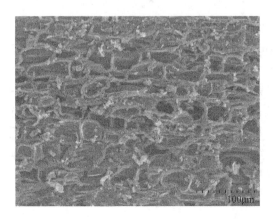
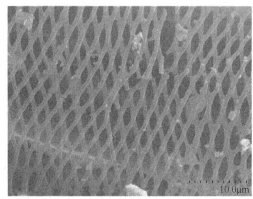

图 5-35　试验前的生物质炭样品

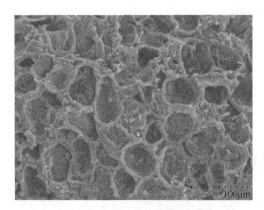
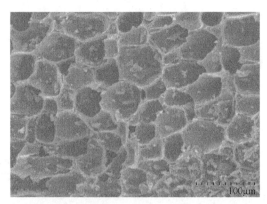

图 5-36　B-HFCWs 生物质炭(试验后)　　　图 5-37　E-B-HFCWs 生物质炭(试验后)

（2）基质铁碳比分析。

生物质炭的孔隙结构可以有效吸附电解过程中产生的铁离子，对生物质炭表面吸附的铁离子含量进行分析得出，其铁碳质量比为 1：12。其表面吸附的铁离子量远远低于使用化学改性法吸附的铁离子量。因此，在 E-B-HFCWs 中利用生物质炭吸附电解过程中产生的铁离子是切实可行的。利用化学改性法使用的化学试剂浓度比较高，如潘经健等（2014）使用 0.3mol/L 的硝酸铁改性生物质炭。化学改性法会产生大量的废液，而原位电化学改性生物质炭可以有效减少化学污染物的产生，利于生物质炭的进一步工程化应用。

6. 电解对大型水生植物生长的影响研究

（1）电解对植物生长指标的影响。

电解作用对植物的生长发育的影响是综合的，国内外学者主要研究静电场对植物生理及土壤生物性质的影响。其中，一部分工作主要是研究静电场处理作物种子和静电场对植株生长宏观参数的影响；另一部分研究是静电场调节植物光合作用方面的影响（曹伍林和宋琦，2014）。通过对两组湿地植物的生长指标的比较可以看出，电解作用后植物的根系长及单株鲜重均大于对照组，但是其植物株高和含水率略低于对照组（表 5-34），因此电解对湿地植物的生长的影响是综合的。

表 5-34　两组试验湿地中植物生长指标的比较

样品	株高/cm	分枝数/个	根系长/cm	单株鲜重/g	单株干重/g	含水率/%
B-HFCWs	39.52±8.4	1.2±1	12.4±2.47	18.71±10.4	4.34±2.9	76.12±12
E-B-HFCWs	36.18±6.23	1.67±1.03	13.53±3.6	25.22±14.1	7.36±5.7	71.75±6

（2）电解对植物生理生化指标的影响。

电解对植物生理生化指标的影响见表 5-35，从中可以看出 B-HFCWs 组植物的叶绿素含量高于 E-B-HFCWs 组。SOD 是一种源于生命体的活性物质，能消除生物体在新陈代谢过程中产生的有害物质，从结果来看，经过电解作用后植物体内提取粗酶液中的 SOD 含量升高，但是植物体内的 MDA 含量却较对照组 B-HFCWs 低。对比植物体内的蛋白质含量，电解作用后湿地植物体的蛋白质含量有了一定程度的提高，这可能是由于植物对电解环境的一种适应。另外在 E-B-HFCWs 中氮、磷含量也较 B-HFCWs 低，其营养盐含量较低也会影响植物的生长。因此，电解对湿地植物的影响是复杂的，经过长时间的电解作用之后，湿地植物生长较慢，表观矮壮。

表 5-35　两组试验湿地中植物生理生化指标的比较

植株样品	叶绿素/(mg/L)	SOD/(U/g 组织鲜重)	MDA/(nmol/mg)	蛋白质含量/(mg/mL)
B-HFCWs	2.07±0.94	199.55±9.89	7.05±2.51	0.49±0.08
E-B-HFCWs	1.73±1.04	212.17±36.40	4.44±0.31	0.63±0.08

（3）植物根表铁膜的研究。

许多水生植物的根系表面及其根际微环境都具有形成铁氧化物胶膜（以下称铁膜）的能力，根表铁膜是植物适应水生环境和其他环境胁迫的重要机制之一。大量的研究证明铁膜在植物吸收有益营养元素和有害元素中起到了重要的作用，因此水生植物被广泛地应用于人工湿地中污水的处理。

植物根表铁膜多分布在周皮、外皮层和内皮层，而在皮层和薄壁组织中铁膜分布较少。从图 5-38 和图 5-39 中可以看出，B-HFCWs 中根表的细胞清晰可见，无变形、未受破坏；在 E-B-HFCWs 中可见毛细根的表皮有一定程度的凹陷，这可能是其水体中铁元素含量较高，在根表发生沉淀而引发的。

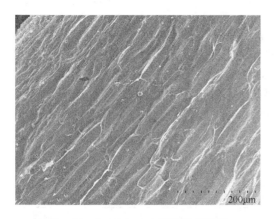 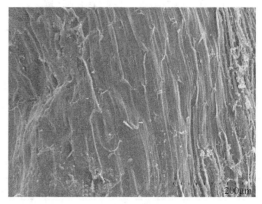

图 5-38　B-HFCWs 中植物的毛细根　　　　　图 5-39　E-B-HFCWs 中植物的毛细根

对两组湿地植物毛细根进行 EDS 能谱分析的结果见图 5-40、图 5-41 和表 5-36，其中 B-HFCWs 毛细根的元素分析中无铁元素的存在，而在 E-B-HFCWs 中存在 1.4%（质量分数，后同）的铁元素，且还含有铝（0.71%）、铜（0.62%）。这可能是由湿地植物根表的铁膜形成后对水体中金属元素的一种吸附作用导致的。因此，从以上结果分析可知，经过铁电极的电解作用后，由于 E-B-HFCWs 中铁离子的含量相对较高，湿地植物为了适应环境会在根表形成铁膜。

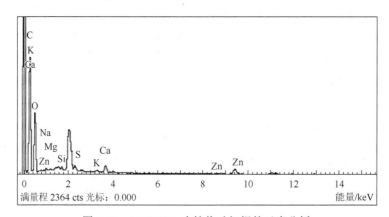

图 5-40　B-HFCWs 中植物毛细根的元素分析

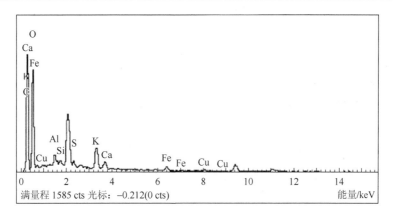

图 5-41　E-B-HFCWs 中植物毛细根的元素分析

表 5-36　两组湿地中植物毛细根的元素分析　　　　　（单位：%）

元素	C	O	Ca	Zn	S	Na	Si	K	Mg
B-HFCWs	56	40.4	1.05	0.7	0.7	0.26	0.25	0.25	0.22

元素	C	O	K	Fe	Ca	Al	Cu	S	Si
E-B-HFCWs	47	45.5	2.57	1.4	0.8	0.71	0.62	0.6	0.37

　　大型水生植物的根表铁膜数量变化较大，对芦苇的研究发现其根表铁膜数量为
0.149～13.1g/kg 根干重，陆地和湿地环境中其根表铁膜数量会有较大的变化，陆地环境中
的铁膜数量明显低于湿地环境。有研究发现，一年当中植物根表铁膜含量最高的月份
是 7 月。E-B-HFCWs 中西伯利亚鸢尾根系的铁含量为（2.617±0.8）g/kg 根干重，磷含
量为（166.8145±48.366）μg/g，铁膜的存在会促进水体中磷在根表的富集，从而有利于
根对磷的吸收。

7. E-B-HFCWs 对微生物群落结构分布的影响研究

　　生物质炭作为基质添加到人工湿地后，会影响土壤中微生物的群落结构。研究表明，
生物质炭作为土壤的改良剂输入土壤后不但会引起土壤微生物丰度的变化，而且会引起土
壤微生物群落结构的改变，还可以缓和土壤中 N$_2$O 的排放，施入土壤后其适应碱性环境
的微生物数量会增多（Harter et al.，2016）。

　　从图 5-42 和图 5-43 中可以看出，在 B-HFCWs 组中生物质炭表面的微生物主要属于
Proteobacteria、Actinobacteria、Acidobacteria 和 Bacteroidetes，分别占 OUTs 总数的 60.29%、
10.40%、7.60%和 7.25%。而 E-B-HFCWs 基质的微生物主要为 Proteobacteria、Actinobacteria、
Bacteroidetes 和 Acidobacteria，分别占 OTUs 总数的 54.64%、20.56%、15.23%和 3.38%。
从中可以看出两组人工湿地中细菌均以 Proteobacteria 含量最高，且经过电解作用之后，
其基质中的 Actinobacteria 和 Bacteroidetes 门的细菌含量升高，这可能是电解作用后其表
面的微生物群落结构发生了变化。Nitrospirae 属于革兰氏阴性菌，是一种硝化菌，在
B-HFCWs 中的含量为 0.47%，在 E-B-HFCWs 中也有分布。

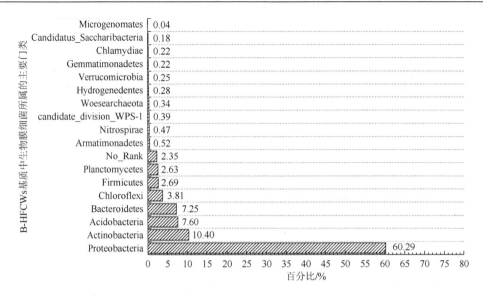

图 5-42　B-HFCWs 基质表面生物膜中微生物所属的主要分类门

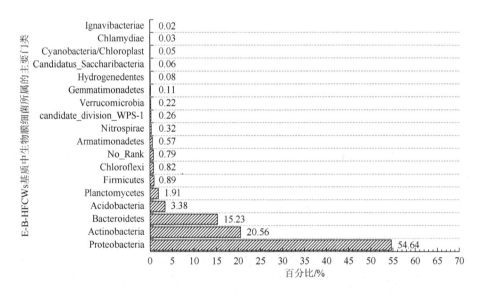

图 5-43　E-B-HFCWs 基质表面生物膜中微生物所属的主要分类门

多数的反硝化微生物属于 Proteobacteria，研究学者证明当施入生物质炭改良后的土壤时其 *nosZ* 基因的数量会增加，且含有该基因的 *Pseudomonas*、*Pedobacter* 属的细菌也会增加，这有可能是 N$_2$O 排放量减少的一个原因（Harter et al.，2013）。从图 5-44 中也发现 B-HFCWs 中具有 *Pseudomonas*、*Pedobacter* 属的细菌，其含量分别为 1.47% 和 1.21%，而在 E-B-HFCWs 中的基质生物膜细菌仅为 *Pseudomonas*，其含量较高，占 2.26%（图 5-45）。经过电解作用后生物质炭表面的微生物群落结构发生了变化，其优势群落含量升高。

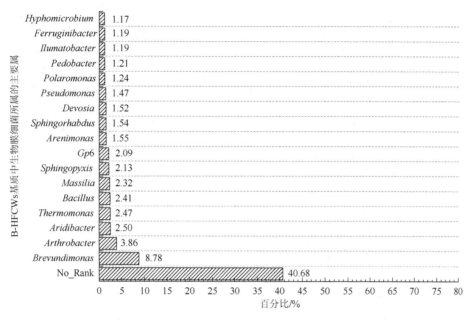

图 5-44　B-HFCWs 基质表面生物膜中微生物所属的分类属

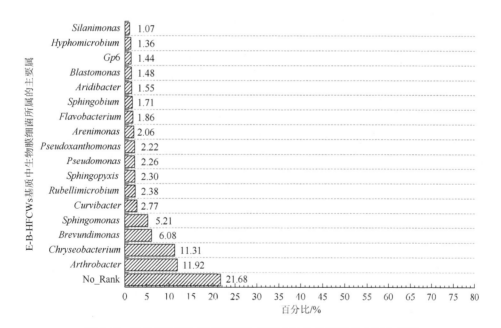

图 5-45　E-B-HFCWs 基质表面生物膜中微生物所属的主要分类属

B-HFCWs 生物质炭基质上的反硝化微生物为 *Bacillus* 和 *Pseudomonas* 属细菌，其含量分别为 2.41% 和 1.47%。而在 E-B-HFCWs 基质以 *Pseudomonas* 为主，其含量为 2.26%。Fe^0 与生物质炭进行联合作用的序批式试验表明其两者共同存在时，有利于反硝化微生物的作用。电解作用对氮循环微生物数量的影响，需要进一步通过功能基因的研究方法做深入的研究分析。

　　总之，E-B-HFCWs 在较低的电流密度下对硝态氮和氨氮具有较好的去除效果。B-HFCWs 主要是以基质吸附作用、微生物的作用及植物的吸收来协同去除硝态氮和氨氮的，但其去除作用随着时间的延长逐渐减弱，而 E-B-HFCWs 通过电解作用，以及电解对生物质炭的原位铁改性作用使其去除氮、磷的能力提高。E-B-HFCWs 通过电化学絮凝沉淀作用，提高了其对磷酸盐-磷的去除率，在较低的电耗条件下，其去除率依然高于 65%，较 B-HFCWs 高效且稳定。E-B-HFCWs 对 COD 也有较好的去除效果，生物质炭的孔隙结构有利于微生物的附着，对 COD 也有一定的吸附作用，有利于 COD 的去除。生物质炭作为湿地基质能有效吸附电解过程中产生的铁离子，降低 E-B-HFCWs 的出水色度，同时降低了电解过程所需电能的消耗。生物质炭作为湿地基质，其表面生长的生物膜、吸附作用等不影响生物质炭的孔隙结构，有利于保持湿地水流的通畅性，不易造成堵塞。

　　电解对植物生长的影响较复杂，经过长期的电解作用后植株表观低矮，其单位蛋白含量较高。电解后有利于西伯利亚鸢尾根表面形成铁膜，其铁膜含量为（2.617±0.8）g/kg根干重，铁膜的形成有利于根对磷的吸附。生物质炭作为人工湿地基质，其表面的生物膜以 Proteobacteria、Actinobacteria、Acidobacteria 为主，反硝化微生物 *Bacillus* 和 *Pseudomonas* 均存在生物质炭基质上，电解作用后生物质炭基质以 *Pseudomonas* 为主。

（三）光伏电解人工湿地强化技术

　　通过将光伏供电系统引入电解强化人工湿地中，直接将太阳光能量转化为电解反应所需的电能，构建了光伏-电解-湿地三位一体的人工强化自然循环系统（图 5-46），解决了依靠湿地植物和微生物等生命循环体系易受环境条件限制导致脱氮除磷能力下降的难题，同时科学合理地解决了电解强化人工湿地的经济运行成本问题。

　　在稳定运行过程中的氮、磷等特征污染物的去除率如图 5-47 所示。在该试验过程中，处理组中的 TN 和 NO_3^--N 的去除率明显高于对照组，在处理组中 TN 的去除率为 41.3%，在对照组中仅为 24.1%，处理组中 NO_3^--N 的去除率较对照组高 19%。而两者对 NH_4^+-N 的去除率均较高，对照组为 94.5%，处理组为 94.3%，两者相差较小，同时两者对 COD 的去除率也较一致，对照组为 75.6%，处理者为 75.3%。从对 PO_4^{3-}-P 的去除率可以明显看出，处理组高于对照组，对照组仅为 12%，而处理组为 67%，两者之间相差 55%。

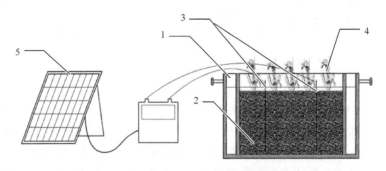

图 5-46　光伏电解人工湿地系统示意图

1. 潜流人工湿地床；2. 复合填料；3. 复三维电极；4. 植物；5. 光伏供电系统

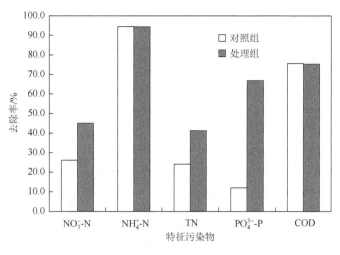

图 5-47　光伏电解人工湿地运行效果

四、人工湿地耦合微生物燃料电池技术

为解决日益严重的能源及环境危机，迫切需要开发洁净高效的可再生能源新技术。微生物燃料电池遵循生物电化学作用原理，通过微生物氧化作用，在降解污染物的同时直接将污染物中的化学能转化为电能，该技术为能源再生和废物处理提供了一种新的途径。人工湿地是一种传统的生态净化工艺，已被广泛应用于对生活污水、工业废水等的治理与修复，其特殊的结构特点可以满足微生物燃料电池构建的需求，即可利用分层的氧化还原区域分别作为燃料电池的阳极室和阴极室，实现燃料电池的启动，以污染废水所含物质和湿地植物根系分泌物作为产电所需消耗的底物，同步实现废水的生态净化和能源再生。

1. 人工湿地耦合微生物燃料电池装置设计

我们开发了一种成本低廉、便于启动、绿色环保同时具有污染物去除和电量产生的人工湿地耦合微生物燃料电池技术（CW-MFC）。它由人工湿地装置、进出水系统、阳极电极、阴极电极及连接阴阳极电极的外电路组成，其中阳极电极水平放置于人工湿地的底部与植物根部周围的土壤里，阴极电极垂直放置在湿地表面与植物相邻，一半固定在土壤里面一半暴露在空气中。该电池主要以废水中的有机物和植物光合作用固定 CO_2 并且释放到土壤中的根系分泌物为燃料，以土壤中广泛存在的产电微生物为催化剂，通过电子转移和释放产生电流。

试验最终确定以石墨毡作为 CW-MFC 电极，阳极电极水平放置在湿地床底部，阴极电极垂直插入其上端，在大型水生植物附近，保持一半没入人工湿地一半暴露在空气中，最终构建的 CW-MFC 装置如图 5-48 所示。

2. 人工湿地耦合微生物燃料电池装置启动

首先探究和摸索了 CW-MFC 的启动。选用潜流人工湿地，分别以两种常见底物——底泥和土壤作为接种底物，种植挺水植物黄菖蒲，以人工配制生活污水进行培养，成功启动 CW-MFC（即有绿色电流输出）。初步分析了电池性能和污染物去除能力，在 1000Ω 外阻下

最高输出电压值为（0.588±0.01）V，可维持约 26h（图 5-49），因底物耗尽最后稳定在 0.305V
左右。该装置最高功率密度值约为 9.6mW/m²，COD 去除率约 91%（图 5-50）。

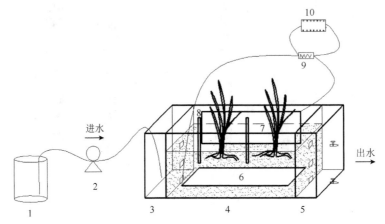

图 5-48　CW-MFC 装置图

1. 废水水箱；2. 蠕动泵；3. 进水区；4. 处理区；5. 出水区；6. 阳极；7. 阴极；8. 取样管；9. 电阻；10. 数据采集卡

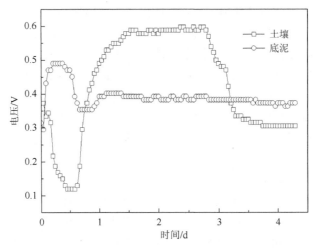

图 5-49　不同接种底物的 CW-MFC 产电结果

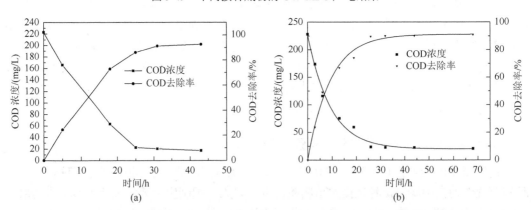

图 5-50　底泥（a）和土壤（b）接种物时 CW-MFC 对 COD 的去除效果

3. 人工湿地耦合微生物燃料电池装置运行的影响因素

开展了不同工艺参数对 CW-MFC 产电效果的研究，分别选取植物、基质、运行模式、温度及 COD 负荷作为影响因子，得出 CW-MFC 产电功率输出效果需综合考虑植物和基质的因素。

间歇运行模式较连续运行模式电压输出值高，1000Ω 外电阻下间接运行模式的最高输出电压为（0.588±0.01）V，连续运行模式则约为 0.529V（图 5-51）。

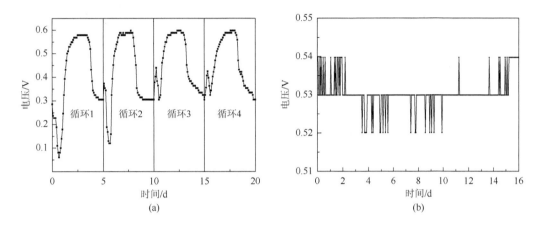

图 5-51　CW-MFC 间歇流（a）和连续流（b）运行模式的产电潜力

温度对 CW-MFC 产电的影响结果（图 5-52）表明，最高输出电压值与其时间维持能力相反，即电压越高，消耗越快，周期越短，试验中最高输出电压值在（27±1）℃条件下获得，约为 0.618V，大约维持 22h，而在（32±1）℃条件下，输出电压值最低，约 0.578V，维持时间约 28h。

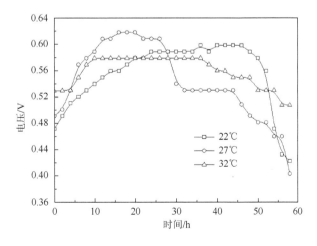

图 5-52　温度对 CW-MFC 产电的影响

通过三组不同 COD 组成的人工废水（表 5-37）探究 COD 负荷对产电影响的结果表明，COD 负荷越高，最高电压输出值越高，维持时间越长（图 5-53）。

表 5-37　三组人工废水组成　　　　　　（单位：mg/L）

组分	1	2	3
$C_6H_{12}O_6 \cdot H_2O$	160	320	480
CH_3COONa	96.47	192.94	289.41
NH_4HCO_3	104.4	208.8	313.2
KH_2PO_4	44.5	89	133.5
$MgCl_2 \cdot 6H_2O$	37.1	74.2	111.3
$CaCl_2$	22.7	45.4	68.1
$(NH_4)_2SO_4$	111.9	223.8	335.7

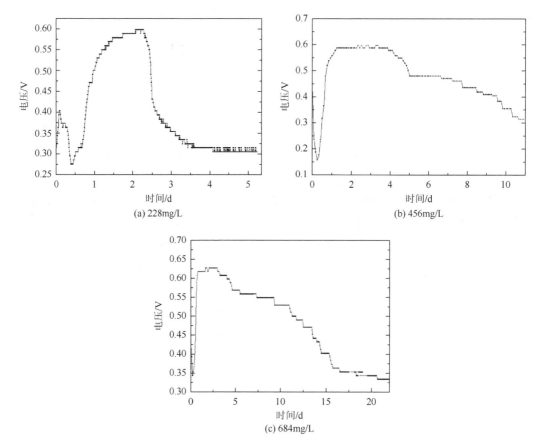

图 5-53　不同 COD 负荷下 CW-MFC 产电结果

4. 人工湿地耦合微生物燃料电池运行条件优化

分析了不同大型水生植物、基质、运行模式对 CW-MFC 去除 COD、氮、磷效果的影响。不同结构的 CW-MFC 对 COD 的去除效果见图 5-54，其中图 5-54（a）代表以沸石为基质种植西伯利亚鸢尾组，图 5-54（b）代表以石英砂为基质种植西伯利亚鸢尾组，图 5-54（c）代表以石英砂为基质种植泽泻组。装置产电能力、电池性能及污染物去除能力对比见表 5-38。

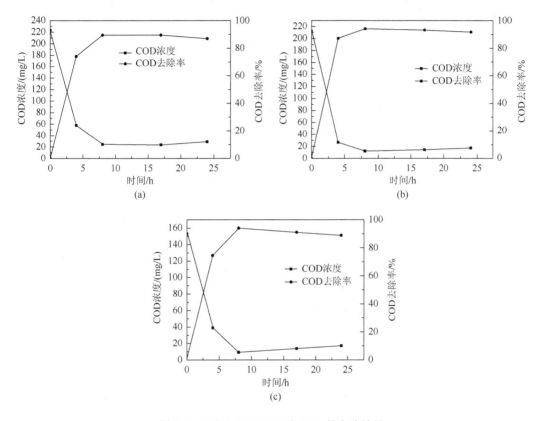

图 5-54　不同 CW-MFC 对 COD 的去除效果

表 5-38　不同 CW-MFC 性能参数分析

组别	最高输出电压值/V	维持时间/h	开路电压/mV	最高功率密度/(mW/m²)	内阻/Ω	COD 去除率/%	COD 浓度/(mg/L)
图 5-54（a）	0.588	22	0.73	9.879	200	89.45	24.05
图 5-54（b）	0.500	14	0.64	3.277	340	94.25	13.11
图 5-54（c）	0.588	14	0.75	10.177	300	94.12	13.41

由图 5-55（a）可以看出，两组 CW-MFC 对 TN 的去除率均非常高，其中种植西伯利亚鸢尾的 CW-MFC 对 TN 的去除率要高于空白对照无植物的 CW-MFC。在进水 TN 浓度为 26.83mg/L 条件下，植物组和空白组在处理时间仅为 1h 时对 TN 的去除率已经分别达到了 93.14% 和 82.41%，出水 TN 的浓度分别为 1.84mg/L 和 4.72mg/L；18h 时 TN 的去除率达到最高，分别为 98.77% 和 98.28%，出水中 TN 的浓度非常低，仅 0.33mg/L 和 0.46mg/L。随后随时间进一步延长，其去除率有所下降，出水中 TN 浓度略有升高。由图 5-55（b）知，

基质为沸石的 CW-MFC 对 TN 的去除率略低于石英砂组，处理时间为 18h 时两者的去除率均达到最高值，分别为 97.20%和 98.77%，出水中 TN 浓度分别为 0.75mg/L 和 0.33mg/L。

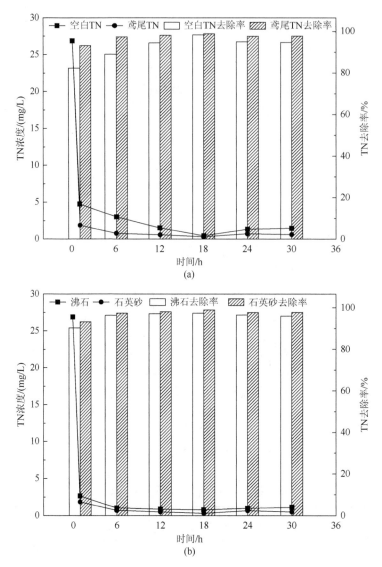

图 5-55　植物（a）和基质（b）对 CW-MFC 去除 TN 的影响

CW-MFC 中有关 TN 的去除，有研究指出其去除路径之一是通过植物对氨氮或硝态氮的吸收与利用，将其作为氮源。同时在人工湿地中，植物根系具有分泌氧气的作用，可以促进氨氧化作用和硝化作用，产生的硝态氮还可以用作阴极的电子受体。

由图 5-56（a）可以看出，与 TN 的去除效果不同，植物组在 1h 时对 NH_4^+-N 的去除率高于空白组，随后去除率低于空白组，在 18h 时两组 NH_4^+-N 的去除率分别高达 99.46%和 99.03%，出水浓度分别为 0.17mg/L 和 0.31mg/L。并且随处理时间进一步延长，空白组中 NH_4^+-N 已低于检测范围。由图 5-56（b）知，沸石组在前 1h 内对 NH_4^+-N 的去除率较石英砂高，两者出水浓度分别为 0.74mg/L 和 0.44mg/L，沸石组在处理时间为 6h 时去除率达到最高，出水浓度为 0.34mg/L，去除率为 98.94%，而石英砂组去除 NH_4^+-N 的速率较沸石慢，在 18h 时 NH_4^+-N 浓度降到最低，为 0.31mg/L。可以推测以沸石为基质比以石英砂为基质对 NH_4^+-N 的去除速率更快，耗时更短。

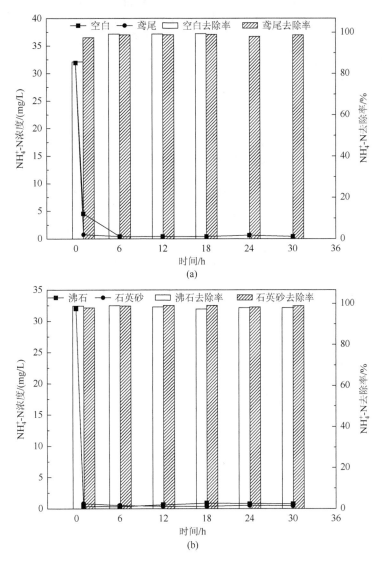

图 5-56　植物（a）和基质（b）对 CW-MFC 去除 NH_4^+-N 的影响

关于氨氮的去除途径，有研究指出，其主要依靠物化作用。由于阴极 pH 的升高，氨转化成其他更易挥发的分子形态从系统中得到去除。

由图 5-57（a）可以看出，随着时间的增加，两组 CW-MFC 出水中 TP 浓度逐渐降低，在前 30h 内植物组比空白组对 TP 的去除效率更高，说明种植植物的 CW-MFC 更有利于废水中 TP 的去除。两者对 TP 的去除率均很高，分别为 97.38%和 96.22%，出水中 TP 浓度分别为

0.39mg/L 和 0.27mg/L。由图 5-57（b）可知，在相同的处理时间下，沸石组比石英砂组去除 TP 的效率更高，沸石组在 6h 时已达到最高去除率，为 96.32%，出水中 TP 浓度为 0.38mg/L。

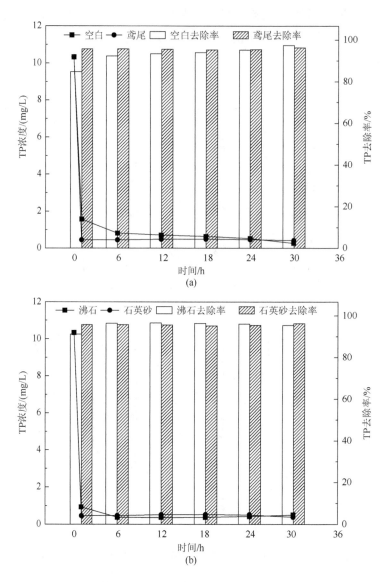

图 5-57　植物（a）和基质（b）对 CW-MFC 去除 TP 的影响

5. 人工湿地耦合微生物燃料电池野外效能测试

经比较试验，挺水植物圆币草、大聚藻和浮叶植物睡莲对氮、磷的去除能力最强，因此选择这三种植物构建 CW-MFC，此外还选取了黄菖蒲，探究其野外应用潜力。在试验基地中选择四个位点进行 CW-MFC 装置搭建（图 5-58）。构建时，将阳极电极埋入人工湿地底泥中，阴极电极用木桩固定垂直悬挂于水面，部分浸入水中，部分暴露于空气。两极由绝缘电线相连，中间外接 1000Ω 电阻，为防潮将其由塑料薄膜包裹。

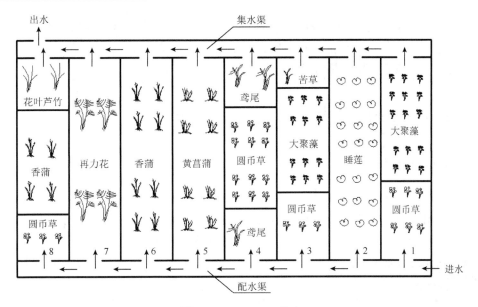

图 5-58　CW-MFC 搭建

四组野外 CW-MFC 系统结构参数见表 5-39。

表 5-39　野外 CW-MFC 系统结构参数

序号	名称	湿地位置	植物类型	阳极面积/cm²	阴极面积/cm²
1	睡莲	2	浮叶植物	$22×17=374$	$40×10=400$
2	圆币草	3	漂浮植物	$20×20=400$	$30×16=480$
3	大聚藻	3	漂浮植物	$21×30=630$	$21×30=630$
4	黄菖蒲	5	挺水植物	$40×20=800$	$40×20=800$

该四组装置产电结果见表 5-40。由表 5-40 知，这四组装置均有电流产生，53d 已成功启动，除大聚藻产电较低外，黄菖蒲和圆币草组产电较高。同实验室内试验结果相比，野外试验的电势值相对较低，分析原因可能是在野外试验条件下，同室内研究相比阳极面积相对于阳极而言更小，从而对产电结果产生明显影响。此外，野外条件较难控制，外界条件如水流、进水 COD、温度等变动均能引起产电能力的变化。

表 5-40　野外 CW-MFC 产电结果

序号	名称	初始电压/mV	53d 后电压/mV
1	睡莲	55.3	225
2	圆币草	21.3	308
3	大聚藻	82.7	64
4	黄菖蒲	72.2	349

上述试验结果表明，CW-MFC 不仅对 COD 和氮、磷污染物具有高的去除率，还能够产生绿色电流，同步实现污水净化、能源的绿色再生和环境保护的多重功能，对于实际工程的应用和放大具有一定的指导意义。

五、污水处理厂尾水纳米复合材料强化除磷技术

1. 纳米复合材料制备

吸附分离是尾水深度除磷的一种有效方法，其特点是装置占地面积小、耐进水水质波动能力强、出水磷浓度低、具有回收资源化磷的潜力。吸附技术的核心在于获得抗污能力强、吸附速率快、工作容量高、可重复再生利用的高性能吸附剂。

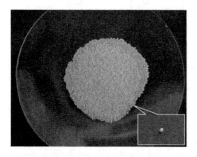

图 5-59　纳米复合材料

污水处理厂低污染尾水中 80% 以上的磷是以正磷酸根的形式存在。本节研究采用纳米复合材料 HZO-201 作为除磷吸附剂，该材料粒径为 0.6～1.0mm，浅黄色球形外观（图 5-59），以聚苯乙烯大孔阴离子交换树脂 D-201 为骨架，内嵌粒径 5～20nm 的锆氧化物纳米颗粒（图 5-60）。聚苯乙烯骨架网孔结构具有良好的水力性能，同时网孔对锆氧化物纳米颗粒起固定和保护作用，防止纳米颗粒流失或失活。吸附磷饱和后吸附剂用 5% NaOH + 5% NaCl 溶液在常温条件下进行再生。

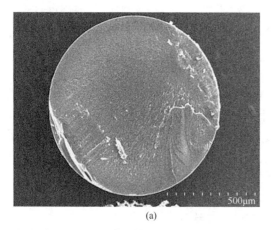

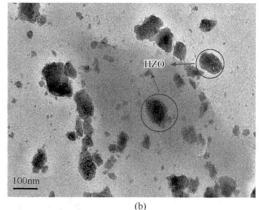

(a)　　　　　　　　　　　　　　　　　(b)

图 5-60　纳米复合材料的（a）SEM 和 TEM（b）照片

该材料由荷电聚苯乙烯骨架和纳米内含物组成，可通过荷电骨架富集和纳米颗粒专性吸附实现对磷的高效去除（表 5-41 和图 5-61），性能较商品化离子交换吸附材料有显著的提高。

表 5-41　纳米复合材料与骨架基材的理化参数比照

吸附剂	D-201	HZO-201
骨架结构		聚苯乙烯骨架
功能位点	R—$N^+(CH_3)_3$	R—$N^+(CH_3)_3$ 和 HZO 纳米颗粒
BET 比表面积/(m^2/g)	12.35	2.34
平均孔径/nm	11.25	10.07
孔体积/(cm^3/g)	0.0520	0.0022
表观密度/(g/cm^3)	0.54	0.82
水合锆氧化物含量(以 Zr 质量计，%)	0	15.2

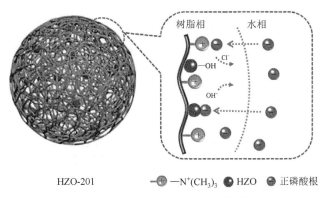

图 5-61　纳米复合材料强化除磷构效机理

2. 纳米复合材料除磷性能

在 Cl^-、NO_3^-、HCO_3^-、SO_4^{2-} 等不同阴离子存在条件下，纳米复合材料与商品化树脂吸附除磷的性能检测结果显示，水中共存阴离子可显著削弱传统吸附剂 D-201 的除磷能力，而纳米复合材料 HZO-201 则保持了较好的吸附除磷性能。以 SO_4^{2-} 为例，当其与 PO_4^{3-} 的摩尔比达到 5∶1 时，D-201 对磷的去除率仅剩约 10%，而 HZO-201 对磷的去除率则为53%，因此纳米复合材料较传统离子交换吸附剂有更好的抗共存离子干扰能力（图 5-62）。

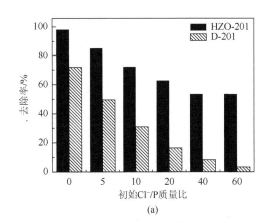

(a)

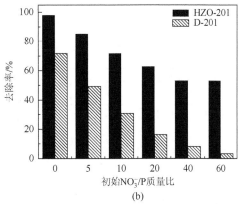

(b)

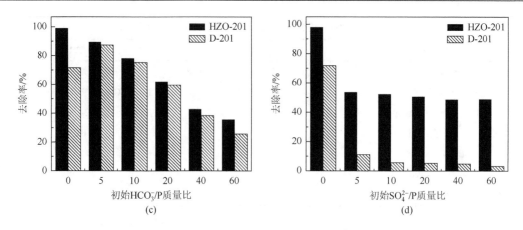

图 5-62　竞争阴离子对 HZO-201 和 D-201 除磷效率的影响

固液比 0.5g/L，初始 PO_4^{3-} 浓度为 10mg/L

获得的纳米复合材料对磷的吸附量显著高于文献报道的锆复合/杂化材料（表 5-42）。

表 5-42　不同含锆材料对磷的吸附量对比

功能材料	测定条件	最大吸附量/(mg/g)	参考文献
水合氧化锆（$ZrO_2 \cdot nH_2O$）	pH = 6.5；T = 338K；S/L = 2g/L	66	Rodrigues et al.，2012
水合氧化锆（$ZrO_2 \cdot xH_2O$）	pH = 6.5；T = (295±2)K；S/L = 2g/L	<18	Chubar et al.，2005
水滑石类锆氧化物 $ZrO(OH)_2 \cdot (Na_2O)_{0.05} \cdot 1.5H_2O$	pH = 5.0；S/L = 0.1g/L	<30	Chitrakar et al.，2006
介孔二氧化锆（mesoporous ZrO_2）	pH = 6.7～6.9；T = 293K；S/L = 1.2g/L	29.71	Liu et al.，2008
锆负载型 SBA-15 介孔分子筛（SBA-15-Zr）	pH = 6.2；T = 298K；S/L = 0.5g/L	<18	Tang et al.，2012
锆负载型活性炭（Zr-C）	pH = 2～4；S/L = 5g/L	<8	Hashitani et al.，1987
锆负载型橙废凝胶	pH = 7；T = 303K；S/L = 1.67g/L	57	Biswas et al.，2008
锆负载型介孔硅（Zr-OMS）	pH = 7～10；室温；S/L = 10g/L	<4	Delaney et al.，2011
铁锆双氧化物	pH = 5.5±0.1；T = (298±1)K；S/L = 0.2g/L	33.4	Ren et al.，2012
磁性铁锆双氧化物	pH = 4；S/L = 1g/L	13.65	Long et al.，2011
载水合氧化锆纳米复合材料（HZO-201）	pH = 6.5±0.2；T = 318K；S/L = 0.5g/L	46.29	本研究

注：S/L 代表每升加入功能材料的质量；橙废凝胶代表用橙子废弃物制备的凝胶

3. 纳米复合材料除磷潜力

配制模拟含磷废水，以出水磷浓度 0.5mg/L 为穿透点进行纳米复合材料固定床柱吸附实验，HZO-201 纳米复合材料工作容量为 1200～1600BV，而 D-201 仅为 220BV，

HZO-201 可用 5% NaOH + 5% NaCl 复配液再生，约 20BV 再生效率超过 90%，浓缩比（60～80）：1（图 5-63）。

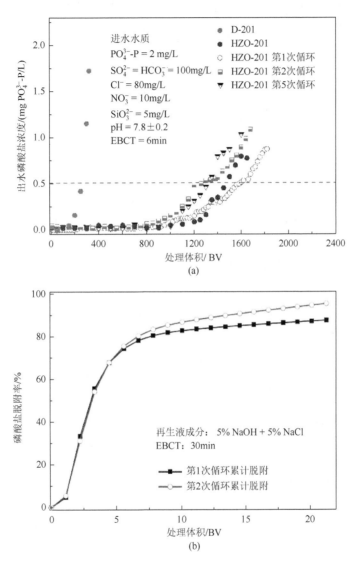

图 5-63　模拟含磷废水柱吸附与再生

EBCT 表示空床停留时间

采用污水处理厂尾水作为进水，进水中磷浓度为 1.33mg/L，经滤纸初滤后进行纳米复合材料柱吸附试验，试验结果如图 5-64 所示，纳米复合材料 HZO-201 工作容量显著高于 D-201。再生后 HZO-201 工作容量略有退化，循环 3 次后稳定在 1000BV。

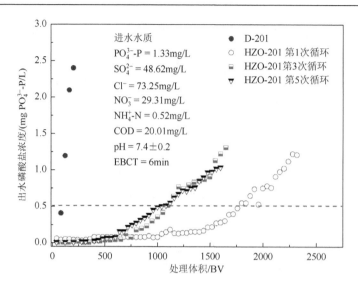

图 5-64　污水处理厂尾水纳米复合材料吸附除磷与再生

第二节　低污染水生态净化的模块组装与集成技术

针对生态净化技术的模块化组装设计，建立了不同种类低污染水氮、磷生态净化关键技术模块化选择原则，基于 QUAL2K 水质模型构建了低污染水生态净化技术的模块化组装、组合运行的布置方法和流程模式，并构建了基于模糊神经网络的生态净化技术模块化组装、组合运行净化效果的评估方法，并运用于漕桥污水处理厂尾水生态净化示范工程的模块化技术组装设计。通过示范应用于漕桥污水处理厂尾水生态净化工程示范区内，使得低污染水经过模块化组装系统净化处理后出水水质与进水相比，总氮和总磷的削减率得到提升，出水水质达到地表水 V 类水质标准要求。

一、基于 QUAL2K 模型的污水处理厂尾水生态净化模块组装技术

首先开展生态净化技术单元试验，通过动水条件下的现场试验，确定不同季节的降解参数，输入 QUAL2K 模型用以模拟不同组合和布置方式下的净化效果。

漕桥污水处理厂、周铁污水处理厂等低污染水生态净化区，与一般河流的流动具有较高的相似性，因此采用河流水质模型 QUAL2K 构建低污染水净化模型具有合理性。在应用中，重点针对不同的河段或净化模块单元的技术特点，通过现场试验得到的结果确定污染物净化系数及大型水生植物对氮、磷的吸收系数等。与天然河道相比，由于大型水生植物的组合方式、布置密度等相差较大，因此这些系数的取值范围要大于天然河道的同类系数。

在 QUAL2K 模型水质参数和计算结果合理性得到验证后，拟定不同的净化单元组合进行具体的模块化布置，同时运行水质模型对每种布置的出水水质进行模拟，用于评估、优选模块化的单元布置。

如图 5-65 所示，从低污染水的净化模块化组合上来说，可以是"生物绳-挺水植物-浮叶植物-沉水植物"，也可以设定为"生物绳-浮叶植物-挺水植物-沉水植物"；模块个数根据河段划分结果可以适当增减，可以是"3-3-3-3"也可以是"3-4-2-3"等组合。最终通过 QUAL2K 模型的计算结果来确定较优的低污染水生态净化单元的模块化组合方案。

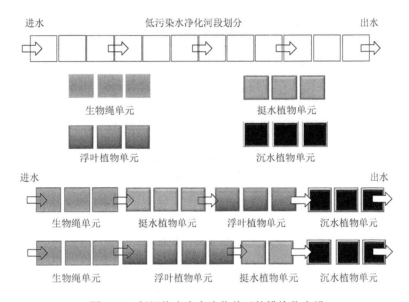

图 5-65 低污染水生态净化单元的模块化布设

漕桥污水处理厂位于漕桥镇太滆运河旁，尾水生态净化工程利用厂区内全长约351.6m 的河道进行低污染水的深度处理。在应用模型进行方案设计前，首先必须构建该尾水生态净化工程的 QUAL2K 模型，并验证其适用性。

（一）污水处理厂低污染尾水生态净化区的河道概化与分段

首先将待测的漕桥污水处理厂尾水河道划分为几个恒定的非均匀流河段，然后将每个河段划分成若干相同长度的计算单元，QUAL2K 模型假定同一河段具有相同的水力特性和水质参数。河段单元是 QUAL2K 进行水质模拟的最小单位，QUAL2K 要求各个河段上的计算单元等长。本节研究的模拟对象是常州市槽桥污水处理厂尾水生态工程，全长351.6m，水深为 1～1.5m，沿河流动方向分为 6 条河段（图 5-66 和表 5-43），研究中假设同一个河段具有相同的水力特性和水质参数。目前，该污水处理厂的进水量为 2500t/d 左右，尾水在人工湿地内的停留时间为 17h。

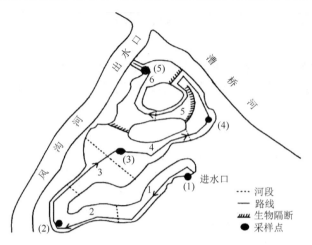

图 5-66　低污染尾水生态净化区的水流向及河段划分

表 5-43　河段划分结果

河段	长度/m	河深/m	河底宽/m	纬度/(°)	经度/(°)
1	60.7	1.6	25	32.11	−118.96
2	54.6	1.7	25	32.11	−118.96
3	51.4	1.7	40	32.11	−118.96
4	55.1	1.8	40	32.11	−118.95
5	66.2	1.8	30	32.11	−118.95
6	63.6	1.9	30	32.11	−118.95

（二）QUAL2K 模型参数率定

QUAL2K 模型构建时需输入的数据如下：控制数据、水力数据、系统定义数据、初始条件数据、源头和水质数据、气象数据等。模型参数主要包括水力参数、水质参数、气象参数三类。水力参数：流量、流速、水深、水流扩散系数等；水质参数：分解速率、复氧系数、耗氧系数和降解系数等；气象参数：河段气温、露点温度、风度等。模型参数是建模工作的关键，可靠的参数是模型构建成功的保障。

（三）QUAL2K 模型校验

考虑到河流水质模型的地域性，不同水体的水动力和水文特征及污染负荷等对参数的影响都不同，即使选取了相关文献中的取值，或是利用了 QUAL2K 模型中提供的主要参数推荐参考值，仍需进行校验，来确保模型可以用于进一步的应用分析。模型校验是通过调整 QUAL2K 模型中的经验参数的取值，使模拟出的结果与实测值相接近的过程。将实测的流量、营养负荷的指标值及水温等资料进行水质模拟的结果计算，验证模型结果与实际测量值能否较好的吻合。下面讨论模型参数的校准与验证结果。

1. 水质模拟的初始条件

根据模型模拟组分的要求，输入该组分的初始浓度值。根据模拟要求，水质模拟需要输入河流的温度、COD、TN、TP、$NO_3^- $-N、$NH_4^+$-N 和 PO_4^{3-}-P 浓度的初始值，这里指漕桥污水处理厂尾水出水的值，该初始值只用于确定随温度而变化的各个参数的修正系数，温度的初始值采用尾水出水在各个季节的平均温度值。

2. 参数校准

污水处理厂尾水人工湿地的污染负荷削减受气象条件的影响最大，因此对夏季、春/秋季和冬季需要分别进行模型参数的校准，以适应不同的温度情况下的模拟。需要校准的模型参数根据模拟组分确定，影响 COD、NO_3^--N、NH_4^+-N、TN、TP 和 PO_4^{3-}-P 浓度变化的主要参数分别为 COD 降解速率、NH_4^+-N 硝化速率、有机氮（ON）水解速率、NO_3^--N 反硝化速率、有机磷（OP）水解速率和 PO_4^{3-}-P 水解速率。主要对这 6 个参数进行校准，其他参数均采用 QUAL2K 模型的推荐参数值。

调整各水质指标的有机氮、磷水解和沉淀速率，氨氮的硝化速率，硝态氮的反硝化速率等数值，进行反复模拟、拟合，最终使得各指标模拟值和实际值的误差均在 10% 以内，模拟结果能较好地反映各指标的实际情况。表 5-44 显示了经试错法调整后最终确定的尾水河道的参数，模型参数的取值均在文献及用户手册建议的变化范围之内。

表 5-44　不同季节 QUAL2K 模型参数校准表

参数	取值			单位	缩写	取值范围
	高温	中温	低温			
碳	40	40	40	g C	gC	30～50
氮	7.2	7.2	7.2	g N	gN	3～9
磷	1	1	1	g P	gP	0.4～2
干重	100	100	100	g D	gD	100
叶绿素	1	1	1	g A	gA	0.4～2
无机悬浮物沉降速率	1	1	1	m/d	v_i	0～2
复氧模型						
碳氧化 BOD 慢速水解速率	0.25	0.23	0.19	d^{-1}	k_{hc}	0～2
碳氧化 BOD 快速水解速率	0.25	0.23	0.19	d^{-1}	k_{dc}	0.02～4.2
有机氮水解速率	0.31	0.25	0.22	d^{-1}	k_{hn}	0～5
有机氮沉降速率	0.05	0.05	0.05	m/d	v_{on}	0～2
氨氮硝化	0.34	0.31	0.26	d^{-1}	k_{na}	0～10
硝酸盐反硝化	0.26	0.24	0.25	d^{-1}	k_{dn}	0～2
沉积物反硝化转移系数	0.05	0.05	0.05	m/d	v_{di}	0～1

续表

参数	取值			单位	缩写	取值范围
	高温	中温	低温			
有机磷水解速率	0.56	0.44	0.39	d^{-1}	k_{hp}	0~5
有机磷沉降速率	0.6	0.6	0.6	m/d	v_{op}	0~2
无机磷沉降速率	0.65	061	0.52	m/d	v_{ip}	0~2
底藻最大生长率	10	10	10	mg A/(m^2·d)或 d^{-1}	C_{gb}	0~500
底藻一级速率模型承载力	1000	1000	1000	mg A/m^2	$a_{b,\ max}$	1000
呼吸速率	1	1	1	d^{-1}	k_{rb}	0.05~0.5
排泄速率	0.5	0.5	0.5	d^{-1}	k_{eb}	0~0.5
死亡速率	0.25	0.25	0.25	d^{-1}	k_{db}	0~0.5
光照常数	50	50	50	cal/(cm^2·d)	K_{Lb}	1~100

借鉴国外相关文献报道，对比钱塘江流域、太湖西苕溪流域等同类研究中的模型水质降解参数取值范围，参数的校准结果在各参数变化区间之内，因此取值结果合理。

（四）QUAL2K 模型在尾水生态净化方案设计中应用

根据已经建立好的针对漕桥污水处理厂尾水生态净化的 QUAL2K 模型，可以进行添加不同植物单元的出水水质模拟，从而得到不同季节的尾水生态净化方案。同时，根据试验的布置密度，通过模型进行反算，得到达标水质需要设置的生态净化材料布置密度。从不同季节选用不同单元组合和不同单元的布置密度两个角度采用 QUAL2K 模型进行生态净化方案设计（图 5-67）。

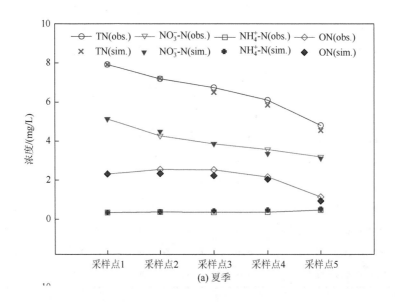

(a) 夏季

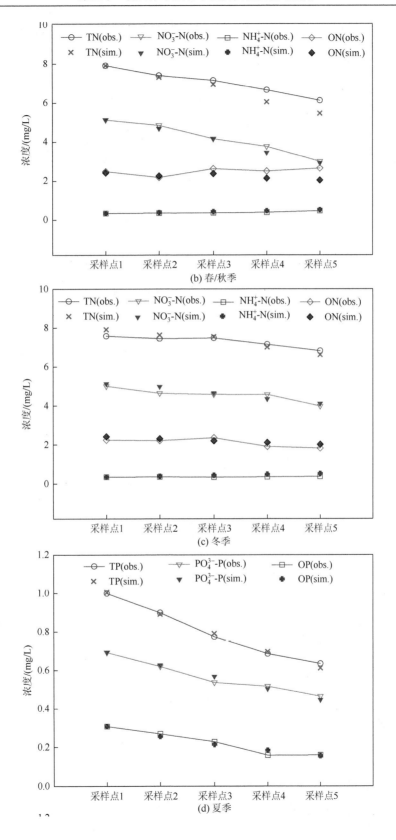

(b) 春/秋季

(c) 冬季

(d) 夏季

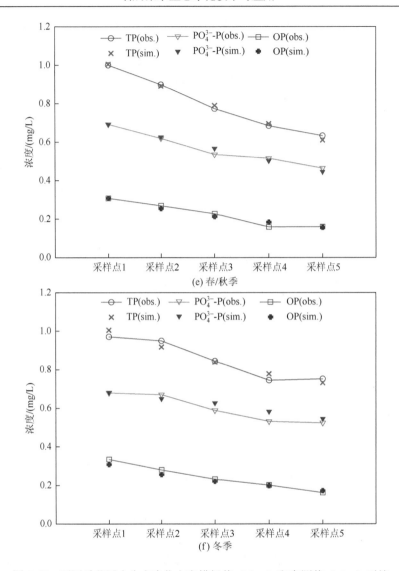

图 5-67　不同季节尾水生态净化方案模拟值（sim.）和实测值（obs.）对比

应用已验证的漕桥污水处理厂尾水生态净化工程的 QUAL2K 模型，在夏季、春/秋季和冬季三个不同的季节，针对三种材料设计了 7 种场景来净化尾水，包括挺水植物单元（E）、沉水植物单元（S）、生物绳单元（B）、挺水植物单元 + 沉水植物单元（E + S）、挺水植物单元 + 生物绳单元（E + B）、沉水植物单元 + 生物绳单元（S + B）、挺水植物单元 + 生物绳单元 + 沉水植物单元（E + B + S）。将不同组合的出水水质数据通过已经建立好的 QUAL2K 模型来模拟。

根据已经建立好的针对漕桥污水处理厂尾水湿地的 QUAL2K 模型，将小试试验获得的净化参数 K 值（表 5-45）叠加到不同的模拟河段进行水质模拟。总体而言，这些 K 值表明不同的净化材料在 TN、NH_4^+-N、NO_3^--N、TP 和 PO_4^{3-}-P 各项指标上具有各自的优势。如何在生态净化中进行合理的搭配，是需要水质模型来解决的问题。模拟结果如下，

不同场景和季节下 $NO_3^- \text{-N}$、$NH_4^+ \text{-N}$、ON、$PO_4^{3-} \text{-P}$、OP、TN 和 TP 的出水浓度及去除率见表 5-46。按式（5-1）计算不同场景下的综合污染指数：

$$P = \frac{1}{n} \sum_{i=1}^{n} \frac{C_i}{S_i}$$

（5-1）

式中，P 为综合污染指数；n 为总的污染物类型；C_i 为模拟的污染物 i 的浓度；S_i 为污染物 i 的评估标准（所选用的标准是《城镇污水处理厂污染物排放标准》）。

表 5-45　不同季节不同净化单元的净化参数

季节	参数	挺水植物	沉水植物	生物绳
夏季	ON	0.467	0.459	0.393
	$NO_3^- \text{-N}$	0.318	0.274	0.367
	$NH_4^+ \text{-N}$	0.173	0.082	0.230
	OP	0.508	0.429	0.380
	$PO_4^{3-} \text{-P}$	0.521	0.463	0.436
春/秋季	ON	0.234	0.152	0.410
	$NO_3^- \text{-N}$	0.224	0.246	0.270
	$NH_4^+ \text{-N}$	0.131	0.078	0.173
	OP	0.195	0.272	0.359
	$PO_4^{3-} \text{-P}$	0.290	0.257	0.390
冬季	ON	0.159	0.199	0.152
	$NO_3^- \text{-N}$	0.134	0.163	0.119
	$NH_4^+ \text{-N}$	0.144	0.074	0.097
	OP	0.136	0.106	0.127
	$PO_4^{3-} \text{-P}$	0.181	0.101	0.130

表 5-46　QUAL2K 模型模拟的不同方案的污染物去除率和污染指数

季节	方案	出水浓度/(mg/L)							去除率/%		P
		ON	$NH_4^+ \text{-N}$	$NO_3^- \text{-N}$	OP	$PO_4^{3-} \text{-P}$	TN	TP	TN	TP	
夏季	E	0.072	0.547	1.405	0.005	0.143	2.202	0.173	72.52	83.07	0.820
	S	0.074	0.641	1.178	0.008	0.171	2.071	0.204	74.16	80.03	0.792
	B	0.088	0.498	1.153	0.007	0.163	1.917	0.195	76.09	80.90	0.736
	E + B	0.105	0.483	0.965	0.010	0.186	1.731	0.221	78.40	78.29	0.688
	E + S	0.073	0.629	1.255	0.006	0.156	2.134	0.187	73.37	81.64	0.805
	S + B	0.087	0.614	1.039	0.009	0.179	1.918	0.213	76.06	79.15	0.746
	E + B + S	0.083	0.515	1.176	0.008	0.165	1.952	0.198	75.64	80.62	0.750
春/秋季	E	0.661	0.768	2.318	0.083	0.462	3.909	0.567	51.22	44.42	1.587
	S	0.975	0.597	2.120	0.058	0.513	3.855	0.594	51.90	41.79	1.582

续表

季节	方案	出水浓度/(mg/L)							去除率/%		P
		ON	NH_4^+-N	NO_3^--N	OP	PO_4^{3-}-P	TN	TP	TN	TP	
春/秋季	B	0.609	0.797	2.246	0.067	0.513	3.814	0.602	52.41	40.99	1.572
	E＋B	0.795	0.710	2.211	0.070	0.489	3.878	0.582	51.60	42.94	1.584
	E＋S	0.461	0.884	2.289	0.071	0.511	3.796	0.605	52.64	40.71	1.568
	S＋B	0.564	0.824	2.219	0.059	0.536	3.771	0.618	52.95	39.44	1.566
	E＋B＋S	0.313	0.983	2.236	0.061	0.557	3.695	0.640	53.90	37.22	1.552
冬季	E	1.072	0.587	2.904	0.126	0.482	4.722	0.630	41.08	38.22	1.889
	S	0.989	0.696	2.816	0.134	0.511	4.660	0.667	41.85	34.61	1.887
	B	1.104	0.598	2.947	0.131	0.523	4.808	0.676	40.01	33.76	1.940
	E＋B	1.087	0.604	2.915	0.128	0.503	4.765	0.653	40.54	35.96	1.915
	E＋S	1.004	0.690	2.847	0.137	0.531	4.701	0.690	41.34	32.36	1.884
	S＋B	0.904	0.761	2.772	0.143	0.538	4.597	0.704	42.64	30.98	1.912
	E＋B＋S	1.015	0.660	2.874	0.134	0.514	4.710	0.670	41.23	34.32	1.905

注：P 是根据式（5-1）计算出来的综合污染指数

　　根据表 5-46 可得，在夏季、春/秋季和冬季污染指数最小的组合分别为挺水植物单元＋生物绳单元、挺水植物单元＋沉水植物单元＋生物绳单元和挺水植物单元＋沉水植物单元。以夏季为例，挺水植物单元在去除 ON、OP 和 PO_4^{3-}-P 方面很有效，而对于 NH_4^+-N 和 NO_3^--N 的去除率却不如生物绳单元。因此，通过两个单元的组合可以获得更好的污染物整体去除效果。QUAL2K 模型有助于生态净化设计人员决定这些单元的组合方式并选择最优方案。此外，模型可以计算不同单元布置后净化尾水的出水水质。选择最优设计方案后，全年 TN 和 TP 的削减率分别为 42.64%～78.40% 和 30.98%～78.29%。不同季节的生态净化单元布置设计见图 5-68。推荐生态净化模块化布置方案下模拟出水水质见图 5-69。

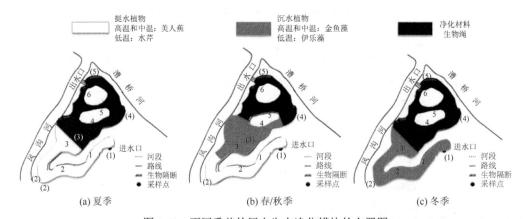

图 5-68　不同季节的尾水生态净化模块的布置图

　　综上，在夏季、春/秋季和冬季污染指数最小的组合分别为挺水植物单元＋生物绳单元、挺水植物单元 + 沉水植物单元 + 生物绳单元和沉水植物单元 + 生物绳单元。其在不同季节对 TN 和 TP 的去除率分别为 75.64% ~ 78.40% 和 78.29% ~ 80.62%(夏季),51.60% ~ 53.90% 和 37.22% ~ 42.94%(春/秋季),以及 40.54% ~ 41.23% 和 30.98% ~ 35.96%(冬季)。

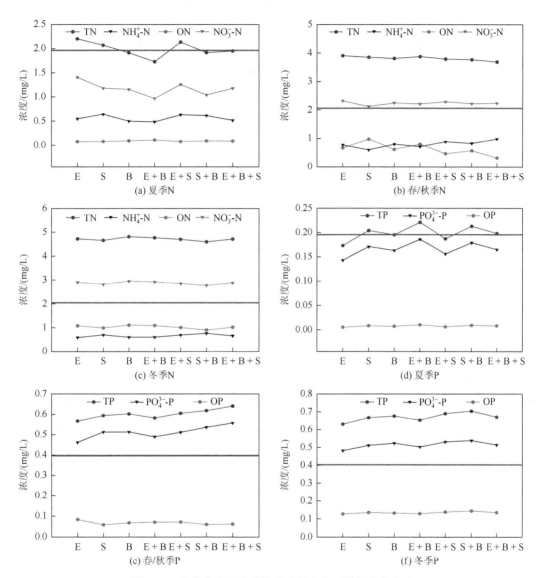

图 5-69　推荐生态净化模块化布置方案下模拟出水水质

二、基于模糊神经网络的生态净化效果评估

1. 技术路线和模型验证

借助模糊神经网络模型构建的原理,利用 Matlab 编程软件构建模糊神经网络的算法,并用该软件实现了模糊神经网络水质评价模型的构建。基于模糊神经网络的生态净化效果评估技术路线图,见图 5-70。

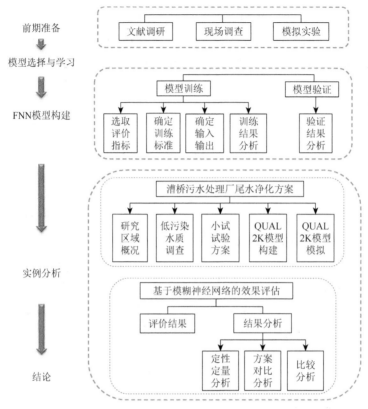

图 5-70　基于模糊神经网络的生态净化效果评估技术路线图

在模型训练方面,首先在已有标准的基础上构建了一套适用于低污染水的"低污染水水质评价等级",并以此作为模型训练的标准;其次确定了模型构建的一些参数,包括确定了样本训练数为 1200、隶属函数为高斯函数、各层节点数为 12、参数 $\theta = 0.001$、下降速率 $\alpha = 0.05$、误差 e 达到 $e < 10^{-6}$ 时训练停止;最后进行了模型训练。训练结果表明,网络得到了很好的模拟。在模型验证方面,首先确定了验证样本数为 320,然后将相应的数据输入模型进行验证,验证结果表明,构建好的模型可以用作后期的实例分析。低污染水环境质量评价等级及验证结果如表 5-47 所示。

表 5-47　低污染水环境质量评价等级及验证结果

指标	I 类	II 类	III 类	IV 类	V 类	VI 类	VII 类	VIII 类
TP/(mg/L)	0.02	0.1	0.2	0.3	0.4	0.45	0.48	0.5
TN/(mg/L)	0.2	0.5	1	1.5	2	4	8	15
NH_4^+ -N/(mg/L)	0.15	0.5	1	1.5	2	3	4	5
COD/(mg/L)	15	15	20	30	40	45	48	50
DO/(mg/L)	7.5	6	5	3	2	1.6	1.3	1
目标输出值	1	2	3	4	5	6	7	8
实际输出值	0.9825	1.9890	3.0090	3.9687	5.0061	5.9968	6.9981	8.0338
误差	0.0175	0.0110	−0.0090	0.0313	−0.0061	0.0032	0.0019	−0.0338

2. 模型工程应用

　　针对漕桥污水处理厂尾水的低污染特征（表 5-48），首先在低污染水质调查、小试试验（图 5-71）的基础上设计了四种净化方案组合（表 5-49），并用 QUAL2K 模型模拟出了各方案的出水水质（表 5-50），并用训练好的模糊神经网络模型进行水质的综合评估。

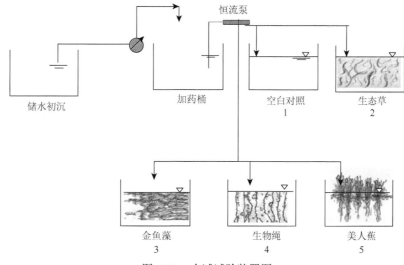

图 5-71　小试试验装置图

表 5-48　漕桥污水处理厂原水水质　　　　　　　　　（单位：mg/L）

指标	TP	TN	NH_4^+-N	NO_3^--N	PO_4^{3-}-P	COD	DO
原水水质	1.005	7.916	0.340	5.130	0.692	50.000	5.000

表 5-49　生态净化方案组合

方案	布置密度	流量	生态净化组合
方案①	试验布置密度	流量减半	a 生态草
	试验布置密度	流量减半	b 挺水植物（夏秋季美人蕉、冬季水芹）
			c 沉水植物（夏秋季金鱼藻、冬季伊乐藻）
方案②	试验布置密度	流量减半	a 生物绳
			b 挺水植物（夏秋季美人蕉、冬季水芹）
			c 沉水植物（夏秋季金鱼藻、冬季伊乐藻）
方案③	试验布置密度 2 倍	流量减半	a 生态草
			b 挺水植物（夏秋季美人蕉、冬季水芹）
			c 沉水植物（夏秋季金鱼藻、冬季伊乐藻）
方案④	试验布置密度 2 倍	流量减半	a 生物绳
			b 挺水植物（夏秋季美人蕉、冬季水芹）
			c 沉水植物（夏秋季金鱼藻、冬季伊乐藻）

表 5-50　QUAL2K 模拟各方案出水水质　　　　　（单位：mg/L）

方案	季节	TP	TN	NH_4^+-N	NO_3^--N	PO_4^{3-}-P	COD	DO
方案①	夏季	0.353	3.514	0.640	1.481	0.257	30.508	4.965
	秋季	0.377	3.815	0.664	1.669	0.277	30.510	5.360
	冬季	0.423	4.367	0.679	2.115	0.312	30.515	5.432
方案②	夏季	0.369	3.142	0.625	1.175	0.254	30.501	4.896
	秋季	0.376	3.563	0.648	1.486	0.273	30.507	5.456
	冬季	0.415	4.201	0.670	1.988	0.305	30.513	5.569
方案③	夏季	0.267	2.488	0.584	0.766	0.190	30.497	5.000
	秋季	0.306	2.855	0.625	0.946	0.222	30.501	5.486
	冬季	0.383	3.548	0.652	1.452	0.280	30.508	5.788
方案④	夏季	0.298	2.145	0.559	0.527	0.187	30.489	4.859
	秋季	0.304	2.567	0.597	0.773	0.214	30.496	5.685
	冬季	0.369	3.319	0.635	1.294	0.269	30.505	5.798

评价结果如表 5-51 所示，四种方案净化效果都呈现夏季＞秋季＞冬季的趋势，方案④为适合漕桥污水处理厂尾水净化的最优方案。同时，为了探讨各方案间的差异，又对各方案做了对比分析，分析结果表明：夏季布置生态草净化效果较好，秋冬季布置生物绳净化效果较好；实验布置密度越大，净化效果越好。

表 5-51　各生态净化方案出水水质（模糊神经网络评价）

方案	夏季	秋季	冬季
方案①	4.6424（Ⅴ类）	4.9108（Ⅴ类）	5.2296（Ⅵ类）
方案②	4.6740（Ⅴ类）	4.8967（Ⅴ类）	5.2024（Ⅵ类）
方案③	4.0034（Ⅴ类）	4.4177（Ⅴ类）	5.0111（Ⅵ类）
方案④	4.1382（Ⅴ类）	4.4147（Ⅴ类）	4.9099（Ⅴ类）

同时，又将模糊神经网络水质评价模型与单因子评价法进行比较，见表 5-52，结果表明，模糊神经网络水质评价法统筹全局，全面而科学地对生态净化方案做了评价，在水质综合评价领域有很好的适用性，具有广阔的发展前景。

表 5-52　模糊神经网络综合评价与单因子评价的对比

		模糊神经网络综合评价	单因子评价法综合评价
原有水质		＞Ⅷ类	＞Ⅷ类
现有流量		Ⅶ类	＞Ⅷ类
流量减半		Ⅶ类	＞Ⅷ类
方案①	夏季	Ⅴ类	Ⅵ类
	秋季	Ⅴ类	Ⅵ类

续表

		模糊神经网络综合评价	单因子评价法综合评价
方案①	冬季	Ⅵ类	Ⅶ类
方案②	夏季	Ⅴ类	Ⅵ类
	秋季	Ⅴ类	Ⅵ类
	冬季	Ⅵ类	Ⅶ类
方案③	夏季	Ⅴ类	Ⅵ类
	秋季	Ⅴ类	Ⅵ类
	冬季	Ⅵ类	Ⅵ类
方案④	夏季	Ⅴ类	Ⅵ类
	秋季	Ⅴ类	Ⅵ类
	冬季	Ⅴ类	Ⅵ类

三、基于处理效率与土地价格的表面流与潜流人工湿地优化

（一）技术背景和原理

以生态技术手段对低污染水进行深度处理，可进一步削减污染负荷从而满足湖泊流域水环境承载力的需要。生态技术具有成本低、生态风险小、对人和环境副作用小等特点，在处理过程中能保护好土壤及其生物，并且很少有废物和排放物产生，具有良好的景观效果。

人工湿地在处理污水时常用的两种工艺：一是表面流人工湿地，二是潜流人工湿地。在处理等量污水、等进水浓度、达到相同的处理效果条件下，表面流人工湿地所需的土地面积更大，因此具有土地费用高、投资费用低、运行费用低的特点；而潜流人工湿地占地面积小，具有土地费用相对较低、投资费用高、运行维护费用高的特点。为达到特定的污染物去除目标，在技术可行的前提下，决策者应该选择表面流人工湿地方案还是潜流人工湿地方案？本节研究的目的就是通过比较这两种工艺在特定土地价格、特定污染物去除需求下，在整个生命周期中所耗费的成本，从而为决策者提供一个经济上的优化建议。

太湖流域土地资源较为紧张，针对低污染水深度处理过程中是采用表面流人工湿地还是潜流人工湿地，需要进行人工湿地生态系统经济性分析，各地根据经济性分析的结果来确定较为合适的低污染水生态处理方式，以便于低污染水生态处理系统的推广和应用。

1. 表面流人工湿地

根据表面流一级动力学方程：

$$\ln\left(\frac{\rho_{\text{out}} - \rho^*}{\rho_{\text{in}} - \rho^*}\right) = -\frac{k_A}{q}$$

可得

$$r = \frac{\rho_{\mathrm{in}} - \rho_{\mathrm{out}}}{\rho_{\mathrm{in}}} = \frac{\rho_{\mathrm{in}} - (\rho_{\mathrm{in}} - \rho^*)\exp(-k_A/q) - \rho^*}{\rho_{\mathrm{in}}}$$

式中，ρ_{in}、ρ_{out} 和 ρ^* 分别为污染物的进水、出水和湿地背景浓度，g/mL；k_A 为面积污染物去除常数，m/d；q 为污染物负荷，m/d；r 为污染物去除率。该式即去除率 r 与污染物负荷 q 的表达式。由表达式可知污染物负荷 q 越大，去除率 r 越低。

将 $\rho_{\mathrm{out}} = \rho_{\mathrm{in}} - r\rho_{\mathrm{in}}$ 代入 $\ln\left(\dfrac{\rho_{\mathrm{out}} - \rho^*}{\rho_{\mathrm{in}} - \rho^*}\right) = -\dfrac{k_A}{q}$，得

$$\ln\left(\frac{\rho_{\mathrm{in}} - r\rho_{\mathrm{in}} - \rho^*}{\rho_{\mathrm{in}} - \rho^*}\right) = -\frac{k_A}{q}$$

变形得

$$q = \frac{-k_A}{\ln\left(\dfrac{\rho_{\mathrm{in}} - r\rho_{\mathrm{in}} - \rho^*}{\rho_{\mathrm{in}} - \rho^*}\right)}$$

代入 $A_s = \dfrac{Q_{\mathrm{in}}}{q}$（$Q_{\mathrm{in}}$ 为处理污水量，$\mathrm{m^3/d}$），得

$$A_s = \frac{Q_{\mathrm{in}}}{q} = -Q_{\mathrm{in}}\frac{\ln\left(\dfrac{\rho_{\mathrm{in}} - r\rho_{\mathrm{in}} - \rho^*}{\rho_{\mathrm{in}} - \rho^*}\right)}{k_A}$$

即得到人工湿地面积 A_s 与去除率 r 的关系。由表达式可知在流量、进水浓度不变时，去除率 r 越高，所需要的人工湿地面积 A_s 越大。

将 A_s 表达式代入公式：

$$C_{\text{表面流}} = 0.09744 \times (35.315 \times A_s \times 0.5)^{0.71} + p \times 1.25 A_s \times 10^{-4}$$

可得

$$C_{\text{表面流}} = 0.09744 \times \left[-17.66 Q_{\mathrm{in}}\frac{\ln\left(\dfrac{\rho_{\mathrm{in}} - r\rho_{\mathrm{in}} - \rho^*}{\rho_{\mathrm{in}} - \rho^*}\right)}{k_A}\right]^{0.71} - 1.25 p Q_{\mathrm{in}}\frac{\ln\left(\dfrac{\rho_{\mathrm{in}} - r\rho_{\mathrm{in}} - \rho^*}{\rho_{\mathrm{in}} - \rho^*}\right)}{k_A} \times 10^{-4}$$

式中，$C_{\text{表面流}}$ 为表面流人工湿地生命周期总费用；p 为土地单位，元/m²，并假设表面流人工湿地的土方深度为 0.5m，人工湿地面积占人工湿地总用地的 80%。

2. 潜流人工湿地

根据潜流一级动力学方程：

$$\ln\left(\frac{\rho_{\mathrm{out}} - \rho^*}{\rho_{\mathrm{in}} - \rho^*}\right) = -k_v t$$

可得

$$r = \frac{\rho_{\text{in}} - \rho_{\text{out}}}{\rho_{\text{in}}} = \frac{\rho_{\text{in}} - (\rho_{\text{in}} - \rho^*)\exp(-k_v t) - \rho^*}{\rho_{\text{in}}}$$

式中，k_v 为体积污染去除率常数，m/d；t 为污水停留时间，d；r 为污染物去除率。该式即去除率 r 与停留时间 t 的表达式。由表达式可知停留时间 t 越大，去除率 r 越高。

将 $\rho_{\text{out}} = \rho_{\text{in}} - r\rho_{\text{in}}$ 代入潜流一级动力学方程，得

$$\ln\left(\frac{\rho_{\text{in}} - r\rho_{\text{in}} - \rho^*}{\rho_{\text{in}} - \rho^*}\right) = -k_v t$$

变形得

$$t = -\frac{\ln\left(\dfrac{\rho_{\text{in}} - r\rho_{\text{in}} - \rho^*}{\rho_{\text{in}} - \rho^*}\right)}{k_v}$$

代入 $A_s = \dfrac{Q_{\text{in}} t}{d\varepsilon}$，得

$$A_s = -Q_{\text{in}}\ln\frac{\left(\dfrac{\rho_{\text{in}} - r\rho_{\text{in}} - \rho^*}{\rho_{\text{in}} - \rho^*}\right)}{k_v d\varepsilon}$$

式中，d 为潜流人工湿地深度，m；ε 为人工湿地孔隙率。该式即人工湿地面积 A_s 与去除率 r 的关系。由表达式可知在流量、进水浓度不变时，去除率 r 越高，所需要的人工湿地面积 A_s 越大。

将 A_s 表达式代入公式

$$C_{潜流} = 0.1781 \times (35.315 \times A_s \times 1.25)^{0.71} + p \times 1.25 A_s \times 10^{-4}$$

可得

$$C_{潜流} = 0.1781\left[-44.14 Q_{\text{in}}\ln\frac{\left(\dfrac{\rho_{\text{in}} - r\rho_{\text{in}} - \rho^*}{\rho_{\text{in}} - \rho^*}\right)}{k_v d\varepsilon}\right]^{0.71} - 1.25 p Q_{\text{in}}\ln\frac{\left(\dfrac{\rho_{\text{in}} - r\rho_{\text{in}} - \rho^*}{\rho_{\text{in}} - \rho^*}\right)}{k_v d\varepsilon} \times 10^{-4}$$

式中，$C_{潜流}$ 为潜流人工湿地生命周期总费用，并假设潜流人工湿地的土方深度为 1.25m，人工湿地面积占人工湿地总用地的 80%。

（二）应用

综合人工湿地生命周期评估（参数法）和人工湿地污染物去除（一级动力学模型），构建费用-动力学复合方程，采取太湖地区土地资源、水文气象等基础参数进行应用。以《城镇污水处理厂污染物排放标准》（GB 18918—2002）中一级标准的 A 标准限值作为污水处理厂尾水出水浓度，即人工湿地进水浓度，出水拟达到《地表水环境质量标准》（GB 3838—2002）中的 V 类水质标准。

根据建立的方程进行计算，得出 1 万 t 污水处理规模 TN 去除费用随土地价格变化的规律，如图 5-72 所示。

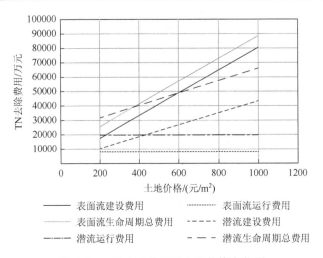

图 5-72　TN 去除费用随土地价格变化图

从图 5-72 中可以看出，表面流人工湿地生命周期总费用和潜流人工湿地生命周期总费用都是随着土地价格的增加而增加。两条线在 317 元/m² 处有交点，可以得出当生态处理系统运用所在地土地价格小于 317 元/m² 时，利用表面流人工湿地技术处理低污染水比利用潜流人工湿地更具有优势。当生态处理系统运用所在地土地价格大于 317 元/m² 时，利用潜流人工湿地技术处理低污染水比利用表面流人工湿地更具有优势。当生态处理系统运用所在地土地价格等于 317 元/m² 时，表面流人工湿地和潜流人工湿地对于低污染水深度处理都可以进行选取。

TP 去除费用随土地价格变化的规律如图 5-73 所示，可以看出，表面流人工湿地运行费用较低，潜流人工湿地建设费用较低。对于生命周期总费用而言，当土地价格小于 640 元/m² 时，利用表面流人工湿地处理低污染水具有一定的优势；当土地价格大于 640 元/m² 时，利用潜流人工湿地处理低污染水比表面流人工湿地具有优势。

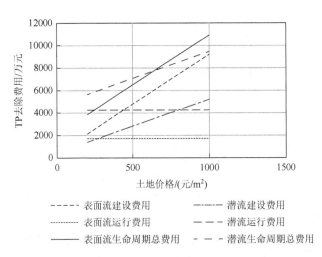

图 5-73　TP 去除费用随土地价格变化图

第三节 漕桥污水处理厂尾水生态净化工程

漕桥污水处理厂采用 A²/O 活性污泥工艺处理生活污水，现污水处理量 0.6 万 m³/d，出水水质达到《城镇污水处理厂污染物排放标准》一级标准的 A 标准。以自主研发的污水生态处理工艺为主，开展尾水深度处理。按 20%～30%的比例配置净化塘，通过净化塘中物化强化净化和种植水生植被等措施净化水质，实现对营养盐的去除，最终大幅度减少氮磷污染物的入河量，采用的技术包括生态沟渠技术、人工湿地氮磷削减技术、生物高效除磷技术和物化强化人工湿地处理技术。

人工湿地适合夏季种植的大型水生植物物种包括茳草、圆币草和粉绿狐尾藻，适合冬季种植的大型水生植物物种包括水芹、常绿鸢尾等。

一、尾水生态净化工程设计与运行

（1）生态浮墙建设：生态浮墙，浮体 50m，不透水裙体 50m，配重石笼 50m。

（2）人工湿地构建：水生植物种植，挺水植物种植工程 600m²，沉水植物种植工程 200m²，浮叶植物种植工程 1200m²。

（3）物化强化措施：投加底泥污染抑制剂 6000kg。

2014 年完成漕桥污水处理厂尾水生态净化示范工程的设计和施工（图 5-74 和图 5-75）。

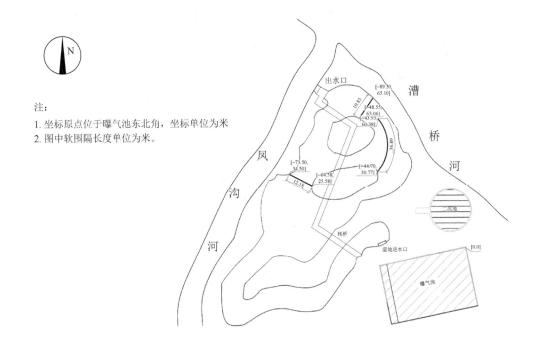

注：
1. 坐标原点位于曝气池东北角，坐标单位为米
2. 图中软围隔长度单位为米。

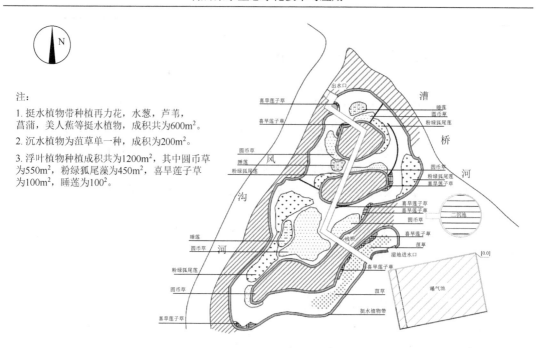

注:
1. 挺水植物带种植再力花，水葱，芦苇，
菖蒲，美人蕉等挺水植物，成积共为600m²。
2. 沉水植物为菹草单一种，成积为200m²。
3. 浮叶植物种植成积共为1200m²，其中圆币草
为550m²，粉绿狐尾藻为450m²，喜旱莲子草
为100m²，睡莲为100²。

图 5-74   漕桥污水处理厂尾水生态净化示范工程设计图

图 5-75   漕桥污水处理厂尾水生态净化工程现场图

分析漕桥污水处理厂尾水人工湿地净化效果。在 2015 年 2 月、5 月、8 月和 11 月进行采样，采样点为二沉池、湿地前段、湿地中段、湿地后段、湿地出水。对各位点水质理化指标测定结果见图 5-76。

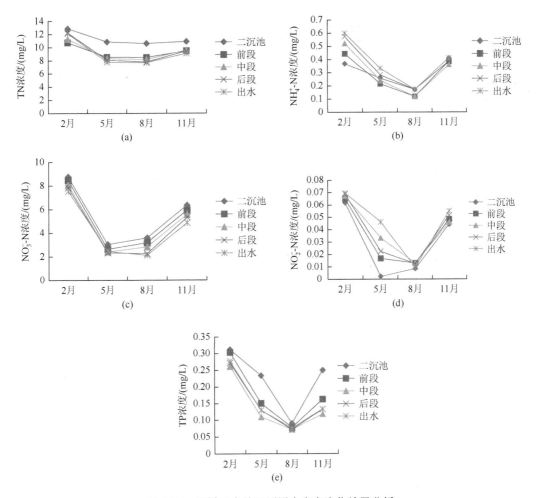

图 5-76　漕桥污水处理厂尾水生态净化效果分析

从由人工湿地净化后的各段水体水质指标测试结果中发现，人工湿地各段整体具有较好的脱氮效果。对 TN 和 NO_3^--N 的去除率最高，分别可达 31.36% 和 37.39%；人工湿地各段具有较强的磷去除能力，湿地中段 TP 去除率最高，在春季可达 53.14%。水体前段潜在硝化速率最大，春季硝态氮去除速率达 0.002mg/(L·h)。

二、微量有毒污染物的去除

1. 大型水生植物中重金属和农药含量

漕桥污水处理厂菹草体内的重金属含量普遍高于圆币草和芦苇（表 5-53），但圆币草体内锌（765mg/kg）、锰（2440mg/kg）和镍（80.9mg/kg）的含量显著高于菹草和芦苇。对农药多环芳烃和硝基苯类的检测可以看出，植物体内的农药残留以多环芳烃为主，而硝基苯类农药含量多低于检测限。多环芳烃在菹草和圆币草体内富集浓度较高。

表 5-53　漕桥污水处理厂湿地植被中主要重金属和农药的含量（2016-01-26）（单位：mg/kg）

样品名称	检测项目											
	总铬	铜	锌	铅	镉	铁	锰	镍	砷	硒	多环芳烃	硝基苯类
菹草	30.4	42.4	637	5.06	0.415	3.23	600	78.0	6.16	11.1	426	nd
圆币草	15.0	29.8	765	4.45	0.367	1.31	2.44×10^3	80.9	2.30	ND	363	nd
芦苇	3.83	5.27	15.7	0.278	0.095	0.203	15.7	1.19	1.17	0.194	12.1	nd

注：多环芳烃、硝基苯的单位为 μg/kg，其他的单位为 mg/kg；nd 表示未检测；硒的检测限为 0.100mg/kg，多环芳烃的检测限为 3.0μg/kg，硝基苯的检测限为 0.22μg/kg

2. 生态净化进、出水中常见农药的含量

对毒死蜱、阿维菌素、吡蚜酮、吡虫啉、三环唑等杀虫剂和杀菌剂、除草剂的检测结果可以看出，漕桥污水处理厂尾水中吡虫啉浓度为 0.035mg/L，经处理后其出水浓度为 0.0022mg/L，处理效率约为 93.7%。吡蚜酮的处理效率为 96.2%，其他农药在进、出水中的浓度均较低。从结果中可以看出，示范工程对此种农药具有较好的处理效果，见表 5-54。

表 5-54　示范工程进、出水中农药含量的变化　　　　（单位：mg/L）

样品名称	检测项目				
	毒死蜱	阿维菌素	吡蚜酮	吡虫啉	三环唑
进水	0.001^L	0.001^L	0.026	0.035	0.011
出水	0.0012	0.001^L	0.001^L	0.0022	0.001^L

注：以上5种农药毒死蜱、阿维菌素、吡蚜酮、吡虫啉、三环唑的检测限均为 0.001mg/L；L 表示低于检测限

三、尾水净化人工湿地中大型水生植物群落结构分析

1. 大型水生植物群落结构生物多样性

10月（生长期）漕桥污水处理厂尾水人工湿地净化区中湿地植物种类约共有 20 种：主要有挺水和湿生植物 15 种，分别为圆币草（*H. vulgaris*）、再力花（*T. dealbata*）、芦苇（*P. australis*）、狭叶香蒲（*T. angustifolia*）、鸢尾（*Iris tectorum*）、双穗雀稗（*P. distichum*）、菰（*Z. latifolia*）、水莎草（*J. serotinus*）、粉绿狐尾藻（*M. aquaticum*）和喜旱莲子草（*A. Philoxeroides*）、酸模叶蓼（*Polygonum lapathifolium*）、水芹（*Oenanthe javanica*）、美人蕉（*Canna indica*）、芋（*Colocasia esculenta*）、水葱（*Scirpus validus*）；浮叶根生植物 1 种，为睡莲（*Nymphaea alba*）；自由漂浮植物 2 种，为水鳖（*H. dubia*）和浮萍（*L. minor*）；沉水植物 2 种，为菹草（*Potamogeton crispus*）和水盾草（*Cabomba caroliniana*）。Shannon-Weiner 多样性指数平均值为 0.91，生物多样性较为丰富（图 5-77）。

图 5-77　工程现场植被图（10 月）

12 月（衰退期）示范区沿岸带植被大部分均自然衰败或者死亡，多数挺水植物地上部分均枯黄，但圆币草生长仍旧很旺盛，其他存活植物还有菹草、鸢尾、水芹和睡莲等（图 5-78）。

图 5-78　工程现场植被图（12 月）

2. 人工湿地大型水生植物优势种类型及生物量

10 月（生长期）人工湿地的绝对优势种为圆币草，覆盖率达 90% 以上，其次为沿岸的芦苇和再力花，同样通过样方取样方式统计了其密度和生物量（表 5-55）。

表 5-55　漕桥污水处理厂人工湿地优势种类型及其生物量

取样点	优势种类型	平均密度/(株/m²)	平均生物量(干重)/(g/m²)
2-1	圆币草	2340	140.9
2-2	芦苇	12	1280.5
2-3	再力花	8	1100.2

取样点	优势种类型	平均密度/(株/m²)	平均生物量(干重)/(g/m²)
2-4	圆币草	2564	152.3
2-5	圆币草	1980	120.4

12月（衰退期）圆币草长势仍旧很好，为绝对优势种，其在敞水区的覆盖率超过80%，而水面及沿岸带其他水生植被均死亡或者地上部分枯黄。因此，著者只在圆币草分布区域随机选取了五个点做样方，测得其平均密度为1577株/m²，平均生物量为113.5g/m²。

四、纳米复合材料强化除磷

1. 纳米复合材料强化除磷装置设计

实验室研究显示，纳米复合材料具有优良的除磷能力，与商品化的同型铁系材料相比，锆系材料对磷的吸附速率相近，但吸附容量更大，在处理通量方面提高了6~8倍（图5-79）。

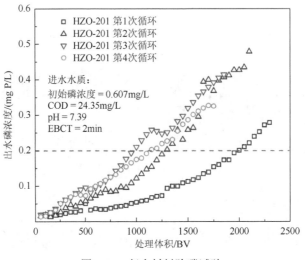

图 5-79　复合材料除磷试验

在漕桥污水处理厂建造了中试装置，装置采用下进水上出水混合床设计，有利于增加固液接触率，提高了除磷吸附速率，降低了水力停留时间。该装置内径2.0m，含2m³纳米复合材料，高径比为0.64∶1，材料下部为石英砂脱层，起到初滤进水和防止纳米复合材料流失的作用。纳米复合吸附剂为自主开发的产品，可委托生产（图5-80）。

2. 纳米复合材料强化除磷装置运行效果

该装置进水流量为3~5m³/h，穿透点磷浓度初设为0.2mg/L，经40d运行（2016年4月22日~5月31日），监测进、出水中磷和COD浓度及其去除效果如图5-81、图5-82和图5-83所示。出水中总磷浓度保持在0.1mg/L以下，效果良好。拟在吸附穿透后委托有关公司将复合材料异地再生，循环使用，便于脱附液集中化处理，避免二次污染。

图 5-80　漕桥污水处理厂吸附塔设计与装置

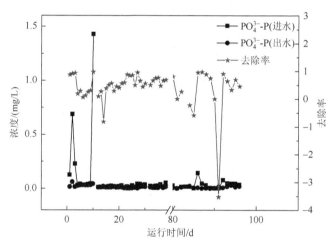

图 5-81　纳米复合材料强化除磷装置去除正磷酸盐的效果

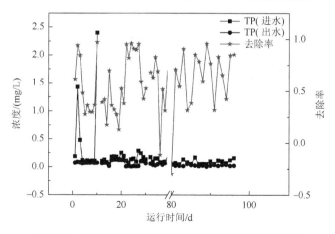

图 5-82　纳米复合材料强化除磷装置去除总磷的效果

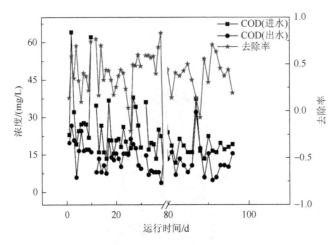

图 5-83　纳米复合材料强化除磷装置去除 COD 的效果

第四节　周铁污水处理厂尾水生态净化工程

周铁污水处理厂现污水处理量为 0.5 万 m³/d，主要采用好氧生物流化反应器（BFBR）工艺，出水水质达到《城镇污水处理厂污染物排放》一级标准的 A 标准，通过示范工程进一步对该污水处理厂出水进行生态净化深度处理。在宜兴殷村港近岸，进行周铁污水处理厂出水的表面流人工湿地处理，结合生态沟渠处理技术，在殷村港南岸沿岸带开展湿地处理和生态修复工程，选择岸边带进行湿地和生态墙建设，根据水质改善的需要种植水生植物等生态净化型植物，提高出水水质。

在此区域可以依托当地的水环境综合整治工程，示范集成技术包括：①生态墙氮、磷生态削减技术与资源化；②浮墙强化-仿生材料与生态沟渠技术；③基于生境改善的湿地处理和生态修复技术。

一、工程设计与运行

（一）周铁污水处理厂尾水生态净化设计原则

人性化设计的原则：污水处理厂尾水人工湿地处理景观设计是为了提高人们的物质和精神生活质量，不但要具有景观环境，而且要具有浓厚的特色和温馨的乡土色彩，使人民能融于自然，提高生活质量，具有视觉上的美感。

和谐共存和持续发展的原则：把自然、人和社会紧密联系在一起，相互渗透，生态功能得到有效发挥。

因地制宜的原则：根据现有的地形、地貌，形成合理的空间，根据当地的气候和资源条件进行合理的环境建设。

自然生态的原则：充分利用现有的环境进行设计，利用生态系统的群落结构演替、四季交替，崇尚自然，降低人工湿地的运行费用。

（二）周铁污水处理厂尾水生态净化设计目标

采用强化的人工湿地对周铁污水处理厂尾水进行生态净化,人工湿地具有景观湿地的功能,实现污水深度处理和资源化。设计要求如下。

微场地改造:利用原有地形,减少投资费用,同时实现人工湿地的高效处理效果。

运行费用低廉:采用功能湿地和生态塘相结合的处理工艺,同时实现资源化,降低生态净化工艺的运行费用。

（三）周铁污水处理厂尾水生态净化设计技术参数

设计尾水处理水量:生态净化处理最大水量 5000m³/d,湿地处理总面积 3500m²。

设计进水水质:进入生态净化工程的尾水水质执行《城镇污水处理厂污染物排放标准》中一级标准的 A 标准,主要指标包括 pH 6～9,化学需氧量＜50mg/L,氨氮＜5.0mg/L,总磷＜0.5mg/L,总氮＜15mg/L。

设计出水水质:尾水经生态净化后出水执行国家《地表水环境质量标准》中 V 类水质标准,主要指标包括 pH 6～9,化学需氧量＜40mg/L,氨氮＜2.0mg/L,总磷＜0.4mg/L,溶解氧＞2mg/L。

湿地设计区域:人工湿地设计面积为 3500m²。

设计水头:污水处理厂尾水流入人工湿地处理系统,处理后出水排到殷村港,水头为450～500cm。

（四）周铁污水处理厂尾水生态净化设计工艺

1. 尾水生态净化与资源化工艺

周铁污水处理厂尾水处理采用物化-生态组合工艺,处理系统由表面流人工湿地-生态塘-生态沟渠处理系统组成。通过氮磷浓缩、生物萃取、循环利用、资源再生等过程,实现对 COD、TN 和 TP 的深度削减,进一步降低污染物的数量,同时利用尾水中的营养盐生产大型水生植物,实现废水资源化。

工程采用生态净化技术模块组装技术、生物质炭吸附-植物除磷技术、反硝化-生物质炭强化生物生态净化与湿生、水生花卉生产技术等进行尾水功能湿地生态净化。

湿地系统包括生态沟渠、生态塘、表面流人工湿地,总面积 3500m²。湿地中添加高效的纳米材料氮磷吸附剂,尾水从人工介质中流过,污水中的氮、磷被纳米材料吸附,氮通过微生物的反硝化作用得到去除,在实现氮磷污染物浓缩的同时,氮素得到有效去除。

在人工湿地上种植茭草、芦苇、鸢尾等大型水生植物,不仅可以提高人工湿地去除氮、磷的能力,花卉还可以作为商品出售。

表面流人工湿地水体以漂浮植物为主,包括水鳖、槐叶苹、浮萍、圆币草等。

表面流人工湿地水力负荷 1.5m³/(m²·d),氨氮去除率 30%,TP 去除率 30%。

2. 软围隔布设置

如图 5-84 所示，通过在表面流人工湿地布设软围隔，增加尾水在表面流人工湿地中与水生植物接触的时间，提高表面流人工湿地中水生植物对尾水的净化效果。软围隔的高度随设计水面高度不同可以进行调整。

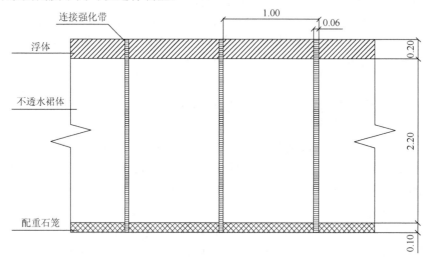

图 5-84　表面流人工湿地软围隔结构图（单位：m）

3. 生态浮床

在表面流人工湿地中，增加了生态浮床 150m²。生态浮床长 10m，宽 1.5m。其上生长的挺水植物根系伸入水体中，通过植物吸收和附着的生物膜微生物降解，对尾水水体中的污染物进行去除（图 5-85）。

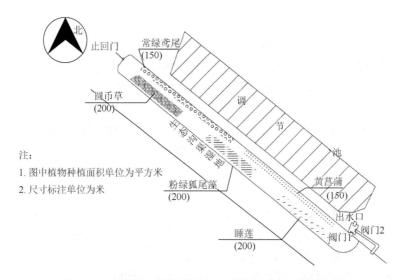

图 5-85　周铁污水处理厂尾水生态净化示范工程设计图

通过生态净化后的出水中氮、磷得到有效削减，出水中氨氮平均浓度小于 1mg/L，TP 平均浓度小于 0.15mg/L，氮、磷平均去除率大于 30%。

二、生态净化系统对微量有毒污染物削减

1. 水生植被中重金属和有机物含量

人工湿地的水生植物中重金属和有机物含量见表 5-56，结果表明植物体内有一定量的积累，但与长江中下游湖泊的水生植物中重金属和有机物含量相当。

表 5-56　周铁污水处理厂主要湿地植物中重金属和有机物的含量（2016-01-26）（单位：mg/kg）

样品名称	检测项目											
	总铬	铜	锌	铅	镉	铁	锰	镍	砷	硒	多环芳烃	硝基苯类
茭白	2.51	1.28	6.19	0.193	0.171	0.065	16.7	0.422	1.18	ND	46.4	ND
芦苇（进水口）	11.0	12.0	42.7	10.7	0.292	3.77	239	9.68	7.54	0.423	35.8	ND
芦苇（出水口）	4.30	3.75	74.7	0.701	0.278	0.307	104	5.69	1.36	0.530	130	ND

注：多环芳烃、硝基苯的单位为 μg/kg，其他的单位为 mg/kg；ND 表示未检出；硒的检测限为 0.100mg/kg；多环芳烃的检测限为 3.0μg/kg；硝基苯的检测限为 0.22μg/kg

2. 生态净化系统进、出水中常见农药含量

人工湿地中农药的含量（表 5-57）多低于检测限，其中吡虫啉含量较低。

表 5-57　示范工程进、出水中农药含量的变化　　　　（单位：mg/L）

样品名称	检测项目				
	毒死蜱	阿维菌素	吡蚜酮	吡虫啉	三环唑
周铁污水处理厂（进水）	0.001ᴸ	0.001ᴸ	0.001ᴸ	0.0032	0.001ᴸ
周铁污水处理厂（出水）	0.001ᴸ	0.005	0.001ᴸ	0.0054	0.001ᴸ

注：以上 5 种农药毒死蜱、阿维菌素、吡蚜酮、吡虫啉、三环唑的检测限均为 0.001mg/L；L 表示低于检测限

3. 农药和药物类化合物高通量筛查和定量分析

前面的定量结果能够对污水中的重金属浓度和部分农药的浓度有一些了解，为了进一步了解污水中其他有机污染物的种类组成，了解人工湿地处理工艺的处理效果，利用目前较为成熟的液相色谱-四极杆-飞行时间质谱（LC-Q-TOF-MS）高通量筛查的方法，对水体中 1400 余种农药和药物类化合物进行筛查，确认水体中存在农药和药物类化合物的种类，并购买部分化合物的标样进行定量分析。

周铁污水处理厂筛查结果如表 5-58 所示，总共获得 31 种化合物，其中农药类化合物 24 种，药物类化合物 7 种。

表 5-58　周铁污水处理厂的筛查结果

化合物名称	分子式	化合物名称	分子式
金刚烷胺	$C_{10}H_{17}N$	苄草丹	$C_{14}H_{21}NOS$
多菌灵	$C_9H_9N_3O_2$	三唑酮	$C_{14}H_{16}ClN_3O_2$
三环唑	$C_9H_7N_3S$	利多卡因	$C_{14}H_{22}N_2O$
异丙甲草胺	$C_{15}H_{22}ClNO_2$	替米沙坦	$C_{33}H_{30}N_4O_2$
扑草净	$C_{10}H_{19}N_5S$	嘧菌酯	$C_{22}H_{17}N_3O_5$
稻瘟灵	$C_{12}H_{18}O_4S_2$	苄嘧磺隆	$C_{16}H_{18}N_4O_7S$
咪鲜胺	$C_{15}H_{16}Cl_3N_3O_2$	啶虫脒	$C_{10}H_{11}ClN_4$
丙环唑	$C_{15}H_{17}Cl_2N_3O_2$	嘧霉胺	$C_{12}H_{13}N_3$
戊唑醇	$C_{16}H_{22}ClN_3O$	异恶草酮	$C_{12}H_{14}ClNO_2$
特丁净	$C_{10}H_{19}N_5S$	抑霉唑	$C_{14}H_{14}Cl_2N_2O$
舒必利	$C_{15}H_{23}N_3O_4S$	异丙隆	$C_{12}H_{18}N_2O$
西咪替丁	$C_{10}H_{16}N_6S$	莠去津	$C_8H_{14}ClN_5$
尼古丁	$C_{10}H_{14}N_2$	罗红霉素	$C_{41}H_{76}N_2O_{15}$
麻黄碱	$C_{10}H_{15}NO$	吡虫啉	$C_9H_{10}ClN_5O_2$
甲基嘧啶磷	$C_{11}H_{20}N_3O_3PS$	烯酰吗啉	$C_{21}H_{22}ClNO_4$
甲霜灵	$C_{15}H_{21}NO_4$		

对周铁污水处理厂的 6 种化合物进行定量分析,获得的浓度如表 5-59 所示。其中二嗪农在生态进水中未检出。从表 5-59 可以看出,周铁污水处理厂污水中丙环唑、戊唑醇的浓度达到了几千纳克每升,其余化合物为几到几十纳克每升。从去除率上看,对于浓度达到 5280ng/L 的丙环唑的去除率达到 85.6%,其他两种浓度较高的化合物的去除率也都在 60%左右,浓度较低的两种化合物的去除率相对较低,只有 30%左右。

表 5-59　周铁污水处理厂部分化合物定量结果

化合物	原水/(ng/L)	进水/(ng/L)	总出水/(ng/L)	去除率
异丙甲草胺	1.27	2.57	0.856	32.8%
抑霉唑	1.33	5.73	0.901	32.4%
咪鲜胺	78.2	12.8	30.2	61.4%
二嗪农	15.1	—	0.575	96.2%
戊唑醇	1520	2950	613	59.8%
丙环唑	5280	4070	762	85.6%

4. 生态净化工程进出水毒性分析

经过多年的研究,在生态净化系统技术方面虽然已经取得了许多实验参数和实践经验,但是由于该系统的"黑箱效应",人们对生态净化系统中污染物的去除机理仍然缺乏了解,如何保证净化系统运行的稳定性、长久性及出水的安全性,仍需要进一步的研究和探讨。生态净化系统对氮、磷的去除效果容易受到微生物种群结构、酶的活性等因素的影响，而这些因素相当不稳定，较容易被进水的条件所扰动，因此为了保证系统的稳定运行及较高的氮、磷去除效果，对这些因素进行监控和消除就显得尤为重要了。生态净化系统基质会由于长期运行而饱和，对磷的吸附量也会达到一个最大值，从而影响磷的去除效果，这对生态净化系统的长久使用是相当不利的。如何采取有效的技术手段，保证人工湿地的长久运行及较高的除磷效果，仍是研究和实践的重要内容。尽管生态净化系统处理后出水在一些常规指标，如 COD_{Cr}、TN、TP 能达到一个较高的标准，但这并不意味着出水就没有毒性，可以毫无顾虑地排放，如何从生态安全的角度来综合评估生态净化系统处理后出水的安全性，需要更多的探索与研究。

在 2014 年 10 月～2015 年 1 月，每月对周铁污水处理厂尾水（生态湿地进水）及其经过人工湿地处理后的出水进行采样，然后根据《大型溞急性毒性实验方法》（GB/T 16125—2012），利用大型溞测试进出水水样的急性毒性，发现污水处理厂尾水经过人工湿地处理后毒性（如果有的话）显著降低，表明人工湿地对低污染水中有毒污染物有良好的去除效果（图 5-86）。对其中的重金属和有机物进行了测定，以进一步判断这种毒性削减是否与污染物浓度的变化相吻合。因此，获得了低污染尾水中微量有毒污染物对生态脱氮除磷效能的影响过程，结果表明现有的污染处理厂尾水中有毒污染物对生态系统功能没有产生明显的影响，生态净化系统能有效削减微量有毒污染物，实现毒性有效削减。

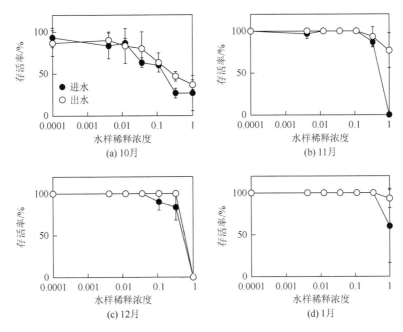

图 5-86　周铁污水处理厂微生物生态净化出水急性毒性（2014 年 10 月至 2015 年 1 月）

三、人工湿地水生植被群落结构分析

1. 生物多样性统计

10 月（生长期）调查结果显示：周铁污水处理厂所构建的人工湿地中总共有湿地植

物种类约 12 种。主要有挺水和湿生植物 8 种：菰（*Z. latifolia*）、芦苇（*P. australis*）、狭叶香蒲（*T. angustifolia*）、红蓼（*P. orientale*）、双穗雀稗（*P. paspaloides*）、喜旱莲子草（*A. Philoxeroides*）、酸膜叶蓼（*P. lapathifolium*）、白茅（*Imperata cylindrica*）；自由漂浮植物 4 种：凤眼莲（*E. crassipes*）、槐叶平（*S. natans*）、水鳖（*H. dubia*）和浮萍（*L. minor*），没有浮叶植物和沉水植物。Shannon-Weiner 多样性指数平均值为 0.56，生物多样性一般。

12 月（衰退期）调查结果显示：示范区大部分植被均自然衰败或者死亡，多数挺水植物地上部分均枯黄，仅发现有少量菰存活。

2. 优势种类型及生物量

10 月（生长期）调查结果显示：周铁污水处理厂人工湿地的优势种为芦苇和菰，这两种植物几乎覆盖了整个浅水区。水面上的优势种主要是槐叶苹，约覆盖 50%敞水区，通过样方和破坏性取样方式统计了其密度和生物量（表 5-60）。

表 5-60　周铁污水处理厂人工湿地优势种类型及其生物量

取样点	优势种类型	平均密度/(株/m²)	平均生物量(干重)/(g/m²)
4-1	芦苇	22	3220.7
4-2	芦苇	24	3546.6
4-3	菰	18	1530.5
4-4	菰	20	1889.5
4-5	槐叶苹	2680	180.2

12 月（衰退期）：由于此时绝大部分植物均死亡，存活的菰仅有少量植株，因此没有统计生物量。

四、人工湿地中藻类群落结构分析

1. 调查目的

分析鉴定周铁污水处理厂尾水生态净化工程中藻类组成和生物量的季节性变化过程，研究人工湿地在污水处理厂尾水净化过程中的作用。浮游藻类是水域生态系统中的初级生产者，也是水体中重要的饵料生物，同时浮游藻类也是水环境的重要指示生物。湿地中浮游藻类的组成与湿地水体的理化性质具有密切的关系，湿地中浮游藻类的种类组成、生物量等群落特征是湿地水环境质量的重要标志。浮游藻类群落的种类组成和数量结构的变化具有一定的规律，其变化规律主要受相关的物理、化学和生物等环境因子影响。因此，分析污水处理厂尾水生态净化工程中的藻类组成和生物量，对研究人工湿地在污水处理厂尾水净化过程中的作用具有一定的意义。

2. 调查方法

在周铁污水处理厂尾水生态净化工程的进水（ZT1）、中段（ZT2）和出水（ZT3）处分别设置采样点采样。于 2015 年 4 月（春季）、7 月（夏季）和 11 月（秋季）采集水样，分析其藻类组成和生物量变化。

浮游植物定性样品用浮游植物网在表层水中捞取，不加鲁古氏碘液固定，尽快带回实验室在显微镜下通过观察藻类活体（色素体颜色和运动状况），供鉴定藻类种类时参考。一般根据色素体的颜色和形态分门，根据藻体体形等特征鉴定到种属。定量样品用采水器在每个采样点采表层水样（水下 0.5m 处）1L，立即加入 10mL 鲁古氏碘液，固定后的水样被带回实验室，静置沉淀 48h 以上，浓缩至 30mL，采用视野法对定量样品进行分类计数，并根据不同藻类单个个体的体积大小换算得到其生物量（湿重）。

3. 调查结果

根据 2015 年 3 次采样样品的镜检结果，周铁污水处理厂人工湿地水体中浮游藻类包括蓝藻门、隐藻门、硅藻门、裸藻门、甲藻门、绿藻门等 6 门 49 个种属，其中绿藻门、蓝藻门和硅藻门的种类较多。

2015 年 4 月（代表春季），周铁污水处理厂尾水生态净化工程中进水水体浮游藻类数量和生物量分别为 12.39×10^6cells/L 和 0.65mg/L，藻类以小型藻类为主，数量相对较大，优势种为微囊藻；中段水体浮游藻类数量和生物量分别为 10.74×10^6cells/L 和 2.70mg/L，优势种为颤藻和平裂藻；出水水体浮游藻类数量和生物量分别为 9.23×10^6cells/L 和 1.45mg/L，优势种为颤藻和微囊藻。

2015 年 7 月（代表夏季），周铁污水处理厂尾水生态净化工程中进水水体浮游藻类数量和生物量分别为 28.70×10^6cells/L 和 1.54mg/L，藻类以小型藻类为主，数量相对较大，优势种为微囊藻；中段水体浮游藻类数量和生物量分别为 27.27×10^6cells/L 和 3.96mg/L，优势种为微囊藻、平裂藻和颤藻；出水水体浮游藻类数量和生物量分别为 16.88×10^6cells/L 和 2.35mg/L，优势种为颤藻和平裂藻。

2015 年 11 月（代表秋季），周铁污水处理厂尾水生态净化工程中进水水体浮游藻类数量和生物量分别为 4.26×10^6cells/L 和 0.61mg/L，藻类以小型藻类为主，数量相对较大，优势种为衣藻和微囊藻；中段水体浮游藻类数量和生物量分别为 3.71×10^6cells/L 和 1.70mg/L，优势种为衣藻；出水水体浮游藻类数量和生物量分别为 3.63×10^6cells/L 和 1.67mg/L，优势种为衣藻和丝藻。

对比分析周铁污水处理厂人工湿地不同季节水体藻类密度组成变化（图 5-87），尾水生态净化工程中水体以蓝藻门和绿藻门为主；进水水体硅藻门密度相对较小，中段和出水水体硅藻门密度相对较大。2015 年 7 月蓝藻门在人工湿地（包括进水、中段和出水）水体中高达 80%，其浮游藻类总数量显著高于 4 月和 11 月（$p < 0.05$），这可能是因为夏季气温高，适合微囊藻和颤藻等小型蓝藻的生长繁殖。

对比分析周铁污水处理厂人工湿地不同季节水体藻类生物量组成变化（图 5-88），尾水生态净化工程中段水体蓝藻门生物量较低，而出水水体蓝藻门生物量除秋季外较大，进水水体蓝藻门生物量最大；进水水体硅藻门生物量相对较小，中段和出水水体硅藻门生物量相对较大。

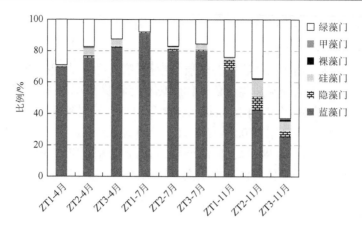

图 5-87　周铁污水处理厂人工湿地不同季节水体藻类密度组成变化

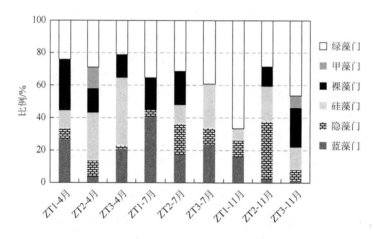

图 5-88　周铁污水处理厂人工湿地不同季节水体藻类生物量组成变化

　　从周铁污水处理厂人工湿地 2015 年 4 月、7 月和 11 月水体水质来看，进水水体 TN 和 TP 的含量最高，中段水体 TN 和 TP 的含量一般相对较高，而出水水体 TN 和 TP 的含量一般相对较低，这种变化趋势与浮游藻类数量的变化趋势基本一致。从浮游藻类生物量来看，人工湿地进水水体藻类生物量最低，中段水体藻类生物量最大，出水水体藻类生物量又有所减小。这表明污水处理厂处理后的尾水不适合浮游藻类生长，经过人工湿地生态净化工程处理后，其氮、磷含量进一步降低，水体透明度增加，个体较小的蓝藻数量减少，个体较大的藻类（如硅藻门的种类）数量有所增加。

参 考 文 献

曹伍林, 宋琦. 2014. 环境变化对植物叶片结构·光合作用的影响. 安徽农业科学, 42（11）: 3221-3222.

陈梦银, 朱伟, 董婵. 2013. 基于植物昼夜释氧变化规律的复合垂直流人工湿地氮形态. 湖泊科学, 25（3）: 392-397.

成水平, 吴振斌, 况琪军. 2002. 人工湿地植物研究. 湖泊科学, 14（2）: 179-184.

邓泓, 叶志鸿, 黄铭洪. 2007. 湿地植物根系泌氧的特征. 华东师范大学学报（自然科学版）,（6）: 69-76.

范经华, 范彬, 鹿道强, 等. 2006. 多孔钛板负载 Pd-Cu 阴极电催化还原饮用水中硝酸盐的研究. 环境科学, 27（6）: 1117-1122.

冯爽，孔海南，褚春凤，等. 2003. 电絮凝法去除二级处理出水中的磷. 中国给水排水，19（1）：52-54.

高燕. 2017. 电解强化人工湿地脱氮除磷过程与机理研究. 南京：南京大学.

黄丹萍，贺锋，肖蕾，等. 2012. 高氮磷胁迫下菖蒲（*Acorus calamus* Linn.）通气组织和根系释氧的响应. 湖泊科学，24（1）：83-88.

黄永芳，杨秋艳，张太平，等. 2014. 水培条件下两种植物根系分泌特征及其与污染物去除的关系. 生态学杂志，33（2）：373-379.

李飞跃，谢越，石磊，等. 2015. 稻壳生物质炭对水中氨氮的吸附. 环境工程学报，9（3）：1221-1226.

李熔，宋长忠，赵旭，等. 2016. Pd/rGO/C 电极催化还原硝酸盐. 环境工程学报，10（2）：648-665.

梁威，周巧红，成水平，等. 2002. 构建湿地基质微生物与净化效果及相关分析. 中国环境科学，22（3）：91-94.

林生，庄家强，陈婷，等. 2013. 不同年限茶树根际土壤微生物群落 PLFA 生物标记多样性分析. 生态学杂志，32（1）：64-71.

刘春英，弓晓峰，陈春丽，等. 2014. 鄱阳湖湿地植物根表铁膜形成的影响因素分析. 土壤通报，45（6）：1297-1304.

刘志宽，牛快快，马青兰，等. 2010. 8 种湿地植物根部泌氧速率的研究. 贵州农业科学，38（4）：47-50.

潘经健，姜军，徐仁扣. 2014. Fe（III）改性生物质炭对水相 Cr（VI）的吸附试验. 生态与农村环境学报，30（4）：500-504.

王浩，焦晓燕，王劲松，等. 2014. 不同氮肥水平下生物炭对高粱苗期生长及有关生理特性的影响. 华北农学报，29（6）：195-201.

王怀臣，冯雷雨，陈银广. 2012. 废物资源化制备生物质炭及其应用的研究进展. 化工进展，31（4）：907-914.

王文林，韩睿明，王国祥，等. 2015. 湿地植物根系泌氧及其在自然基质中的扩散效应研究进展. 生态学报，35（22）：7286-7297.

吴海明，张建，李伟江，等. 2010. 人工湿地植物泌氧与污染物降解耗氧关系研究. 环境工程学报，4（9）：1973-1977.

吴振斌，陈辉蓉，贺锋，等. 2001. 人工湿地系统对污水磷的净化效果. 水生生物学报，25（1）：28-35.

武玉，徐刚，吕迎春，等. 2014. 生物炭对土壤理化性质影响的研究进展. 地球科学进展，29（1）：68-79.

谢祖彬，刘琦，许燕萍，等. 2011. 生物炭研究进展及其研究方向. 土壤，43（6）：857-861.

徐丽花，周琪. 2003. 沸石去除废水中氨氮及其再生. 中国给水排水，19（3）：24-26.

杨放，李心清，王兵，等. 2012. 生物炭在农业增产和污染治理中的应用. 地球与环境，40（1）：100-107.

易清风，李东艳. 2006. 环境电化学研究方法. 北京：科学出版社.

袁金华，徐仁扣. 2010. 稻壳制备的生物质炭对红壤和黄棕壤酸度的改良效果. 生态与农村环境学报，26（5）：472-476.

袁金华，徐仁扣. 2011. 生物质炭的性质及其对土壤环境功能影响的研究进展. 生态环境学报，20（4）：779-785.

曾峥. 2013. 水生态修复植物的生物质炭制备及对氨氮、磷的吸附效应. 杭州：浙江大学.

张晗芝，黄云，刘钢，等. 2010. 生物炭对玉米苗期生长、养分吸收及土壤化学性状的影响. 生态环境学报，19（11）：2713-2717.

张璟慧. 2011. 生物质炭的制备及对水中污染物的去除研究. 杭州：浙江大学.

张垚，索龙，潘凤娥，等. 2016. 生物质炭对砖红壤性质与养分及硝化作用的影响. 农业资源与环境学报，33（1）：55-59.

周巧红，吴振斌，付贵萍，等. 2005. 人工湿地基质中酶活性和细菌生理群的时空动态特征. 环境科学，26（2）：108-112.

Ávila C，Pelissari C，Sezerino H P，et al. 2017. Enhancement of total nitrogen removal through effluent recirculation and fate of PPCPs in a hybrid constructed wetland system treating urban wastewater. Science of the Total Environment，584-585：414-425.

Biswas B K，Inoue J I，Inoue K，et al. 2008. Adsorptive removal of As（V）and As（III）from water by a Zr（IV）-loaded orange waste gel. Journal of Hazardous Materials，154（1-3）：1066-1074.

Cheng X Y，Chen W Y，Gu B H，et al. 2009. Morphology，ecology，and contaminant removal efficiency of eight wetland plants with differing root systems. Hydrobiologia，623（1）：77-85.

Cheng X Y，Liang M Q，Chen W Y，et al. 2009. Growth and contaminant removal effect of several plants in constructed wetlands. Journal of Integrative Plant Biology，51（3）：325-335.

Chitrakar R，Tezuka S，Sonoda A，et al. 2006. Selective adsorption of phosphate from seawater and wastewater by amorphous zirconium hydroxide. Journal of Colloid and Interface Science，297（2）：426-433.

Chubar N I，Kanibolotskyy V A，Strelko V V，et al. 2005. Adsorption of phosphate ions on novel inorganic ion exchangers. Colloids and Surfaces A：Physicochemical and Engineering Aspects，255（1）：55-63.

Delaney P，McManamon C，Hanrahan J P，et al. 2011. Development of chemically engineered porous metal oxides for phosphate removal. Journal of Hazardous Materials，185（1）：382-391.

Du R，Cao S B，Li B K，et al. 2016. Performance and microbial community analysis of a novel deamox based on partial-denitrification and anammox treating ammonia and nitrate wastewaters. water Research，108：46-56.

Fink D F，Mitsch W J. 2006. Hydrology and nutrient biogeochemistry in a created river diversion oxbow wetland. Ecological Engineering，30（2）：93-102.

Gao Y，Xie Y W，Zhang Q，et al. 2016. High performance of nitrogen and phosphorus removal in an electrolysis-integrated biofilter. Water Science and Technology，74（3）：714-721.

Gao Y，Xie Y W，Zhang Q，et al. 2017. Intensified nitrate and phosphorus removal in an electrolysis-integrated horizontal subsurface-flow constructed wetland. Water Research，108，39-45.

Harter J，Weigold P，El-Hadidi M，et al. 2016. Soil biochar amendment shapes the composition of N_2O-reducing microbial communities. The Science of the Total Environment，562（15）：379-390.

Harter T，Bossier P，Verreth J，et al. 2013. Carbon and nitrogen mass balance during flue gas treatment with *Dunaliella salina* cultures. Journal of Applied Phycology，25（2）：359-368.

Hashitani H，Okumura M，Fujinaga K. 1987. Preconcentration method for phosphate in water using activated carbon loaded with zirconium. Fresenius Zeitschrift Fur Analytische Chemie，326（6）：540-542.

Hoagland C R，Gentry L E，David M B，et al. 2001. Plant nutrient uptake and biomass accumulation in a constructed wetland. Journal of Freshwater Ecology，16（4）：527-540.

Jones D L，Nguyen C，Finlay R D. 2009. Carbon flow in the rhizosphere：carbon trading at the soil-root interface. Plant and Soil，321（1-2）：5-33.

Kyambadde J，Kansiime F，Gumaelius L，et al. 2003. A comparative study of *Cyperus papyrus* and *Miscanthidium violaceum*-based constructed wetlands for wastewater treatment in a tropical climate. Water Research，38（2）：475-485.

Lai W L，Wang S Q，Peng C L，et al. 2011. Root features related to plant growth and nutrient removal of 35 wetland plants. Water Research，45（13）：3941-3950.

Liu H L，Sun X F，Yin C G，et al. 2008. Removal of phosphate by mesoporous ZrO_2. Journal of Hazardous Materials，151（2-3）：616-622.

Long F，Gong J L，Zeng G M，et al. 2011. Removal of phosphate from aqueous solution by magnetic Fe-Zr binary oxide. Chemical Engineering Journal，171（2）：448-455.

Moore M T，Kröger R. 2011. Evaluating plant species-specific contributions to nutrient mitigation in drainage ditch mesocosms. Water，Air，& Soil Pollution，217（1-4）：445-454.

Reddy K R，Delaune R D，Debusk W F，et al. 1993. Long-term nutrient accumulation rates in the everglades. Soil Science Society of America Journal，57（4）：1147-1155.

Ren Z M，Sha L N，Zhang G S. 2012. Adsorption of phosphate from aqueous solution using an iron-zirconium binary oxide sorbent. Water Air and Soil Pollution，223（7）：4221-4231.

Rodrigues L A，Maschio L J，Coppio L S C，et al. 2012. Adsorption of phosphate from aqueous solution by hydrous zirconium oxide. Environmental Technology，33（12）：1345-1351.

Saeed T，Sun G. 2012. A review on nitrogen and organics removal mechanisms in subsurface flow constructed wetlands：dependency on environmental parameters，operating conditions and supporting media. Journal of Environmental Management，112：429-448.

Sasikala S，Tanaka N，Wah H S Y W，et al. 2009. Effects of water level fluctuation on radial oxygen loss，root porosity，and nitrogen removal in subsurface vertical flow wetland mesocosms. Ecological Engineering，35（3）：410-417.

Shiono K，Ogawa S，Yamazaki S，et al. 2011. Contrasting dynamics of radial O_2-loss barrier induction and aerenchyma formation in rice roots of two lengths. Annals of Botany，107（1）：89-99.

Smith K E，Luna T O. 2013. Radial oxygen loss in wetland plants：potential impacts on remediation of contaminated sediments. Journal of Environmental Engineering，139（4）：496-501.

Tang Y Q，Zong E M，Wan H Q，et al. 2012. Zirconia functionalized SBA-15 as effective adsorbent for phosphate removal. Microporous and Mesoporous Materials，155：192-200.

Vymazal J，Kröpfelová L. 2015. Multistage hybrid constructed wetland for enhanced removal of nitrogen. Ecological Engineering，

84：202-208.

White D C，Meadows P，Eglinton G，et al. *In situ* measurement of microbial biomass，community structure and nutritional status [and discussion]. Philosophical Transactions of the Royal Society A：Mathematical，Physical and Engineering Sciences，1993，344（1670）：59-67.

Zhang L，Lyu T，Zhang Y，et al. 2018. Impacts of design configuration and plants on the functionality of the microbial community of mesocosm-scale constructed wetlands treating ibuprofen. Water Research，131：228-238.

Zou J C，Liu X Y，He C Q，et al. 2013. Effect of *Scripus triqueter* of its rhizosphere and root exudates on microbial community structure of simulated diesel-spiked wetland. International Biodeterioration & Biodegradation，82：110-116.

第六章 低污染水生态净化长效运行与评估

第一节 水生植物资源化利用技术

为实现水生植物资源化,探索低污染水生态净化所选湿生、水生植物再利用技术,从经济角度建立生态净化长效运行的模式。本章研究将探索大型水生植物发酵产酸脱氮的可能性及温度、粉碎程度等因子对发酵产生的影响;并试图通过对生物质炭表面进行修饰以提高其对硝态氮的吸附能力,探索低耗、高效的水体硝态氮削减技术;同时针对人工湿地水生植物利用难、长期运行效率下降等问题,开发水生态净化长效运行的管理技术。

一、大型水生植物厌氧发酵产酸技术

水生植物发酵产酸可用于湿地和污水处理厂脱氮,实现水生植物资源化,保障人工湿地的长效运行。

碳源是反硝化过程中的电子供体,同时也是微生物生长和繁殖所需能量的主要来源。反硝化碳源不足是高氮低碳污水处理过程中常面临的问题,补充外加碳源强化脱氮效果是主要的解决方法。传统碳源(主要包括甲醇、乙酸等低分子有机物和葡萄糖等糖类物质)虽然易被微生物降解,但存在成本较高、运输不便、易堵塞等问题;以纤维素类物质和一些可生物降解的人工材料为代表的新型碳源价廉易得、脱氮效果较好,但该类固体碳源只能应用于人工湿地系统,不能作为传统污水处理工艺的外加碳源,且碳源释放可控性差、水力停留时间延长。近年来,一些学者发现城市有机废水(如酿酒废水、糖蜜废水、淀粉废水等)及城市污水处理厂剩余污泥的厌氧发酵产物中含有大量的短链挥发性脂肪酸(VFAs),如乙酸、丙酸等,其作为外加碳源时的脱氮效果比甲醇、乙酸等单一传统碳源脱氮效果更好。

本节研究以人工湿地中广泛种植的大型水生植物作为厌氧发酵产酸的原料,研究其发酵液作为反硝化外加碳源的可行性。首先,重点考察了不同水生植物类型(挺水植物、沉水植物)、发酵温度($10℃$、$25℃$、$37℃$)和粉碎程度(粉碎、不处理)条件下,植物体氮、磷、碳的释放规律,以及这三种因素对 VFAs 的产量、产酸速率和产酸类型的影响。结果表明,植物体氮的释放量由大到小排序为再力花>菹草>苦草>香蒲,磷的释放量由大到小排序为苦草>再力花>菹草>香蒲,碳释放量及 VFAs 总量由大到小排序为菹草>苦草>再力花>香蒲。植物类型对产酸类型影响不大,四种植物发酵液中乙酸均是最主要的酸化产物,其次是丁酸和丙酸,而甲酸产量相对较低;相比挺水植物,沉水植物更适合作为发酵产酸的基质。在不同发酵温度下,植物体氮、碳释放量和释放速率由大到小排序为 $37℃>25℃>10℃$,产酸量和产酸速率也呈现相同的规律;相比之下,发酵温度对磷的释放量和释放速率的影响较小,三种温度下磷释放速率均较快。粉碎程度对菹草氮、磷、

碳的释放速率和释放量及产酸速率和产酸量均有极显著的影响（$p<0.01$），粉碎时氮、磷、碳的释放速率和释放量及产酸速率和产酸量均显著高于不处理时。

1. 湿地植物类型对发酵的影响

香蒲、再力花、苦草和菹草四种大型水生植物在发酵过程中发酵液 TN、NH_4^+-N、TP、COD_{Cr} 和 VFAs 含量的变化情况如图 6-1～图 6-6 所示。

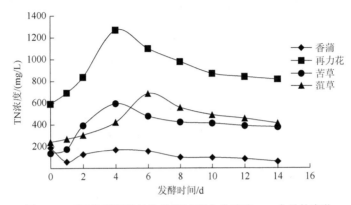

图 6-1 不同类型湿地植物发酵过程中发酵液 TN 含量的变化

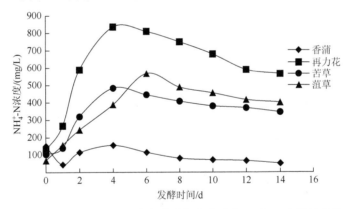

图 6-2 不同类型湿地植物发酵过程中发酵液 NH_4^+-N 含量的变化

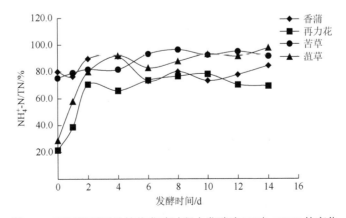

图 6-3 不同类型湿地植物发酵过程中发酵液 NH_4^+-N/TN 的变化

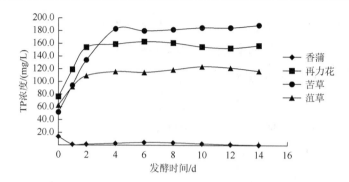

图 6-4　不同类型湿地植物发酵过程中发酵液 TP 含量的变化

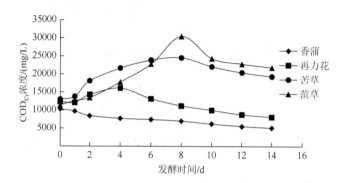

图 6-5　不同类型湿地植物发酵过程中发酵液 COD_{Cr} 含量的变化

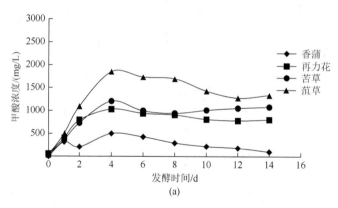

(a)

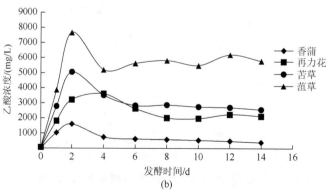

(b)

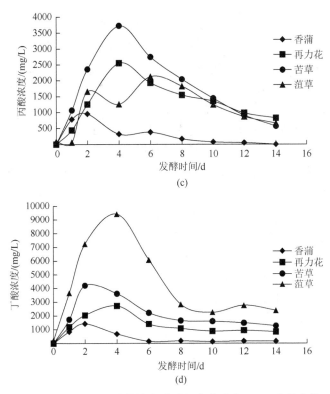

图 6-6 不同类型湿地植物发酵过程中发酵液 VFAs 含量变化

由图 6-1 可知，在厌氧发酵过程中，再力花、苦草、菹草发酵液 TN 含量均呈现先增加后降低最后逐渐稳定的规律，最大值均出现在第 4~6 天。氮素净释放量最大的是再力花，其 TN 初始值为 592.3mg/L，发酵第 4 天达到最大值 1270.8mg/L；其次是菹草和苦草，分别由初始值 241.4mg/L 和 137.1mg/L 增加到 686.3mg/L 和 594.3mg/L。而香蒲的氮素净释放量为负值，发酵液 TN 含量初始值为 188.6mg/L，发酵 1d 后迅速降低至最小值 58.4mg/L，而后逐渐升高，在第 4 天达到 154.4mg/L，后又逐渐降低并趋于稳定。

由图6-2和图6-3可知，NH_4^+-N 的释放过程呈现出与TN相似的规律，且发酵液 NH_4^+-N 含量占TN的比例随着发酵时间的延长而增大，发酵4d后 NH_4^+-N/TN 达到65.8%~97.6%，说明发酵过程中 TN 含量的变化主要是由 NH_4^+-N 含量的变化引起的。

由图 6-4 可知，发酵 4d 后，发酵液 TP 含量基本稳定。发酵液 TP 含量最高的是苦草，发酵第 4 天达到 183.5mg/L；其次是再力花和菹草，发酵第 4 天分别达到 159.2mg/L 和 109.4mg/L；而香蒲发酵液 TP 的变化规律与 TN 相似，其发酵液 TP 含量初始值为 13.6mg/L，发酵 1d 后降至 1.2mg/L，而后基本维持在 0.5~4.8mg/L。

图 6-5 反映了不同湿地植物在发酵过程中碳源的释放规律。四种植物发酵液初始 COD_{Cr} 浓度均在 10296~12980mg/L，除香蒲外，其他三种植物呈现出与氮素释放过程相似的规律。菹草、苦草发酵液 COD_{Cr} 在发酵第 8 天分别达到最大值 30480mg/L、24560mg/L，较初始值分别增加了 1.7 倍、0.9 倍；再力花发酵液 COD_{Cr} 在发酵第 4 天达到最大值 16100mg/L，较初始值增加了 0.3 倍；香蒲的碳素净释放量为负值，发酵液 COD_{Cr} 的含量

随着发酵时间的延长而降低,说明发酵过程中香蒲植物体释放出的碳素小于污泥生长代谢消耗的碳素。碳素净释放量由大到小的顺序为菹草＞苦草＞再力花＞香蒲,沉水植物菹草、苦草的碳素释放量明显大于挺水植物再力花、香蒲。植物体在发酵过程中释放的碳素主要来源于纤维素和半纤维素的水解,沉水植物纤维素和半纤维素含量高于挺水植物,而微生物难分解的木质素含量远低于挺水植物,且沉水植物体结构疏松更易被微生物分解,这是导致发酵过程中两种类型水生植物在碳素释放量上表现出显著差异性的主要原因。

由图 6-6（a）可知,四种植物除香蒲外的甲酸产量呈现相对一致的变化趋势,发酵开始后的前 4 天,发酵液中甲酸含量逐渐上升,在发酵第 4 天达到最大值,第 4～8 天逐渐下降,后趋于稳定。其中菹草甲酸产量最大,发酵第 4 天为 1854.2mg/L,其次是苦草和再力花,分别为 1209.4mg/L、1034.7mg/L,而香蒲甲酸产量最低,最大值只有 501.6mg/L。

发酵液中乙酸、丁酸含量变化趋势与甲酸相似,单酸含量最大值均出现在第 2 天或第 4 天。乙酸、丁酸产量最大的均是菹草,最大值分别达 7684.0mg/L、9428.5mg/L;其次是苦草,最大值分别为 5053.1mg/L、4216.3mg/L;再次是再力花,最大值分别为 3605.8mg/L、2730.1mg/L;香蒲发酵液中乙酸、丁酸含量最低,最大值分别为 1606.5mg/L、1428.0mg/L。

丙酸产量最大的是苦草,最大值为第 4 天的 3720.4mg/L;其次是再力花,发酵第 4 天达到最大值,为 2550.7mg/L;菹草发酵过程中,发酵液丙酸含量出现两个峰值,分别为第 2 天的 1652.0mg/L 和第 6 天的 2128.3mg/L;香蒲丙酸产量较低,发酵第 2 天达到最大值 953.6mg/L,然后含量一直下降,至第 14 天时含量已低于检测限（20mg/L）。

图 6-7 反映的是发酵进入相对稳定期后（第 6～14 天）,四种植物发酵液中各单酸含量的平均值。可以看出,植物类型对各单酸及总酸产量有显著影响,除丙酸外,菹草发酵液中甲酸、乙酸、丁酸含量均是四种植物发酵液中最高的;其次是苦草和再力花,而香蒲产酸量最低。植物类型对产酸类型影响不大,四种植物发酵液中,丁酸均是最主要的酸化产物,其次是乙酸和丙酸,而甲酸产量相对较低。

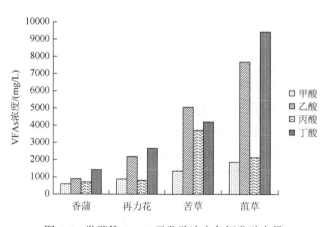

图 6-7　发酵第 6～14 天发酵液中各挥发酸含量

2. 温度对发酵的影响

三种发酵温度下,菹草发酵液 TN、TP、COD_{Cr} 和 VFAs 含量随发酵时间的变化如图 6-8～

图 6-11 所示。由图 6-8 可知，发酵温度对菹草氮素释放速率和释放量均有显著影响。三种发酵温度下菹草氮素释放速率和释放量由大到小顺序均为 37℃＞25℃＞10℃。37℃时，氮素释放最快，在发酵第 6 天 TN 含量达到最大值 686.5mg/L，而后逐渐降低；25℃时，氮素释放过程较缓，发酵前 10 天 TN 含量均处于上升阶段，第 10 天达到最大值 561.0mg/L，而后逐渐降低；10℃时，氮素释放最慢，整个发酵周期内 TN 含量一直缓慢上升，第 14 天达到最大值 429.8mg/L。

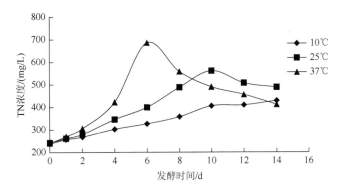

图 6-8　不同发酵温度下菹草发酵液 TN 含量随发酵时间的变化

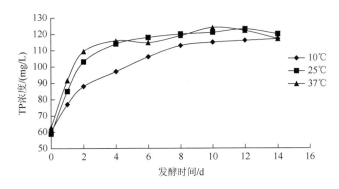

图 6-9　不同发酵温度下菹草发酵液 TP 含量随发酵时间的变化

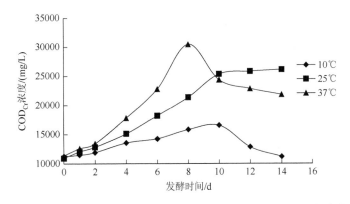

图 6-10　不同发酵温度下菹草发酵液 COD$_{Cr}$ 含量随发酵时间的变化

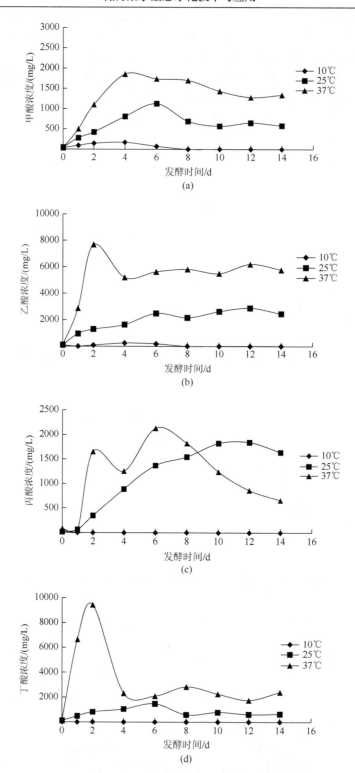

图6-11 不同发酵温度下菹草发酵液 VFAs 含量随发酵时间的变化

由图 6-9 可知，三种发酵温度下菹草磷的释放速率均较快，且温度对磷释放量的影响也较小。37℃和 25℃条件下，发酵开始后的前 2 天，菹草植物体内的磷元素快速释放到发酵液中，发酵液 TP 含量分别由 62.8mg/L 和 58.9mg/L 上升至 109.4mg/L 和 103.5mg/L，而后均略有上升并趋于稳定。10℃时，菹草磷的释放速率较 25℃和 37℃时要慢，发酵开始后的前 8 天，发酵液中 TP 含量一直在上升，第 8 天达到 113.8mg/L，第 14 天时为 117.4mg/L，浓度已与 25℃和 37℃条件下相当。对比不同发酵温度下发酵液 TN 含量随发酵时间的变化过程可知，发酵温度对菹草磷的释放速率和释放量影响较小。

由图 6-10 可知，37℃时菹草碳素释放速率最快，发酵开始后的前 8 天发酵液 COD_{Cr} 含量持续快速增高，第 8 天时达到最大值 30480mg/L，第 10 天降至 24360mg/L 并趋于稳定，前 8 天碳素平均释放速率为 2534.4mg COD/(kg·d)（每天每千克菹草释放的 COD_{Cr} 量）；25℃时菹草碳素释放速率较快，发酵前 10 天 COD_{Cr} 含量持续增长，第 10 天达到 25350mg/L，前 10 天碳素平均释放速率为 1628.5mg COD/(kg·d)；10℃时碳素释放最缓慢，第 10 天达到最大值 16550mg/L，前 10 天碳素平均释放速率为 595.2mg COD/(kg·d)。

由图 6-11 可知，温度对菹草发酵产挥发酸的影响主要表现在两方面：①温度影响挥发酸的产量和产生速率。37℃时发酵液甲酸、乙酸、丙酸、丁酸最大含量分别为 1854mg/L、7684mg/L、2128mg/L、9428mg/L，产酸过程主要发生在第 2～6 天；25℃时发酵液甲酸、乙酸、丙酸、丁酸最大含量分别降至 1120mg/L、2884mg/L、1840mg/L、1480mg/L，产酸过程延长至发酵开始后的前 10 天；10℃时发酵液甲酸、乙酸最大含量分别只有 168mg/L、240mg/L，丙酸、丁酸未被检测到，基本不产酸。②温度影响产酸类型。37℃时发酵产挥发酸的主要成分为乙酸和丁酸，而 25℃时的主要成分为乙酸和丙酸，10℃时则基本不产酸。

3. 粉碎程度对发酵的影响

不同粉碎程度下，菹草发酵液中 TN、TP、COD_{Cr} 和 VFAs 含量随发酵时间的变化如图 6-12～图 6-18 所示。

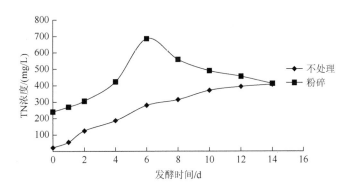

图 6-12　不同粉碎程度时菹草发酵液 TN 含量随发酵时间的变化

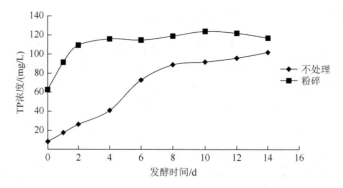

图 6-13　不同粉碎程度时菹草发酵液 TP 含量随发酵时间的变化

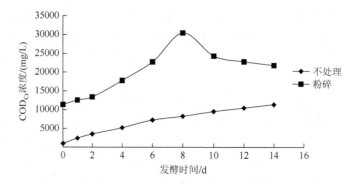

图 6-14　不同粉碎程度时菹草发酵液 COD_{Cr} 含量随发酵时间的变化

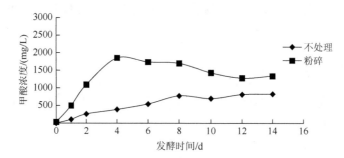

图 6-15　不同粉碎程度时菹草发酵液甲酸含量随发酵时间的变化

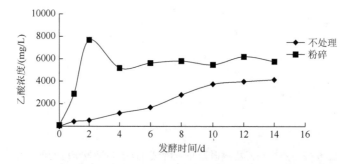

图 6-16　不同粉碎程度时菹草发酵液乙酸含量随发酵时间的变化

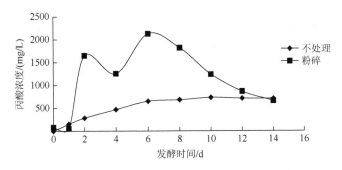

图 6-17　不同粉碎程度时菹草发酵液丙酸含量随发酵时间的变化

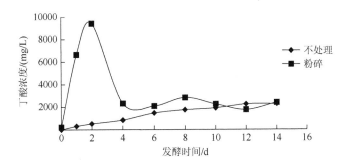

图 6-18　不同粉碎程度时菹草发酵液丁酸含量随发酵时间的变化

可以看出，粉碎程度对菹草发酵过程中氮、磷、碳的释放速率和释放量均有极显著的影响（$p<0.01$）。粉碎条件下，菹草发酵液 TN 含量在发酵开始后的第 2~6 天快速上升，第 6 天达到最大值 686.5mg/L；植物体磷的释放过程更快，发酵第 4 天 TP 含量由初始值 62.8mg/L 升至 116.0mg/L；碳的释放较氮、磷要慢，COD_{Cr} 含量在第 8 天达到最大值 30480mg/L。

粉碎程度对产酸速率和产酸量也有极显著的影响（$p<0.01$）。粉碎条件下，发酵开始后的前 4 天，发酵液中甲酸、乙酸、丙酸、丁酸的含量均迅速上升，产酸速率最快的是乙酸和丁酸，分别在发酵第 2 天达到 7684.5mg/L 和 9428.0mg/L，甲酸和丙酸则分别在发酵第 4 天和第 6 天达到最大值 1854.0mg/L 和 2128.0mg/L。而不处理条件下，四种酸的产酸速率均较慢，整个实验周期内（14 天）发酵液甲酸、乙酸、丙酸、丁酸含量缓慢上升，均在第 14 天达到最大值，依次为 828.4mg/L、4150.8mg/L、709.5mg/L、2280.6mg/L，显著低于粉碎组。

二、大型水生植物制备生物质炭吸附氮磷潜力

空心莲子草大型水生植物生物质炭对硝态氮的吸附可达 2880mg/kg，通过 Ca 和 Mg 改性后吸附量可提高至 3870mg/kg。水草生物质炭改性后对氨氮的吸附量明显增加，改性后水草生物质炭对氨氮的饱和吸附量 q_e 可达 62530mg/kg，比未改性大型水生植物生物质炭的吸附量提高了近 200 倍，对水体中的氨氮具有很强的去除能力。

对未改性大型水生植物生物质炭吸附硝态氮曲线进行 Freundlich 方程和 Langmuir 方程拟合，Freundlich 方程的相关系数 R^2 为 0.978，比 Langmuir 方程更好地描述了硝态氮在

未改性 600℃制备的空心莲子草生物质炭（S600）上的吸附行为（图 6-19），这表明 S600 对水中 NO_3^- 的吸附属于多层吸附，因此 S600 对水中 NO_3^- 的吸附主要是基于物理吸附。另外，看出另一个相关常数 n 大于 1，表明硝态氮在 S600 上的吸附是优惠吸附，即吸附量会随着温度的升高逐渐变大。

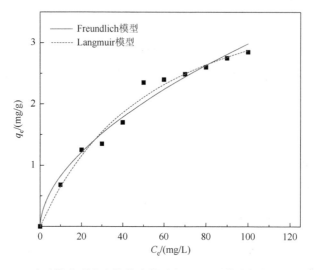

图 6-19　未改性大型水生植物生物质炭 S600 对硝态氮的吸附等温线

对改性大型水生植物生物质炭吸附硝态氮曲线进行 Freundlich 方程和 Langmuir 方程拟合，Freundlich 方程的相关系数 R^2 为 0.996，比 Langmuir 方程更好地描述了硝态氮在改性 600℃制备的空心莲子草生物质炭（G600）上的吸附行为（图 6-20），这表明 G600 对水中 NO_3^- 的吸附属于多层吸附，因此，G600 对水中 NO_3^- 的吸附主要是基于物理吸附。另外，可以看出另一个相关常数 n 大于 1，表明硝态氮在 G600 上的吸附是优惠吸附，即吸附量会随着温度的升高逐渐变大。

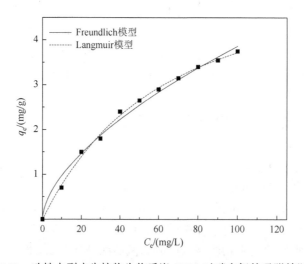

图 6-20　改性大型水生植物生物质炭 G600 对硝态氮的吸附等温线

对改性大型水生植物生物质炭 G600 吸附氨氮曲线进行 Freundlich 方程和 Langmuir 方程拟合（图 6-21），Freundlich 方程的相关系数 R^2 为 0.996，比 Langmuir 方程更好地描述了氨氮在 G600 上的吸附行为，这表明 G600 对水中氨氮的吸附属于多层吸附，因此 G600 对水中氨氮的吸附主要是基于物理吸附。另外，可以看出另一个相关常数 n 大于 1，说明氨氮在 G600 上的吸附是优惠吸附，即吸附量会随着温度的升高逐渐变大。

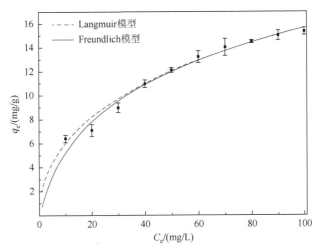

图 6-21　改性大型水生植物生物质炭 G600 对氨氮的吸附等温线

未改性大型水生植物生物质炭对磷酸根-磷的吸附量可达 1.301g/kg，通过 Ca、Mg 改性后吸附量可提高至 86.79g/kg，可以用作良好的磷酸根吸附剂削减水体中的磷酸盐。

对未改性大型水生植物生物质炭 S600 吸附磷酸根曲线进行 Freundlich 方程和 Langmuir 方程拟合（图 6-22），Freundlich 方程的相关系数 R^2 为 0.9895，这表明 S600 对水中磷酸盐的吸附属于多层吸附，因此 S600 对水中磷酸盐的吸附主要是基于物理吸附。另外，可以看出另一个相关常数 n 大于 1，表明磷酸根在 S600 上的吸附是优惠吸附，即吸附量会随着温度的升高逐渐变大。

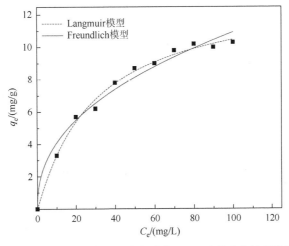

图 6-22　未改性大型水生植物生物质炭 S600 对磷酸盐的吸附等温线

对改性大型水生植物生物质炭 G600 吸附磷酸根曲线进行 Freundlich 方程和 Langmuir 方程拟合（图 6-23），Freundlich 方程的相关系数 R^2 为 0.933，这表明 G600 对水中磷酸根的吸附属于多层吸附，因此 G600 对水中磷酸根的吸附主要是基于物理吸附。另外，还可以看出另一个相关常数 n 大于 1，表明磷酸根在 G600 上的吸附是优惠吸附，即吸附量会随着温度的升高逐渐变大。

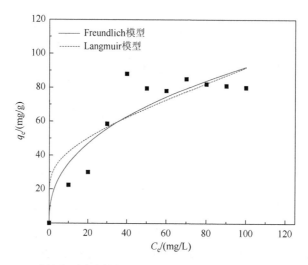

图 6-23　改性大型水生植物生物质炭 G600 对磷酸根的吸附等温线

在硝态氮、氨氮和磷酸根同时存在的情况下，改性大型水生植物生物质炭对这三种离子的吸附量都有所增加（图 6-24），其中对磷的吸附增加最多，增加了 79.13%，对硝态氮、氨氮两种离子的吸附量分别增加了 67.55% 和 47.09%。当三种离子的浓度均为 100mg/L 时，改性大型水生植物生物质炭对磷酸根的吸附量可达 49.44g/kg，对硝态氮的吸附量可达 5.06g/kg，对氨氮的吸附量可达 18.46g/kg（表 6-1）。

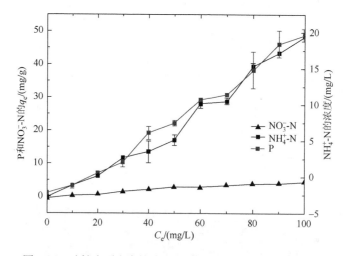

图 6-24　改性大型水生植物生物质炭对共存离子的吸附能力

表 6-1　离子共存对改性生物质炭 G600 吸附量的影响

离子类型	分别吸附/(mg/g)	离子共存吸附/(mg/g)
磷酸根	27.60	49.44
硝态氮	3.02	5.06
氨氮	12.55	18.46

三、大型水生植物生物质炭吸附重金属能力

废水中重金属如铜、铅、铬、镍等大多来源于采矿业、电池镀金厂、炼钢厂、造纸业等工业废水的不合理排放。其中，我国水体重金属铅和铜的污染非常严重。研究报道人体吸收高浓度铜后，毛细血管会被大量损坏，肝脏损伤，进而引发肾脏、肝脏的损害。而血铅中毒的儿童则会表现出易怒、多动、注意力短暂、有攻击性行为、嗜睡、反应迟钝、运动失调等症状。因此，治理水体重金属污染具有十分重要的现实意义。

投加吸附剂到重金属污染水体中吸附去除重金属离子是最有效的方法之一，常用的吸附剂有活性炭和树脂等，但是这些吸附材料制备成本较高，因此需要开发低成本的吸附剂，既能高效去除重金属离子，又不会对环境造成污染，生物质炭就是一种低成本的吸附剂。

（一）改性大型水生植物生物质炭吸附重金属等温线

1. 改性大型水生植物生物质炭对 Pb(Ⅱ)的吸附等温线

分别用 Freundlich 和 Langmuir 模型拟合改性大型水生植物生物质炭对 Pb(Ⅱ)的吸附等温线（图 6-25 和表 6-2）。

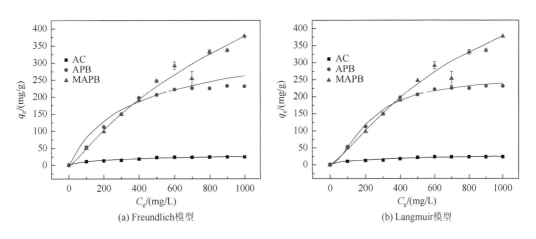

图 6-25　改性大型水生植物生物质炭对 Pb(Ⅱ)的吸附等温线

表 6-2　改性大型水生植物生物质炭对 Pb(Ⅱ)的吸附等温线拟合结果

吸附剂	Freundlich 模型			Langmuir 模型		
	k_f/(mg/g)	$1/n$/(g/L)	R^2	q_m/(mg/g)	b/(L/mg)	R^2
AC	71.85	2.177	0.8956	48.47	0.0158	0.8959
APB	276.79	0.789	0.9923	257.12	0.1241	0.9952
MAPB	685.14	1.353	0.9964	638.96	0.0024	0.9973

通过比较 R^2 可知，改性大型水生植物生物质炭对 Pb(Ⅱ)的吸附等温线更符合 Langmuir 吸附方程，吸附过程属于单层吸附。分析 Langmuir 吸附方程拟合出的最大吸附量 q_m 可发现，MAPB 对 Pb(Ⅱ)的最大吸附量为 638.96mg/g，大于 APB 和 AC 的最大吸附量，表明改性增强了生物质炭对 Pb(Ⅱ)的吸附能力。将 APB 对 Pb(Ⅱ)的吸附量与其他生物质炭材料的吸附量作对比发现（表 6-3），APB 对 Pb(Ⅱ)的吸附能力远高于其他吸附材料，因此未做任何改性处理的 APB 可以作为一种廉价且高效的吸附剂应用在铅污染水体的治理中。

表 6-3　不同生物质炭材料对 Pb(Ⅱ)的吸附能力对比

吸附剂	操作条件				最大吸附量/(mg/g)
	Pb（Ⅱ）初始浓度/(mg/L)	pH	温度/K	生物质含量/(g/L)	
松树生物质炭	0.00207～1035	2.0～8.0	278、298 和 313	5、10 和 20	4.13
牛粪生物质炭	0～1035	—	298	5.0	109.40
稻壳生物质炭	5～40	1.0～6.0	298、308 和 318	2.5～5.0	2.40
梧桐生物质炭	0～140	2.0～6.0	299、309、319 和 329	2.0	51.81
猪粪生物质炭	207～517.5	1.0～12.0	293±1	5.0	175.44
柳桉生物质炭	1～200	1.0～8.0	288、298、308、318 和 328	5.0	34.25
柳桉生物质炭	1～5	4.0、7.0、9.0 和 12.0	293～333	5.0～12.0	52.38
空心莲子草生物质炭	0～1000	2.0～7.0	298±1	2.0	257.12

2. 改性大型水生植物生物质炭对 Cu(Ⅱ)的吸附等温线

开展改性大型水生植物生物质炭吸附 Cu(Ⅱ)的试验，分别用 Freundlich 和 Langmuir 模型拟合其对 Cu(Ⅱ)的吸附等温线，相应的吸附等温线如图 6-26 所示，各参数拟合结果列于表 6-4。

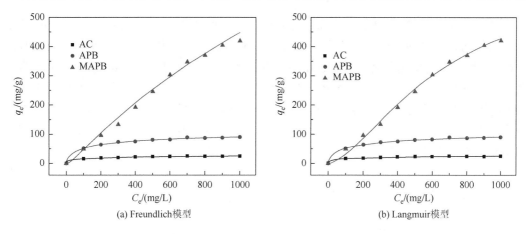

图 6-26　改性大型水生植物生物质炭对 Cu(Ⅱ)的吸附等温线

表 6-4　改性大型水生植物生物质炭对 Cu(Ⅱ)的吸附等温线拟合结果

样品	Freundlich 模型			Langmuir 模型		
	k_f/(mg/g)	$1/n$/(g/L)	R^2	q_m/(mg/g)	b/(L/mg)	R^2
AC	50.62	0.441	0.97635	48.32	0.0888	0.97677
APB	133.45	1.058	0.99937	116.17	0.0403	0.99938
MAPB	634.21	2.536	0.98215	654.49	0.0355	0.99240

通过比较 R^2 可知，改性大型水生植物生物质炭对 Cu(Ⅱ)的吸附等温线更符合 Langmuir 吸附方程，吸附过程属于单层吸附。分析 Langmuir 吸附方程拟合出的最大吸附量 q_m 可发现，MAPB 对 Cu(Ⅱ)的最大吸附量为 654.49mg/g，大于 APB 和 AC 的最大吸附量，表明改性能增加生物质炭对 Cu(Ⅱ)的吸附能力。将未改性的生物质炭 APB 对 Cu(Ⅱ)的吸附量与其他生物质炭材料的吸附量作对比可发现（表 6-5），APB 对 Cu(Ⅱ)的吸附能力远高于其他吸附材料，这就表明 APB 可以作为一种廉价且高效的吸附剂应用在 Cu(Ⅱ)污染水体的治理中。

表 6-5　不同生物质炭材料对 Cu(Ⅱ)的吸附能力对比

吸附剂	操作条件				最大吸附量/(mg/g)
	Cu(Ⅱ)初始浓度/(mg/L)	pH	温度/K	生物质含量/(g/L)	
椴树生物质炭	0～600	1.0～5.0	298	20.0	9.90
枫树生物质炭	5～100	2.0～8.0	298	0.5～30	9.19
梧桐生物质炭	0～140	2.0～6.0	299、309、319 和 329	2.0	42.37
柳桉生物质炭	1～200	1.0～8.0	288、298、308、318 和 328	5.0	32.05
阿拉伯咖啡树生物质炭	1～5	4.0、7.0、9.0 和 12.0	293～333	0.5～1.2	5.64
空心莲子草生物质炭	0～1000	2.0～7.0	298±1	2.0	257.12

此外，对比 APB 和 MAPB 饱和吸附量可发现，两种材料对 Pb(II)和 Cu(II)的吸附能力有所差别。APB 对 Pb(II)的饱和吸附量要比其对 Cu(II)的饱和吸附量大，而 MAPB 对 Pb(II)的饱和吸附量则要比其对 Cu(II)的饱和吸附量小。这可能与 Langmuir 吸附方程中常数 b 有关，b 表征吸附材料表面的吸附点位对重金属离子亲和力的大小。APB 对 Pb(II)和 Cu(II)的常数 b 分别是 0.1241L/mg 和 0.0403L/mg，这表明 APB 对 Pb(II)的亲和力更强；而 MAPB 对 Pb(II)和 Cu(II)的常数 b 分别是 0.0024L/mg 和 0.0355L/mg，这表明 MAPB 对 Cu(II)的亲和力更强。

（二）改性大型水生植物生物质炭对重金属的吸附动力学

1. 改性大型水生植物生物质炭对 Pb(II)的吸附动力学

开展改性大型水生植物生物质炭对重金属吸附动力学试验，分别用 q_e 对 t 作图，t/q_e 对 t 作图，利用拟一级动力学方程和拟二级动力学方程得到的拟合吸附动力学曲线如图 6-27 所示，相应的拟合参数见表 6-6。

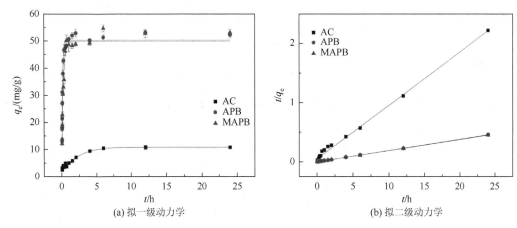

图 6-27 改性大型水生植物生物质炭对 Pb(II)的吸附动力学曲线

Pb(II)起始浓度为 100mg/L；pH 为 5.0；温度为 25℃

表 6-6 改性大型水生植物生物质炭对 Pb(II)的吸附动力学拟合参数

样品	$q_{e,exp}$/(mg/g)	拟一级动力学			拟二级动力学		
		k_1/(L/h)	$q_{e,cal}$/(mg/g)	R^2	k_2/[g/(mg·h)]	$q_{e,cal}$/(mg/g)	R^2
AC	10.89	1.77	10.91	0.97584	0.0903	11.07	0.99477
APB	53.71	0.13	50.46	0.99017	0.0191	52.55	0.99989
MAPB	53.14	0.25	50.049	0.98922	0.0187	52.44	0.99975

图 6-27 描述了改性大型水生植物生物质炭在 0~24h 对 Pb(II)的吸附情况，可以看出，改性大型水生植物生物质炭对 Pb(II)的吸附量随时间的增加而增大，直至达到吸附饱和。APB 和 MAPB 对 Pb(II)的吸附在 2.5h 左右均能达到吸附平衡，而 AC 对

Pb(Ⅱ)的吸附平衡时间则在 6h 左右。从吸附平衡所用时间上看，APB 和 MAPB 在重金属污染水体（尤其是发生紧急情况）中的应用更有前途。

Ofomaja 等（2010）的研究表明，吸附过程主要包括物理扩散或者化学吸附。拟一级动力学模型是假定吸附过程以物理扩散为主，吸附行为主要受界面两侧重金属离子浓度差的影响；而拟二级动力学模型则假定吸附过程包括物理扩散过程和化学吸附过程两种，反应机理更为复杂。由改性大型水生植物生物质炭的 R^2 可以看出，改性大型水生植物生物质炭的拟二级动力学方程的相关系数 R^2 均大于其拟一级动力学方程的相关系数 R^2；同时，改性大型水生植物生物质炭的拟二级动力学方程计算出的理论吸附量 $q_{e, cal}$ 和实际吸附量 $q_{e, exp}$ 都非常接近，表明改性大型水生植物生物质炭对 Pb(Ⅱ)的吸附过程更符合拟二级动力学模型，即对 Pb(Ⅱ)的吸附过程既有 Pb(Ⅱ)在生物质炭表面的物理扩散，又有生物质炭对 Pb(Ⅱ)的化学吸附。

2. 改性大型水生植物生物质炭对 Cu（Ⅱ）的吸附动力学

开展改性大型水生植物生物质炭对 Cu（Ⅱ）的吸附动力学试验，分别用 q_e 对 t 作图，t/q_e 对 t 作图，利用拟一级动力学方程和拟二级动力学方程进行拟合。

图 6-28 描述了改性大型水生植物生物质炭在 0～24h 对 Cu（Ⅱ）的吸附情况，可以看出，改性大型水生植物生物质炭对 Cu（Ⅱ）的吸附量随时间的增加而增大，直至达到吸附饱和。APB 和 AC 对 Cu（Ⅱ）的吸附在 1.5h 左右均能达到吸附平衡，而 MAPB 对 Cu（Ⅱ）的吸附平衡时间则在 6h 左右，吸附速率同对 Pb（Ⅱ）的吸附有很大不同。综合对铜、铅的吸附看，APB 在重金属污染水体（尤其是发生紧急情况）处理中更有前景。

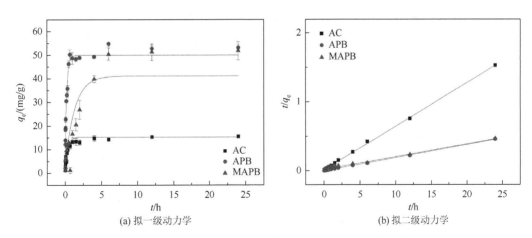

(a) 拟一级动力学　　　　　　　　(b) 拟二级动力学

图 6-28　改性大型水生植物生物质炭对 Cu(Ⅱ)的动力学曲线

Cu（Ⅱ）起始浓度为 100mg/L；pH 为 5.0；温度为 25℃

由表 6-7 中改性大型水生植物生物质炭的 R^2 可以看出，改性大型水生植物生物质炭的拟二级动力学方程的相关系数 R^2 均大于其拟一级动力学方程的相关系数 R^2；同时，改性大型水生植物生物质炭的拟二级动力学方程计算出的理论吸附量 $q_{e, cal}$ 和实际吸附量 $q_{e, exp}$ 都非常接近，表明改性大型水生植物生物质炭对 Cu（Ⅱ）的吸附过程更符合拟二级动力学模型，即对 Cu（Ⅱ）的吸附过程既有 Cu（Ⅱ）在生物质炭表面的物理扩散，又有生物质炭对 Cu（Ⅱ）的化学吸附。

表 6-7　改性大型水生植物生物质炭对 Cu（Ⅱ）的吸附动力学拟合参数

吸附剂	$q_{e,exp}$/(mg/g)	拟一级动力学			拟二级动力学		
		k_1/(L/h)	$q_{e,cal}$/(mg/g)	R^2	k_2/[g/(mg·h)]	$q_{e,cal}$/(mg/g)	R^2
AC	15.70	0.26	15.51	0.98804	0.0145	15.83	0.99942
APB	51.39	0.79	49.58	0.90868	0.0011	52.91	0.99966
MAPB	51.78	1.38	14.53	0.74178	0.0218	54.73	0.98585

（三）pH 对改性大型水生植物生物质炭吸附重金属的影响

1. pH 对改性大型水生植物生物质炭吸附 Pb（Ⅱ）的影响

溶液 pH 对重金属的吸附有很大的影响，因为溶液 pH 不仅影响吸附剂生物质炭的表面性质，还决定着重金属吸附质的存在形式和分布形态。由图 6-29 可以看出当 pH 由 2 增加到 5 时，AC 对 Pb（Ⅱ）的吸附量由 2.54mg/g 增加到 10.76mg/g，吸附能力显著增加，但是当溶液 pH 继续增大时，AC 对 Pb（Ⅱ）的吸附量则减少，这表明 AC 是一种典型的受溶液 pH 影响的吸附剂材料。而 APB 和 MAPB 在不同 pH 溶液中的吸附量变化则同 AC 有明显差别，具体体现在两方面：①在 Pb（Ⅱ）溶液浓度为 100mg/L 时，生物质炭 APB 和 MAPB 的吸附量要远大于 AC 的吸附量；②pH 对生物质炭 APB 和 MAPB 吸附 Pb（Ⅱ）的影响很小，表明两种生物质炭材料有很好的 pH 耐受性，因此在重金属污染水体的治理中应用前景大。

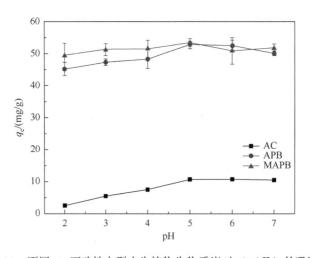

图 6-29　不同 pH 下改性大型水生植物生物质炭对 Pb（Ⅱ）的吸附量

据文献报道，在 pH 较低时，溶液中 H^+ 会同 Pb（Ⅱ）竞争生物质炭表面的吸附位点，而随 pH 的增大，竞争减弱，Pb（Ⅱ）会更多地同吸附位点结合。Kotodyńska（2011）发现在 pH 为 1.0～5.5 时，Pb（Ⅱ）主要以游离的 Pb²⁺的形式存在；当 pH＞5.5 时，Pb（Ⅱ）就会产生沉淀反应。因此，在分析水溶液中铅离子环境行为时考虑溶液 pH 是非常有必要的。

2. pH 对改性大型水生植物生物质炭吸附 Cu（Ⅱ）的影响

在不同离子背景条件下，不同溶液 pH 对改性大型水生植物生物质炭吸附 Cu（Ⅱ）的影响如图 6-30 所示。可以看出，随 pH 的增加，AC 对 Cu（Ⅱ）的吸附量逐渐增大，吸附量由 pH 为 2 时的 1.40mg/g 增加到 pH 为 5 时的 15.23mg/g，这说明 AC 是一种典型的受溶液 pH 影响的吸附剂材料。当 pH 由 2 增加到 5 时，APB 对 Cu（Ⅱ）的吸附量由 28.12mg/g 增加到 53.06mg/g，吸附量也显著增加，表明 pH 对 APB 的吸附也有较大的影响。而在不同 pH 下，MAPB 对 Cu（Ⅱ）的吸附并无显著变化。

溶液 pH 对重金属 Cu（Ⅱ）的存在形式的影响如图 6-31 所示。可见，当溶液 pH 小于

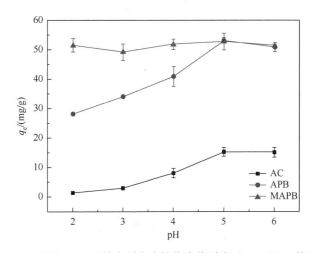

图 6-30　不同 pH 下改性大型水生植物生物质炭对 Cu（Ⅱ）的吸附

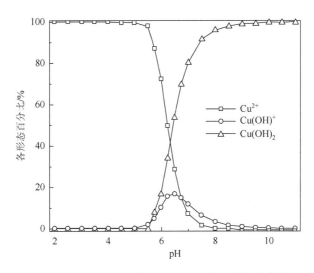

图 6-31　不同 pH 条件下 Cu（Ⅱ）离子形态的分布

6.0 时，Cu（Ⅱ）主要以游离的 Cu^{2+} 的形式存在；反之，当溶液 pH 大于 6.0 时，Cu（Ⅱ）就会发生沉淀反应。因此，在分析水溶液中铜的环境行为时也应考虑溶液的 pH。

在开展改性大型水生植物生物质炭吸附重金属的试验中，三种材料的比表面积大小排序为 AC＞MAPB＞APB，而三种材料对重金属的吸附能力大小排序为 MAPB＞APB＞AC，表明生物质炭 MAPB 和 APB 对重金属的吸附主要是生物质炭固相-液相界面的化学作用引起的。

Demirbas 等（2009）研究发现吸附剂和水体接触后，表面会发生羟基化，根据水体 pH 的不同，表面会引入正电荷或者负电荷。三种材料表面电荷变化情况可简述为：$-X-O^- \rightleftharpoons -X-OH \rightleftharpoons -X-OH_2^+$，其中—X 代表吸附剂表面。由上述内容可知，AC、APB 及 MAPB 的 pH_{PZC} 分别为 6.47、3.08 及 3.69。而 Pb（Ⅱ）或 Cu（Ⅱ）溶液的 pH 均小于 AC 的 pH_{PZC}，因此在这两种金属溶液中，AC 的表面带正电荷，而 APB 和 MAPB 的表面均带负电荷，这就有利于 APB 和 MAPB 静电吸引和吸附 Pb（Ⅱ）或 Cu（Ⅱ）。

使用 FTIR 分析技术来表征改性大型水生植物生物质炭吸附 Pb（Ⅱ）或 Cu（Ⅱ）前、后表面官能团的变化情况。由图 6-32 可看出，AC 在吸附 Pb（Ⅱ）或 Cu（Ⅱ）前、后的红外光谱未发生变化，这可能是由于 AC 的吸附量过小及（或者）芳香环的拉伸和 C＝C 双键的振动重叠。APB 在 $1437cm^{-1}$ 波长处有—COOMe 振动峰，Pb（Ⅱ）［或 Cu（Ⅱ）］可以同 Me（K^+、Na^+、Ca^{2+}、Mg^{2+}）发生离子交换作用。由于 APB 含有相当多的 Mg（2.2%）和 Ca（9%），可同 Pb（Ⅱ）［或 Cu（Ⅱ）］发生离子交换，但是从图 6-33 中未见明显的红移作用，这有可能是由于 Pb（Ⅱ）［或 Cu（Ⅱ）］等价置换生物质炭中的阳离子，尤其是二价金属阳离子。Lu 等（2012）的研究也得到了类似结论。对于 MAPB 而言，其官能团含量要比 APB 多，在波长 $3000\sim4000cm^{-1}$ 有羟基（—OH）官能团（图 6-34），该官能团可通过络合或离子交换作用同 Pb（Ⅱ）［或 Cu（Ⅱ）］发生反应，这也是 MAPB 比 APB 吸附量大的原因。

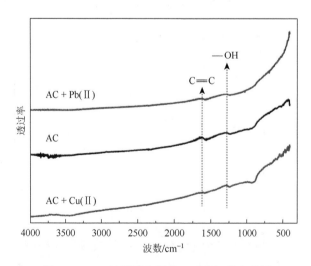

图 6-32　AC 吸附重金属前、后的红外光谱图

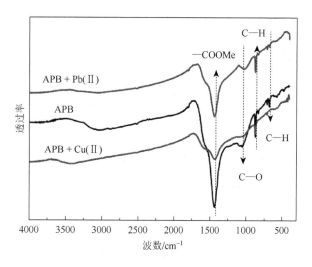

图 6-33 APB 吸附重金属前、后的红外光谱图

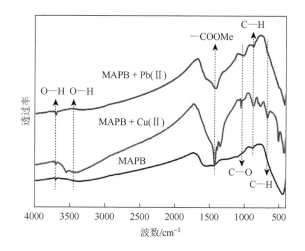

图 6-34 MAPB 吸附重金属前、后的红外光谱图

吸附前、后的 AC 表面均没有检测到任何含 Pb（Ⅱ）或 Cu（Ⅱ）的矿物相（图 6-35），这表明 AC 对 Pb（Ⅱ）或 Cu（Ⅱ）的吸附主要通过静电吸附或离子交换。而 APB 和 MAPB 吸附 Pb（Ⅱ）后的 XRD 图谱中均可以发现 $PbCO_3$ 晶型，APB 表面还有 $Pb_3(CO_3)_2(OH)_2$ 晶型（图 6-36 和图 6-37），说明在两种生物质炭表面均发生了化学沉淀作用。原因可能是 APB 和 MAPB 含有的碳酸盐中的 CO_3^{2-} 同 Pb（Ⅱ）形成了更加稳定的 $PbCO_3$ 沉淀或 $Pb_3(CO_3)_2(OH)_2$ 沉淀，这进一步支持了 APB 和 MAPB 对 Pb（Ⅱ）的化学吸附机理。APB 同 Cu（Ⅱ）反应生成稳定的草酸铜石沉淀，而 MAPB 同 Cu（Ⅱ）发生反应后，会在吸附剂表面形成蓝绿色的单斜晶体 $Cu_2(OH)_3NO_3$（图 6-38 和图 6-39），因此这两种生物质炭与 Cu（Ⅱ）都发生了化学沉淀反应。

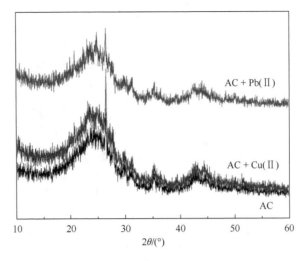

图 6-35　AC 吸附重金属前、后表面晶型变化

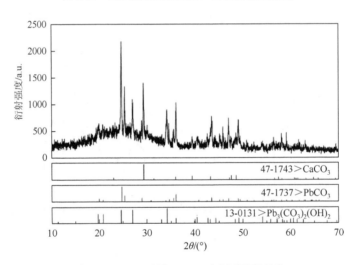

图 6-36　APB 吸附 Pb(Ⅱ)后表面晶型变化

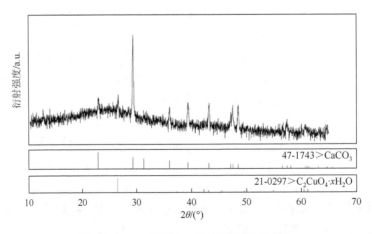

图 6-37　APB 吸附 Cu(Ⅱ)后表面晶型变化

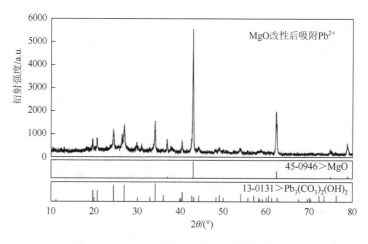

图 6-38 MAPB 吸附 Pb(Ⅱ)后表面晶型变化

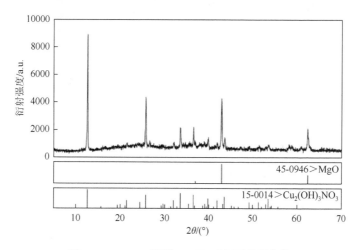

图 6-39 MAPB 吸附 Cu(Ⅱ)后表面晶型变化

生物质炭在污染水体修复中的应用受到越来越多研究者的关注。作为一种低成本的吸附剂，生物质炭可以吸附多种环境污染物，包括重金属、有机污染物等。本节研究采用不同的改性方法制备改性生物质炭，系统地研究了大型水生植物制备改性生物质炭对水体中氮、磷和重金属的吸附性能，探究其吸附动力学、热力学过程和影响吸附的因素等。

四、大型水生生物种源库

针对人工湿地水生植物利用难、长期运行效率下降等问题，开发了水生态净化长效运行的管理技术，包括水生植物生产生物质炭技术和生产有机酸技术，回用于人工湿地，有效进行脱氮除磷，同时水生植物直接出售，生物质炭和有机酸也可以出售（图 6-40），实现资源化，从经济上实现其长效运行。同时比选了沉水植物-浮叶植物组合，开发了尾水生态净化冬季运行技术。相关技术参数为水力停留时间 72h，人工湿地面积大于 $10m^2/m^3$。人工湿地四季生长沉水植物、挺水植物、浮叶植物和漂浮植物，生物量大于 $1kg/m^2$。当尾水中总氮和总磷浓度分别在 15mg/L 和 0.5mg/L 时，经生态净化后出水中总氮和总磷浓度分别小于 5mg/L 和 0.3mg/L，氨氮浓度小于 2mg/L。在自然流条件下，生态净化工程运行费用低于 0.05 元/m³，实现功能湿地长效运行。

　　　　　(a)　　　　　　　　　　　　　　　　　(b)

图 6-40　官林污水处理厂尾水生态净化中水生植物出售

在人工湿地处理尾水设计过程中，采用斑块设计理念而不是镶嵌设计理念，在尾水净化过程中，水生植物大量生长，成为种源库，出售给所需的企业，取得一定的经济效益，同时减少了废弃生物质的处置费用。例如，某水产养殖场出售水生植物种苗获利 8 万多元，抵消了一个人工湿地运行管理人员的费用；官林污水处理厂水生植物出售用于河道、水产养殖场生态修复，获利 1 万多元。

通过比选筛选出最佳可行适用的低污染水生态净化技术和组合模式，在模块化组装基础上，从水生植被的综合利用的角度开发实现植物资源化技术，探索低污染水生态净化和资源化的长效运行管理模式。如图 6-41 所示，通过建设人工湿地，采用脱氮菌剂、电解技术、吸附剂等强化净化手段高效去除低污染水中的氮、磷。通过水生植物发酵产酸给污水处理单元补碳，或制备生物质炭回用到人工湿地中，同时大力强化人工湿地的水生生物种源库的功能，水生植物直接出售，生物质炭和有机酸也可以出售，实现资源化，从经济上保障低污染水生态净化工程的长效运行。

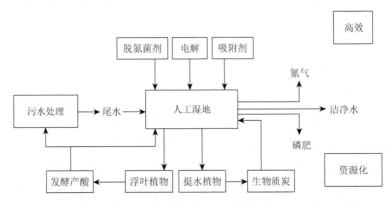

图 6-41　污水处理厂尾水生态净化和资源化运行模式

第二节　太湖流域污水处理厂尾水生态净化工程绩效评估

为了进一步削减太湖流域污水处理厂尾水中氮、磷等污染物，江苏省大量推行污水处理厂尾水生态净化工程的深度处理。以人工湿地、生态塘、生态沟渠组合工艺为主要的生态净化技术，有效处理污水的同时营造了生态景观，带来了环境效益和生态、经济效益，具有投资少、建设运营成本低、去除氮磷能力强、抗冲击负荷强、运行管理方便等优点，被应用于污水处理厂尾水的深度处理。然而，已建设运行的尾水生态净化工程，总体上缺乏运行情况、去除效率等详细、整体的评价。本节研究将针对国内外的研究现状的不足，通过对太湖流域污水处理厂尾水生态净化工程运行情况的实地调研，最终选择武进漕桥污水处理厂、宜兴周铁污水处理厂、宜兴官林污水处理厂这3家为典型样本，并建立一套适用于太湖流域尾水生态净化工程的评价体系。

一、样本选择及数据来源

1. 武进漕桥污水处理厂尾水生态净化工程

漕桥污水处理厂位于武进漕桥镇东，现污水量 0.6 万 m^3/d，采用 A^2/O 活性污泥工艺，出水水质执行《城镇污水处理厂污染物排放标准》一级标准的 A 排放标准。该污水处理厂运行稳定，处理效果佳。

其尾水生态净化工程采用生态沟渠技术、人工湿地氮磷削减技术、生物高效除磷技术和物化强化人工湿地处理技术，设计最大处理水量 6000m^3/d，湿地处理总面积 3500m^2（图 6-42）。进入生态净化工程的尾水水质主要指标包括 pH 6～9，化学需氧量<50mg/L，氨氮<5.0mg/L，总磷<0.5mg/L，总氮<15mg/L。尾水经生态净化后排入太滆运河，执行《地表水环境质量标准》（GB 3838—2002）V 类水质标准，主要指标包括 pH 6～9，化学需氧量<40mg/L，氨氮<2.0mg/L，总磷<0.4mg/L，溶解氧>2mg/L。

(a)　　　　　　　　　　　　　　　　(b)

图 6-42　漕桥污水处理厂尾水生态净化工程

2. 宜兴周铁污水处理厂尾水生态净化工程

周铁污水处理厂位于宜兴周铁镇，水厂接纳化工厂、机械加工等工业废水，排放水直接进入殷村港，然后流入太湖。根据国家污水综合排放标准，该排水执行一级 A 标准。

其尾水生态净化工程采用物化-生态组合工艺，处理系统主要由土地处理系统-潜流型人工湿地和生态塘处理系统组成。通过氮磷浓缩、生物萃取、循环利用、资源再生等过程，实现对 COD、总氮和总磷的深度削减，有效降低排入太湖的污染物数量（图 6-43）。宜兴周铁污水处理厂尾水生态净化工程设计处理水量为 5000m³/d。进入生态净化工程的尾水水质主要指标包括 pH 6～9，化学需氧量＜50mg/L，氨氮＜5.0mg/L，总磷＜0.5mg/L，总氮＜15mg/L。尾水经生态净化后，排入殷村港，执行《地表水环境质量标准》（GB 3838—2002）Ⅴ类水质标准，主要指标包括 pH 6～9，化学需氧量＜40mg/L，氨氮＜2.0mg/L，总磷＜0.4mg/L，溶解氧＞2mg/L。

(a)　　　　　　　　　　　　　　　　　　(b)

图 6-43　周铁污水处理厂尾水生态净化工程

3. 宜兴官林污水处理厂尾水生态净化工程

宜兴官林污水处理厂位于宜兴官林镇，水厂接纳树脂厂的工业废水，排放水直接进入新官河，然后流入滆湖。滆湖位于太湖上游湖西地区，滆湖作为太湖上游的主要湖荡，也是太湖的前置库，其污染控制和水质净化对太湖水环境改善有着非常重要的意义。根据国家污水综合排放标准，排水执行一级标准的 A 标准。该污水处理厂出水达到太湖流域执行的一级标准的 A 标准，污水处理量为 1.0 万 m³/d。该污水处理厂现处理工艺采用先进的间隙式活性污泥法（SBR）。

其尾水生态净化工程主要采用人工湿地和生态塘相结合的处理工艺，设计最大处理水量 1.0 万 m³/d，人工湿地处理总面积 12800m²，生态塘总面积为 19200m²（图 6-44）。进入生态净化工艺的尾水水质主要指标包括 pH 6～9，化学需氧量＜50mg/L，氨氮＜5.0mg/L，总磷＜0.5mg/L，总氮＜15mg/L。尾水经生态净化后，排入新官河，然后流入滆湖，执行《地表水环境质量标准》（GB 3838—2002）Ⅴ类水质标准，主要指标包括 pH 6～9，化学需氧量＜40mg/L，氨氮＜2.0mg/L，总磷＜0.4mg/L，溶解氧＞2mg/L。

(a)　　　　　　　　　　　　　　(b)

图 6-44　官林污水处理厂尾水生态净化工程

二、样本数据及规范化处理

结合尾水生态净化工程技术参数报告、工程设计图纸，以及"生产运行月报"和"运营年度报表"，根据已有研究工作，并结合课题组自行采样、实测数据，以及对各污水处理厂厂长、技术总监、生态净化工程专家的问卷调查和访谈，通过计算及预处理后，尾水生态净化工程绩效评估指标数据见表 6-8。

表 6-8　样本尾水生态净化工程绩效评估指标数据

尾水生态净化工程绩效评估指标		武进漕桥污水处理厂尾水生态净化工程	宜兴周铁污水处理厂尾水生态净化工程	宜兴官林污水处理厂尾水生态净化工程
A1 经济维度	B1 处理水量/(m³/d)	5000	4500	8500
	B2 单位水量投资额/(万元/m³)	0.5	0.2	0.29
	B3 单位水量占地面积/(m²/m³)	0.7	1.89	3.76
	B4 单位水量运行成本/(元/m³)	0.45	0.5	0.4
	B5 植物资源利用潜力(MJ)	59966.961	127898.808	181939.574
A2 环境维度	B6 COD 削减率/%	20	28.19	24.37
	B7 总磷削减率/%	46.83	22.56	18.17
	B8 总氮削减率/%	18.28	73.4	51.04
	B9 大气调节生态效益/元	4928.238	10074.914	14704.248
	B10 单位水量电耗/(kW·h/m³)	0	0	0
A3 管理维度	B11 运行负荷率/%	83.33	90	85
	B12 正常运行率/%	90	100	85
	B13 植物管理情况(0~20)	12	7	8

三、指标权重的计算

根据建立的太湖流域污水处理厂尾水生态净化工程绩效评价体系，构建递阶层次结构，如表 6-9 所示，将尾水生态净化工程的绩效作为目标层，3 个评价项作为维度层，13 个评价指标作为指标层。

表 6-9　递阶层次结构

目标层	维度层	指标层
尾水生态净化工程绩效	经济维度 A1	处理水量 B1
		单位水量投资额 B2
		单位水量占地面积 B3
		单位水量运行成本 B4
		植物资源利用潜力 B5
	环境维度 A2	COD 削减率 B6
		总磷削减率 B7
		总氮削减率 B8
		大气调节生态效益 B9
		单位水量电耗 B10
	管理维度 A3	运行负荷率 B11
		正常运行率 B12
		植物管理情况 B13

同时，通过构造判断矩阵可得到组合权重，并将其按由大到小的顺序依次排序，如表 6-10 所示。

表 6-10　组合权重及排序

A 权重		B 权重		组合权重（B×C）	排序
A1	0.455	B1	0.143	0.065	5
		B2	0.287	0.131	4
		B3	0.462	0.210	2
		B4	0.079	0.036	8
		B5	0.029	0.013	12
A2	0.455	B6	0.113	0.051	7
		B7	0.293	0.133	3
		B8	0.513	0.233	1
		B9	0.032	0.015	11
		B10	0.050	0.023	10
A3	0.09	B11	0.333	0.030	9
		B12	0.592	0.053	6
		B13	0.075	0.007	13

四、尾水生态净化工程绩效评估结果

通过最终绩效评分计算方法，得到漕桥、周铁、官林污水处理厂尾水生态净化工程绩效评估最终计算结果及绩效排名，见表6-11。

表6-11 漕桥、周铁、官林污水处理厂尾水生态净化工程绩效评估结果及排名

指标	武进漕桥污水处理厂尾水生态净化工程	宜兴周铁污水处理厂尾水生态净化工程	宜兴官林污水处理厂尾水生态净化工程
经济维度绩效	0.236	0.266	0.206
排名	2	1	3
环境维度绩效	0.133	0.313	0.180
排名	3	1	2
管理维度绩效	0.025	0.083	0.009
排名	2	1	3
总绩效	0.394	0.662	0.395
总排名	3	1	2

从总体绩效评分结果看，三家太湖流域尾水生态净化工程总体绩效评分排序依次是：宜兴周铁污水处理厂（0.662）、宜兴官林污水处理厂（0.395）、武进漕桥污水处理厂（0.394），说明宜兴周铁污水处理厂在尾水生态净化工程总体绩效上有优异的表现，总体绩效较强。

从经济维度绩效评估分析，宜兴周铁污水处理厂生态净化工程经济运行情况为最优；武进漕桥污水处理厂尾水生态净化工程的生态塘和生态沟渠组合工艺技术单位水量占地面积最小，为 $0.7m^2/m^3$，在土地资源利用上值得借鉴。

从环境维度绩效评估分析，宜兴周铁污水处理厂生态净化工程带来的环境效益情况为最优，宜兴官林污水处理厂次之；这三家污水处理厂尾水生态净化技术各有其处理特点，武进漕桥污水处理厂生态净化技术对总磷的削减效果特别明显，宜兴周铁污水处理厂生态净化技术对总氮、COD 的削减效果明显，而宜兴官林污水处理厂生态净化技术对各主要污染物的削减率比较平均。

从管理维度绩效评估分析，宜兴周铁污水处理厂生态净化工程在稳定性、运行负荷率和植物管理综合管理方面表现最优，而武进漕桥污水处理厂次之；太湖流域尾水生态净化工程的利用率和运行稳定性均保持较高水平，分别在83.33%和85%以上。

最后，结合实地调研结果，发现目前尾水生态净化工程在运行建设中存在的问题和各生态净化技术方案的优势，提出以下优化方案和建议。

（1）灵活调整水位和水力负荷。冬季前可提高水位，保持高水位运行，随着气温的下降，再逐步降低水位，有助于形成绝热的冰盖层和空气保温层，保证生态净化系统的正常运行；春季植物发芽阶段，可提高水位进行淹水，防止杂草的生长，待植物在竞争中成为优势种后，恢复正常水位；在植物栽植初期，稍加大水力负荷并保持轻度淹水，植物生长快，成活率高。

（2）定期、及时地收割植物。太湖流域地处长江中下游地区，尾水生态净化工程的植物收割应该一年一次，为每年 9 月和 10 月。及时的收割可以延长植物的生长周期，刺激二次萌芽，且保证植物安全越冬。

（3）及时定期除草。这有利于保持生态净化工程的种植植物生长速度最快，也有利于提高植物的存活率，从而给生态净化工程带来最佳绩效。

（4）定期打捞植物残体。这有利于防止湿地堵塞，也有利于防止死亡植物的停留造成有机物的增加，营养元素不能被去除，形成二次污染。

（5）发现植物死亡情况时需要及时补种。确保湿地植物达到设计标准，从而保证污染物去除率和出水水质，使尾水生态净化工程达到最佳绩效。

第三节　　太湖流域低污染水湿地净化技术评估

目前，低污染水逐渐成为太湖水污染防治的重点之一。低污染水指主要污染物浓度低于城镇污水处理厂排放标准而高于地表水环境质量标准的各种排放水，包括市政与工业污水处理厂的尾水、规模养殖处理排放水、农村生活污水等，若不经过深度处理直接排入河流，将影响地表水达标率，并进一步加剧太湖水体的富营养化程度。利用传统的污水处理技术如活性污泥法、膜生物反应器、膜分离技术等处理污水，随着污水中氮、磷浓度的下降，处理的边际成本越来越高，因此选择成本低且高效的技术意义重大，而人工湿地由于其具有成本低且对运行维护要求较少的特点，不乏为一种较好的选择。国内外人工湿地成功运行的经验也表明人工湿地真正的功能在于对污水进行深度处理，即处理污染物浓度低的污水。鉴于此，为进一步加强太湖流域水环境综合治理，江苏省已在多地推广深度处理低污染水的人工湿地工程。因此，实现最佳性价比的设计，是低污染水人工湿地处理课题研究的关键性内容。

本节研究参考国内外各污水处理厂尾水人工湿地的设计参数，以动力学去污模型为基础，考虑水质的不确定性，建立人工湿地的非线性规划模型，针对低污染水湿地净化技术评估提出方法和流程。

人工湿地按污水流动方式分为表面流和潜流人工湿地两种。表面流人工湿地具有投资少、运行维护费用低、操作简便等优点，潜流人工湿地净化效果好，但投资高、运行维护费用高、操作复杂。近年来，人工湿地的设计逐渐从单级湿地向两级甚至多级湿地组合（FWS-SSF-FWS-…）的方向发展，针对单级湿地利用经验公式计算最大面积的传统方法已经不能满足多级湿地设计的要求，在实际运行过程中存在较多问题，造成了人力、物力和财力的浪费。因此，本节研究将参考国内外各污水处理厂尾水人工湿地的设计参数，以一级动力学去污模型为基础，考虑水质的不确定性，建立人工湿地的非线性规划模型，实现最优性价比的设计，以期为低污染水人工湿地的技术评估和优化设计提供帮助。

一、低污染水湿地净化技术评估方法

人工湿地的非线性规划模型为：

目标函数

$$\min C_{\mathrm{T}} = \sum_{i=1}^{n} [\alpha_i x_i^{\beta_i} + \tau(\alpha_i' x_i^{\beta_i'})]$$

$$\rho(TN)_{in} \sum_{i=1}^{n} [1 - r(TN)_i] \leqslant \rho(TN)_{std}$$

$$\rho(TP)_{in} \sum_{i=1}^{n} [1 - r(TP)_i] \leqslant \rho(TP)_{std}$$

约束条件

$$\sum_{i=1}^{n} x_i = S$$

式中，C_T 为总造价，万元；n 为设计单元数；α_i 为建设费用的价格系数；β_i 为建设费用的规模系数；α_i' 为运行维护费用的价格系数；β_i' 为运行维护费用的规模系数；x_i 为单元面积，m^2；τ 为折扣因子；$\rho(TN)_{in}$、$\rho(TP)_{in}$ 分别为人工湿地氮、磷进水水质，mg/L；$\rho(TN)_{std}$、$\rho(TP)_{std}$ 分别为人工湿地氮、磷出水水质标准，mg/L，本节研究中为 2mg/L 和 0.4mg/L；S 为湿地总面积，m^2；$r(TN)_i$、$r(TP)_i$ 分别为氮、磷去污率，可根据一级动力学模型计算出其与面积及各参数之间的关系式并代入。

二、人工湿地设计概况

江苏省常州市武进太湖湾污水处理厂采用活性污泥法工艺进行处理，进水以生活污水为主，排水执行一级标准的 A 标准（TP＜0.5mg/L，TN＜15mg/L）。人工湿地示范工程位于污水处理厂内部，对部分尾水进行深度处理并作为景观用水回用，出水排入雅浦河，最后排入竺山湾。前期场地平整面积 4000m²，实际可用水域面积 3210m²，设计处理的最大水量为 2000m³/d，具体工艺如图 6-45 所示，包括垂直流人工湿地（图中①）、表面流人工湿地（图中②）、生态塘（图中③）三个部分。

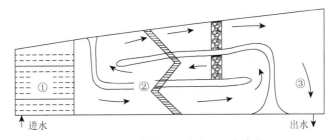

图 6-45　组合人工湿地处理工艺流程

前期的水质监测数据表明人工湿地出水水质已经达到国家一级标准的 A 标准（图 6-46），为了进一步去除氮磷污染物，需进行进一步的优化。

三、人工湿地净化技术评估与优化结果

（一）模型参数取值

通过文献调研，统计了国内各区域与本节研究工艺相近的部分人工湿地设计参数，核

算得出建设成本(考虑到本节研究所用土地是污水处理厂内部闲置土地,未计算土地价格)和运行维护成本,并与面积拟合,结果如图 6-47 所示。

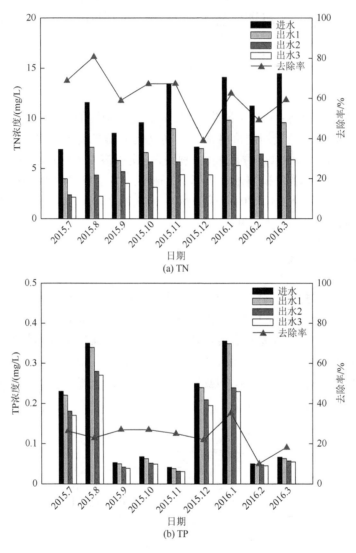

图 6-46　组合生态工艺运行效果

(二)情景分析

1. 夏季

由夏季监测数据和一级动力学方程进行计算,设置各单元 TN 的去除常数依次为 $3.555d^{-1}$(37.7%)、$0.571m/d$(33.2%)、$0.498m/d$(27.1%),TP 的去除常数依次为 $0.341d^{-1}$(4.4%)、$0.268m/d$(17.2%)、$0.080m/d$(5%),括号内为该去除常数下当前各单元能达到的去污效果。模型运行结果如图 6-48(a)所示。

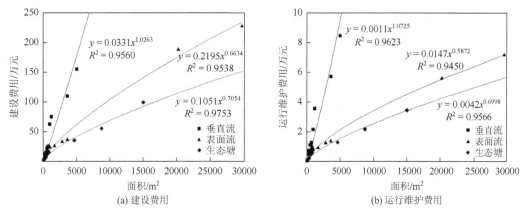

图 6-47　费用与面积的拟合函数

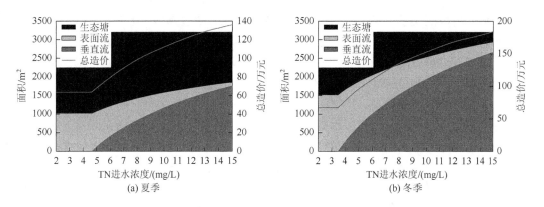

图 6-48　太湖湾污水处理厂的技术评估与优化

　　模型可以计算任意确定 TN、TP 进水浓度下的最优分配面积。因太湖湾污水处理厂尾水的主要问题是 TN 浓度过高，故本节研究着重讨论 TN 进水浓度变化下面积分配的情况。可见，随 TN 浓度的提高，垂直流人工湿地面积逐渐增大，表面流人工湿地、生态塘湿地面积逐渐减小。TN 进水浓度为 6.87~14.43mg/L，垂直流人工湿地面积需控制在 583~1722m²，表面流人工湿地面积需控制在 101~701m²，生态塘面积需控制在 1387~1926m²，此时总造价在 88 万~134 万元。

2. 冬季

　　根据冬季监测数据和一级动力学方程进行计算，设置各单元 TN 的去除常数依次为 2.733d⁻¹（30.1%）、0.372m/d（24.5%）、0.318m/d（18.7%），TP 的去除常数依次为 0.265d⁻¹（3.4%）、0.222m/d（14.5%）、0.066m/d（4.2%），括号内为该去除常数下当前各单元能达到的去污效果。模型运行结果如图 6-48（b）所示。

　　随 TN 浓度的提高，冬季各单元面积变化趋势和夏季相似。垂直流人工湿地面积需控制在 1233~2620m²，表面流人工湿地面积需控制在 275~925m²，生态塘面积需控制在 315~1052m²，此时总造价控制在 121 万~182 万元。

综上，若按 TN 平均进水浓度 10.76mg/L 计，夏季垂直流人工湿地、表面流人工湿地、生态塘合理的面积分配依次为 1279m²、334m²、1597m²，冬季依次为 2080m²、528m²、602m²。可见，冬季较夏季所需垂直流人工湿地、表面流人工湿地面积更大，而生态塘所需面积较小。综上，太湖湾垂直流人工湿地可控制在 1279～2080m²，表面流人工湿地可控制在 334～528m²，生态塘可控制在 602～1597m²，此时总造价在 117 万～159 万元。目前太湖湾湿地各单元面积依次为 500m²、1410m²、1300m²，可按需求加大垂直流人工湿地面积并减小表面流人工湿地和生态塘面积，保证水质达标。

第四节　竺山湾小流域低污染水生态净化系统方案

一、污水处理厂尾水深度生态处理技术

污水处理厂汇集了大量的生活污水和工农业废水，通过物理、化学、生物处理工艺来对污水进行处理，由于受污水量、处理费用、设备处理能力等多种因素的限制，其中的化学物质在处理过程中不可能被完全去除。即使我国城镇污水处理厂的排水能够达到《城镇污水处理厂污染物排放标准》（GB 18918—2002），但是该标准与《地表水环境质量标准》相比，还是存在较大差距。

污水深度处理不同于污水三级处理，为控制尾水中某些特定污染物的浓度，获得比传统二级处理更好的水质而采取的处理工艺都是深度处理工艺。污水深度处理技术在国内外已经得到广泛应用。以色列在 20 世纪 60 年代便把污水深度处理与回用作为一项国家政策，日本也是世界上采用污水深度处理与利用较早的国家，美国在 80 年代末期开始全面展开产业化的污水回用设施的建设。我国的污水深度处理与回用工程虽然起步较晚，但由于水环境问题突出，这些年也有了很大的发展。

污水深度处理技术简单地说可以分为三大类，即生物处理法、膜处理法和物理化学处理法。生物处理法又可分为人工湿地深处理技术、生物接触氧化法、曝气生物滤池（BAF）法等生物技术。膜处理法和物理化学处理法包括混凝技术、活性炭吸附技术、臭氧法、膜分离技术、高级氧化法等。在污水深度处理过程中，要结合污水特点与各处理技术的适用范围，选择合适的深度处理技术。

人工湿地深度处理技术作为生物处理法的一种，无论是运行成本，还是处理效果都比较适合中、小城镇污水处理厂尾水的深度处理，使尾水水质达到更高的标准，回用于城市水景建设和生态养殖。

二、低污染水人工湿地处理技术

（一）人工湿地

人工湿地是通过模拟天然湿地的结构，人为选择适合在污染环境下生存的生物种类来构建湿地生态系统，将污水、污泥有控制地投配到经人工建造的湿地上，利用土壤、人工介质、植物、微生物的物理、化学、生物三重协同作用来处理污水的一项技术。

常规的污水生物处理技术能有效地去除有机物，但对氮磷的去除效率不高；化学方法能去除氮磷，但成本高而且容易造成二次污染。人工湿地具有成本低、运转维护方便、运行费用低、氮磷去除能力强、对负荷变化适应性强，以及具有美学价值等优点，非常适合中、小城镇的污水处理。

（二）人工湿地类型

人工湿地大体上可分为表面流人工湿地、潜流人工湿地和垂直流人工湿地。人工湿地主要是由预处理系统、配水系统和湿地处理系统组成。预处理系统主要由沉淀池等组成，目的是去除污水中的大颗粒物质，以减轻湿地处理系统的负荷，防止堵塞。配水系统主要由进水、排水管网组成。湿地处理系统是人工湿地的核心部分，用于去除污水中的各种污染物，净化污水。湿地系统是由基质、植物和微生物组成的可控制、工程化的污水处理生态系统。基质主要由土壤、砂和卵石等组成，它是污水处理的主要场所。基质为微生物和植物提供了依附介质，同时它也能通过沉淀、过滤、吸附等作用直接取出污染物，大部分物理、化学和生物反应等都是在基质中进行的。微生物在湿地系统中是污染物吸附和降解的主要承担者。微生物将污水中的主要有机污染物降解同化，或转化为微生物细胞的组成部分，或转变成对环境无害的无机物质释放到环境中。植物在人工湿地中有着重要的作用，可以直接吸收氮、磷和重金属等污染物质，光合作用产氧后输送到根际，增加根际的 DO，改变根际的氧化还原条件，增强根际微生物的活性。植物发达的根系可提高人工湿地的渗透系数。

（三）人工湿地大型水生植物

1. 人工湿地水生植物的种类

人工湿地的植物主要有以下三种。

（1）挺水植物。挺水植物是根、根茎生长在水下的底泥中，茎、叶挺出水面的植物，如芦苇、香蒲、旱伞草、水葱等。挺水植物适应能力强，根系发达，生长量大，营养生长与生殖生长并存，对氮、磷的吸收都比较丰富。

（2）浮水植物。浮水植物一般悬浮在水面上，如睡莲、菱、莼菜、凤眼莲、水花生等。对于睡莲、菱这种根茎、球茎比较发达的植物而言，耐污能力较好，适宜生长在淤泥层深厚肥沃的地方，其发达的地下块茎或块根可以大量地吸收磷；对于凤眼莲、水花生等浮水植物而言，其生长迅速，生育周期短，以营养生长为主，对氮的需求量较高，但在富营养水体中会过度繁殖，导致生态系统 DO 下降、水质下降。

（3）沉水植物。沉水植物的植物体完全沉于水气界面以下，扎根于底泥并漂浮于水中，如苦草、黑藻、狐尾藻、金鱼藻等。沉水植物体的各部分都可以吸收水分和养料，通气组织特别发达，可增加水中的 DO，净化水质，同时也是许多水生动物良好的饵料。

2. 人工湿地植物对废水中营养物质及有害物质的去除作用

湿地植物作为湿地的初级生产者，和所有进行光合自养的有机体一样，具有吸收和储存水体营养物、净化污染物、抑制藻类生长的作用。水生植物通过吸收同化作用，能直接将水体中的氮和磷等营养物质吸收利用，并作为植物生长过程中不可缺少的营养物质。有机氮被微生物分解与转化，而无机氮作为植物生长过程中不可缺少的物质被植物直接摄取，合成蛋白质与有机氮，最后转化成生物量。无机磷也是植物必需的营养元素，废水中的无机磷在植物吸收及同化作用下可转化成植物的 ATP、DNA、RNA 等有机成分，这些物质最后通过收割植物而被去除。

　　植物的根系能吸附和富集重金属及有毒有害物质，如重金属铅、镉、汞、砷、钙、铬、镍、铜、铁、锰、锌等，还能通过改变根际环境来改变污染物的形态，达到降低或消除污染物化学毒性和生物毒性的作用。植物的根茎叶都有吸收富集重金属的作用，但其中根部的吸收能力最强，各器官的累积系数随污水浓度的上升而下降。在不同的植物种类中，其吸收积累能力的顺序为沉水植物＞浮水植物＞挺水植物，可见沉水植物的吸附能力较强。

三、低污染水生态净化系统方案

（一）低污染水生态净化技术组成

　　针对低污染尾水进行深度净化，形成低污染水生态净化集成技术方案。集成技术包括：①添加改性生物质炭的潜流人工湿地处理技术；②添加反硝化细菌的生物强化高效脱氮除磷技术；③生态沟渠生态处理技术；④光伏电解强化的湿地脱氮除磷技术。

（二）低污染水生态净化设计技术参数

　　低污染水生态净化系统进水收集要求为污水处理厂尾水消毒后的出口；水产养殖排水为有固定收集系统的河道、池塘等；农村生活污水处理后出水。进入生态净化工程的低污染水进水水质达到污水处理厂排放水一级标准的 A 标准，主要指标包括 pH 6～9，COD＜50mg/L，氨氮＜3.5mg/L，总磷＜0.5mg/L，总氮＜15mg/L。生态净化场址选择要求应符合当地总体发展规划和环保规划要求，以及综合考虑交通、土地权属、土地利用现状、发展扩建、再生水回用等因素，应不受洪水、潮水或内涝的威胁，不影响行洪安全，优先选择自然洼地或池塘，以及未利用土地等。经生态净化后，执行《地表水环境质量标准》（GB 3838—2002）Ⅴ类水质标准，主要指标包括 pH 6～9，COD＜40mg/L，氨氮＜2.0mg/L，总磷＜0.4mg/L，溶解氧＞2mg/L。

　　1. 设计工艺

　　（1）以处理生活污水为主的污水处理厂尾水生态净化设计工艺。

　　当工程接纳污水处理厂生化尾水或性质相近的其他污水时，推荐的基本工艺流程如图 6-49 所示。

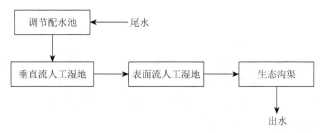

图 6-49 以处理生活污水为主的污水处理厂尾水生态净化工艺流程

（2）以处理工业废水为主的污水处理厂尾水生态净化设计工艺。

当工程接纳以处理工业废水为主的污水处理厂生化尾水或性质相近的其他污水时，推荐的基本工艺流程如图 6-50 所示。

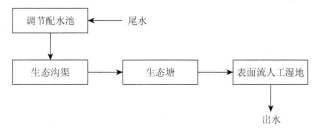

图 6-50 以处理工业废水为主的污水处理厂尾水生态净化工艺流程

（3）水产养殖排水设计工艺。

当工程接纳水产养殖尾水或性质相近的其他污水时，推荐的基本工艺流程如图 6-51 所示。

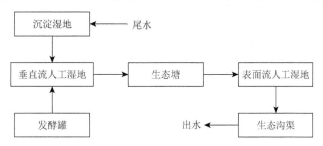

图 6-51 水产养殖尾水生态净化工艺流程

（4）农村生活污水处理后出水设计工艺。

当工程接纳农村生活污水处理后尾水或性质相近的其他污水时，推荐的基本工艺流程如图 6-52 所示。

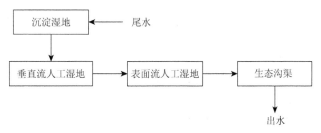

图 6-52 农村生活污水处理后出水生态净化工艺流程

2. 工艺说明

根据相关研究及查阅大量的资料表明人工湿地面积应按有机负荷确定,同时应满足水力负荷的要求。以去除氮、磷等污染物为主的人工湿地面积应按 TN 或 TP 负荷确定,且应满足水力负荷的要求。人工湿地的主要设计参数宜根据试验资料确定,无试验资料时可采用经验数据或按表 6-12 的数据取值。

表 6-12　人工湿地的主要设计参数

类型	BOD$_5$ 负荷/[kg/(m^3·d)]	水力负荷/[m^3/(m^2·d)]	水力停留时间/d
表面流人工湿地	15~50	<0.1	4~8
水平潜流人工湿地	80~120	<0.5	1~3
垂直流人工湿地	80~120	0.4~0.8	1~3

潜流人工湿地几何尺寸设计应符合下列要求:①潜流人工湿地单元面积不宜过大,应充分考虑布水、集水均匀性,并结合工程造价及运行管理的需要,合理确定潜流人工湿地的单元面积;②水平潜流人工湿地单元沿水流方向的长宽比宜控制在 3∶1 以上;③潜流人工湿地单元宜采用规则的几何形状,采用不规则形状的潜流人工湿地单元应特别考虑均匀布水和集水的问题;④潜流人工湿地水深宜为 0.8~1.6m;⑤潜流人工湿地的水力坡度宜为 0.5%~1%。

表面流人工湿地几何尺寸设计应符合下列要求:①表面流人工湿地单元的长宽比宜控制在 3∶1~5∶1,当区域受限,长宽比>10∶1 时,需要计算死水曲线;②表面流人工湿地的水深宜为 0.3~0.5m;③表面流人工湿地的水力坡度宜小于 0.5%。

基质的选择应根据基质的机械强度、比表面积、稳定性、孔隙率及表面粗糙度等因素确定。基质选择应本着就近取材的原则,并且所选基质应达到设计要求的粒径范围。对出水的氮、磷浓度有较高要求时,提倡使用功能性基质,提高氮、磷处理效率。潜流人工湿地基质层的初始孔隙率宜控制在 35%~40%。潜流人工湿地基质层的厚度应大于植物根系所能达到的最深处。

湿地植物选择与种植,人工湿地宜选用耐污能力强、根系发达、去污效果好、具有抗冻及抗病虫害能力、有一定经济价值、容易管理的本土植物。人工湿地出水直接排入河流、湖泊时,应谨慎选择"凤眼莲"等外来物种。

人工湿地可选择一种或多种植物作为优势种搭配栽种,以增加植物的多样性并具有景观效果。潜流人工湿地可选择芦苇、蒲草、荸荠、莲、水芹、水葱、香蒲、千屈菜、菖蒲、水麦冬、风车草、灯芯草等挺水植物。表面流人工湿地可选择菖蒲、灯芯草等挺水植物;浮萍、睡莲等浮水植物;伊乐藻、茨藻、金鱼藻、黑藻等沉水植物。人工湿地植物种植的时间宜为春季。植物种植密度可根据植物种类与工程的要求调整,挺水植物的种植密度宜为 9~25 株/m^2,浮水植物和沉水植物的种植密度均宜为 3~9 株/m^2。

通过深入的研究,针对城镇污水处理厂、水产养殖排水和农村生活污水处理后的尾水制定出相关低污染水生态净化方案,给出不同低污染水生态净化的推荐工艺流程和主要设计参数。具体工程实施过程中需要对生态净化工程的进水进行监测分析,针对进水分析结果及其进水水量,进一步优化低污染水处理工艺,提出具体的工艺和实施方案,根据具体水质水量,有针对性地进行处理,才能得到较理想的去除效果。同时,针对低污染水生态净化稳定性研究内容，需要对进水中氨氮浓度进行控制，使其维持在 3.5mg/L 以下才能进入生态净化系统，以期生态净化系统长期稳定运行。如果低污染尾水中氨氮浓度高于 3.5mg/L 则需要对尾水进行进一步处理，使其达到生态净化系统进水控制要求后才能进入生态净化工程对污染物进一步稳定去除。

参 考 文 献

何绪生，张树清，佘雕，等. 2011. 生物炭对土壤肥料的作用及未来研究. 中国农学通报，27（15）：16-25.

黄超，刘丽君，章明奎. 2011. 生物质炭对红壤性质和黑麦草生长的影响. 浙江大学学报（农业与生命科学版），37（4）：439-445.

蒋旭涛，迟杰. 2014. 铁改性生物炭对磷的吸附及磷形态的变化特征. 农业环境科学学报，33（9）：1817-1822.

兰凯，张涵. 2014. 表面流人工湿地污水处理技术与设计分析. 现代工业经济和信息化，4（14）：69-70.

李飞跃，谢越，石磊，等. 2015. 稻壳生物质炭对水中氨氮的吸附. 环境工程学报，9（3）：1221-1226.

李际会，吕国华，白文波，等. 2012. 改性生物炭的吸附作用及其对土壤硝态氮和有效磷淋失的影响. 中国农业气象，33（2）：220-225.

李杰，吴荣，尚晶涛，等. 2018. 生物质炭与氮肥配施对谷子光合色素和保护酶的影响. 山西农业科学，46（3）：383-386.

李扬，李锋民，张修稳，等. 2013. 生物炭覆盖对底泥污染物释放的影响. 环境科学，34（8）：3071-3078.

刘晶晶，杨兴，陆扣萍，等. 2015. 生物质炭对土壤重金属形态转化及其有效性的影响. 环境科学学报，35（11）：3679-3687.

马锋锋，赵保卫，刁静茹，等. 2015. 牛粪生物炭对水中氨氮的吸附特性. 环境科学，36（5）：1678-1685.

孟军，陈温福. 2013. 中国生物炭研究及其产业发展趋势. 沈阳农业大学学报（社会科学版），15（1）：1-5.

潘根兴，张阿凤，邹建文，等. 2010. 农业废弃物生物黑炭转化还田作为低碳农业途径的探讨. 生态与农村环境学报，26（4）：394-400.

潘经健，姜军. 2014. Fe(Ⅲ)改性生物质炭对水相 Cr(Ⅵ)的吸附试验. 生态与农村环境学报，30（4）：500-504.

石红蕾，周启星. 2014. 生物炭对污染物的土壤环境行为影响研究进展. 生态学杂志，33（2）：486-494.

舒柳. 2015. 不同类型人工湿地净化水质季节变化分析. 江苏农业科学，43（9）：384-388.

汤鑫，曹特，谢平，等. 2013. 改性粘土辅助沉水植物修复技术维持清水稳态的原位研究. 湖泊科学，25（1）：16-22.

唐登勇，黄越，胥瑞晨，等. 2016. 改性芦苇生物炭对水中低浓度磷的吸附特征. 环境科学，37（6）：2195-2201.

唐行灿，张民. 2014. 生物炭修复污染土壤的研究进展. 环境科学导刊，33（1）：17-26.

张千，范皓翔，张逸洲. 2015. 固体碳源生物膜反应器的脱氮性能及机理研究. 中国给水排水，31（19）：27-32.

张尊举，张仁志，董亚荣，等. 2016. 污水处理厂尾水资源化利用. 中国环境管理干部学院学报，26（1）：50-52.

周艳丽，佘宗莲，孙文杰. 2011. 水平潜流人工湿地脱氮除磷研究进展. 水资源保护，27（2）：42-49.

周元清，李秀珍，李淑英，等. 2011. 不同类型人工湿地微生物群落的研究进展. 生态学杂志，30（6）：1251-1257.

Demirbas E，Dizge N，Sulak M T，et al. 2009. Adsorption kinetics and equilibrium of copper from aqueous solutions using hazelnut shell activated carbon. Chemical Engineering Journal，148（2-3）：480-487.

EPA. 1988. Design manual of constructed wetlands and aquatic plant systems for municipal wastewater treatment. EPA 625/1-88/022：23-25.

Kizito S，Lv T，Wu S B，et al. 2017. Treatment of anaerobic digested effluent in biochar-packed vertical flow constructed wetland columns：role of media and tidal operation. Science of the Total Environment，592：197-205.

Kołodyńska D. 2011. Application of strongly basic anion exchangers for removal of heavy metal ions in the presence of green chelating agent. Chemical Engineering Journal，168（3）：994-1007.

Lu H L，Zhang W H，Yang Y X，et al. 2012. Relative distribution of Pb^{2+} sorption mechanisms by sludge-derived biochar. Water Research，46（3）：854-862.

Ofomaja A E，Naidoo E B，Modise S J. 2010. Biosorption of copper(Ⅱ) and lead(Ⅱ) onto potassium hydroxide treated pine cone powder. Journal of Environmental Management，91（8）：1674-1685.

Shao Y Y，Pei H Y，Hu W R，et al. 2013. Bioaugmentation in a reed constructed wetland for rural domestic wastewater. Fresenius Environ Bull，22：1446-1451.

Yang Z C，Yang L H，Wei C J，et al. 2018. Enhanced nitrogen removal using solid carbon source in constructed wetland with limited aeration. Bioresource Technology，248：98-103.